KB064089

바다인문학연구총서 006

인간과 바다 간 조우의 횡적 비교

− 상인, 작가, 선원, 표류민의 바다 −

이 저서는 2018년 대한민국 교육부와 한국연구재단의 지원을
받아 수행된 연구임(NRF-2018S1A6A3A01081098).

인간과 바다 간 조우의 횡적 비교
-상인, 작가, 선원, 표류민의 바다-

초판 1쇄 발행 2021년 5월 20일

편저자 | 노영순
펴낸이 | 윤관백
펴낸곳 | ▲도서출판선인

등 록 | 제5 - 77호(1998.11.4)
주 소 | 서울시 마포구 마포대로 4다길 4, 곳마루빌딩 1층
전 화 | 02)718 - 6252 / 6257
팩 스 | 02)718 - 6253
E-mail | sunin72@chol.com

정 가 37,000원
ISBN 979-11-6068-479-7 93450

· 잘못된 책은 바꿔 드립니다.

바다인문학연구총서 006

인간과 바다 간 조우의 횡적 비교

- 상인, 작가, 선원, 표류민의 바다 -

노 영 순 편저

발간사 ──────────────

　한국해양대학교 국제해양문제연구소는 2018년부터 2025년까지 한국연구재단의 지원을 받아 인문한국플러스(HK⁺)사업을 수행하고 있다. 그 사업의 연구 아젠다가 '바다인문학'이다. 바다인문학은 국제해양문제연구소가 지난 10년간 수행한 인문한국지원사업인 '해항도시 문화교섭연구'를 계승·심화시킨 것으로, 그 개요를 간단히 소개하면 다음과 같다.

　먼저 바다인문학은 바다와 인간의 관계를 연구한다. 이때의 '바다'는 인간의 의도와 관계없이 작동하는 자체의 운동과 법칙을 보여주는 물리적 바다이다. 이런 맥락에서 바다인문학은 바다의 물리적 운동인 해문(海文)과 인간의 활동인 인문(人文)의 관계에 주목한다. 포유류인 인간은 주로 육지를 근거지로 살아왔기 때문에 바다가 인간의 삶에 미친 영향에 대해 오랫동안 그다지 관심을 갖지 않고 살아왔다. 그러나 최근의 천문·우주학, 지구학, 지질학, 해양학, 기후학, 생물학 등의 연구 성과는 '바다의 무늬'(海文)와 '인간의 무늬'(人文)가 서로 영향을 주고받으며 전개되어 왔다는 것을 보여준다.

　바다의 물리적 운동이 인류의 사회경제와 문화에 지대한 영향력을 행사해 왔던 것은 태곳적부터다. 반면 인류가 바다의 물리적 운동을 과학적으로 이해하고 심지어 바다에 영향을 주기 시작한 것은 최근의 일이다. 해문과 인문의 관계는 지구상에 존재하는 생명의 근원으로서의 바다, 지구를 둘러싼 바다와 해양지각의 운동, 태평양진동과 북대서양진동과 같은 바다의 지구기후에 대한 영향, 바닷길을 이용한 사람·상품·문화의 교류와 종(種)의 교환, 바다 공간을 둘러싼 담론 생산과 경쟁, 컨테이너화와 글로벌 소싱으로 상징되는 바다를 매개로 한 지구화, 바다와 인간의 관계 역전과 같은 현상을 통해 역동적으로 전개되어 왔다.

이와 같은 바다와 인간의 관계를 배경으로, 국제해양문제연구소는 크게 두 범주의 집단연구 주제를 기획하고 있다. 인문한국플러스사업 1단계(2018~2021) 기간 중에 '해역 속의 인간과 바다의 관계론적 조우'를, 2단계(2021~2025) 기간 중에 바다와 인간의 관계에서 발생하는 현안해결을 통한 '해역공동체의 형성과 발전 방안'을 연구결과로 생산할 예정이다.

다음으로 바다인문학의 학문방법론은 학문 간의 상호소통을 단절시켰던 근대 프로젝트의 폐단을 극복하기 위해 전통적인 학제적 연구 전통을 복원한다. 바다인문학에서 '바다'는 물리적 실체로서의 바다라는 의미 이외에 다른 학문 특히 해문과 관련된 연구 성과를 '받아들이다'는 수식어의 의미로, 바다인문학의 연구방법론은 학제적·범학적 연구를 지향한다. 우리의 전통 학문방법론은 천지인(天地人) 3재 사상에서 알 수 있듯이, 인문의 원리가 천문과 지문의 원리와 조화된다고 보았다. 천도(天道), 지도(地道) 그리고 인도(人道)의 상호관계성의 강조는 자연세계와 인간세계의 원리와 학문 간의 학제적 연구와 고찰을 중시하였다.

그런데 동서양을 막론하고 전통적 학문방법론은 바다의 원리인 해문이나 해도(海道)와 인문과의 관계는 간과해 왔다. 바다인문학은 천지의 원리뿐만 아니라 바다의 원리를 포함한 천지해인(天地海人)의 원리와 학문적 성과가 상호 소통하며 전개되는 것이 해문과 인문의 관계를 연구하는 학문의 방법론이 되어야 한다고 제안한다. 바다인문학은 전통적 학문 방법론에서 주목하지 않았던 바다와 관련된 학문적 성과를 인문과 결합한다는 점에서 단순한 학제적 연구 전통의 복원을 넘어서는 것으로 전적으로 참신하다.

마지막으로 '바다인문학'은 인문학의 상대적 약점으로 지적되어 온 사회와의 유리에 대응하여 사회의 요구에 좀 더 빠르게 반응한다. 바다인문학은 기존의 연구 성과를 바탕으로 바다와 인간의 관계에서 발생하는 현안에 대한 해법을 제시하는 '문제해결형 인문학'을 지향한다. 국제해양문제연구소가 주목하는 바다와 인간의 관계에서 출현하는 현안은 해양 분쟁의 역사와 전망, 구항재개발 비교연구, 중국의 일대일로와 한국의 북방 및 신남방정책, 표류와 난민, 선원도(船員道)와 해기사도(海技士道), 해항도시 문화유산의 활용 비교연구, 인류세(人類世, Anthropocene) 등이다.

이상에서 간략하게 소개하였듯이 '바다인문학:문제해결형 인문학'은 바다의 물리적 운동과 관련된 학문들과 인간과 관련된 학문들의 학제적·범학적 연구를 지향하면서 바다와 인간의 관계를 둘러싼 현안에 대해 해법을 모색한다. 이런 이유로 바다인문학 연구총서는 크게 두 유형으로 출간될 것이다. 하나는 1단계 및 2단계의 집단연구 성과의 출간이며, 나머지 하나는 바다와 인간의 관계에서 발생하는 현안을 다루는 연구 성과의 출간이다. 우리는 이 총서들이 상호연관성을 가지면서 '바다인문학:문제해결형 인문학' 연구의 완성도를 높여가길 기대한다. 그리하여 이 총서들이 국제해양문제연구소가 해문과 인문 관계 연구의 학문적·사회적 확산을 도모하고 세계적 담론의 생산·소통의 산실로 자리매김하는데 일조하길 희망한다. 물론 연구총서 발간과 그 학문적 수준은 전적으로 이 프로젝트에 참여하는 연구자들의 역량에 달려 있다. 연구·집필자들께 감사와 부탁의 말씀을 동시에 드린다.

2020년 1월
국제해양문제연구소장
정 문 수

Contents

3부

표류민, 왜구와 난민의 바다

서문

바다와 조우한 인간은 누구나 오디세우스가 된다. 도전적이고 새로운 공간에서의 항해 여정은 인간에서 생물학적인 필요를 충족시켜주는 데에 머물지 않고 사회적인 환경과 문화적인 성취라는 자산을 안겨준다. 그만큼 인류의 활동 영역은 물론 사회적·문화적 공간 또한 확대된다.

이를 보여주기 위해 이 책에서는 바다와 인간이 조우하고 있는 12개 현장을 3개의 그룹으로 나누어 보여줄 것이다. 12개의 만남을 기록하고 있는 연구자들은 제각기 전공이 다르다. 전공이 다르다는 것은 현장을 선택하는 기준뿐만 아니라 만남을 보는 관점과 시각, 무엇보다도 제기하는 질문과 답을 찾아가는 방식이 다르다는 것을 의미한다. 그 장점을 살리기 위해 이 책은 전체적이고 일관성 있는 분석을 고집하거나 시대나 공간을 한정하지 않았다. 집필자들이 선택한 여러 조우의 현장을 따라가며 다양한 이해와 관점을 독자들에게 그대로 노출시키는 전략을 취했다.

이 책을 편집함에 있어 집필자들에게 한 단 하나의 주문은 인간과 바다 간 조우에서 '인간'을 주체로 한 사유와 기술이었다. 덕분에 바다와 조우한 인간을 범주화하여 상인과 작가의 바다, 어민과 노동자, 선원의 바다, 표류민, 왜구와 난민의 바다라는 3부로 책을 엮을 수 있었다. 각 부는 소재, 작가, 주제 면에서 서로 횡적으로 비교될 수 있는 4개의 글로 구성되어 있다.

1부 상인과 작가의 바다는 바다와 조우한 경험을 저작으로 남긴 다섯 사람을 주인공으로 한다. 먼저 상인의 바다는 아랍상인 술라이만과 개성상인 공성학과 공성구를 통해 살펴본다. 술라이만 견문록의 서지학적 분석을 통해 우리는 술라이만이 항해했던 9세기에 머물지 않고 이본을 쓴 하산의 10세기로 그리고 다시 원본을 교정하고 번역한 페랑의 20세기로 안내된다. 또한 7개의 바다를 거쳐 중동에서 중국으로 옮겨가는 술라이만 견문록의 공간 이동 가속도는 우리로 하여금 경주와 인근 지역에 정착해 살았던 아랍인들을, 술라이만의 출항 1세기 전 그의 고국을 방문했던 신라승 혜초를, 술라이만 견문록으로 신라와 고려를 알아가는 아랍 사회를 쉬이 상상하게 된다.

개성상인이 항해했던 인삼의 길은 적어도 1,000년이 넘는 역사를 자랑한다. 상해-홍콩-광동-하문-대만-한구-싱가포르뿐만 아니라 사이공, 랑구운, 하이퐁, 마닐라, 방콕, 자카르타, 스마랑, 뭄바이 등지로 뻗어있었던 인삼의 길은 술라이만의 항로와 많은 부분 겹친다. 식민지 하에서 미쓰이물산의 전매품이 되어 버린 홍삼과는 달리 해외 판로 개척이 가능했던 백삼에 대한 홍성학과 공성구의 열정은 술라이만의 숨을 멎게 했던 도자기와 중국산 상품들에 대한 애정을 생각나게 한다.

작가의 바다를 보여줄 두 인물은 실제와 내면의 바다를 통해 자유와 치유를 얻었던 올라우다 에퀴아노와 엘리자베스 비숍이다. 두 작가는 바다를 통해 지성인과 문화인으로 거듭났으며 언어를 통해 주체성을 찾

고 주변 환경을 통제하며 변화를 시도했으며 바다의 물처럼 다름을 초
월하고 경계를 무화시키고 타자들을 흡수하고 차이를 융합시키려 했다
는 점에서 크게 다르지 않다.

올라우다 에퀴아노에게 바다는 삶의 현장이자 한 인간으로 성장하는
데 필요한 자양분을 제공하는 근원이었다. 대서양을 횡단하는 중앙항로
는 그에게 새로운 사람과 문화를 만나는 기회의 장이자 학교였으며 해
방과 자유의 삶으로의 탈주와 마술이 시작되는 공간이었다. 엘리자베스
비숍에게 노바스코샤와 브라질에서 경험한 남북 아메리카의 바다는 치
유의 힘과 해양적 상상력의 근원이었다. 그는 우리에게 바다에 대한 진
정한 장소감, 장소성, 장소애가 무엇인지를 보여준다.

2부 어민과 노동자, 선원의 바다에서는 바다와 연안의 해항도시를
삶의 터전으로 했던 바다의 노동자들을 다룬다. 어민과 노동자의 바다
를 알려줄 이들은 식민시기 부산의 어민을 포함한 수산업 종사자 수천
명과 1차 세계대전 시기 칭다오에서 바다를 건너 밴쿠버, 홍콩, 마르세
유 등지로 향했던 10만 명의 산둥 노동자들이다.

식민시기 부산의 어민을 통해 우리는 바다(연안)의 식민화가 의미하
는 바를 명확히 알 수 있으며, 수온의 변화와 같은 자연 환경의 변화, 동
력어선의 보급과 같은 기술의 발전, 남획과 같은 욕망의 극대화가 식탁
에서 산업까지, 민족에서 직업까지 전방위적으로 미치는 영향을 세세히

볼 수 있다. 바다를 건넌 노동자를 통해서는 전쟁과 국제관계가 노동자의 모집 기관, 모집 방법, 모집 규모까지 규정함은 물론 산둥 성과 만주 산업계에 노동력 부족, 노동능률 저하, 임금 상승, 물가 등귀 등의 문제로 귀결됨을 알 수 있다.

　육지와 바다의 틈새에서 인명과 재화를 수송하는 선박 노동자인 선원의 안전과 인권은 아무리 강조해도 지나치지 않는다. 때문에 2부 후반부에서는 오늘날 바다에서 통용되는 국제적인 상식 중의 하나인 플림솔마크(만재흘수선)의 탄생과 앞으로 바다에서 통용되어야 할 국제적인 상식인 선원의 인권 문제를 다루었다.

　글을 통해 우리는 선원의 생명이 제국과 자본 앞에서 파리 목숨보다 나을 바 없었던 19세기 후반 선원의 안전을 위해 플림솔이 34년간 노력했던 만재흘수선 입법화 과정과 함의를 자세히 파악할 수 있다. 또한 선원의 인권과 인권 교육이 왜 중요한가라는 질문 앞에서 현대판 노예라고도 불리는 외국인 선원 인권 침해 사례를 우리 자신의 문제로 안을 뿐만 아니라 노동자 인권이 바다로 가서 선원인권이 된다는 것의 의미를 다시 짚어볼 수 있을 것이다.

　3부 표류민, 왜구와 난민의 바다는 18세기 말 제주도에서 표류해 대만에 표착했던 이방익과 19세기 초 사쓰마 번에서 충청도로 표류해온 야스다 일행을 다룬 2편의 글과 20세기 중후반 남중국해 해상을 표류했던 베트남선상난민을 주제로 한 글, 그리고 일본 역사학계에서 '바다의 역사'의 출발점이었던 왜구 연구의 궤적을 비판적으로 회고한 글로 구성된다.

이방익의 표해기를 통해 우리는 제주-팽호제도-대만-하문에 이르는 해로는 물론 해양 풍경과 문화를 접하게 되며 조선의 모습을 활사한 듯한 야스다의 조선표류일기를 통해 조선의 문화와 풍습, 마량진에서 부산에 이르는 해로와 포구를 만날 수 있다. 전통시대 표류는 단순한 해난 사고 그 이상이었다. 심리적·정책적 해금의 울타리를 벗어나 견문을 확대하고 다른 문물과 문화를 이해하는 통로로 역할했기 때문이다. 오늘날 우리에게 표류는 많은 이야기와 정보를 전해준다. 그 중 하나가 해역의 교류 상황, 동아시아의 표류민 송환 시스템과 표류 지역 문화에 대한 지식이다.

보트피플로 알려진 베트남 선상난민을 통해서는 바다에서 표류했던 기억이 정체성으로 어떻게 구축되는지를 알 수 있다. 고통과 구원의 바다였던 남중국해상에서 보트피플이 내렸던 심적 닻이 보트피플기념비와 베트남전쟁기념비에 그대로 표현되어 있기 때문이다. 인간과 바다 간 조우의 마지막 주인공은 왜구, 더 정확히 말하면 왜구 연구자들이라고 할 수 있다. 글을 통해 우리는 일본학계가 왜구 연구를 통해 동아시아 해역에서 일본의 위치를 재정립함으로써 대안적 역사상으로 제시되었던 바다의 역사로부터 멀어지고 있음을 목격할 수 있으며 동아시아해역사의 본연의 취지가 무엇인가에 대한 질문을 받는다.

2021년 5월
노영순

1. 『아랍 상인 술라이만의 인도와 중국 견문록』의 화자, 번역자, 독자

정남모

Ⅰ. 술라이만의 견문록과 독서의 문제

1. 들어가는 글

『아랍 상인 술라이만의 인도와 중국 견문록Voyage du marchand arabe Sulaymân en Inde et en Chine』은 원래 아랍어 수사본을 프랑스어로 번역한 역서이다. 이 책은 술라이만(Sulaymân)이 851년경에 페르시아 만에서 호르무즈와 쿠이론을 거쳐 인도와 중국을 여행하면서, 그 당시 그가 직접 보았거나 혹은 들었던 내용을 기술한 현지의 견문록이다. 우리에게 잘 알려진 마르코 폴로(1254~1324)와 이븐 바투타(1304~1368)의 견문록 보다 약 4세기나 앞서고 있어 술라이만의 이 견문록은 문화 인류학적 가치를 가진다고 하겠다.

이 책은 851년 술라이만이 작성한 견문록에 아부 자이드 하산(Abû Zayd Hasan)이 보충 설명을 넣은 이본으로 구성되어 있다. 원본이 아랍어로 된 이 책은 하산이 916년경에 수사본으로 발행하였으며, 현재 프랑스의 파리국립도서관에 보관되어 있다. 이 수사본에 대한 프랑스어 번역본은 프랑스의 외제브 르노도(Eusèbe Renaudot)가 1718년에 내놓았고, 그 다음으로는 레이노(Reinaud)가 1845년에 그리고 가브리엘 페랑(Gabriel Ferrand)은 1922년에 출판하였다. 이 책의 원본이 아랍어로 적혔고 또 인도와 중국에 대한 견문록이라는 제목을 달고 있어 프랑스와는 별 관련이 없어 보이지만 프랑스인 역자들에 의해 내용의 주해들이 기록되면서 시간의 서술도 아랍의 기원과 서기를 병기하고, 프랑스와 아랍 그리고 동양의 문화를 서로 비교하고 있기에 당시의 서양과 동양 그리고 세계의 문화를 이해하는데 중요한 자료가 된다.

본 연구의 목적은 비교적 최근의 1922년 가브리엘 페랑의 번역본을 기본으로 하여, 1권 술라이만의 견문록에 있는 중심 화자le narrateur와 주해를 한 화자를 구분하고, 기술된 내용의 주체를 정확히 파악하여 정치한 독서를 가능하게 하는 것이다. 왜냐하면 이 책에서는 3명의 저자들 혹은 3명의 중심 화자들 즉, 원저자 술라이만과 이본의 저자 하산 그리고 프랑스어 역자인 페랑이 등장하는데 이들의 목소리는 명확히 구분되지 않고 때로는 뒤섞여 내용의 이해에 적지 않은 혼란을 주기 때문이다. 또한 아랍어에서 프랑스어로 번역되고 또 9세기에 기록되어 21세기에 읽혀지는 책이기에 통사적 차이에서 단어의 의미까지의 명확한 이해를 위해서는 많은 난제가 있으며, 무엇보다 기술된 내용의 주체를 파악하고 또 행간의 의미에 대한 모호함을 줄이기 위해서는 화자에 대한 이해가 무엇보다 필요하다.

본 연구의 목적을 위해서 먼저 이 견문록의 배경을 이해하고자 한다. 따라서 이 책에 관한 간략한 소개와 수사본의 입수 및 전래 과정을 살펴본다. 그리고 이 책을 프랑스어로 번역한 역자와 번역의 문제 그리고 페랑 번역서의 구성 및 그가 작성한 서문의 내용을 고찰한다. 마지막으로는 이 견문록의 중심 화자와 기술된 내용 그리고 보충 설명인 주해와 주해자의 관계를 살펴보고 또한 본문을 정치하게 읽을 수 있는 독서의 방법을 고찰한다. 이러한 고찰을 통해 우리는 이 책이 전해진 시간만큼 길고 먼 저자와 독자 간의 차이를 좁히고, 보다 용이한 독서를 위한 계기를 마련할 수 있을 것이다.

2. 술라이만의 견문록과 프랑스어 번역본

(1) 술라이만과 수사본

먼저, 술라이만의 수사본이 이제까지 존속 및 전수되어 온 배경에 관해 살펴보자. 이 견문록은 술라이만이 자신의 고유한 여행 경험을 바탕으로 851년에 기술한 것으로 알려져 있으며, 이 수사본은 1673년 콜베르도서관에 처음 입고되었다. 현재는 파리국립도서관의 아랍도서 제2281번으로 등록되었으며, 이 사실은 페랑 역서의 서문에서 확인할 수 있다.

> "원본은 현재 파리국립도서관의 아랍도서 제2281번으로 등록되어 있다. 이 수사본은 1673년 처음으로 콜베르도서관에 입고되었고, 그 당시 도서관의 사서였던 에티엔느 발루즈가 수기로 기록하여 제6004번으로 분류하였다.
>
> Le manuscrit actuellement inscrit sous le n° 2281 du fonds arabe de la Bibliothèque Nationale de Paris, provient de la bibliothèque de Colbert où il entra en 1673 et fut catalogué sous le n° 6004, ainsi qu'en fait foi une note de la main du bibliothécaire, Étienne Baluze."[1]

---

1) Sulaymân, *Voyage du marchand arabe Sulaymân en Inde et en Chine, rédigé en 851, suivi de remarques par Abû Zayd Ḥasan* (vers 916),

현존하는 이 수사본의 원저자는 술라이만이다. 그는 9세기에 인도와 중국을 여러 번 여행했던 무슬림 무역상이라고만 알려졌을 뿐 그의 생애나 행적에 관해서는 알려진바 없다. 하지만 술라이만의 여행은 당시의 시대적 흐름과 부합하고 있음을 알 수 있는데 왜냐하면 실크로드나 초원길로 이루어지던 동서양의 교역이 8세기 후반부터 조선술과 항해술의 발달로 육로 대신 바닷길이 활성화되었기 때문이다.[2] 그는 아랍 상인의 신분으로 서기 9세기 초에 인도와 중국을 여행하였고, 그 견문록을 9세기 중반인 851년에 저술하였던 것으로 추측된다. 여기에서 "추측"이라고 한 이유는 가브리엘 페랑이 그의 책 서문에서도 밝혔듯이 당시의 출판은 오늘날과 달리 인쇄본 보다는 수사본이었기 때문에 이 책도 술라이만이 직접 기술했을 수도 있지만 술라이만의 이야기를 듣고 익명의 필사생이 작성했다는 가정도 가능하기 때문이다.

> "1권은 술라이만 자신이 작성했거나 혹은 상인 술라이만의 이야기를 듣고 무명의 필사자가 작성했을 것인데 술라이만은 인도와 중국으로 여러 번에 걸쳐 여행했다.
> Le livre I a été rédigé par Sulaymân lui-même ou par un scribe inconnu d'après les récits du marchand Sulaymân, qui effectua plusieurs voyages en Inde et en Chine."[3]

이러한 추측에도 불구하고 견문록의 저자를 술라이만이라고 보아도 무방한 이유는 이 책의 주요 내용이 그의 직접적 혹은 간접적인 경험을 바탕으로 기반으로 하고 있으며 또한 916년경 아부 자이드 하산이 이러

Éditions Bossard(Paris), 1922, p.11.
2) 허일·강상택·정문수·김성준·추이 원펑 편저, 『世界 海洋史』, 한국해양대학교출판부, 2003, p.166.
3) Sulayman, op.cit., p.14.

한 사실을 확인했을 것이라고 역자가 밝히고 있기 때문이다.

> "2권은 시라프 출신의 아부 자이드 하산이 916년경에 기술된 술
> 라이만의 견문록에다 인도와 중국에 관한 보충적인 설명을 추가했고
> 또 정확하지 않은 내용을 수정했다.
> Le livre II est dû à Abû Zayd Ḥasan de Sîrâf qui, vers
> 916, ajouta à la relation de Sulaymân des renseignements
> complémentaires sur l'Inde et la Chine et en rectifia les
> inexactitudes."[4]

가브리엘 페랑의 역서에서 술라이만의 온전한 기록은 주로 1권에 있
으며, 2권은 아부 자이드 하산이 주해를 한 이본이다. 술라이만의 견문
록은 처음에 잘 알려지지 않았으나 하산의 이본이 첨가되고, 916년에
수사본으로 출판되면서 세상에 알려지게 되었다는 점에서 하산이 이 책
의 전수에 끼친 역할은 거의 절대적이라고 하겠다.

(2) 아부 자이드 하산의 이본

아부 자이드 하산은 술라이만의 견문록에다 인도와 중국에 대한 추
가적인 정보들을 넣었고 또 술라이만의 견문록에 나타난 오류도 수정하
였다. 그리고 당시 하산의 신분이 "시라프 출신의 석학"이라는 점에서
그가 제시한 정보는 신빙성을 가진다고 하겠다.

> "그는 지리에 관심이 많았던 일반 석학으로 그는 상인들을 통해
> 인도와 중국의 정치 및 경제 상황을 잘 알고 있었고 또 뱃사람들로부
> 터 들었던 최신의 정보들을 기록했다. 시라프는 페르시아만(灣)의 동

---

4) *Ibid.* p.19.

쪽 해안에 있는 큰 오래된 군항으로 오늘날 북위 27° 38'의 위치에 있는 타히레 마을에 있었다. 시라프가 이런 종류의 여행 정보수집에 아주 제격이었던 것은 선원들과 인도양의 모든 상인들이 이곳에 드나들었기 때문이며, 또한 중국인, 자바인, 말레이시아인, 인도인, 아라비아 반도의 아랍인과 메소포타미아 및 소코토라 그리고 아프리카 동쪽 해안의 아랍인도 왔다.

Ce dernier n'est ni voyageur, ni marin ; c'est un simple érudit que la géographie intéresse, qui se tient au courant de la situation politique et économique de l'Inde et de la Chine auprès des marchands, et enregistre les découvertes nouvelles des gens de mer. Sîrâf, l'ancien grand port d'armement de la côte orientale du golfe Persique, représenté aujourd'hui par le bourg de Tâhireh qui est par 27° 38' de latitude Nord ; Sîrâf est tout à fait indiqué pour une enquête de ce genre : les marins et commerçants de l'océan Indien tout entier y fréquentent ; Chinois Javanais, Malais, Indiens, Arabes d'Arabie, de Mésopotamie, de Socotora et de la côte orientale d'Afrique ; Persans, Syriens et Byzantins viennent y échanger leurs produits et articles de commerce."[5)

당시 시라프는 중국인, 자바인, 말레이시아인 그리고 아프리카 동쪽 해안의 아랍인, 페르시아인, 시리아인과 비잔틴인 등 세계의 모든 민족들이 모여드는 해양교역의 중심지로 묘사되고 있다. 이곳은 "9세기와 10세기에 시라프는 그렇게 남동부 아프리카의 소팔라(Sofâla)에서, 홍해의 제다(Djedda)에서, 중국 남부와 더 멀리 있는 자바에서부터 모든 해양 민족들이 방문하는 남쪽 바다의 큰 해양 상관"[6)이라는 페랑의 표현은 적절하다고 할 수 있는데 왜냐하면 페랑 역시 언어학자이자 민족

---

5) *Ibid.* p.11.
6) *Ibid.* p.14.

학자로서 역사적 사실을 반영하여 기록을 했기 때문이다.[7]

페랑도 말했듯이 하산은 그의 고향이 시라프라는 점에서 인도와 중국에 관한 적지 않은 정보를 접했을 것이다. 시라프가 당시 동서양을 잇는 '해양상관'이라는 점에서도 그가 수집한 정보는 풍부한 동시에 사실성도 있다고 하겠다. 그리고 아부 자이드 하산은 자신이 아는 정보뿐만 아니라 주위의 다양한 정보제공자들을 활용하였다.

> "아부 자이드는 자발적으로 정보를 제공하는 사람들을 활용했고, 또 그렇게 그는 술라이만의 '여행견문록'을 무사히 완성했다.
> Abû Zayd n'a pas manqué d'utiliser ces informateurs bénévoles et il complète heureusement la relation de voyage de Sulaymân."[8]

아부 자이드 하산은 자신의 이본을 위해 자발적인 정보자들을 활용하고 또 정보를 모으기에 탁월한 곳에 살았다는 점을 상기할 때 그는 술라이만의 견문록이 아니더라도 혼자 저술을 할 수 있는 "시라프 출신의 석학"이다. 그렇다면 그가 왜 술라이만의 견문록과 같이 하나의 수사본으로 만들었느냐는 의구심이 생길 수 있다. 그 이유로는 먼저 술라

---

7) 가브리엘 페랑은 1864년 1월 22일 프랑스 마르세유(Marseille)에서 태어나 1935년 1월 31일 71세의 나이로 파리에서 사망했다. 동양어학교(École des langues orientales)를 졸업한 그는 언어학자이자 민족학자, 번역가, 작가였으며, 특히 말라가시(Malagasy) 문법에 관한 에세이(Essay)와 마다가스카르어 사전(Dictionnaire de la langue de Madagascar)의 저자였다. 저서로는 『마다가스카르와 코모로 제도의 이슬람교도들 Les Musulmans à Madagascar et aux îles Comores』 3부(3 parties, Paris, E. Leroux, 1891-1902) 그리고 『아랍 상인 술라이만의 인도와 중국 견문록』의 서문에도 언급되었던 『극동 지역의 아랍, 페르시아, 터키의 지리학과 견문록 Relations de voyages et textes géographiques arabes, persans et turks relatifs à l'Extrême-Orient』 (Paris, in-8°, t. I, 1913 ; t. II, 1914) 등 다수가 있다. https://fr.wikipedia.org 참고.

8) Sulayman, op.cit., p.14.

이만의 견문록이 자체만으로는 완결성을 가지지 못했기 때문이라 추측할 수 있는데 그 근거는 페랑이 서문에서 지적하였듯 술라이만의 견문록이 "수사본 1권의 내용은 형편없다"[9]라고 했기 때문이다. 따라서 하산은 자신의 지식과 자신이 수집한 믿을 수 있는 정보를 바탕으로 인도와 중국에 관한 이본을 만들었을 것이라고 생각할 수 있다. 그리고 두 번째 이유로는 하산 자신이 확보할 수 있는 정보의 양의 많았으나 술라이만처럼 직접 그곳으로의 여행을 하지 않았기 때문에 동양에 직접 가 본 술라이만의 경험과 함께 자신의 지식을 추가하여 사실성과 신빙성을 갖춘 이 견문록을 완성하고자 했을 것으로 유추할 수 있다.

(3) 프랑스어 번역자와 번역본

술라이만의 견문록을 처음으로 번역한 외제브 르노도[1648-1720]는 18세기 초, 세느레이 백작의 도서관을 방문했다가 이 문제의 수사본을 발견하였다. 그리고 그는 『9세기에 인도와 중국을 방문했던 두 이슬람 여행자의 옛 견문록』이라는 제목으로 번역하여 1718년에 출판하였다. 르노도는 아랍어로 된 수사본을 프랑스어로 번역하였을 뿐만 아니라 주요 장소들에 대해서도 주해를 달았다.

> "르노도가 세느레이 백작의 도서관을 방문했다가 그곳에서 이 문제의 수사본을 발견하고, 다음과 같은 제목으로 번역하여 출판했다. 『9세기에 인도와 중국을 방문했던 두 마호메트교 여행자의 견문록 : 아랍어를 번역, 이 견문록의 주요 장소들에 대해 주해를 닮 Anciennes relations des Indes et de la Chine de deux Voyageurs Mahométans qui y allèrent dans le IX siècle; traduites d'arabe: avec des Remarques sur les principaux

---

9) *Ibid.* p.18.

endroits de ces Relations」. 파리 소재, 쟝-밥티스트 쿠와냐르
Jean-Baptiste Coignard 출판사가 1718년에 출판한 책(in-8°,
pp.XL-397+8 ff. n. ch.), 제목에 번역자의 이름은 없다.

제목에
Renaudot, qui avait accès chez le comte de Seignelay, y
découvrit le manuscrit en question et en publia une traduction
sous le titre suivant: *Anciennes relations des Indes et de la
Chine de deux Voyageurs Mahométans qui y allèrent dans
le IX siècle; traduites d'arabe: avec des Remarques sur les
principaux endroits de ces Relations.* A Paris, chez Jean-
Baptiste Coignard, 1718, in-8°, pp.XL-397+8 ff. n. ch. Le
titre ne ports pas le nom du traducteur."[10]

외제브 르노도는 프로세이와 샤토포르의 원장신부이자, 아카데미 프
랑세즈의 40인 중 한 명으로 왕실의 허가를 받아 출판했다.[11] 르노도는
이 책의 역자임에도 저자로 표기되었다고 페랑은 밝혔으며 또한 페랑은
르노도의 번역이 형편없다고 평가했다.

그리고 18세기 중반에 이 수사본의 번역은 아니지만 데귀녀
(Deguignes)가 고문서실에서 수사본을 발견하고 두 편의 기사를 작성
했다. 이 기사들은 각각 1764년과 1877년에 발행되었으며, 그 중 두 번
째의 기사에서 그는 이 수사본에 대한 해제를 했다.

"데귀녀는 이 수사본을 고문서실(n°597)의 옛 아랍 장서에서 발
견했고, 또 관련된 두 편의 기사를 썼다. 한 기사는 1764년 11월『지
식인들의 저널』, 다른 기사는 왕립도서관의 수사본 해제 및 인용 1권
(1788년, p.156 및 그 이하)에서 발행되었다.

---

10) *Ibid.* p.11.
11) "le sieur Eusèbe Renaudot [1648-1720], Prieur de Frossay et de
Chateaufort, l'un des Quarante de l'Académie Française", *Ibid.* p.11.

Deguignes le retrouva dans l'ancien fonds arabe du
département des manuscrits (n°597), et lui consacra deux
articles: l'un dans *le Journal des Savants* de novembre 1764;
l'autre dans le tome I des Notices et Extraits des manuscrits
de la bibliothèque du Roi(1788, p.156 et suiv.)."[12]

19세기 중반에 랑글레(Langlès) 출판사는 1811년에 이미 발행했던
아랍어본에 레이노(Reinaud)의 이름으로 "서기 9세기 인도와 중국을
방문했던 아랍인과 페르시아인이 적은 견문록"이라는 제목을 달고, 프
랑스어 번역과 주해를 달아서 1845년에 출판하였다.

"이 수사본의 아랍어 본은 1811년에 랑글레 출판사에서 발행했고,
또 레이노는 다음과 같이 새 제목을 붙였다. "서기 9세기 인도와 중국
을 방문했던 아랍인과 페르시아인이 적은 견문록, 아랍어 본은 랑글
레 출판사의 극진한 정성으로 1811년에 인쇄되었고, 수정 및 추가 그
리고 프랑스어 번역과 주해를 달아서 출판 (파리, 1845년, in-12; 1
권, pp.CLXXX + 154; 2권, 아랍어본 pp.105 + 202).
Le texte arabe en fut publié en 1811, par Langlès, et
Reinaud en donna une traduction nouvelle intitulée: *Relation
des voyages faits par les Arabes et les Persans dans l'Inde et
à la Chine dans le IXe siècle de l'ère chrétienne, texte arabe
imprimé en 1811 par les soins de feu Langlès, publié avec
des corrections et addition et accompagné d'une traduction
française et d'éclaircissements* (Paris, 1845, in-12; t. 1,pp.
CLXXX + 154; t. II, pp.105 + 202 de texte arabe)."[13]

레이노는 19세기의 가장 저명한 동양학자들 중 한명이라고 가브

---

12) *Ibid.* p.11.
13) *Ibid.* p.12.

리엘 페랑은 평가하고 있다. 예를 들어 그의 『아불페다의 지리학 1권: 동양의 지리학에 관한 일반 소개서 sa Géographie d'Aboulféda : Introduction générale à la géographie des Orientaux』는 옛 역사의 기본서로 남아있다고 상기했다. 그럼에도 페랑은 레이노의 역서에서 그가 범한 오류를 상세히 지적했다.

> "『여행견문록Relation des voyages』에 관해서 이렇다 말할 수 있는 것은 별로 없고, 또 그래서 이 번역이 필요하다. 레이노는 자신의 번역본과 주해에서 몇몇 중대한 지리학적 오류를 범했고, 또 필경사가 틀리게 베껴 쓴 여러 지명에 대해 원래의 원문으로 복원하지 못했다.
>
> On ne peut en dire autant de la *Relation des voyages*, et c'est ce qui justifie la présente traduction. Dans sa traduction et ses commentaires, Reinaud a commis quelques erreurs géographiques graves et n'a pas su restituer la vraie leçon de plusieurs toponymes que le copiste a inexactement transcrits."[14]

레이노의 주요 잘못의 예를 들면 "말레이반도의 칼라(Kalah) 혹은 칼라-바르(Kalâh-bâr)는 실론[15]의 갈(Galle de Ceylan) 끝부분과 코로만델(Coromandel)로 인식했고, 말레이반도의 남동쪽에 있는 섬, 티우만(Tiyûma)은 원본에 바투마(Batûma)라고 적었는데 이를 레이노가 베투마(Betûma)로 읽었고, 르노도 역시 마드라스 주변이라고 잘못 표시했다. (레이노가 코마르Comar라고 읽었던) 카마르(Kamâr) 나라는 코모린 곳이라고 인식했는데 이곳은 크메르(Khmèr) 혹은 옛 캄보디아였다"[16] 등이다.

---

14) *Ibid.* p.12.
15) 스리랑카의 옛 지명.
16) Sulayman, op.cit., p.12.

가브리엘 페랑은 앞서 레이노를 19세기의 가장 저명한 동양학자들 중 한명이라고 평가했음에도 레이노의 오류를 꼼꼼하게 지적하고 있다. 그럼에도 페랑은 그 오류의 주요 원인을 필경사가 틀리게 베껴 쓴 것에서 찾고 있다. 따라서 레이노의 잘못은 그 오류를 교정하지 못한 것이라고 한정하고 있다.

(4) 페랑의 번역본과 그의 서문

가브리엘 페랑의 번역서는 1922년 보사르 출판사(파리)에서 출판되었다. 페랑의 역서는 크게 1권의 '중국과 인도에 관한 견문록'과 2권의 '중국과 인도에 관한 견문록' 이외에도 '중국에 관한 후속 견문록' 등 다양한 제목으로 구성되어 있다. 이 중 견문록 1권은 총 51쪽(23~73)이고 아부 자이드 하산의 이본인 2권은 총 67쪽(74~140)이다.

이 책에서 페랑은 아랍어를 프랑스어로 번역하였고 또 서문(11~22쪽)과 어휘사전(141~144쪽), 그리고 용어색인(145~155쪽)을 하였다. 이 서문에서 페랑은 견문록의 수사본이 콜베르 도서관에 입고되는 상황에서부터 기존의 프랑스어 번역자 및 번역본의 문제점 그리고 술라이만의 항해 여정까지 다양한 정보를 제공하고 있다.

페랑 번역본의 서론에서 중심 화자인 "나"는 페랑 자신이다. 가끔 그는 "우리는On"이라는 3인칭을 사용하는 경우도 있지만 대부분 "나는Je"이라는 1인칭을 사용하여 자신의 견해를 주장하고 있다. 예를 들면 "나는 레이노가 처음 적었던 원래의 제목으로 되돌려놓았다Je lui ai restitué son véritable titre"[17] 그리고 "나는 술라이만도 아부 자이드의 정보제공자들도 일부러 진실을 왜곡했다고는 생각하지 않는다J'ai

---

17) *Ibid*. p.19.

l'intime conviction que ni Sulaymân, ni les informateurs de Abû Zayd n'ont sciemment altéré la vérité."[18]라며 자신의 견해를 분명하게 밝힌다. 그리고 페랑은 자신이 이 번역서에서 할 수 없는 것, 예를 들면 동양 철자의 표기를 다른 자신의 저서에서 했고 또 그것을 참고하라는 의도로 언급한다.

> "인도와 인도차이나 그리고 중국에 관해 더욱 심오해진 우리의 지식을 통해 1845년에는 할 수 없었던 많은 것들을 훨씬 더 정확한 철자법으로 복원할 수 있다. 현재의 번역서가 출판되었던 총서는 동양 철자들의 사용이 불가능하다. 그래서 나는 『극동 지역의 아랍, 페르시아, 터키의 지리학과 견문록 *Relations de voyages et textes géographiques arabes, persans et turks relatifs à l'Extrême-Orient*』(Paris, in-8°, t. I, 1913 ; t. II, 1914)을 교정하여 완전히 새롭게 읽을 수 있게 하였다.
>
> Notre connaissance plus approfondie de l'Inde, de l'Indochine et de la Chine nous permet de restituer à coup sûr l'orthographe exacte, beaucoup mieux qu'on ne pouvait le faire en 1845. La collection dans laquelle est publiée la présente traduction ne comporte pas l'utilisation de caractères orientaux ; je renvoie donc pour toutes les lectures nouvelles à mes Relations de voyages et textes géographiques arabes, persans et turks relatifs à l'Extrême-Orient (Paris, in-8°, t. I, 1913 ; t. II, 1914) où on en trouvera la justification."[19]

그리고 페랑은 술라이만의 1권과 하산의 2권에 대해 다음과 같이 질적 평가를 하였다.

---

18) *Ibid.* p.20.
19) *Ibid.* p.13.

"제 2281번 수사본 1권의 원본은 형편없다. 그의 편집자는 아랍어를 잘 몰랐고 또 번역하기도 정말 어렵다. 우리는 원서를 최대한 참고하고 또 레이노 판본을 자연스럽게 이용하면서 원래의 의미를 살리고자 했다. 아부 자이드 하산이 저자인 두 번째 책은 좀 낫지만 불완전하다. 두 경우 다, 다른 원본이 발견되지 않은 유일 수사본이다.

Le texte du livre I du manuscrit 2281 est mauvais ; son rédacteur savait mal l'arabe et la traduction en est vraiment malaisée. On a tenté d'en rendre le sens en se tenant aussi près que possible de l'original et en utilisant naturellement la version de Reinaud. Le livre II qui a pour auteur Abû Zayd Ḥasan, est moins incorrect, mais laisse encore à désirer. Dans les deux cas, il s'agit d'un manuscrit unique dont aucun autre exemplaire n'a été retrouvé."[20]

페랑은 여기에서 원저자들을 평가하는데 특히 술라이만이 기술했던 1권의 내용과 아랍어 자체에 대해 비판을 한다. 1권의 이러한 "형편없음"이 2권의 하산 이본을 첨부하게 된 동기라고 예측할 수 있는데 그 이유는 다음 장의 말미에서 살펴보기로 한다.

가브리엘 페랑의 역서는 기본적으로 원본과 레이노 판본에 기초하고 있다. 페랑은 원저자와 역자들에 대한 고찰을 시도하였는데 원본의 문제와 번역의 과정에서 생겼던 여러 부분의 오류를 지적하고 또 수정하였다. 그리고 그는 견문록의 시작점이자 하산의 고향인 시라프에 관한 당시의 상황과 바그다드의 칼리프, 옛 캄보디아였던 크메르, 인도와 중국 그리고 술라이만의 여정에 대한 사료를 검토하고 또 비교하여 이 책의 내용에 대한 명확성과 신뢰도를 높였다. 그리고 서문의 말미에 자신의 역서에 도움을 준 사람들의 역할과 감사의 말을 전하는데

---

20) *Ibid.* p.19.

"이 원문의 번역을 위해 아주 유용한 충고를 해주신 고데프르와-데몽빈느(Gaudefroy-Demombynes) 그리고 중국과 관련된 많은 유익한 정보를 주신 폴 펠리오(Paul Pelliot)" 그리고 "앙드레 카르펠레(Mlle Andrée Karpelès)가 그린 이 책의 삽화들은 동양에 대한 완벽한 해석을 가능하게 하는 경탄할만한 작업"이라고 적었다.[21]

페랑이 술라이만의 견문록과 하산의 이본까지 검토하면서 이 책은 더한층 명확한 정보를 가지게 되었다. 예를 들어 "어휘사전"과 용어색인 등에서 그가 수정하고 검토한 지명 덕분으로 오늘날 그 위치를 보다 분명히 알게 되고, 다양한 전설과 기담에 대해서도 어느 정도 객관적이고 논리적인 추론이 가능하게 되었다.

가브리엘 페랑의 역서는 목차를 포함하여 157쪽으로 비교적 적은 분량의 책이다. 그럼에도 술라이만과 하산의 이본 그리고 번역가의 견해가 충실하게 담긴 책이다. 특히 본문의 내용에서도 페랑의 섬세한 수정과 개인적 견해가 반영되어 있어 이 책의 이해에 많은 도움을 준다.

3. 페랑의 번역본과 화자 그리고 독서의 문제

앞서 살펴보았듯 서론의 화자는 당연히 페랑이지만 술라이만의 1권에서는 중심 화자인 술라이만과 주해를 한 또 다른 화자가 있어 독자는 혼란스럽다. 따라서 본 장에서는 먼저 1권의 술라이만 견문록에 대한 각 장별 내용과 특징을 간략히 살펴본 후, 본문의 중심 화자와 주해자가 누구인지 살펴보고 또 술라이만과 하산 그리고 페랑의 주해를 구분하는 방법을 고찰하기로 한다.

페랑 번역서의 제목은 "중국과 인도에 관한 견문록Informations

---

21) *Ibid.* p.22.

sur la Chine et l'Inde"이고, 이 중 1권은 23쪽에서 73쪽까지이다. 이 1권은 다시 2개의 장으로 구분되는데 1장의 제목은 "일련의 이야기Chaîne des histoires"(23~46쪽)이며, 2권은 "인도와 중국 그리고 그 왕들에 관한 견문록Informations sur l'Inde, la Chine et leurs rois"(47~73쪽)이다.

1권은 술라이만이 기록을 하였기에 중심 화자는 술라이만이다. 그리고 1장에서는 중국까지 가기 위해 지나쳐야 하는 7개의 바다 이야기이며, 주로 항로와 항해 그리고 바다의 기담이 주를 이루고 있다. 1권의 시작은 이 책에 대한 가치를 부여하는 것으로 시작되며, 글씨체는 이탤릭이다.

> *"이 책은 나라들, 바다들 그리고 [다양한] 종류의 물고기들에 대한 일련의 이야기(말하자면 서로 관계가 있는 이야기들의 연계)이다 (p.2). 이 책에서는 지구에 대한 묘사와 세계의 기담이 담겨있으며, 나라의 지리적 위치, 사람들이 분포한 곳, 동물들의 [묘사], 기담 등이 있는 매우 진귀한 책자이다.*
>
> *Ce livre renferme (p.2) une chaîne des histoires (c'est−à-dire un enchaînement d'histoires ayant un rapport l'une avec l'autre) des pays, des mers, de [différentes] espèces de poissons. On y trouve également une description de la sphère, des merveilles du monde ; la position géographique des pays et leurs parties habitées, [une description] des animaux, des merveilles et d'autres choses encore. C'est un livre précieux."[22]*

1권의 주요 내용은 시라프에서 중국까지의 항해를 위해 지나야만 하는 일곱 개의 바다에 관해 설명하고 있다. 화자는 이 책에 기술된 이야

---

22) *Ibid.* p.23.

기가 주로 다양한 바다와 그 속에 사는 여러 종류의 물고기들이라고 말한다. 그리고 바다와 섬의 지리적 위치, 주민들의 관습과 문화 그리고 이곳에 분포하는 동식물들의 종류와 특징 그리고 전설과 기담에 관해서도 말한다.

위의 인용문은 페랑 번역서의 1권 시작 부분으로 그 분량은 인용문을 포함하여 22행이고 특이하게 이탤릭체로 되어 있다. 여기에서 화자는 이 저서에 대해 "매우 진귀한 책자"라고 했는데 이 견해는 술라이만의 견해인지 확신하기 어렵다. 왜냐하면 페랑이 서문에서 "20행의 진위를 알 수 없는 이 구절은 이탤릭체로 인쇄되어 있다Ce début apocryphe de vingt lignes a été imprimé en italique"라고 밝혔기 때문이다. 이처럼 페랑은 진위를 알 수 없거나 출처를 알 수 없는 불명확한 내용의 경우 이탤릭체를 사용하여 표시를 하였는데 그 다른 예를 들면 아래와 같다.

> "*[다음에 오는 내용이 수사본의 본장 아래쪽에 추가되어 있지만, 그 행들은 원본과는 다른 글씨체이다.]*
> *[Ce qui suit a été ajouté au bas de la page du manuscrit, mais ces lignes sont d'une autre écriture que le texte.]*"[23]

따라서 이탤릭체로 된 문장은 저자 술라이만이 기록한 내용이 아니라는 인식으로 독서를 해야 한다. 그럼에도 위의 인용문들과 달리 불명확한 내용이 아닐 경우에도 페랑은 이탤릭체를 사용하고 있는데 그는 서문에서 밝히지는 않았다. 주로 고어나 저서명, 아랍어 고유명사 등을 표현할 때이며, 예를 들면 물고기의 옛 명칭 "*왈(wâl)*", "*라스크(lašk)*" 등이다.

---

23) *Ibid.* p.73.

"이 바다에서 우리가 잡은 물고기는 길이(p.4)가 10미터나 되었다. 우리가 그 물고기의 배를 가르고 보면, 그 놈의 배 안에 같은 종류의 물고기가 나오기도 한다. 또 우리가 꺼낸 두 번째 물고기의 배를 가르면, 다시 그 고기의 배에서 같은 종류의 세 번째 물고기가 나온다. 이 모든 고기들은 살아있고 또 팔딱거리는데 이 고기들은 모두 똑같이 생겼다.

Il y a dans cette mer, un poisson que nous pêchâmes et dont la longueur (p.4) est de 20 coudées. Nous lui ouvrîmes le ventre et nous en fîmes sortir un autre poisson de la même espèce. Nous ouvrîmes ensuite le ventre du second poisson et il s'y trouvait encore un troisième poisson de la même espèce. Tous ces poissons étaient vivants et frétillaient ; ils ressemblaient l'un à l'autre, ayant la même forme."[24]

술라이만의 시간적 배경은 그가 1권을 발행했던 851년 이전의 사건이며 또한 공간적 배경은 주로 마스카트에서 중국으로 가는 항로와 항해, 7개의 바다 그리고 인도와 중국이다. 따라서 위의 인용문에서 "우리가 잡은 물고기"는 술라이만이 기록했기에 그와 동행자가 잡은 물고기이다. 술라이만은 자신이 직접 보고들은 경험적 사실들에 대해서는 "우리"와 "나"라는 직접 화법을 사용한다. 예를 들면, "구름이 바다에서 이 물을 끌어왔는지 혹은 이 현상이 다르게 생겨났는지 나는 알 수가 없다. Je ne sais pas si le nuage emprunte cette eau à la mer ou si ce phénomène se produit autrement."[25]라며 자신이 알 수 없는 사실에 대해 고백하기도 한다. 그리고 그가 직접 경험하지 않고 들은 말은 간접화법으로 표현한다. 예를 들면 "이 바다에서는 또한 사람들이 인간

---

24) *Ibid.* p.24.
25) *Ibid.* p.36.

의 얼굴과 닮았다고 말하는 수면 위를 날아다닌다는 물고기가 있다.On trouve également dans cette mer un poisson dont on dit qu'il a une face humaine et qu'il vole au-dessus de l'eau. ”26) 등이다.

1권에서는 술라이만이 중심 화자가 아닌 경우 혹은 그가 아닌 다른 사람이 기술했다고 추정되는 문장도 있다. 특히 마수디(Mas'ûdî)는 이 책의 1권과 2권에서 자주 인용되는 저자인데 술라이만과 하산 그리고 페랑 중 누가 그를 언급했는지 혼란을 준다.

> "[마수디가 자신의 황금 초원과 보석 탄광의 책에서 언급했던 파르스의 바다는 오볼라와 바라주 그리고 바스라 영토의 한 부분에 속하는 아바단까지 펼쳐져 있다. [.,.]
>
> [La mer du Fârs, dit Mas'ûdî dans son Livre des prairies d'or et des mines de pierres précieuses, s'étend jusqu'à Obolla, les Barrages et 'Abbadân qui font partie du territoire de Basra. [...]"27)

마수디는 896년 바그다드에서 태어나고 956년 카이로에서 사망한 이슬람교도인 동시에 인도와 중국을 방문했다고 알려진 지리학자이자 역사가, 저술가 그리고 과학자였다.28) 따라서 마수디를 인용한 화자는 술라이만이 될 수 없다. 그렇다면 술라이만의 견문록을 주해한 아부 자이드 하산인가? 아니면 역자인 가브리엘 페랑인가? 만약 하산이 마수디를 언급

---

26) *Ibid.* p.25.

27) *Ibid.* p.25.

28) 아부 알-하산 알-마수디(Abū al-Ḥasan al-Mas'ūdī)는 바그다드에서 출생한 10세기 아랍의 지리학 및 역사학자이다. 그는 잘 알려지지 않았던 아시아에서 아프리카의 연안까지 이르는 긴 여행을 하였다. 책의 서문에 "마수디(Mas'ûdî, 황금의 벌판 Prairies d'or, 943, 일러두기 책자 Le livre de l'avertissement, 955) 등의 저자 자료가 제공된다"라고 하면서 페랑이 인용한 저자이다.

했다고 가정했을 때, 하산의 이본이 나온 916년에 마수디의 나이는 고작 20세에 불과하다. 그런 그가 유명한 지리학 서적을 다수 발간한 저자가 될 수 있겠는가? 그리고 페랑이 서문에서 언급한 마수디의 저서 "황금 초원(Prairies d'or)"은 943년에 발간되었다고 했다. 결국 하산도 아니다. 결국 마수디를 언급한 사람은 페랑이라는 결론이 나온다. 페랑이 이 책을 읽고 인용했을 수 있는 이유는 많은 시간이 흘렀지만 마수디의 저서들 중 "시대의 이야기"처럼 소실된 저서도 있지만 "황금 초원"은 거의 완벽하게 지금까지 전해지고 있기 때문에 그도 1922년경에 이 책을 읽을 수 있었을 것이다. 따라서 마수디를 인용한 화자는 페랑이 된다.

그리고 무엇보다 중심 화자와 주해자로 인한 혼란을 방지하기 위해 페랑은 서문에서 다음과 같이 말했다.

> "술라이만의 책을 보충해주는 부연 설명은 대괄호 [ ]로 표기했다
> Ces additions qui complètent le texte de Sulaymân, ont été placées entre parenthèses carrées [ ]"[29]

페랑의 이 일종의 "일러두기"는 아주 짧게 표현되어 있기 때문에 이 문장을 읽지 못했을 경우, 전체적인 내용의 이해에는 혼란이 있을 수 있다. 다시 한 번 강조하자면 대괄호([...]) 안에 표현된 문장은 술라이만의 견문록 내용에 대해 설명이 부족한 부분을 페랑이 주해자의 입장으로 설명한 부분이다. 1권의 초기 부분에는 의외로 이 대괄호가 많은데 1권의 1장(23~46쪽) 총 24쪽 중 약 6쪽에 해당한다. 그 중 앞서 언급한 "[... 파르스의 바다...]"의 문단은 단 하나의 문단이며, 무려 73행이나 된다.

---

29) Sulayman, op.cit., p.20.

페랑이 주해를 한 부분은 단지 대괄호에만 국한되지 않는데 그 예를 들면 아래와 같다.

> "세 번째 바다는 하르칸드의 바다(벵골만)이다. 이 바다와 라르(구
> 제라트) 바다 사이에는 수많은 섬들(라카디브와 몰디브)이 있다.
> La troisième mer est la mer de Harkand (golfe du
> Bengale). Entre cette mer et la mer de Lâr (Guzerate) gisent
> de nombreuses îles (les Laquedives et les Maldives)."[30]

위의 인용문은 대괄호로 표기되지 않은 문장이다. 그럼에도 소괄호 ((...)) 안에는 옛 지명을 현대의 지명과 유사하게 번역을 하였는데 이것 역시 하산이 아니라 페랑이 최근의 지명으로 옮긴 것이다. 이처럼 페랑은 대괄호뿐만 아니라 소괄호도 함께 사용하면서 주해를 했지만 그는 소괄호에 대해서는 언급을 하지 않았다.

페랑이 자신의 주해를 표시하기 위해 사용했던 대괄호가 없다는 것은 다른 말로 술라이만이 중심 화자인 경우이다. 하지만 대괄호를 사용하지 않았음에도 술라이만의 기록으로 볼 수 없는 문장들이 있는데 그 예를 들면 아래와 같다.

> "상인 술라이만은 다음과 같이 언급한다. 상인들의 만남의 장소인
> 한푸에서 중국 왕은 중국 왕이 [승인한] 나라에서 온 동일 신앙자들
> 중 한명의 무슬림인에게 사법업무를 맡겼다.
> Le marchand Sulaymân rapporte ce qui suit : à Ḫânfû, qui
> est le rendez-vous des marchands, le souverain de la Chine a
> conféré à un musulman l'administration de la justice entre ses
> coreligionnaires venus dans le pays [avec l'assentiment] du roi

---

30) *Ibid.* p.31.

de la Chine. "[31]

　술라이만이 중심 화자이면 자신을 "상인 술라이만"으로 표현할 수는 없다. 이 경우, 주해를 한 사람이라면 하산이나 페랑일 것이다. 인용문 이후의 내용들이 술라이만이 살았던 당시의 내용을 포함하고 있어 페랑보다는 하산의 기록일 가능성이 높지만 이 경우 2권의 하산기록에 포함되었어야 할 것이다. 그리고 페랑도 하산도 아닌 제 3자라면 앞서 보았듯 이탤릭체(출처를 알 수 없는 경우)로 기록하여야 할 것이다. 이 부분은 화자가 불분명하여 독서에 혼란을 주는 부분이다.

　여기에서 우리가 추측할 수 있는 것은 페랑이 대괄호를 빠뜨렸다고 보는 것이 가장 합리적인 결론일 것이다. 예를 들어 "[상인 술라이만은 다음과 같이 언급한다...]"라는 부호를 사용하고, 그 다음의 술라이만 기록을 번역했었어야 정확하다.

　지금까지 술라이만의 견문록과 페랑의 번역본 그리고 1권에 대한 내용에서부터 중심 화자, 주해를 한 화자 그리고 독서를 어렵게 하는 여러 요소 및 정확한 독서를 위한 방법도 살펴보았다. 결론적으로 1권에서의 중심 화자는 술라이만 그리고 주해를 하는 화자는 페랑이었고, 특히 그는 1권의 1장에서 약 6쪽 이상의 많은 주해를 했음을 알았다. 반면 2장에서는 중심 화자 술라이만 외의 페랑 목소리는 일부 단어의 설명 및 수정 이외에는 거의 없었다. 그 이유는 첫 장이 지리와 역사에 관련된 객관적인 사실들이기에 수정이 필요했고 또 수정이 가능했다고 생각된다. 하지만 두 번째 장은 중국과 그들의 왕들, 라마 왕이 다스리는 나라의 자폐들, 중국의 환관, 중국의 장례 문화, 중국인의 상업, 인도의 사법 및 형벌, 실론 왕의 장례 장면 그리고 마지막으로 중국과 인도의 도

---

31) *Ibid*. p.24.

덕성과 왕가 그리고 일반적인 관습과 문화를 비교하였기 때문으로 생각된다. 이 주제들은 직접적인 경험이나 체험 없이는 내용의 수정이 어려운 주관성을 띠고 있기 때문에 긴 주해나 부연 설명이 필요하지도 않고 또 할 수도 없었을 것이다.

4. 나오는 글

본 연구에서는 먼저 국내에 거의 소개된 적이 없는 술라이만의 견문록에 관한 개설에서 수사본의 존재 및 전래 과정 그리고 이 책을 프랑스어로 번역한 역자와 번역의 문제 등을 페랑의 견해를 참고하여 살펴보았다. 이 책의 독서에 있어 저자 및 역자 등 복수의 화자로 인해 주해를 한 화자가 누구인지 또 중심 내용의 기술자가 누구인지 모호하였다. 이러한 독서의 어려움을 해소하기 위하여 우리는 먼저 중심 화자와 주해자를 구분하고 또 구분할 수 있는 방법을 고찰하였다.

본 연구를 통하여 알 수 있었던 사실은 1권 술라이만 견문록의 중심 저자 혹은 화자는 술라이만이며, 주해를 한 사람은 이본을 만든 하산이 아니라 번역자인 페랑이라는 사실을 알 수 있었다. 그리고 페랑은 자신의 주해를 특히 대괄호([...])로 표시하여, 괄호 안에 설명했지만 또한 소괄호((...)) 역시 사용했음을 알 수 있었다. 그리고 페랑은 진위를 알 수 없거나 출처가 불명확한 내용에 대해서는 이탤릭체를 사용하여 표시를 하였다. 하지만 상기의 법칙을 거스르는 예외적인 경우도 우리는 보았기 때문에 행간의 의미에 주의하여 독서를 할 필요가 있다고 생각된다. 또한 페랑은 1권의 초기 부분에서 약 6쪽에 해당하는 내용을 추가하였는데 이는 그가 술라이만의 견문록에 대해 간단한 주해를 넘어 "적극적인" 주해자의 역할을 했다는 점을 알 수 있었다.

술라이만의 아랍어 수사본은 아부 자이드 하산의 이본과 함께 발행되었고 그리고 프랑스어 번역본은 외제브 르노도와 레이노 그리고 가브리엘 페랑의 번역으로 이어져 오늘날에 이르고 있다. 술라이만의 견문록은 오래 전에 작성된 내용이지만 잘 보존되고 전승되어 문화 인류학적 가치를 가진다. 이 견문록이 오늘날 우리에게 읽혀지는 데는 1169년(2020년 기준)이 걸렸으며, 그 유구한 시간만큼 어휘와 문장 그리고 정치한 의미를 파악하는 데는 어려움이 있다. 따라서 본 연구는 이러한 독서의 어려움을 줄이고, 내용의 정치한 이해에 다가가기 위한 고찰이었다. 하지만 본 논문에서 아직 해결하기 어려웠던 2권의 하산 이본으로 인해 완결성을 가지지 못하는 면이 있는데 이에 관해서는 차후 연구를 통해 고찰 및 보완할 예정이다.

Ⅱ. 술라이만 견문록의 하산 이본과 독서의 문제

1. 들어가는 글

본 연구는 「술라이만의 견문록에 대한 주해와 화자 그리고 독서의 문제」의 후속 연구이며, 이 연구를 통해 술라이만의 견문록 1권과 하산의 이본 2권에 관한 주해와 화자에 관한 문제 그리고 독서 시, 야기될 수 있는 혼란을 줄이고자 한다.

『아랍 상인 술라이만의 인도와 중국 견문록Voyage du marchand arabe Sulaymân en Inde et en Chine』은 851년경 술라이만(Sulaymân)이 작성했을 것으로 추정되는 견문록이며, 이후 916년경, 이 견문록에 하산은 자신의 이본을 추가하여 수사본의 형태로 발행하였다. 이 이본은 술라이만의 견문록에 하산이 인도와 중국에 대한 정보들을 추가하였고 또 술라이만의 오류도 수정한 것이다. 본 연구에서는 1922년 가브리엘 페랑의 프랑스어 번역본을 사용하는데 이 번역서를 기준으로 보면 술라이만의 견문록인 1권은 총 51쪽(23~73)이고, 하산의 이본인 2권은 총 67쪽(74~140)이다.

이 견문록은 먼저 1권의 "일련의 이야기"에서 술라이만의 인도와 중국 그리고 그 왕들에 관한 이야기, 2권의 하산 이본에서는 중국과 인도에 관한 이야기 그리고 자와가(Jâwaga) 시에 관한 설명이 있으며 또한 주제별로 쟝(Zang)의 나라, 용연향, 진주 등의 이야기를 다루고 있는 "진귀한" 견문록이다. 그리고 "바다 쪽에는 신라(Sîlâ)의 제도들(한반도)과 [중국이 국경을 이루고 있다]. [신라의] 주민들은 희다고 했으며, 그들은 중국의 왕과 선물을 교환한다"라며 고대의 한국과 관련된 소중한 정보도 담고 있다.

하지만 술라이만의 견문록은 오래된 기록인 만큼 원저자에서 이본의 화자 그리고 프랑스어 번역자의 번역 및 주해까지 있어 화자가 명확히 누구인지 그리고 구술되는 내용은 언제 기술되었는지 등 행간의 모든 의미까지 이해하기에는 적지 않은 어려움이 따른다.

본 연구는 이러한 어려움은 최소화하고 혼란을 줄여 보다 정치한 독서를 가능하게 하려는 목적에서 기획되었다. 연구의 효과를 도출하기 위하여 먼저 기존의 연구에서 1권 술라이만의 견문록에 대한 주해와 화자 그리고 독서의 문제에 관해 고찰하였고[32], 본 연구에서는 2권의 하산 이본으로 범위를 한정하여, 2권의 화자 즉, 하산과 번역자 페랑의 기록을 구분하고자 한다. 특히, 페랑과 하산의 기술을 구분하기 위해 우선 페랑이 이 책의 서문에서 밝힌 일러두기를 기본으로 그의 표현 혹은 기

---

[32] 정남모, 「술라이만의 견문록에 대한 주해와 화자 그리고 독서의 문제」, 한국프랑스문화학회, 44집 봄호, 2020.

록이 책의 행간에 어떻게 나타나는지 또한 일러두기에 밝히지 않은 어떤 예외적인 경우가 있는지 고찰한다. 그리고 마지막으로 화자의 정체성이 모호한 부분과 오류로 추정되는 내용을 고찰하고자 한다.

오랜 시간과 다수의 손을 거쳐 오늘날에 전해진 견문록인 만큼 이 책에 언술된 일부 내용은 모호함이 있고 또한 저자와 역자 등 다수의 화자로 인해 독서에 어려움이 있다. 본 연구를 통해 기술된 내용의 맥락을 보다 정치하게 이해하여 모호함을 줄이는 반면 독서의 가독성을 높이고자 한다. 이러한 고찰을 통해 전해진 시간만큼 멀게 느낄 수 있는 이 책에 한결 쉽게 다가갈 수 있는 계기를 마련한다는 점에서 유의미한 연구가 될 것이다.

2. 술라이만의 견문록과 하산의 이본

술라이만의 견문록이 처음 작성된 시기와 페랑이 번역본을 발간한 시간의 차이는 1071년 그리고 독자가 이 글을 읽는 시점은 2020년을 기준으로 볼 때 무려 1169년의 차이가 있다. 이러한 시간의 개입이 있음에도 술라이만 이후의 하산의 이본 그리고 다수의 프랑스어 번역자의 주해 등으로 이 견문록의 내용은 비교적 온전하게 우리에게 전해졌다. 그럼에도 일부 내용과 표현에서는 화자를 명확히 알 수 없는 어려움이 있다.

본 장에서는 먼저 표지에서 보이는 모호함을 살펴보고, 그다음으로는 하산의 이본에 대한 정의, 그리고 마지막으로는 아랍어와 프랑스어 그리고 프랑스어와 한국어의 번역에서 야기되는 어려움에 관해 살펴본다.

(1) 표지의 저자와 역자

본 연구에서는 1922년 가브리엘 페랑의 번역본을 기본으로 하여, 독서에 혼란을 주는 요소들을 살펴보기로 하는데 먼저 책의 표지에서도 이러한 점이 발견된다.

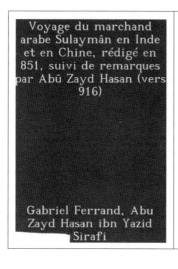

페랑 번역본의 표지[33]에서 상단에 있는 "아랍 상인 술라이만의 인도 와 중국 견문록, 851년 작성, 아부 자이드 하산의 이본(916년경)" 그리고 하단에는 "가브리엘 페랑, 아부 자이드 하산 이븐 야지드"라고 적혀있다.

일반적으로 상단부에 책의 제목과 그 밑에 저자명 그리고 하단부에 출판사 및 출판연도가 있는 형식이 아니다. 이 제목의 상단부는 원저자에 해당하는 아랍 상인 술라이만이 851년에 수사본을 작성하였다는 의미이고 또한 916년경에 아부 자이드 하산이 보충 설명을 단 이본이 함께 있다는 뜻이다. 그리고 하단에는 이 책을 프랑스어로 번역한 가브리엘 페랑의 이름이 있다. 그 뒤를 이어 오는 이름이 혼란을 주는데 아부 자이드 하산 이븐 야지드라는 이름이 가브리엘 페랑의 이름과 병기되어

---

33) Sulaymân, *Voyage du marchand arabe Sulaymân en Inde et en Chine, rédigé en 851, suivi de remarques par Abû Zayd Ḥasan (vers 916),* Éditions Bossard(Paris), 1922.

있기 때문이다. 따라서 상단의 하산의 이름과 유사한 동명의 번역가라고 생각할 수 도 있지만 페랑의 서문에서 다른 공동의 번역가를 언급하지 않는 것으로 보아 상기의 이본을 작성한 하산의 이름을 한 번 더 언급한 것으로 보아야 한다. 그리고 시라피(Sirafi)는 시라프라는 지명으로 시라프 출신의 아부 자이드 하산 이븐 야지드의 출신지를 말한다. 이처럼 이름과 출신을 병기하는 경향은 옛 그리스인들도 그랬으며, 동양 혹은 한국에서도 이러한 경향이 있었다.[34]

---

34) 옛날 한국에서도 출신지의 명과 이름을 같이 사용하던 관습이 있었는데 예를 들면 자신의 고향 이름에 "~댁"을 붙여 호칭처럼 사용하기도 했다.

(2) 하산의 이본에 대한 정의와 번역의 문제

가브리엘 페랑의 책은 1922년 보사르 출판사(파리)에서 출판되었으며, 이 책의 속지는 표지보다 정확한 내용을 담고 있다.

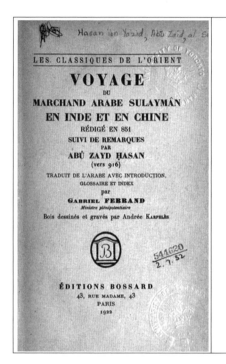

동양의 고전
아랍 상인 술라이만의 인도와
중국 견문록, 851년 작성,
아부 자이드 하산의 이본
(916년경)

아랍어의 번역과 서문, 어휘사전,
용어색인은
전권공사 가브리엘 페랑
목판의 그림 및 조각은 앙드레 카펠레

보사르 출판사
마담거리 43번가
파리 1922.

이 속지에는 페랑 자신이 번역 및 서문, 어휘사전, 용어색인을 이 책에 추가하였고 또한 앙드레 카펠레가 이 책의 본문에 있는 목판의 그림과 조각을 담당했다고 상세하게 적었다.

그럼에도 표지에는 이 책의 성격을 명확히 나타내지 못하는 부분이 있는데 바로 "suivi de remarques par Abû Zayd Hasan"이다. 이 부분을 직역하면 "(916년경) 아부 자이드 하산의 주해 첨부" 혹은 주해 대신 "지적", "설명" 혹은 "주석"으로 번역이 가능할 것이다. 하지만 이 단어 "주해들(remarques)"은 2권 하산의 글에 대한 명확한 정의와 특히 그의 역할에 대해 충분히 설명하지 못하는 경향이 있다. 왜냐하면 하산 의 2권은 술라이만의 견문록에 대한 단순히 보충 설명이나 주해를 넘어 술라이만의 시대에 없었던 인도와 중국에 대한 새로운 사실들, 예를 들 면 중국의 다양한 문화와 정치상황 특히 당나라 말기의 "황소의 난" 등 에 관해 상세히 설명하고 있다. 그리고 기술된 내용도 1권의 분량보다 더 많아 '주해' 혹의 '주해서'로 정의하기에는 어려움이 있다. 따라서 "서 지학적으로" 호칭이 마땅치 않아 이본 즉, "하산의 이본" 혹은 "2권의 이본"으로 지칭하고자 한다.

이와 관련하여 본 연구에서는 일반적인 의미로 이 책을 총칭할 때 는 술라이만의 견문록(술라이만과 하산의 견문록)이라 지칭하고, 아랍 어 원본의 경우는 수사본(예, 술라이만의 수사본 혹은 하산의 수사본), 프랑스어 번역본은 번역본 혹은 역서(르노도 번역본, 레이노 역서, 페랑 번역본 등)로 지칭한다. 그리고 번역본 내의 각 권은 "술라이만의 견문 록 1권"과 "하산 이본 2권" 혹은 "1권의 술라이만 견문록"과 "2권의 하 산 이본"(혹은 "술라이만의 1권"과 "하산의 2권")으로 구분하여 부르기 로 한다.

페랑은 자신이 번역한 책의 서문에서 1권의 술라이만 견문록과 2권 의 하산 이본에 대해 아래와 같은 질적 평가를 내렸다.

> "제 2281번 수사본 1권의 원본은 형편없다. 그의 편집자는 아랍어 를 잘 몰랐고 또 번역하기도 정말 어렵다. 우리는 원서를 최대한 참고 하고 또 레이노 판본을 자연스럽게 이용하면서 원래의 의미를 살리고 자했다. 아부 자이드 하산이 저자인 두 번째 책은 좀 낫지만 불완전하 다. 두 경우 다, 다른 원본이 발견되지 않은 유일 수사본이다.
> Le texte du livre I du manuscrit 2281 est mauvais ; son

rédacteur savait mal l'arabe et la traduction en est vraiment malaisée. On a tenté d'en rendre le sens en se tenant aussi près que possible de l'original et en utilisant naturellement la version de Reinaud. Le livre II qui a pour auteur Abû Zayd Ḥasan, est moins incorrect, mais laisse encore à désirer. Dans les deux cas, il s'agit d'un manuscrit unique dont aucun autre exemplaire n'a été retrouvé."[35]

페랑은 술라이만이 기술했던 1권의 내용에 관해 비판적인 시선이며, 또한 아랍어 자체도 문제가 있다고 말한다.

위의 인용문을 한국어로 번역을 할 경우, 오류를 범하기 쉬운데 그 원인은 페랑의 모호한 단어 선택과 표현에도 관련이 있다. 예를 들면 "Le texte du livre I du manuscrit 2281 est mauvais"는 명확히 원본 즉, 1권인 술라이만의 수사본에 대한 비판이다. 하지만 연이어 오는 "son rédacteur savait mal l'arabe"은 직역을 할 경우, 술라이만의 편집자가 아랍인임에도 아랍어를 몰랐다는 뜻이 된다. 따라서 아랍인이 아랍어를 몰랐다는 뜻이기에 문장의 맥락에 문제가 있는 것처럼 여겨진다. 그래서 아랍어를 프랑스어로 번역하는 과정에서의 편집자 즉, 외제브 르노도의 번역과 관련하여 번역을 한다면 오류가 된다. 이러한 혼란을 더욱 부추기는 다른 요소는 뒤이어오는 "la traduction en est vraiment malaisée"인데 이 역시 수사본의 번역 혹은 번역본이 형편 없다고 읽혀질 수 있는 부분이다. 왜냐하면 뒤이어 오는 "레이노 판본을 자연스럽게 이용하면서en utilisant naturellement la version de Reinaud"라는 표현은 이전의 역자인 외제브 르노도의 번역이 좋지 않

---

35) Sulaymân, *Voyage du marchand arabe Sulaymân en Inde et en Chine, rédigé en 851, suivi de remarques par Abû Zayd Ḥasan (vers 916),* Éditions Bossard(Paris), 1922, p.19.

아서 레이노 판본을 사용한다는 의미가 될 수 있기 때문이다. 이러한 혼란을 줄이기 위해서는 "그의 편집자(son rédacteur)" 대신 페랑이 앞서 언급했던 "그의 필사자(le scribe)"[36]라는 단어를 적었더라면 혼란이 덜했을 것이다. 그리고 "번역(la traduction)"이라는 한 단어의 사용 보다는 "번역하기(poure traduire)" 등의 표현 혹은 아랍어가 잘못되었기 때문에 "프랑스어로 번역하기"가 어렵다는 등의 인과관계가 성립되는 표현을 사용하였다면 다소 혼란을 줄일 수 있었다고 생각된다.

지금까지 표지에서 볼 수 있는 모호함과 하산의 이본에 대한 특징 그리고 번역의 과정에서 야기될 수 있는 부분의 예를 들어 살펴보았다. 상기의 예들 이외에도 이 책의 내용 중 다수 부분이 화자가 술라이만인지 혹은 아부 자이드 하산인지 혹은 역자 페랑의 기술인지 모호하여 내용에 대한 정확한 이해를 위해 이 부분에 관한 정치한 고찰이 필요하다.

3. 하산의 이본에 대한 주해와 화자 그리고 독서의 문제

아부 자이드 하산이 해제를 한 이 책의 2권은 첫 제목인 "중국과 인도에 관한 견문록Informations sur la Chine et l'Inde"(74~94쪽)을 포함하여 총 8개가 있다. 예를 들면 "자와가Jâwaga 도시에 관한 설명Description de la ville de Jâwaga"(95~103쪽), "중국에 관한 정보 속편Suite des informations sur la Chine"(104~113쪽), 인도에 관한 약간의 정보Quelques informations sur l'Inde(114~126쪽), 쟝(Zang)의 나라Pays du Zang(127~131쪽), 용연향L'ambre(132~

---

36) "1권은 술라이만Sulaymân 자신이 작성했거나 혹은 상인 술라이만의 이야기를 듣고 무명의 필사생이 작성했을 것인데 술라이만은 인도와 중국으로 여러 번에 걸쳐 여행했다. Le livre I a été rédigé par Sulaymân lui-même ou par un scribe inconnu d'après les récits du marchand Sulaymân, qui effectua plusieurs voyages en Inde et en Chine." Ibid. p.13.

133쪽), 진주La perle(134~137쪽), 인도에 관한 기타 견문록Autres informations sur l'lnde(138~140쪽)이며, 상기의 다양한 주제를 포함하고 있고 또 그 분량은 술라이만의 1권을 능가한다.

본 장에서는 하산의 이본에 나타나는 다수의 화자 문제를 살펴보기 위해 먼저 페랑의 서문에 기술된 일러두기를 살펴보고 또 하산의 이본에 대해 페랑의 수정 및 보충이 어떻게 이루어졌는지 고찰한다.

(1) 페랑의 서문과 일러두기

앞서 밝혔듯 하산의 이본은 술라이만의 수정 및 보충본이며, 페랑의 번역서 또한 술라이만과 하산 그리고 페랑 이전의 다수 프랑스어 번역자인 르노도와 레이노 등의 번역본에 대한 수정 및 보충본이다.

페랑의 서문은 수사본의 출처에서 원본의 보관 장소 그리고 이전의 다수의 프랑스어 번역가에 대한 다양한 정보를 제공하고 있을 뿐만 아니라 1권과 2권에 대한 개관 및 술라이만의 오류에 대한 하산 및 다수 번역가의 수정 등을 상세히 전하고 있다. 특히, 자신이 이 번역서에서 어떤 부분을 어떻게 수정했는지 일러두기를 통해 알린다.

"또한 최근 저자들에게서 동일한 항로를 참고해 바다의 묘사 중에서 누락된 부분도 보충하였다. 알-자쿠비(Al-Ja'qûbî)로 알려진 이븐 와드빕(Ibn Wâdbib)의 역사(Historiae) (éd. 후스마M. Th. Houtsma, t. I, 레이던Leyde, 1883, in-8°, p. 207)와 마수디(Mas'ûdî)의 (황금 초원Les Prairies d'or)이다. 술라이만의 책을 보충해주는 부연 설명은 대괄호 [ ]로 표기했다. 어휘목록에서는 기술적인 용어의 설명 그리고 잘 알려지지 않은 지명의 위치를 찾을 수 있다. 그리고 알파벳으로 된 용어색인은 용어를 찾는데 용이하게 할 것이다.

On a également comblé la lacune dans la description des mers, en empruntant des passages identiques à des auteurs contemporains : Ibn Wâdbib qui dicitur Al-Ja'qûbî, Historiae (éd. M. Th. Houtsma, t. I, Leyde, 1883, in-8°, p. 207) et Mas'ûdï (Les Prairies d'or). Ces additions qui complètent le texte de Sulaymân, ont été placées entre parenthèses carrées []. On trouvera au glossaire les renseignements nécessaires pour l'explication des termes techniques et la situation des toponymes peu connus. Enfin, un index analytique facilitera les recherches."[37]

페랑은 누락된 항로와 지명 그리고 인용된 저자와 저서를 추가하였으며, 대괄호를 사용하여 부연설명을 했다. 그리고 이 책의 마지막 부분에 알파벳순으로 정리된 용어색인도 첨부하여 옛 지명과 현재의 지명 간 혼란을 줄이고 있다. 이러한 페랑의 노력으로 지명에서 내용까지 보다 정확하게 문장의 맥락을 이해할 수 있다.

"[1권을 검토하면서] 나는 이 책이 회교 기원 237년 [=서기 851년]으로 거슬러 올라간다는 것을 확인했다. 이 시기 [서기 9세기 전반]에는 [페르시아만에서 인도와 중국으로 가는] 해상 여행은 일반적으로 이라크에서 이 두 나라로 자주 다녔던 수많은 상인들에 의해 이루어졌다. 책의 1권에 기록된 모든 내용은 사실적이고 진지하다는 것을 확인했지만, 중국인들이 망자에게 바치는 음식과 관련된 내용은 예외이다.
[En examinant ce Livre I], j'ai constaté qu'il était daté de l'année 237 de l'hégire [= 851 de notre ère]. À cette époque [dans la première moitié du IXe siècle de notre ère], les voyages maritimes [du golfe Persique en Inde et en Chine] s'effectuaient normalement par suite du grand nombre de commerçants qui, de l'Irak, se rendaient fréquemment dans

---

37) *Ibid.* p.20.

ces deux pays. J'ai constaté que tout ce qui est rapporté dans
le Livre I est véridique et sincère, à l'exception de ce qui est
rapporté au sujet des aliments que les Chinois offrent à leurs
morts."[38]

상기 예문은 하산의 이본이며, 페랑의 보충 설명이 잘 드러나는 부분
이다. 2권의 저자는 하산이기에 당연히 내용 대부분은 그가 기술했는데
예를 들면 "책의 1권에 기록된 모든 내용은 사실적이고 진지하다는 것을
확인했지만, 중국인들이 망자에게 바치는 음식과 관련된 내용은 예외이
다."라면서 술라이만이 기술한 내용 중에서 오류나 보충 설명이 필요한
부분을 하산은 2권에서 기술하고 있는 것이다. 하지만 상기 인용문에서
하산이 기술하지 않은 부분은 페랑이 서문의 일러두기에서 밝힌 대괄호
부분이다. 먼저 "[1권을 검토하면서]"와 "[=서기 851년]" 그리고 "[페르시
아만에서 인도와 중국으로 가는]"인데 페랑은 대괄호([...])를 사용해 문
장의 서술이 매끄럽지 않거나 설명이 필요한 부분을 보충하고 있다.

페랑의 번역서는 술라이만과 하산 그리고 몇몇 프랑스어 번역가 이
후, 이 견문록이 시간에 의해 발생될 수 있는 오류를 최소화하고 더 나
아가 독서를 더욱 용이하게 하는 역할을 한다. 또한 하산의 이본에 관해
말하자면 술라이만의 첫 수사본이 851년 그리고 하산의 이본이 916년이
기에 65년의 시간 차이가 있다. 하지만 그리 오랜 시간이 지나지 않은
시점에 하산이 술라이만의 견문록을 검토하고 수정을 하였다는 점에서
견문록의 오류는 줄고 반면 내용은 더욱 보완이 되었다는 점에서 이 견
문록의 내용과 전수에 대한 하산의 기여는 적지 않다고 하겠다.

---

38) *Ibid*. p.74.

(2) 하산의 이본과 화자의 모호성

페랑이 하산의 이본에 대한 특성 혹은 정의를 잘 드러낸 부분은 다음과 같다.

> "2권은 시라프(Sîrâf) 출신의 아부 자이드 하산(Abû Zayd Ḥasan)이 술라이만의 견문록에다 916년경에 인도와 중국에 관한 보충적인 설명을 추가했고 또 정확하지 않은 내용을 수정했다.
>
> Le livre II est dû à Abû Zayd Ḥasan de Sîrâf qui, vers 916, ajouta à la relation de Sulaymân des renseignements complémentaires sur l'Inde et la Chine et en rectifia les inexactitudes. Le livre II est dû à Abû Zayd Ḥasan de Sîrâf qui, vers 916, ajouta à la relation de Sulaymân des renseignements complémentaires sur l'Inde et la Chine et en rectifia les inexactitudes."[39]

아부 자이드 하산은 술라이만의 원본을 검토했고 또 당시의 자료들을 비교하며 오류를 수정하였다고 언급되었다. 그런데 이렇게 언급한 화자가 누구인지 불분명하다.

> "시라프(Sîrâf) 출신의 아부 자이드 알-하산(Abû Zayd Al-Ḥasan)은 다음과 같이 말했다. 나는 이 책, 말하자면 1권에 대해 정성스럽게 검토했는데, 이 책에서 나는 바다에 관한 것들, 해안을 접한 나라의 왕들, 해안에 사는 주민들의 특성과 관련하여 내가 알고 있는 모든 것들과 전술한 책에서 나오지 않는 그들의 전통에 관해서도 내가 아는 모든 지식을 동원하여 주의 깊게 검토하고 또 보충했다(p. 61).
>
> Abû Zayd Al-Ḥasan qui est originaire de Sîrâf, dit ceci : J'ai pris connaissance avec soin de cet ouvrage, c'est-à-dire du

---

39) *Ibid.* p.19.

Livre I, que j'avais été chargé d'examiner attentivement et de compléter avec ce que je savais sur le même sujet, en ce qui concerne les choses de la mer, les rois des pays maritimes, les particularités des peuples des côtes, (p. 61) et avec tout ce que je savais de leurs traditions qui ne se trouve pas dans le Livre précité."[40]

2권의 도입부에서 화자는 "시라프 출신의 아부 자이드 알-하산은 다음과 같이 말했다"라며 하산을 3인칭으로 지칭한다. 따라서 이 화자는 하산이 아니다. 만약 가브리엘 페랑이 화자일 경우, 대괄호를 사용해야 하는데 그렇지 않아 화자가 페랑인지 아니면 다른 3자의 변인지 의구심이 가는 부분이다. 여기에서의 화자를 이전의 프랑스어 번역가 중 누군가가 언급한 내용을 페랑이 그대로 적었다할 지라도 문맥상 페랑으로 보아야 한다.

하지만 뒤이어오는 "나"는 당연히 하산이며, 하산은 자신이 술라이만이 적은 1권의 견문록을 검토했다고 밝힌다. 여기에서 하산은 자신이 검토하고 보충한 즉, 해제의 부분을 명시하고 있는데 바로 "바다에 관한 것들", "해안을 접한 나라의 왕들", "해안에 사는 주민들의 특성"이다.

상기의 경우 외에도 화자가 분명히 드러나지 않는 경우가 있는데 1권의 마지막 부분에서 볼 수 있다. 페랑은 "[*다음에 오는 내용이 수사본의 본장 아래쪽에 추가되어 있지만, 그 행들은 원본과는 다른 글씨체이다.*]"라고 밝힌 후, 아래의 문장을 번역하였다.

"1권의 마지막에 가엾은 무함마드가 회교 기원 1011년 [서기 1602년]에 이 책을 주의 깊게 읽었다.

---

40) *Ibid.* p.74.

Fin du Livre I. Muhammad, le pauvre, a lu attentivement
ce livre, en l'année 1011 de l'hégire [= 1602 de notre ère]."[41]

위의 예문으로 보아 서기 1602년에 이 책을 누군가가 읽고 노트를
한 것으로 추측된다. 이 시기는 르노도가 수사본을 발견한 18세기 초도
아니고, 그 이후의 역자 레노도도 아니기에 우리는 익명의 누군가라고
유추할 수 밖에 없다. 그가 이 수사본과 역서에 큰 영향을 준 인물은 아
니겠지만 어쨌든 이 책은 술라이만과 하산 그리고 페랑과 같은 다수의
역자 및 우리가 알 수도 없는 다수를 거쳐 현재까지 전해졌다는 것을 알
수 있는 부분이다.

기존의 연구를 통하여 1권의 1장 부분에서도 술라이만의 기록뿐만
아니라 페랑의 부연 설명과 수정 그리고 그의 견해가 첨부되었음을 보
았다. 이러한 경향은 2권에서도 그러하다. 즉, 2권에서는 아부 자이드
하산의 글이 주를 이루지만 페랑이 주해를 한다. 이 경우, 1권에서는 대
괄호를 사용했고, 그가 밝히지는 않았지만 2권에서는 대괄호 및 소괄호
도 사용되고 있음을 알 수 있었다. 따라서 소괄호 속의 설명이 술라이만
의 글에 대한 하산의 보충설명인지 아니면 페랑의 것인지 모호할 때가
있다.

(3) 하산의 이본에 대한 페랑의 수정

페랑이 그의 서문에서 밝혔듯 하산의 이본은 술라이만의 견문록에
대한 보충적인 설명과 수정이다. 하지만 실제 하산의 이본은 페랑의 견
해와는 약간 다른 면을 보이는데 왜냐하면 단순한 설명과 보충을 넘어
술라이만의 견문록보다 훨씬 다양한 주제와 상세한 정보를 제공하고 있

---

41) *Ibid.* p.73.

기 때문이다. 또한 술라이만의 견문록은 중국의 문화와 교역 그리고 정치 상황에 관해서 긍정적인 관점을 유지하고 또 비교적 서술 역시 간략한데 반해 하산은 그렇지 않다. 1권의 예를 들면 술라이만은 200개가 넘는 중국의 주요 도시 및 환관 그리고 교역의 중심지인 한푸에서의 물품 보관과 수입관세에 관해 비교적 짧은 내용으로 기록했다. 그리고 중국의 문화에 관하여 "중국인들은 가난하든 부유하든, 젊든 나이가 들었든 모든 중국인은 글을 쓰고 읽기를 배웠다"[42], "중국인들은 무역 상거래와 공적인 일을 공정하게 행한다"[43]라며 중국에 대해 긍정적인 시선인 반면 하산의 경우는 약간 다른 시선이다.

> "1권을 기술한 이후 (P. 62.), 여러 상황이 많이 바뀌었는데 특히 중국에서 그러했다. 새롭게 발생한 사건들이 중국과의 모든 해사관계를 단절시켰고, 이 나라를 파산시켰고 또 법을 사라지게 했으며, 또한 권력을 분산시켰다. 만약 알라신이 허락하신다면, 나는 이 혼란과 관련해 내가 수집했던 정보들을 그 이유와 함께 알려주고자 한다.
>
> (P. 62.) Depuis que le Livre 1 a été écrit, l'état des choses a changé, surtout en Chine. Des événements nouveaux se sont produits qui ont interrompu toutes relations maritimes avec la Chine, ont ruiné ce pays, fait disparaître les lois et morcelé sa puissance. Je vais exposer, s'il plaît à Allah, les informations que j'ai pu recueillir sur ce bouleversement, en indiquant quelle en est la cause."[44]

이러한 비관적인 시선은 당시 중국의 혼란한 정치 상황과 관련이 있으며 특히 이 혼란으로 인해 중국과의 모든 무역이 붕괴되었기 때문이

---

42) *Ibid.* p.53.
43) *Ibid.* p.60.
44) *Ibid.* p.75.

다. 그는 특히 도입부에서 중국의 정치적 상황을 당대의 시각으로 기술하고, 때로는 술라이만의 시대와도 비교를 한다.

여기에서 "1권을 기술한" 사람은 851년의 술라이만이며, "나는 이 혼란과 관련해 내가 수집했던 정보들을 그 이유와 함께 알려주고자 한다"라고 말하는 화자는 916년의 하산이다. 하산은 술라이만이 기술한 1권 이후, 약 65년이 지난 시점에 중국의 상황, 특히 황소의 난이라는 역사적 사실을 언급하고 있다.

"중국에서 배가 드나들었던 [페르시아만의] 시라프(Sîrâf)[45] 항구와 함께 모든 해사관계의 규율과 법을 망가뜨렸던 원인은 황 카오(Ḥuang Č'ao)라고 불리는 왕가에 속하지 않는 중국 반란자의 출현 때문이었다. 그는 먼저 계략과 관대함을 권모술수로 이용하였다가, 그다음에는 무기를 들고 공격하였으며 또한 [사람과 재산에도] 손실을 입혔다. 그는 자신의 권력을 증대시키고 또 자신의 재산을 불리기 위해 자기 주위에 불한당들을 끌어 모았다. 그는 준비했던 계획을 완벽하게 실행하고서는 중국의 도시들 중 하나인 한푸 시로 향했는데 그 도시는 아랍 상인들이 드나드는 곳이었다.

La cause qui a bouleversé, en Chine, l'ordre et la justice et qui a mis fin à toutes relations maritimes avec le port de Sîrâf [du golfe Persique] dont les navires s'y rendaient, est l'apparition d'un rebelle chinois qui ne faisait pas partie de la famille royale et qui s'appelait Ḥuang Č'ao. Il usa d'abord de ruse et de générosité ; puis, il se livra à des attaques à main armée et fit subir des dommages [aux personnes et aux biens]. Il commença à réunir autour de lui des malandrins jusqu'au moment où sa puissance s'accrut et où ses ressources grandirent. Ayant complètement mis en œuvre le plan qu'il

---

45) Sîrâf는 중세 페르시아만에 있었던 해항도시.

avait préparé, il se dirigea vers Ḥânfû (Canton) qui est une des villes de la Chine, celle où se rendent (p. 63) les marchands arabes."[46]

하산은 자신이 기록한 2권에서 1권 이후의 중국 상황, 즉 황소의 난 이후에 중국과 해사 관계가 단절되고 또 중국에서의 분산된 권력으로 인해 야기된 혼란 등 중국의 다양한 사회 현상에 대해 말한다.

황소의 난은 중국의 당나라 말기 875년에서 884년에 일어난 농민반란이고, 이 반란을 계기로 당나라가 멸망을 한다는 점에서 중요한 사건이다. 하산이 2권을 발행한 시기와 비교해보면 이 난은 이미 32년 전에 종료되었다. 하지만 이 사건의 영향은 중국과 교역을 했던 많은 나라에도 영향을 끼쳤고 또 그 혼란이 지속되고 있다고 언급한다.[47] 하산의 기록은 아랍의 나라에서 수천 킬로나 떨어진 중국에서 생긴 사건이라고 생각할 수 없을 정도로 상세하고 또 그렇기에 현실감이 있다.

"이 사건을 알고 있는 사람들의 표현에 따르면 살해되었던 중국인을 제외하고도 이 도시에 정착하여 무역을 했던 120,000명의 이슬람교도, 유대교도, 기독교도 그리고 조로아스터교도가 참수되었다고 한다. 이 4대 종교의 희생자들에 대한 정확한 숫자를 알 수 있는 이유는 중국인들이 숫자를 파악한 뒤 이 외국인들에게 세금을 받았기 때문이다.

Des personnes qui ont eu connaissance de ces faits

---

46) Sulaymân, *Voyage du marchand arabe Sulaymân en Inde et en Chine, rédigé en 851, suivi de remarques par Abû Zayd Ḥasan (vers 916),* Éditions Bossard(Paris), 1922, p.75.
47) 역사적으로 보아, 황소의 난은 진압되었지만 이후 반란군을 진압했던 군벌 중에서 주전충이 당 애제를 쫓아내고 902년 후량을 건국하면서 당은 멸망했다. 이때부터 항하 유역의 5개 왕조 즉, 후량, 후당, 후진, 후한, 후주가 979년까지 흥망을 거듭하며 혼란을 줄어들지 않았기 때문에 중국과 교류를 했던 외국에도 영향을 미친 것이다.

rapportent qu'on massacra 120.000 musulmans, juifs, chrétiens et mazdéens qui étaient établis dans la ville et y faisaient du commerce, sans compter les Chinois qui furent tués. On a pu connaître le nombre exact des victimes de ces quatre religions parce que les Chinois percevaient un impôt sur ces étrangers d'après leur nombre."[48]

하산은 중국이 혼란한 이유를 황소(Ḥuang Č'ao)에서 찾고 있으며, 그로 인해 중국은 물론 아랍 세계까지 영향을 받고 있다고 진단한다. 특히 878년 황소의 난 때, 한푸에서 희생된 외국인만 하더라도 최소 120,000명에 달한다는 소식과 이러한 상황을 초래한 황소에 대해 비판적인 시각을 견지한다. 당시 무역을 위해 상주했던 외국인 120,000명이 참수되었다는 사건은 비극적이지만 다른 관점으로 보면, 역설적으로 한푸에서의 무역이 전 세계로부터 오는 상인들로 상관이 북적였으며, 무역이 매우 번성하였다는 것은 반증한다고 하겠다.

"저항은 지속되었고 또한 반역의 기세도 커져갔다. 황 카오의 의도와 그가 작정한 목표는 도시들을 파괴하고 또 주민들을 학살하는 것이었는데 왜냐하면 그가 왕족의 출신이 아니었고 또한 권력을 지독히도 갈구했기 때문이었다. 그의 계획은 실현되어 그는 중국의 지배자가 되었고, 우리가 글을 쓰고 있는 이 시간인 (916년 경)에도 그러하다.

La révolte durait et la force du rebelle grandissait. L'intention de Ḥuang Č'ao et le but qu'il se proposait étaient de détruire les villes et de massacrer leurs habitants parce qu'il n'appartenait pas à la famille royale et qu'il désirait

---

48) Sulaymân, *Voyage du marchand arabe Sulaymân en Inde et en Chine, rédigé en 851, suivi de remarques par Abû Zayd Ḥasan (vers 916)*, Éditions Bossard(Paris), 1922, p.76.

ardemment s'emparer du pouvoir. Son projet se réalisa : il
devint le maître de la Chine et il l'est encore au moment où
nous écrivons (vers 916)."[49]

상기 인용문의 화자는 "우리가 글을 쓰고 있는 이 시간(916년 경)에
도 그러하다"라고 했는데 역사적 사실과 비교하면 오류가 있는 부분이
다. 먼저 역사적으로 볼 때, 하산이 기록한 916년에는 이미 황소의 난은
종료되었다. 황소가 당나라군과 대적하며 장안에 나라를 세우고 국호를
대제로 칭한 시기는 880년이지만, 약 3년 후 투르크계의 이극용에게 쫓
겨 산둥의 타이산 부근에서 자결하였다. 따라서 "그의 계획은 실현되어
그는 중국의 지배자가 되었고, 우리가 글을 쓰고 있는 이 시간인 (916년
경)에도 그러하다"는 명백한 오류가 된다. 916년의 중국 황제는 주의정
(제 3대 황제, 재위 913~923년)으로 그는 후량의 초대 황제 주전충의
아들이다. 주의정의 재위 기간인 916년에는 진나라와 싸워 황하 이북의
영토를 대부분 상실했고, 그의 사후에도 북방 유목민과의 항쟁이 계속
되는 등 내정 및 외교에서도 혼란이 있었다. 이러한 혼란이 지속된 것은
상기의 인용문 내용과 동일하지만 이 사건들은 황소의 난과 직접적인
관련이 없다.

따라서 하산과 페랑 중 누가 오류를 범했는지 고찰할 필요가 있다.
결론부터 말하면 먼저 하산이 오류를 범했고, 이후 페랑은 그 오류를 수
정하지 못했다고 할 수 있다. 하산은 중국의 혼란이 황소의 난으로 시작
되었고 또 그가 왕이 되었다는 사실은 알고 있었지만 하산은 그가 계속
왕으로 재위했다고 믿었던 것으로 생각된다. 페랑의 오류는 우리를 당
혹스럽게 하는데 왜냐하면 1922년의 경우 하산의 시대처럼 정보의 한계

---

49) *Ibid.* p.77.

가 있었던 시기가 아님에도 기본적인 중국의 역사에 대한 오류를 수정하지 못했기 때문이다. 그리고 페랑은 자신의 서문에서 "중국에서는 찬란했던 당(T'ang) 나라의 왕조(618-906)가 통치했고"[50]라고 기술했고 또한 상기 인용문 직전에 황소의 난에 대해 "한푸 주민들이 황 카오를 도시에 들어오게 내버려두지 않았기 때문에 그는 회교기원 246년[= 서기 878년]에 집요하게 공격했다"[51]라고 했기 때문에 황소와 이 시기의 상황에 대해 분명히 인지하였다고 볼 수 있다. 하지만 하산의 이본이 기술된 시기인 916년에 재위했던 중국의 황제와 관련된 오류는 간과한 것으로 보인다. 더군다나 소괄호로 "(916년 경)"이라고 기간을 명시한 것 역시 하산이 아니라 페랑이라는 점으로 볼 때, 실수의 무게는 페랑으로 기울 수밖에 없다고 하겠다[52].

1권처럼 2권에서도 마수디의 글이 인용되는데 여기에서 글을 인용한 화자는 하산이 아니라 페랑이다. 왜냐하면 페랑이 그의 서문에 언급하였던 마수디의 저서 "황금 초원(Prairies d'or)"은 943년에 발간되었기 때문이다. 하지만 1권에서 보았듯 페랑은 자신이 인용을 했을 경우, 대괄호([...])를 사용하면서 표시를 했지만 2권에서는 그렇지 않은 부분이 있어 혼란을 준다.

"토구즈-오구즈 왕은 황 카오에 대항하기 위해 군수품과 탄약을 갖춘 수많은 병사들(마수디Mas'ûdî에 의하면 기병과 보병 400,000명

---

50) *Ibid.* p.14.
51) *Ibid.* p.76.
52) 페랑은 자신의 "어휘목록"에서 황 카오에 대한 하산의 실수를 언급하지만 정확히 어떤 실수인지 그리고 그 실수에 대한 수정도 하지 않았다. "황 카오. 마수디 Mas'ûdî의 황금 초원Les prairies d'or처럼, 아부 자이드 Abû Zayd의 아랍어 원문은 이 반역자에 관하여 중국의 정보에 따라 수정을 했었기 때문에 잘못된 내용을 담고 있다." *Ibid.* p.141.

이상)로 구성된 군대의 수장으로 자신의 아들을 전장에 보냈다.

Le roi des Toguz-Oguz envoya son fils contre Ḥuang Č'ao, à la tête d'une armée très importante par le nombre (— d'après Mas'ûdî, les cavaliers et fantassins s'élevaient au chiffre de 400.000 hommes —) pourvue d'équipements et de munitions."[53]

일단, 황소의 난은 875년에서 884년 사이에 일어났기에 이 내용은 술라이만과는 전혀 관련이 없고, 또한 하산과도 관련성이 적다. 따라서 대괄호를 사용하지는 않았지만 소괄호((...)) 안에 기록된 "(마수디Mas'ûdî에 의하면 기병과 보병 400,000명 이상)"은 페랑이 수정한 부분이다.

하산은 2권의 초반부에서 자신이 1권을 심혈을 기울려 검토했다고 밝혔던 것처럼 2권에서 그는 적극적으로 황소의 난 등 역사적 사실들에 대해서도 설명했고 또 그의 개인적 견해를 피력했다. 그리고 지리적 역사적 사실들을 수정하였고 잘못된 점을 비교 및 검토 했다. 뿐만 아니라 술라이만이 충분하게 설명하지 않은 부분은 적극적으로 내용을 보충하는 모습을 보인다.

"책 1권의 저자는 중국의 일부 법률에 관해 언급했지만, 그 정도에서 머물렀다. 그는 [예를 들어] 하기의 사례를 언급했다. 남자와 여자가 이전에는 품행이 방정해도 간통을 하면 사형에 처한다는 법이다.

L'auteur du Livre I a mentionné un certain nombre de lois de la Chine, mais il s'est arrêté là. Il a, [par exemple], cité ce cas : un homme et une femme, tous deux de bonne conduite antérieure, qui commettent l'adultère, sont mis à mort ; les voleurs et les assassins encourent la même peine."[54]

---

53) *Ibid.* p.77.
54) *Ibid.* p.79.

여기에서 1권의 저자는 당연히 술라이만을 일컷는다. 하산은 술라이만을 "그"라고 칭하고, 그가 충분하게 설명하지 않은 법률과 형벌의 문제 그리고 군력의 중심에 있는 환관에 관해 세부적인 설명과 함께 보충한다.

> "환관들에 관해 말하자면 1권의 저자가 너무 간단하게 언급했지만, [하기와 같이 부언할 필요가 있다] 환관들은 세금과 국고의 다른 모든 소득을 징수하는 의무를 맡는다.
>
> En ce qui concerne les eunuques, l'auteur du Livre I s'est exprimé trop brièvement ; [il y a donc lieu d'ajouter ce qui suit :] Les eunuques sont chargés de percevoir l'impôt et tous les autres revenus du Trésor."[55]

앞서 살펴보았듯 중국의 정치 상황에 대해서는 비관적인 시선이었지만 문화 전반에 관한 하산의 시선은 비관적이라기보다는 보다 개관적이고 분석적이다. 하산은 상기의 예문처럼 술라이만이 "너무 간단하게 언급"했거나 불분명한 부분을 수정 및 보충하는 역할을 하면서 내용의 오류를 바로 잡는다. 그럼에도 다수의 화자로 인한 문제는 여전히 독서를 어렵게 했다. 부연하자면 술라이만 혹은 하산의 목소리인지 아니면 역자 즉, 페랑의 목소리인지 그 경계가 뚜렷하지 않고 모호한 부분이 있다. 따라서 지금까지 이러한 모호성을 줄이는 정치한 독서를 위해 내용의 맥락에 유의하면서 화자의 정체성을 고찰하였다.

4. 나오는 글

지금까지 살펴보았듯 술라이만의 아랍어 수사본은 아부 자이드 하산

---

55) *Ibid.* p.82.

의 이본에서 보충 및 수정을 거쳤고 또 프랑스어 번역본은 외제브 르노도와 레이노의 검토 이후에 가브리엘 페랑이 수정 및 번역을 하여 오늘날에 이르고 있다. 저자 및 역자 등 복수의 주해자로 인해 화자가 누구인지 모호하고 또 독자에게 적지 않은 혼란을 주었다. 따라서 본 연구에서는 저자와 번역가의 역할과 해제의 정도, 화자의 정체성과 화자의 오류에 관한 고찰을 통하여 이러한 혼란을 줄이고 내용의 정치한 이해를 제고하였다.

결론적으로 술라이만이 중심이 된 1권은 본 역서의 23쪽에서 73쪽까지이며, 그리고 2권은 술라이만의 견문록에 대한 아부 자이드 하산의 주해와 보충의 글이다. 하지만 1권보다 하산의 2권은 내용의 신빙성이나 논리적 서술도 뛰어나고 또한 분량도 더 많다. 따라서 하산을 단순한 주석 혹은 해제를 한 사람이라기보다는 2권 이본의 저자라고 지칭하는 것이 오히려 적절할 것이다. 그리고 2권의 '중국과 인도에 관한 견문록'의 중심 화자는 "우리가 글을 쓰고 있는 이 시간(916년 경)에도 그러하다"라고 말하며, 황소의 난에 관해 다시 언급하는데 여기에서의 중심 화자는 당연히 아부 자이드 하산이다. 하지만 페랑이 화자가 되는 기술도 종종 나타나고 있어 다수의 저자와 역자의 목소리가 함께 나타나고 있음을 보았다.

본 연구는 술라이만의 견문록 중에서 2권 하산 이본에 대한 주해와 화자 그리고 독서의 문제라는 주제로 한정하였지만 이 견문록에는 왈(wâl)과 라스크(lašk) 물고기, 용연향 그리고 고려와 신라로 언급되는 한국과 관련되는 내용 등 다양한 주제를 포함하고 있기에 차후 문화인류학적 주제로 다룬다면 더욱 흥미진진한 연구가 될 것이다.

【참고문헌】

Alfred Thayer Mahan, 『해양력이 역사에 미치는 영향 1』, 김주식 옮김, 책세
　　　상, 2003.
Luc Cuyvers, 『역사와 바다』, 김성준 옮김, 한국해사문제연구소, 1999.
Sulaymân, *Voyage du marchand arabe Sulaymân en Inde et en Chine,*
　　　rédigé en 851, suivi de remarques par Abû Zayd Ḥasan (vers
　　　916), Éditions Bossard(Paris), 1922
마르코 폴로, 마르코 폴로의 동방견문록, 김호동 옮김, 사계절, 2015.
미야자키 마사카쓰, 지리와 지명의 세계사 도감 1-2, 노은주 옮김, 이다미디
　　　어, 2018.
바나드 루이스, 『이슬람문화사』, 김호동 옮김, 이론과 실천, 1994.
아오키 에이치, 『시파워의 세계사 2』, 최재수 옮김, 한국해사문제연구소,
　　　2000.
이븐 바투타, 이븐 바투타 여행기 1-2, 정수일 옮김, 창작과비평사, 2001.
정남모, 「술라이만의 견문록에 대한 주해와 화자 그리고 독서의 문제」, 한국프
　　　랑스문화학회, 44집 봄호, 2020.
정문수, 「8-9세기 해로의 활성화와 지중해 해상교역」, 한국항해항만학회지,
　　　26권 3호, 2002.
하네다 마사시, 『동인도회사와 아시아의 바다』, 이수열·구지영 옮김, 선인,
　　　2012.
한국해양대학교 국제해양문제연구소 편저, 『해항도시의 역사적 형성과 문화교
　　　섭』, 선인, 2010.
허　일·강상택·정문수·김성준·추이 원핑 편저, 『世界 海洋史』, 한국해양대학
　　　교출판부, 2003.

2. 1920년대 개성상인들의 홍삼판로 시찰기 고찰

: 『中遊日記』와 『香臺紀覽』을 中心으로

최낙민

I. 들어가는 말

고구려와 백제,[1] 신라의 삼국시대로부터 오늘에 이르는 우리의 유구한 역사를 통해 인삼은 한반도를 대표하는 수출상품으로 여전히 경쟁력을 유지하고 있다. 무역량이나 무역액에 있어서는 중국의 비단이나 일본의 은에 비해 그 규모가 적었지만 한반도에서 생산 된 인삼은 비단, 차, 도자기, 은 등과 함께 동아시아 상품교역네트워크를 구성하는 중요한 물품으로 작용해 왔던 것이다. 17세기에 접어들면서 인삼의 약효는 알바루 세메두(Alvaro Semedo)나 마르티노 마르티니(Martino Martini)와 같은 예수회(Society of Jesus) 선교사들에 의해 동아시아를 넘어 세계 각지로 알려지기 시작했다.[2] 山蔘이나 野蔘과 같은 '水蔘'을 주요 상품으로 하던 인삼 교역은 18세기부터 재배한 삼을 증기로 쪄

---

1) 陶弘景, 『本草經集注』: "(人蔘)乃重百濟者, 形細而堅者, 氣味薄於上黨, 次用高麗, 高麗即是遼東, 形大而虛軟, 不及百濟." 張寅成, 「古代韓國的道教和道教文化」, 『成大歷史學報』, 第39號, 2010.10, 52쪽. 再引用.
2) 설혜심, 『인삼의 세계사』, 휴머니스트, 2020, 41–61쪽.

서 익히는 '紅蔘'이 보편화되면서 그 유통범위는 확대되었고, 유통량도 증대되었다.

조선왕실의 재정에 있어 보물과도 같은 역할을 담당했던 홍삼은 일제강점기의 시작과 함께 서구열강과의 경쟁에서 승리한 일본의 거대기업 三井物産의 전매품이 되었다. 三井物産이 홍삼수출을 통해 취하는 이윤이 커질수록 인삼농가한테 사들이는 수매가는 낮아졌고, 密蔘에 대한 법령과 단속은 물샐 틈도 없이 엄해졌다. 때문에 1920년대부터 개성의 蔘業家들은 三井物産의 紅蔘專賣權指定을 폐지하기 위해 다각적인 노력을 경주하였다. 한편, 홍삼판매에서 배제당한 개성지역의 삼업가와 상인들은 1910년대부터 이제껏 중시하지 않았던 '白蔘'을 상품화하여 국내 판매와 함께 해외수출을 시도하였다.[3] 三井物産이 독점한 홍삼과 달리 백삼은 일제강점기 개성상인의 중요한 수입원이 되었고, 해외로 이주하는 조선인과 유학생의 생활을 돕는 중요한 방편이 되었으며, 대한민국독립운동에 필요한 자금을 마련하는 중요한 수단이 되었다.

1923년 朝鮮總督府 專賣局과 三井物産은 개성지역의 인삼재배와 홍삼생산을 주도하여 '人蔘大王'이라 불렸던 開城蔘業組合長 孫鳳祥에게 중국대륙 내 홍삼판로 시찰을 권유하였다. 중국 홍삼판로 시찰을 오랜 숙원으로 삼았던 삼업조합장 손봉상은 부조합장 孔聖學 등 6명으로 시찰단을 꾸려, 4월 1일 개성을 떠나 일본을 경유하여 당시 중국 내 홍삼시장의 중심이었던 上海를 시찰하였다. 이후 漢口, 北京, 天津, 芝罘, 大連 등지의 三井物産 지점과 대리점을 방문하고 杭州, 南京, 曲阜, 盧山, 泰山 등 명승고적을 유람한 후 瀋陽을 거쳐 철도를 이용하여 귀국하였다. 그해 가을 공성학은 43일간의 여정을 기록한 일기와 漢詩를 정리

---

3) 양정필, 「1910-20년대 개성상인의 백삼(白蔘) 상품화와 판매 확대 활동」, 『의사학』 제20권, 2011. 6, 83-118쪽.

하여『中遊日記』[4]를 간행했다. 1928년 다시 三井物産의 초청을 받은 손봉상과 공성학 등은 일본을 경유하여 臺灣과 廈門, 香港, 澳門, 廣州 등 중국의 남부 대도시를 방문하여 홍삼 판매현황을 살펴보았다. 당시 일행의 통역을 맡았던 孔聖求는 귀국 후 42일간의 일정을 기록한 자신의 일기와 공성학의 한시를 모아『香臺紀覽』[5]을 출간했다.

『中遊日記』와『香臺紀覽』에 대한 기왕의 연구는 3편에 불과하다.[6] 뿐만 아니라, 일제강점기 1920년대 개성상인의 '해외 홍삼시장 시찰기'라는 측면에 주의하여 두 책을 연구한 결과물이 산출되지 않고 있다. 본문에서는『中遊日記』와『香臺紀覽』의 기록에 기초하여 첫째,『中遊日記』에 포함된 홍삼판로 시찰에 대한 기록들, 특히 상해에서의 회의 자료를 정리하고 분석하여 개성상인들의 세계 인삼시장에 대한 인식 등을 확인할 것이다. 둘째,『香臺紀覽』의 기록을 토대로 대만을 포함한 홍콩과 하문 등 중국 남부와 동남아지역의 홍삼판로 개척을 위한 그들의 열정을 살펴볼 것이다. 셋째, 개성상인들이 상해에서 만난 倍達公司 玉觀彬과 志成公司 李惟善에 대한 조사를 통해 홍삼 전매권을 가진 三井物産으로부터 제약받지 않는 독자적인 해외 백삼 판매시장 개척을 위한 개성상인들의 의지와 노력을 확인할 것이다. 이러한 연구는 일제강점기 "범의

---

4) 본문에서 인용한『中遊日記』의 내용은 박동욱·이은주의 번역본(휴머니스트, 2018)을 저본으로 하였다.
5) 본문에서 인용한『香臺紀覽』의 기행문은 박동욱의 번역본(태학사, 2014)을, 공성학의 漢詩는 공성구가 편한『香臺紀覽』(中央印書局, 1931)을 저본으로 하였다.
6) 이은주는 「1923년 개성상인의 중국유람기『中遊日記』연구」(『국문학연구』제25호, 2012)를 통해 공성학이 본 낯익은 중국과 낯선 중국의 모습을 대비해 보여주었다. 대만 학자 陳慶智는『香臺紀覽』기록에 투영된 일제 강점기 臺灣의 모습(『동아시아문화연구』제56집, 2014)을 통해 공성학의 눈에 비친 대만의 인상에 대해 대략적인 윤곽을 그리고, 대만 풍경과 명승에 숨겨져 있던 사상 同化的인 뜻과 함께 대만과 한국 사이의 역사·문화적 연계를 살폈고,『香臺紀覽』을 통해 본 일제 강점기 대만의 교통과 숙식 시설(『韓國漢文學研究』, 제57집, 2015)에서는 조선 사람이 당시 대만의 교통과 숙식 시설을 어떻게 생각했는지, 그리고 그 당시의 잘 알려지지 않았던 대만의 실제모습을 구축하였다.

아가리"처럼 변해버린 위험한 사업 환경에 능동적으로 대처하고자 했던 개성상인들의 적극적인 상업 활동의 뿌리를 탐구하는 의미 있는 작업이 될 것이라 생각한다. 나아가 동서양의 거대한 교역 네트워크 속에서 한반도를 출발점으로 하고, 개성상인들이 주도한 "인삼의 길(人蔘之路, Ginseng Road)"이 존재했음을 드러내는데 작은 도움이 될 수 있기를 희망한다.

Ⅱ. 開城商人과『中遊日記』

제1차 세계대전 이후, 재계의 불황 등 여러 원인들로 인해 수년 이래 중국 내 홍삼 수요가 부진하였다. 1919년 파리 강화 회의에서 일본의 대중국 21개 조항의 요구를 승인하자, 이에 반대하는 학생들이 '5·4 운동'을 펼치면서 일본상품 배척운동이 심화되었고 芝罘에 있는 三井物産의 창고에는 홍삼이 산적하게 되었다. 1920년 국내에서는 産地 경작자와 하등의 관계가 없는 일본의 거대자본 三井物産에 홍삼의 독점판매권을 拂下한 총독부와 사이토 마코토(齋藤實) 총독에 대한 비판 여론이 일어났다.[7] 이에 총독부는 홍삼의 판로를 확장하기 위하여 專賣局 과장을 파견하여 중국 내 실제수요상황을 조사하고, 三井物産에 명하여 중국의 중부와 북부 지역에 대한 판매진흥책을 도모하였으나 실효가 없었다. 같은 해 三井物産은 수백만 원에 상당하는 홍삼 재고품을 처리하고, 구매력 회복을 위해 중국 남부와 南洋 각지의 지점장들을 서울에 소집하고 약간의 손해를 감내하고서라도 홍삼을 방출하기로 결정한 후 홍삼 3

---

7) 『東亞日報』, 1920년 4월 16일, 「紅蔘賣下에 對하야: 總督政治의 一端을 評함」.

만 수천 근을 판매했다.[8]

1923년 봄, 총독부 전매국 開城出張所 소장 이모리 겐조(伊森賢三)는 개성삼업조합 조합장이자 高麗蔘業社 사장으로 개성지역 삼업가들 사이에서 절대적인 영향력을 가진 孫鳳祥(1861?~1937)에게 중국 내 홍삼판로에 대한 시찰을 권유하였다. '人蔘王'[9]이라 불렸던 손봉상은 평소 "홍삼판로의 시찰은 어느 때를 막론하고 조합에서 마땅히 행해야 할 숙원"사업으로 여기던 부조합장 孔聖學(1879~1957),[10] "三井物産株式會社 紅蔘輸出權과 時變에 대한 公課金 制定 等에 合理치 못한 것을 當局에 抗議코자 開城 사람의 代表로 上京하여 爲政當局者에게 가삼을 서늘케 한" 理事 朴鳳鎭,[11] 강직하고 업무처리가 분명한 書記長 趙明鎬, 개성의 대부호 金元培와 함께 시찰단을 꾸리고 4천원의 경비를 지출하여 4월 1일, 개성역에서 많은 사람들의 전송을 받으며 長江 남북 1만 6,000리를 돌아보는 43일간의 여정에 올랐다.

京城에 도착한 개성삼업조합시찰단은 먼저 자신들을 안내하고, 편의를 도모해 줄 三井物産 경성 지점장 대리 아마노 유노스케(天野雄之輔)의 영접을 받았다. 아마노는 大韓帝國 때부터 홍삼 업무를 20년간 담당해오고, 중국 출장 경험이 여섯 번이나 되는 홍삼 전문가였다. 홍삼관련 전문가 6명으로 구성된 시찰단은 먼저 전매국장 아오키 가이조(青木戒三)의 안내로 사이토 마코토 총독과 아리요시 주이치(有吉忠一) 정무총

8) 『朝鮮日報』, 1921년 4월 24일, 「總督府蔘政如何」.
9) 『朝鮮日報』, 1923년 6월 9일, 「人蔘販路視察 開城蔘業組合代表」 : "손봉상씨는 원래개성의 큰 자본가로 인삼경작에 대하야는 매년 전매국에 홍삼원료로 이만 근을 공급하고 백삼과 미삼 등은 대략 오만 근을 매년 산출하는데 이에 대한 가액이 칠십만 원 이상에 달하야 가히 개성에 인삼왕(人蔘王)이라 할만 한 바……."
10) 공성학, 박동욱·이은주 역, 『중유일기』, 휴머니스트, 2018, 33쪽.
11) 柳順根·權一, 「開城踏査記」, 『신민』 53호, 1929년 11월. 부산대학교 한국민족문화연구소, 『한국 근대의 풍경과 지역의 발견 4(경기도·황해도)』, 국학자료원, 2013, 128쪽.

감을 방문하여 고별인사를 하고 훈사를 들었다. 당시 조선총독부는 홍삼 전매를 통해 상당한 재정수익을 얻고 있었기 때문에[12] 홍삼의 생산과 판매시장 확장에 지대한 관심을 가지고 있었음을 간접적으로 확인할 수 있다.

시찰단은 홍삼의 생산지 개성과 소비지 중국대륙을 연결하는 가장 빠른 수단인 京奉線(北京-奉天) 열차를 이용하지 않고, 釜山에서 선편을 이용해 일본을 경유하여 상해로 이동하였다. 이전시기 홍삼을 수출하던 개성상인들이 이용하던 육로를 대신하여 해로를 선택한 것이다. 이번 시찰을 준비한 三井物産은 현재 중국의 각 철로 주변에 도적과 반일세력이 많아 시찰단의 안전을 고려하여 시모노세키를 경유해 나가사키에서 상해로 가는 바닷길을 선택했다고 했지만 다른 목적도 있었던 것으로 보인다. 시찰단이 출발하기 전인 2월 11일 日本郵船은 나가사키와 상해를 잇는 항로에 영국에서 주문제작한 세계 선진수준의 쾌속 호화 증기선 上海丸(5,259톤)과 長崎丸(5,272톤)을 처녀 취항시켰다. 오전 9시 나가사키 항구를 출발하여 다음날 오전 10시 상해에 도착하고, 오전 6시 상해를 출발하여 다음날 9시 나가사키에 도착하는 새로운 해로의 개통을 두고 당시 일본 언론은 "중일교통의 신기원"[13]이라 대서특필하였다. 4월 5일 오전 9시 나가사키를 출발하여 다음날 오전 10시 상해항에 도착한 시찰단은 일본우선이 광고하는 중일교통의 신기원을 직접 경험한 것이다.

경성을 떠나 부산에 도착한 일행은 釜山紡織會社를 참관했고, 일본

---

12) 『京城日報』, 1916年 3月 10日, 「紅蔘専売事業に就て---専売課長　平井三男氏談」: "紅蔘専売に依る朝鮮総督府の収入は左の通りにして貴重なる財源と謂うことを得べし大正4年 1,391,000圓, 大正3年 1,276,000圓, 大正2年 711,000圓, 大正1年 394,000圓, 明治44年 121,000圓."
13) 鄭祖恩, 『上海的日本文化地圖』, 上海錦繡文章出版社, 2010, 12쪽.

에서는 下關條約이 체결된 春帆樓, 三井物産의 주력 기업인 三池炭鑛과 항구, 長崎造船所 등 일본이 자랑하는 근대적인 산업시설들을 시찰하였다. 공성학은 당시의 심정을 다음과 같이 적고 있다.

漢城에서 출발할 때는 홍삼 판로에 시찰의 목적이 있다고 생각했습니다. 門司에서 여기까지 오로지 三井支店으로부터만 환영 연회와 전송 연회를 받고 보니, 지금 우리 일행은 바로 三井에서 주최한 여행의 관광단이 된 것이군요.[14]

三井物産은 개성뿐만 아니라 식민지 조선 경제계에 상당한 영향력을 가진 개성상인들에게 자사의 역량과 근대화된 일본을 보여주기 위해 세심한 안배를 하고, 다양한 연회를 마련한 것으로 보인다. 三井物産이 준비한 일정과 연회를 소화하면서 개성상인들은 일본의 상권이 동양에서 기세를 떨친 이유를 짐작할 수 있게 되었다.

당시 상해는 三井物産의 홍삼판매에 있어 제일 중요한 도시였다. 일찍부터 건강식품 시장이 활성화 되었던 상해에서는 19세기 30년대가 되면 홍삼과 녹용, 銀耳(흰목이 버섯)의 경영업무가 한약방에서 분리되어 나왔다. 상해에서 제일 먼저 개업한 參戶는 淸 道光18년(1838)에 개업한 阜昌參戶였고, 光緖32년 상해에는 전문 인삼상점이 15곳이나 있었는데 모두 南市里 咸瓜街에 위치하여 독립적인 업종을 이루었다. 그 가운데 阜昌參戶(孔愼甫), 德昌參戶(鄭裁祺), 葆大參戶(金階), 元昌參戶(胡錫琪)가 상해의 四大參戶였다.[15] 三井物産은 오랫동안 조선의 상인들과

---

14) 공성학, 위의 책, 51쪽.
15) "19世紀30年代, 参茸、银耳的经营业务从中药店分离出来。上海最早的参店是淸 道光十八年(1838年)开设的阜昌参号。至淸光绪三十二年(1906年), 上海已有专业 参号15家, 均地处南市里咸瓜街, 形成一个独立的行业。其中阜昌参号、德昌参号、 葆大参号、元昌参号成为上海四大参店。民国10年(1921年), 参店34家。民国16年增

함께 고려인삼을 취급해온 이들 사대삼호 외에 裕豊德參戶(鄭天陵)와도
홍삼특약판매계약을 맺고 있었고, 香港, 廣東, 廈門, 汕頭, 臺灣 등 중
국 각지에 홍삼특약판매를 하는 중국 삼호를 갖고 있었다.[16] 그러나 三
井物産은 상해에서 활동하는 金文公司, 倍達公司 등 홍삼판매를 희망하
는 한인 인삼상인들은 철저하게 배제하고, 在中 한인들의 홍삼 판매 참
여를 일체 불허하였다.

4월 6일, 상해에 도착한 일행은 三井物産 上海支店 雜貨部 紅蔘係
직원의 안내로 숙소를 정하고, 상해지점장 노히라 미치오(野平道南)을
방문하였다. 이때 시찰단은 상해 지점장으로부터 "年前에는 홍삼이 쌓
여 있어 처치곤란이었지만, 다년간 노력한 결과 재고품을 모두 팔아 좋
은 성적을 얻었습니다."[17]라는 최근 판매상황에 대해 설명을 들었다. 다
음날, 일본영사관을 방문한 일행은 광고를 통한 홍삼 판매확대 방안 등
을 논의한 후 본격적인 일정을 시작했다. 시찰단은 三井物産 홍삼계 직
원, 상해의 다섯 삼호들과 함께 葆大參戶에 모여 장시간 홍삼의 판매현
황에 대해 논의하고 홍삼의 품질, 가격, 판로 등에 대한 다양한 의견을
교환하였다. 이때 상해의 다섯 삼호들은 시찰단에게 매년 평균적으로
판매하는 홍삼의 근수가 1만 2,000~1만 3,000근이 되니, 만일 가격을
조금 싸게 팔면 2만 근 이상도 아무런 염려 없이 판매할 수 있을 것이라
는 낙관적인 의견을 개진했다. 공성학은 三井物産의 장부상의 조사표를

至50家,其中以批发为主的养真参号、丰大参号、宝昌参号、怡大丰参号、同昌参号、
久康参号、永裕泰参号、葆丰参号和德润参号实力较为雄厚、批发销售对象遍及全
国。"『上海醫藥志』. http://www.shtong.gov.cn.
16) 香港(順泰, 義泰, 利源長, 永泰豊, 益和隆, 萬松泰, 萬興昌), 廣東(謙順惠, 同興,
永泰豊, 萬興昌), 廈門(朝德泰, 豊美), 汕頭(信泰贊記), 臺灣(捷裕蔘莊). 공성학,
위의 책, 65쪽.
17) "年前紅蔘積貨困難, 而多年努力結果, 盡售舊貨, 得好成績." 공성학, 위의 책,
264쪽.

근거로 하고, 다섯 삼호가 구두로 설명한 실제 판매상황을 참고해 紅蔘 販賣斤數明細表(大正九年以降), 天蔘과 地蔘의 販賣價格表, 各店別 取扱斤數表(天地蔘共)를 작성하였다.

各店別取扱斤數表

取扱店	九年下期 (1920年)	十年上期 (1921年)	十年下期 (1921年)	十一年上期 (1922年)	十一年下期 (1922年)	十二年上期 (1923年)
上海	12,730斤	12,300	7,360	9,312	4,350	12,578
香港	2,790	3,450	6,540	3,275	2,250	4,010
廣東	1,600	2,030	1,930	2,289	310	1,740
廈門	1,295	2,880	1,140	1,920	780	2,320
汕頭	390	1,050	1,140	900	−	−
福州	70	135	140	40	125	100
臺北	1,010	1,290	1,200	670	540	540
漢口	630	390	390	120	60	660
天津	41	161	3	17	−	30
北京	−	−	96	−	70	−
芝罘	240	242	242	212	124	1,117
新嘉坡	859	1228	634	562	574	679
泗水	30	75	84	96	41	64
盤谷	−	180	48	280	10	130
吧城	−	26	16	34	28	10
西貢	110	110	40	140	76	48
蘭貢	−	−	50	35	44	90
海防	10	10	−	−	−	−
スマラン	−	40	36	29	30	31
マニラ	−	−	−	2	−	8
桑港	−	−	−	−	37	−
孟買	−	−	−	−	2	−
京城	−	92	35	22	46	4
計	21,805	25,689	21,024	19,955	9,497	24,159

개성상인들은 三井物産이 제공한 구체적인 자료를 통해 "몇 해 전 금융공황 때 재고품이 산적했는데도 불구하고 가격을 유지할 수 있었던 것은 三井의 대규모 자본이 아니었더라면 불가능 했을 것"[18]이라는 점을 인정하게 되었다. 또한 시찰단은 泗水(수라바야), 盤谷(방콕), 吧城(자카르타), 西貢(사이공), 蘭貢(랭군), 스마랑, 孟買(뭄바이) 등 三井物産의 동남아지역에 대한 홍삼 판매상황과 함께 새로운 홍삼시장의 판매 신장을 위해 신문광고, 견본 기증품, 영화, 광고, 선전 인쇄물을 배포하는 등 다각적인 노력을 경주하고 있음도 확인했다. 이 밖에 南洋諸島와 暹羅(시암)은 소위 華僑의 근거지이며, 특히 싱가포르와 홍콩에 있는 三井物産 지점의 판매성적이 최근 점차 두각을 나타내고 있다는 사실도 알게 되었다. 三井物産의 지점이나 출장소가 설치된 이 동남아지역들은 화교들뿐만 아니라 동남아에 진출한 한인 인삼행상들의 주요 활동 무대이기도 했다.[19]

시찰단은 이번 회의를 통해 三井物産 상해지점이 중국뿐만 아니라 동남아지역에 대한 홍삼판매를 총괄하고 있다는 사실을 명확하게 인식하고, 그들이 매년 산출하는 조사표에 근거하여 일 년에 3만 5,000근 내지 4만 근 까지는 판매에 우려가 없는 호경기라는 사실을 확인하면서도 그들이 중국의 삼호와 더불어 박리다매 위주로 경영방침을 바꾸지나 않을까 염려하게 되었다. 또한 시찰단은 매년 상해에서 판매되는 백삼 가운데 만주산이 2만 근, 미국산이 1만 근, 일본산이 10만 근에 달하지만 조선산은 없다는 사실과 함께 天津, 漢口, 北京 등 중국 전역에서 판

---

18) "若以年前金融恐慌時, 積貨如山, 而猶能維持價格者, 果非三井之大資本, 莫可以如此也." 공성학, 위의 책, 270쪽.
19) 김도형, 「한국인의 동남아지역 진출과 인식」, 『1920년대 이후 일본·동남아지역 민족운동』, 한국독립운동의 역사 55, 독립기념관, 2008. 참고

매되는 각국 백삼의 연간 판매량과 가격을 확인하였다.[20] 시찰단은 조선산 백삼의 판매가 제일 취약해 만약 앞으로도 계속 힘써 선전하지 않는다면 신뢰할 만한 판로를 보장받기 곤란하다는 사실을 인식하였을 뿐만 아니라, 三井物産이 독점권을 갖지 않은 백삼을 중국시장에 대량으로 판매할 수 있을 것이라는 가능성을 확인하게 되었다.

시찰단은 三井物産과 상해의 인삼상인들이 제공한 구체적인 자료를 통해 "중국에서도 北方人보다 南方人이 더욱 高麗人蔘을 賞美하며, 南方人보다 南洋方面의 華僑들이 더욱 高麗人蔘을 愛好寶貴"[21] 한다는 사실을 확인한 이후 한구와 북경, 천진을 방문하여 중국 중부와 북부의 인삼시장의 현황을 직접 목도하였다. 당시 북경 삼호의 소매상은 대략 40 戶이며, 판로는 대부분 고관들이 선물용으로 사용하도록 파는 것이었는데 혁명 이후 아무도 선물을 하지 않아 東昌號의 1년 판매량이 30~40 근에 불과하다는 사실을 직접 확인한 것이다. 일제강점기를 거치면서 한반도와 중국 간의 홍삼무역은 육로에서 해로로, 북경에서 상해로 그 중심이 옮겨간 것이다.

시찰단은 三井物産이 인천에서 운송해온 홍삼을 보관하고 주문에 따라 각 지역으로 나누어 보내는 홍삼저장고가 있는 芝罘, 靑島, 大連, 安東 등을 방문하여 삼호들을 만나고 시장을 조사했지만 홍삼 판매현황에 대한 특별한 기록을 남기지 않았다. 공성학은 先代의 개성상인들이 활동하던 燕趙의 여러 도시를 다니며 인삼판매 상황을 탐문하던 당시의 심경을 한시에 담아내었다.[22]

---

20) 공성학, 위의 책, 66-67쪽.
21) 『朝鮮日報』, 1923년 2월 1일, 「高麗人蔘輸出에 對하여(1) - 특히 開城蔘業家諸氏에게」.
22) "나는 정치가가 아니었으므로 중국의 형세가 어떠하다고는 말할 수 없었고, 저술가가 아니었으므로 또한 명산과 대천이 내가 글을 쓰는 데 도움이 된 것도 없었다. 그저 燕趙의 시가지를 배회하며 고려의 野蔘 현황에 대해 묻고 다

問余何事入中州	무슨 일로 중국에 왔냐고 나에게 묻나니
蔘市彷徨汗漫秋	인삼시장을 이리저리 땀 흘리며 다녔네.
浮生活計爭蝸角	덧없는 인생 생계를 위해 蝸角을 다투고
世路危機料虎頭	세상의 어려움은 호랑이 아가리인가 싶네.
未逢燕趙悲歌士	燕과 趙의 슬픈 노래를 부르는 선비를 만나지 못했으니
豈擬江淮壯歲遊	어찌 江淮의 멋진 유람에 비유하리오.
時變有觀策無用	시국이 변하여 계책도 소용없으니
不如歸臥故林邱	고향으로 돌아가는 게 차라리 낫겠네.[23]

Ⅲ. 開城商人과 『香臺紀覽』

1923년 중국내 홍삼 판로에 대한 시찰을 마치고 귀국한 개성삼업조합장 손봉상은 상해에서 중국 상인과 함께 홍삼의 품질, 가격, 판로 등을 의논했던 일에 깊이 관여했기 때문에 이따금 당시의 기억을 떠올리고 감회에 젖기도 했지만, 黃浦 이남의 대도시들을 방문하지 못한 것을 못내 아쉬워했다.[24] 그러나 1925년 상해에서 '5·30 운동'이 발발하면서 아시아의 경제중심지이자 홍삼의 최대 소비지인 상해에서는 민족주의와 마르크시즘이 고양되었고, 중국인의 대일 감정도 급격히 나빠져 일본제품에 대한 배척이 심화되었다.

三井物産이 판매하는 홍삼이 일본제품으로 간주되어 중국 홍삼시장이 부침을 거듭하고 있었기 때문에 중국의 남부도시들을 시찰하고자 했

넜으므로 이 여행 기록은 피상적이고 빈껍데기에 불과하다." 공성학, 위의 책, 254쪽.

23) 공성학, 위의 책, 206쪽.

24) 손봉상, 『中遊日記』序, 25쪽.

던 개성상인들은 기회를 잡지 못하고 있었다. 1928년 봄, 전매국 개성 출장소장 이모리(伊森)는 손봉상과 공성학에게 대만과 홍콩 등 중국 남부지역 대도시의 홍삼판로에 대한 시찰을 권유하였다.

삼업조합을 설립할 때부터 홍삼의 판로가 날마다 중국 일대에 거듭 확장되었으니, 상해와 홍콩은 그중에서도 가장 중요한 지역이었다. 지난 계해년(1923)에 상해의 판로는 이미 시찰하였고, 홍콩을 경영한 것이 또 여러 해가 되었다. 올 봄에 비로소 그 의논을 결정하였고, 조합장 손봉상과 부조합장 공성학 두 사람이 동반하여 시찰 길에 올랐다.[25]

이번 시찰여행의 주요 목적지는 1923년 방문이후, 홍삼판매의 새로운 중심으로 떠오른 홍콩이었다. 그러나 손봉상과 공성학이 홍콩을 방문하기 위해 여권을 만들고 三井物産과 일정을 조절하던 4월 초, 일본군이 山東을 공격하여 '齊南事變'을 일으키면서 일본과 일본상품에 대한 중국인의 감정은 극도로 악화되었다. 당시 국내 언론에서는 中國動亂으로 중국을 유일한 수출국으로 하던 홍삼수출이 심대한 타격을 받아 1월부터 3월말까지 수출가격이 73,361원으로 전년 같은 기간 95,951원보다 약 반감했다는 우려 섞인 기사들이 보도 되었다.[26] 때문인지 이번 시찰은 첫 번째보다 규모가 축소되어 손봉상과 공성학 그리고 1919년 개성삼업조합에 참여한 蔘業技手 이토 기쿠지로(伊藤菊治郎)가 수행원으로, 통역원이자 기록원으로 공성학의 동생 공성구가 동행했다. 三井物産에서는 아마노 유노스케가 서울에서 합류하였다.

1928년 4월 30일, 일행은 출발에 앞서 전매국 개성출장소장을 찾아

---

25) 공성구, 위의 책, 15쪽.
26) 『東亞日報』, 1928年 5月 26日: "中國을唯一한顧客으로삼는朝鮮特産物인紅蔘 朝鮮對中貿易品中動亂의打擊을바든배가가장甚大한바此에대하야 稅務課調査 에依하면本年一月以後三月末에至하는輸出價格은73,361圓으로此를前年同期의 32,874원이다."

작별인사를 하고, 많은 사람들의 전송을 받으며 기차에 올라 부산으로 바로 이동하였다. 총독부를 방문해 총독과 정무총감을 만나 인사를 하고 훈사를 들었던 앞선 시찰과는 그 분위기가 달랐고, 시찰단이라는 말도 사용하지 않았다. 국내외 홍삼판매 상황이 좋지 않았기 때문인지 공성학은 개성을 떠나며 해외 인삼시장을 빼앗기지 않겠다는 의지를 비친 시를 지었다.

中州遊未遍, 중국(인삼시장)을 다 돌아보지 못해

又向日南天. 또다시 태양의 남쪽 하늘을 향하네.

海岳征鞭外, 바다와 산은 채찍 밖에 있고

鶯花祖道前. 꾀꼬리와 봄꽃은 조도(祖道) 앞에 있네.

幽期難再得, 은밀한 약속은 다시 얻기 어려운데

俗累易相牽. 세간의 잡사는 쉬이 서로 당기네.

萬里乘桴意, 만 리 길 배에 오르는 뜻은

翩然不讓先. 재빨리 움직여 선수를 양보치 않고자 함이네.[27]

중국의 남부 도시들을 시찰할 기회를 어렵게 얻은 개성상인들의 첫 번째 방문지는 일본제국주의의 동남아 진출의 교두보이자, 三井物産이 강력한 경제적 지배를 행사하고 있는 대만이었다. 조선의 공업계 발달로 인해 각종 공업용 원료를 대만으로부터 들여올 필요가 생기게 되면서, 三井財閥 계열의 城崎汽船이 臺灣-朝鮮航路를 열었고,[28] 시찰단이 출발하기 직전인 4月에는 日本郵船의 子會社인 近海郵輪株式會社에서 神州丸(2284톤), 第二養老丸(2,202톤) 2척을 취항시켜 매달 2회 仁

---

27) 공성학, 「發開城」, 孔聖求, 『香臺紀覽』, 中央印書局, 1931.

28) 『臺灣日日新報』, 1927年 2月 15日.

川, 基隆, 高雄간을 직항하는 해로를 개척하여 양국 간 무역액이 증가하고 있었다.[29] 국내 언론에서도 상인들의 대만 시찰과 무역을 독려하는 기사가 보도[30]되었던 만큼, 개성상인들이 三井物産 관계자와 함께 대만을 방문한 목적은 홍삼의 판로를 시찰하는 것 외에도 백삼과 인삼제품의 판로를 모색하고, 새롭게 시작한 醸造事業에 필요한 臺灣의 大米, 沙糖, 糖蜜과 같은 원료 확보를 위한 목적도 있었던 같다.

조선과 대만을 연결하는 직항로가 열렸지만 여행객들은 여전히 일본의 모지를 경유하는 항로를 주로 이용하였다. 5월 2일 오후, 일행은 시모노세키에서 8,999톤급 吉野丸에 승선하여 4日 오후 '新釜山'이라고도 불렸던 基隆港에 도착한 후, 기차를 이용해 臺北으로 이동하였다. 1923년 홍삼판로시찰을 통해 손봉상과 공성학은 대북이 상해나 홍콩과는 비교하기 어렵지만 대만해협을 사이한 하문과 함께 중요한 홍삼 소비지라는 사실을 알고 있었다.[31] 언제부터 대만에 한인들이 이동하고, 정주하기 시작했는지에 대해서는 정확한 기록이 없지만, 초기 대만 이주민 역시 인삼판매상이었을 것으로 추정된다.[32] 臺灣總督府 자료에 의하면 대만에 상주하는 한인이 처음 통계에 편입된 것은 1910년이고,[33] 1928년

---

29) 京城商業會議所月報,『朝鮮經濟雜誌』第百七十二號(1930.04)
30) 『東亞日報』, 1928년 6월 30일, 「臺灣仁川間 定期航路開始, 商人視察에 必要」.
31) 앞의 표 1을 참고 바람.
32) "연래 고려인이 다량의 인삼을 휴대하고 대만에 와서 판매를 하는 자가 한 사람에 그치지 않고, 한 차례에 거치지 않는다. 아마 큰 이익을 얻을 수 있기 때문에 큰 바다를 건너 산을 넘고 물을 건너는 일을 마다하지 않는 것 같다. 최근 숙질 관계인 두 사람이 고려인삼을 휴대하고 상해에서 배를 세내어 하문으로 왔고, 하문에서 다시 윤선을 타고 대북에 도착하였다.(年來高麗人多攜參枝渡臺販賣, 已不止一人, 亦不止一次, 大約獲利頗多, 故不惜重洋跋涉也. 如近日又有兩人云係叔侄仍帶高麗參從上海買棹赴廈, 由廈乘輪至臺北也.)"『臺灣日日新報』第427號, 第4 版, 1899年 10月 3日.『漢文臺灣日日新報』則報導了一則販賣人參後有餘裕代為娼妓脫籍之事. 第3343號, 第4版, 1909年 6月 23日. 許俊雅,「朝鮮作家朴潤元在臺作品及其臺灣紀行析論」,『成大中文學報』第34期, 2011, 32쪽. 再引用.
33) "일제강점기에도 동남아지역에 거주하였던 한인들에 대한 정확한 통계가 없지만 1935년 10월 조선총독부에서 세계 28개국에 산재한 한인들의 숫자를 발표

시찰단이 대만을 방문했을 당시 현지에는 약 515명의 한인들이 거주하고 있었다.

5월 7일, 일행은 三井物産 대북지점을 찾아가 홍삼 판매 상황에 대한 상세한 설명을 듣고, 이어 臺北信用組合 2층으로 홍삼 판매인 張清港을 찾아가 홍삼의 홍보상황을 살펴보았다. 그러고는 三井物産의 특약삼호인 捷茂號藥房으로 갔다. 약방의 주인은 공성학과 손봉상에게 홍삼을 꺼내 직접 인삼을 분질러 속이 흰 것을 보이면서 "구해 쓰려는 사람들은 이런 것을 가장 꺼립니다. 그런데 작년에 생산된 제품 중에는 살이 흰 것이 가장 많았습니다."[34]라고 제품에 대한 불만을 토로했다. 홍삼제품에 대한 이러한 불만은 1923년 상해에서도 경험한 것이었다. 당시 상해의 오대삼호들은 "현재 홍삼의 모양은 매우 양호합니다. 그러나 다만 세 가지(흰 껍질의 삼, 홍삼의 몸체가 찢어진 것, 잔뿌리가 갈라진 곳에 검은 점이 있는 것) 결함이 있어 소매상에 팔 때마다 매번 어려움이 많았으니, 이 세 가지를 개량하는 것이 제일 필요한 일입니다."[35]라는 건의를 했던 것이었다. 이후에도 시찰단은 대북의 각 인삼 판매점을 두루 방문하여 판매 상황에 대해 이것저것 조사하였지만 대만 내 홍삼 판매 상황에 대해서는 구체적인 기록을 남기지 않았다. 또한 당시 대북시에는 鮮興社蔘莊이라는 인삼농장을 운영하며 한인사회의 지도자로 명망이 높았던 平安北道 義州 출신의 韓材龍이 있었고,[36] 鄭錫彬이 운영하는 중국과

한 자료가 있다. 이를 보면 한국 밖에 산재한 한인의 총수가 2,783,254명이라고 한다. 그 가운데 아시아지역인 홍콩 22名, 오문 2명, 월남 54명, 인도 15명, 필리핀 42명, 말레이반도 18명, 대만 1,604명이 거주하고 있었다고 한다." 김도형, 위의 책, 211쪽.

34) 공성구, 위의 책, 38쪽.
35) 공성학, 위의 책, 60–61쪽.
36) "현지적응에 성공한 그는 부를 축적한 대표적인 재산가로서 명성이 자자한 인물이었다. 평안북도 의주 출신인 한재룡은 1903년경에 대만으로 이주했다. 한재룡은 무역을 통하여 이익을 도모하는 한편 부족한 재원이지만 "在臺同胞를 위하

동남아지역에 고려인삼을 판매하는 최대의 유한회사 高麗物産公司[37])의 지점이 있었지만 시찰단이 그들과 접촉했다는 기록은 없다.[38])

三井物産이 마련한 臺灣 방문일정을 통해 주목할 점은 개성상인들이 臺灣製糖會社의 중역을 만났고, 恒春에 있는 屏東製糖會社 사원과 동행 대만제당회사 출장소를 방문하고, 臺南에서는 직접 대만제당회사를 시찰하였다는 것이다. 1925년 공성학은 개성의 유지들과 함께 開城釀造株式會社를 창립하고 사장을 맡았다. 원래 개성의 시민 대다수가 소주를 애용하여 자가용 소주제조면허가 있어 각기 기호대로 양조 사용해 오던 중 1925년부터 돌연히 관청에서 그 면허 전부를 몰수하게 되어 시민은 갑자기 곤란을 느끼게 되었는데,[39]) 이때 개성양조를 창립한 것이다. 당시 서북5도의 양조업자들은 전통적인 소주 제조방법을 벗어나 혁신을 도모하고 있었다.[40]) 1926년 7월부터 부산의 增水釀造所에서 대만산

야 自己의 經營하는 蔘莊을 一層 더 擴張하고 同胞의 救濟方針을 永久히 繼續코저"하였다. 때문에 그가 "營經하는 鮮興社라는 蔘莊은 無衣無食한 同胞兄弟의 收容所라 하야도 過言이 아니엇섯다." 한인 이주자의 증가는 국외 독립운동기반을 확대·강화하는 요인이 되었다." 국외 독립운동 사적지: http://oversea.i815.or.kr/country/?mode=V&m_no=TW00009

37) 高麗物産公司는 南洋에서도 비교적 풍족한 자본과 조직적 규모 하에 4,5개소의 본지점을 두고 근대식 광고 선전을 통해 인삼을 판매 했다. 이 조직을 통해 한인들이 동남아 각 지역으로 진출할 수 있었다. 독립운동가 중에는 이 회사의 직원으로 고용되었던 사람들도 적지 않았다. 고려물산공사는 독립운동가들이 자유롭게 연락을 취할 수 있는 연락망을 갖고 있었으며, 안정된 직업을 갖고 활동할 수 있는 기반을 제공해주었다. 당시의 건물 원형이 그대로 남아있으며, 상점이 들어서 있다. 근방은 지금도 한약방가로 유명하며, 고려인삼에 대한 주민들의 반응은 대단하다. 국외 독립운동 사적지: http://oversea.i815.or.kr/country/?mode=V&m_no=TW00007.

38) 시찰단이 대만에 체류하고 있던 5월 14일에는 趙明河 의사가 일본육군대장을 척살하려는 시도가 있었고, 독립자금 마련을 위해 來臺 했던 丹齋 申采浩 선생이 기륭항에서 체포되었지만 개성상인들은 이에 대한 기록을 남기지 않았다.

39) 『朝鮮日報』, 1927. 01. 05. 「將來有望한 開城釀造 年産額三千石」

40) "1920년대 중후반을 거치면서 소주의 본고장이었던 서북5도(황해도, 평안남북도, 함경남북도)의 조선인 소주 생산업자들은 조선총독부에서 추진한 소주업정비 3개년 계획의 시행과정에서 살아남기 위해 전통적 방식의 소주 제조에서 벗어나 흑국(黑麴)소주 제조로 전환하기 시작하였다." 김승, 「식민지시기 부산지

糖蜜과 南洋産 타피오카 등을 직수입해 정교한 연속식 증류기를 사용한 신식소주를 대량 생산하면서 큰 환영을 받고 있었다는[41] 사실에 근거한다면 당시 개성상인들의 대만 방문목적이 홍삼 판로에 대한 시찰뿐만 아니라 그들의 새로운 사업인 양조산업의 주원료인 대만산 당밀 수입에 있었음을 추론할 수 있을 것이다.

대만 시찰을 마친 일행은 5월 14일 선편으로 廈門에 도착하였다. 상해와 홍콩의 중간에 위치한 하문은 지리적 이점으로 인해 인삼 판매에 있어 대단히 중요한 도시였다. 당시 하문에는 三井物産과 홍삼 특약판매관계를 맺은 朝德泰, 豐美參戶가 활동하고 있었는데, 그들은 상해와 홍콩 다음으로 많은 홍삼판매량을 기록하고 있었다. 이 외에도 하문에는 興士團에 속한 한인 鄭濟亨이 경영하던 太白山人蔘公司가 있었다. 홍콩에 본점을 둔 태백산인삼공사는 하문과 汕斗에 지점을 두고 있었기 때문에 재중 한인 인삼상들의 거점이자 독립운동가의 연락장소였다.[42] 시찰단 공성구의 친구였던 정제형은 일행의 하문 방문 소식을 접하고, 일행이 타고 있는 배를 방문하여 손봉상 등과 인사를 나누고, 다음날 일행을 모시고 하문을 관광하기로 약속 했지만 실현되지 못했다. 三井物産과 총독부는 정제형이 임시정부와 깊은 관계를 가지고 있고, 그의 상점에서 마련된 자금이 독립운동 진영에 유입되고 있다는 사실을 알고 있었기 때문인지, 가와카미 등 三井物産 현지직원들은 안전상의 문제로 시찰단과 정제형의 만남을 방해했다고 추론된다.

5월 17일 일행은 마침내 홍콩에 도착하였다. 지난 1923년 이후 삼업조합은 홍콩에서 인삼을 경영한 것이 여러 해 되었지만 현지를 방문

역 주조업(酒造業)의 현황과 의미」, 『역사와 경계』 95, 2015, 93쪽.
41) 김승, 위의 논문, 89~99쪽.
42) 김광재, 「日帝時期 上海 高麗人蔘 商人들의 活動」, 『韓國獨立運動史硏究』 제40집, 245쪽.

할 기회를 갖지 못하고 있었다. 홍콩에 도착한 시찰단은 三井物産 상해지점 사원 나카무라 야지로(中村彌次郎)의 방문도 받았다. 1923년 시찰단이 상해를 방문했을 때 杭州를 안내하며 인연을 맺었던 그는 홍삼 판로를 시찰할 목적으로 南洋諸島, 싱가포르, 방콕 등 홍삼을 새로이 필요로 하는 지역으로 출장을 가는 길이었다. 나카무라와의 만남을 통해 三井物産 상해지점이 중국뿐만 아니라 동남아 전체사업을 주관하는 곳임을 다시 확인하게 되었다. 일행은 三井物産의 지정 판매상인 順泰行과 利源長 등을 찾아 홍삼의 판매 상황과 수요 관계를 알아보고, 다음날에도 義順, 泰同, 太仁 등 三井物産이 지정한 삼호를 방문하여 홍삼과 각국 인삼매매의 수급가격 등 실제 상황을 파악하고자 하였다. 상해로 가는 배를 기다리기 위해 홍콩에 체류하던 일행은 마카오, 廣州 등지를 방문했지만 홍삼판매와 관련한 특별한 언급은 남기지 않았다.

1923年 시찰단은 三井物産의 주선으로 상해에서 생산자와 중계인, 판매인이 함께 모여 홍삼 판매현황에 대한 자료를 공유하고, 상호 의견을 교환하면서 홍삼판로의 전체적인 형국과 백삼수출의 무한한 가능성을 확인하였다. 하지만 오랜 기다림 끝에 홍삼 판매에 있어 상해만큼이나 중요한 도시 홍콩을 방문했지만 손봉상과 공성학은 三井物産으로부터 홍삼 판매상황에 대한 특별한 정보를 제공받지 못하였던 것 같다. 대만과 홍콩 시찰을 마치고 귀국을 위해 상해에 도착한 일행은 三井物産 상해지점장의 만찬 초대를 받았다.

식사를 끝내고 마당 연못가의 언덕 위에 있는 露臺에서 바람을 쐬며 한가로운 대화를 하다가 인삼 판매와 수급 현황에 대해 말하게 되었다. 지점장이 "홍삼 판로를 확장할 때 물품이 부족한 것을 늘 느끼게 됩니다. 따라서 올해부터는 5,000근을 추가하여 만들 계획입니다"라고 말하

였다. 비로소 그 수요와 공급의 실정을 알게 되었다.[43]

위의 간략한 기록을 통해 개성상인들은 일정을 마무리 하는 만찬석 상에서 상해지점장의 입을 통해 홍삼시장의 수요와 공급에 대한 실정을 처음 듣게 되었다는 사실을 확인할 수 있다. 또한 홍삼 제조량에 대한 중요한 결정이 三井物産 상해지점에 의해 이루어지고 있었음을 확인하게 되었다. 바닷길로 대만에 들어갔다가 홍콩, 상해를 들러보고 귀국한 손봉상의 회고에는 이때 가졌던 불편한 심경이 들어있다.

이번 여행은 홍삼의 판로를 시찰하기 위해서였으니, 홍삼이란 것은 과연 우리 동방의 특산품이 아니던가. 황포 이남에는 100만 명이 사는 큰 도시가 과연 한둘이 아니었기에, 홍삼을 1년에 십수만 근을 생산하더라도 충분히 소비할 수 있을 것이나, 가난한 지식인 놈들의 눈구멍이 혹 계산을 잘못한 것이 있지 않았던가.[44]

손봉상은 대만과 함께 홍콩, 하문, 광주, 福州, 汕頭 등 중국 남부의 대도시를 방문하였지만 三井物産으로부터 홍삼 판매와 관련한 특별한 자료를 받지 못했다. 그러나 중국 남부와 동남아 인삼시장에 대한 확신을 가진 그는 홍삼에 대한 자부심과 함께 백삼 수출에 대한 자신감을 드러내었다. 개성상인과 三井物産 사이의 관계변화에 대해서는 보다 심층적인 연구가 필요해 보인다.

Ⅳ. 開城商人과 在中 韓人 人蔘商

홍삼을 만드는데 적당하지 못한 退却蔘은 삼업조합에서 공동으로 白

---

43) 공성구, 위의 책, 99쪽.
44) 孫鳳祥, 『香臺紀覽』序: "紅蔘果非我東特産耶. 黃浦以南, 百萬衆大都市, 果非一二, 則年産十數萬斤, 足可以消費, 然措大眼孔, 或無錯算乎否."

蔘製造場을 설치하여 놓고 백삼을 생산하였다.[45] 때문에 개성삼업조합장 손봉상 등은 1920년 高麗蔘業社를 대규모로 확장하고 백삼을 통일적으로 경영하기로 하였고,[46] 백삼의 해외 판로 다변화에 대해 지속적인 관심을 갖고 있었다. 손봉상과 공성학은 두 차례 홍삼 판로를 시찰하였지만 三井物産이 안배한 일정을 소화해야 했기 때문인지 중국에서 활동하는 한인 인삼상인들을 만났다는 기록이 거의 없다. 본장에서는 시찰단이 上海에서 만난 倍達公司 玉觀彬과 志成公司 李惟善을 통해 백삼과 인삼제품 판로 다변화에 대한 개성상인들의 노력을 살펴보고자 한다.

1. 上海의 人蔘商 玉觀彬

일제강점기 상해에서 고려인삼을 취급했던 한국인이 운영하는 상점은 여러 곳이 있었다. 그 대표적인 곳은 1014년 韓鎭敎가 설립했던 海松洋行이었다. 그 외에도 金時文의 金文公司[47], 趙相燮의 元昌公司, 玉觀彬의 倍達公司, 김홍서의 三盛公司 등이 있었고,[48] 이름이 알려지지 않은 많은 인삼행상들이 있었다. 1923년 봄, 삼업조합시찰단의 상해 방문소식은 현지 한인사회에 알려졌고, 인삼판매와 관련된 사람들은 시찰단의 방문이 백삼무역을 활성화하고, 해외무역을 촉진하는 계기가 될 수 있기를 기대하고 있었다.

---

45) 『東亞日報』, 1923년 11월 4일, 「朝鮮名産인 人蔘은」.
46) 『東亞日報』, 1920년 6월 21일, 「高麗蔘業社擴張」.
47) "1920년대 초 上海에 유학했던 언론인 禹昇圭는 韓鎭敎의 海松洋行, 金時文의 金文公司를 滿洲 安東의 怡隆洋行이나 釜山의 白山商會에 비유하면서 그들을 '銃대 없는 商人獨立軍'이라고 하였다." 禹昇圭, 『나절로 漫筆』, 探求堂, 1978, 57-58쪽.
48) 김광재, 「日帝時期 上海 高麗人蔘 商人들의 活動」, 『韓國獨立運動史研究』 第40集, 225쪽.

中國人은高麗人蔘에對한傳習的大信仰이有하니萬一相當한機關에
셔相當한資本으로白蔘輸出만計劃하야도其相益이紅蔘에셔不下하리라
는一半實業家의定平이잇슬뿐이더니今回開城蔘業家代表一行이實地를
踏査코져來滬한다하니그一行이經濟上으로보아時代의美擧임을贊成不
已하는바로다. …… 開城人士가商業上의天才가잇슴은五百年來의正
平이有한대他地方보다率先하야對中貿易의必要를覺悟하고斯擧를決行
하니實로우리商界의模範이될지로다吾人은今回蔘業視察團諸氏의來滬
에際하야無限한敬愛와無量한希望을傾하야 歡迎의微誠을表하는것은
實로吾族의海外發展에對한一新記錄을添함으로써라願컨대半島商界에
有志父兄은海外貿易에對한思想을가지고먼져觀光視察한後에適當한事
業을만히振興케하심을切切히비노라[49]

상해에서 활동하던 한인 인삼상과 기업가들은 대규모의 자본을 갖
춘 개성상인들의 현지 방문에 대해 큰 기대감을 갖고 있었지만 시찰단
이 만난 인물은 옥관빈이 유일했다. 한말 청년애국지사이자 상해 굴지
의 한인 실업가로 유명했던 옥관빈은 倍達公司를 운영하면서 고려인삼
의 수출에 큰 관심을 가지고 있었다. 옥관빈은 1923년 1월 高麗人蔘精
의 중국 수출 길을 열기위해 종형 玉有彬을 개성에 출장 보냈고, 2월 1
일부터 5일까지 朝鮮日報에 「高麗人蔘輸出에 對하여- 특히 開城蔘業家
諸氏에게(1-5)」라는 다소 도발적인 기고문을 연재하였다. 옥관빈은 "工
業이 發展하지 못하고 物産이 貧弱한 現今의 半島의 狀況을 考慮할 때
가장 適切한 海外貿易商品은 高麗人蔘이 있을 뿐"[50]이라고 하고, 공개
적으로 개성지역 삼업가 제씨에게 중국에 있어 고려인삼의 무한한 판매
가능성과 그 구체적인 방안을 제시하였다.

---

49) 『朝鮮日報』, 1923년 6월 6일, 「開城蔘業組合員 上海視察團을 歡迎」.
50) 『朝鮮日報』, 1923년 2월 1일, 「高麗人蔘輸出에 對하여(1) - 특히 開城蔘業家諸
   氏에게」.

中國地方에旅行하면藥房藥局마다其門前其店面에『高麗人蔘』四大
字를黃金大字로大書特書한懸板을掛치아니한者가無하나니此로써볼지
라도中國人이高麗人蔘에對하야얼마나寶貴로奉하는지를可히想像할지
며印度의棉花, 濠州의羊毛, 中國의紅茶, 高麗의人蔘은世界의有名한
特産이된지라故로余가世界各國의商人으로더부러貿易品을談論할時마
다高麗人蔘은朝鮮의特産品이라함을往往聞之하니이로써보건대中國人
뿐아니라世界各國人이擧皆高麗人蔘의聲價를認定하는모양이러라.[51]

옥관빈은 중국인들이 알고 있는 인삼은 오직 고려홍삼인데 '5·4운
동' 이후 일본상품에 대한 배척이 극렬해지면서 일본사람이 팔고 있는
홍삼이 일본제품으로 오인되어 중국 각지의 三井物産 창고에는 홍삼 재
고가 산적하고 있다고 하고, 이를 한인들이 판매하면 일본상품 배척의
영향을 받지 않아 그 판매실적이 다대할 것이라 주장하였다. 또한 그는
三井物産이 오직 현지 중국인들과 거래하는 경영방침을 비판하고, 한인
들의 참여를 허가할 것을 강력하게 요구하였다.[52] 옥관빈의 이러한 기
고는 개성삼업조합의 책임자들뿐만 아니라 조선총독부나 전매국 등 홍
삼과 관련 된 사람들에게 일정한 인상을 남겼을 것이다. 때문인지 손봉
상은 출국에 앞서 고려삼업사 사장의 신분으로 옥관빈에게 인삼사업과
관련하여 미리 연락을 취하였다.

시찰단의 일정에 대한 정보를 가진 옥관빈은 여러 차례 일행의 숙소
에 전화도 걸고 서신을 보내왔다. 그러나 三井物産이 마련한 일정을 소
화해야 했던 시찰단은 상해를 떠나는 날 오전에야 겨우 그를 만날 수 있
었다.[53] 손봉상이 옥관빈을 만나고자 한 이유는 아마 그가 제기한 백삼

51) 『朝鮮日報』, 1923년 2월 2일, 「高麗人蔘輸出에 對하여(2) – 특히 開城蔘業家諸
   氏에게」.
52) 『朝鮮日報』, 1923년 2월 3일, 「高麗人蔘輸出에 對하여(3) – 특히 開城蔘業家諸
   氏에게」.
53) 공성학은 옥관빈에 대해 "얼굴 따로 이름 따로 아는 사람이었는데, 풍채를 한번

과 紅蔘精 수출과 판매에 대한 의견을 듣고, 협력의 가능성을 타진하기 위함 이었을 것이다. 국내에 보도된 신문기사를 참고 하면 당시 옥관빈은 손봉상에게 백삼 수출방안뿐만 아니라, 7월 중순 南洋에 위치한 네덜란드령 자바섬에서 개최되는 박람회에 개성인삼제품을 출품하자는 제의를 하고, 동의를 얻었던 것으로 보인다.

> 고려삼업회사에제조하는백삼(白蔘)인삼(人蔘)인삼카피당(珈啡糖)
> 인삼엿(人蔘飴)인삼가루(粉)인삼전과(煎果)등을 그박람회에출품코져
> 하야목하상해에잇는화란(和蘭)령사와교섭하는중이며 또손봉상씨는이
> 번중국방면에인삼판로를실디시찰한결과그판로의무한함과그잠재력의
> 유망을 확신하야본국으로돌아온후 씨의아달 손홍준(孫洪駿)씨를다시
> 상해에 보내여상해에지뎜을두고남화(南華)남양(南洋)방면에고려인삼
> 을수출하기로결심하얏다더라(상해).[54]

손봉상은 상해에서 개성삼업조합장의 신분으로 三井物産 支店 紅蔘係 직원들과 중국인 인삼상인들을 만나 남양과 중부 남부지역 도시의 홍삼 판매 상황과 발전 가능성을 확인하였다. 또한 고려삼업사 사장의 신분으로 옥관빈을 만나 백삼뿐만 아니라 홍삼정 등 인삼제품의 중국 판매에 대한 충분한 가능성을 확인하고, 자바섬에 열리는 무역박람회에 개성인삼제품을 출품할 것을 결정하였다. 또한 귀국 후에는 이러한 사업을 차질 없이 수행하기 위해 그의 아들 손홍준을 상해에 보내 지점을 설치하고 화남지역과 남양에 대한 고려인삼 수출을 강화했다는 사실을 확인할 수 있다.[55]

보니 진실로 옥 같은 사람이었고, 뜻은 빼어났으며 이야기에 운치가 있어 상해에 들어온 날 일찌감치 만나지 못한 것이 아쉬웠다"고 일기에 적고 있다. 공성학, 위의 책, 106쪽.

54) 『朝鮮日報』, 1923년 6월 11일, 「和領博覽會에 朝鮮人蔘輸出品」
55) 『朝鮮日報』, 1923년 6월 9일, 「人蔘販路視察團 開城蔘業組合代表 ; 1923년 6월

(2) 上海의 人蔘商 李惟善

1928년 귀국길에 손봉상과 공성학이 상해에서 만난 한인 인삼상인은 옥관빈과 志成公司의 주인인 李惟善 두 사람이었다. 이유선은 자신을 李容翊(1854-1907) 시대에 상해에 와서 머무르면서 인삼을 판매하고, 독일 약품도 함께 취급한다고 소개하였다.[56] 공성구는 이유선을 용모가 단정한 사람이며, 그와 자유롭게 의견을 나누었다고 기록하고 있지만 국내에는 이유선에 대한 사료가 거의 남아 있지 않아 그가 어떤 사람이고 언제 상해에 자리를 잡았는지 정확하게는 알 수 없다. 그러나 보부상 출신의 이용익은 閔泳翊의 천거로 高宗의 신임을 얻어 光武 1년 (1897) 宮內府 內藏院卿에 취임하였고, 農商工部에 귀속되어 있던 광산과 度支部 관장 하에 있던 蔘圃를 內藏院에 이관시키고, 1899년 왕실의 재원 확충을 위하여 한국 최초의 인삼전매회사 蔘政社[57]를 설립하여 大韓帝國의 蔘政을 주관하였지만 1905년 을사조약이 체결된 이후 모든 관직에서 파면되고, 해외를 유랑하면서 구국운동을 펼치다가 러시아에서 객사한 '親露反日' 성향의 인물이었다. 이러한 역사적 사실에 근거한다면 이유선이 상해에 정착한 시점은 대략 1900년대 초반이며, 그가 상해에서 설립한 지성공사는 한국인이 운영하는 가장 오래된 고려인삼상점으로 추정할 수 있을 것이다.

이유선은 손봉상과 공성학이 존경하는 개성지역 儒林과 문인들의 정신적 지도자 滄江 金澤榮과 일정한 관계를 가진 인물로 추정된다. 1909년 蘇州 東吳大學에서 유학하던 개성의 부잣집 자제 金東成은 하계방학

11일 「和領博覽會에 朝鮮人蔘出品」.
56) 공성구, 위의 책, 92쪽.
57) 삼정사는 인삼을 경작하는 삼포를 감독하고, 홍삼의 제조 및 판매를 관장하는 기업이연서 다른 한편으로는 삼세수납을 대행하는 징세기관으로서의 독특한 성격을 지니고 있었다.

귀국길에 상해에 들러 이유선의 집을 방문했는데, 그곳에서 河相驥와 金澤榮 같은 韓末의 정객들을 만났다고 회고하였다.

> 그때 귀국도중 上海 李惟善씨집에 들르니 우리나라 政客이 많이 集合하였고 韓末大詩人 滄江 金澤榮先生도 南通州에서 거기까지 와 있었으나 先生에 대한 記事는 後日로 미루고 거시서 相逢한 一老政客을 소개하는 것이다. …… 나는 仁川監理 河相驥요, 집에서 아무도 모르게 中國으로 避身한지 두 달이 되어 나의 生死를 우리 집에서 모르고 있으니 편지 한 장을 전해주면 고맙겠소.[58]

김동성의 회고에 따르면 1905년 중국의 南通으로 망명한 김택영은 연락선을 타고 가끔 한국인이 내왕하는 상해를 방문하였고,[59] 중국으로 피신하여 이유선의 집에 집합한 河相驥와 같은 韓末의 정객들과 교류를 이어가고 있었다. 이는 이유선이 농상공부나 탁지부와 깊은 관계를 가진 인물일 수 있으며, 고종으로부터 홍삼 1만 근을 받아 상해에서 활동했던 민영익과도 일정한 관계가 있었을 것이라는 추론을 가능하게 한다.

> 上海惟善洋行 李惟善씨는 二十餘年前부터 至今까지 中國은 물론이오 南洋과 露西亞와 米國等地로 두루다니며 商業에 대한 經驗이 豊富한 사람임으로 鐘路 中央靑年會社會部에서는 氏를 請邀하야 …… 講演會를 開催한다는데 문뎨는 "中國과 歐美의 朝鮮人商業狀況"이라 더라.[60]

1926년 8월 13일자 『東亞日報』에 실린 기사와 위의 단편적인 자료들

---

58) 김동성, 「나의 師友錄 13」, 『京郷新聞』, 1967년 11월 08일.
59) 김동성, 「나의 師友錄 14」, 『京郷新聞』, 1967년 11월 11일.
60) 『東亞日報』, 1926년 8월 13일, 「中國과 歐米에 同胞商業狀況: 明日밤 靑年會舘에서 李惟善 講演」.

을 종합하면 이유선은 늦어도 1906년 이전 조선을 떠나 중국과 남양 등지를 다니며 상업에 종사했고, 러시아와 구미지역을 다니며 경제활동에 나섰던 인물이라는 것을 알 수 있다. 또한 1927년 이유선은 상해에서 상업 활동을 하는 유지들을 모아 "조선 상업을 각국에 소개 발전 코저 오는 삼월부터 상해 미국총상회 안에 朝鮮物産展覽會를 개최하기로 하고 우선 金燦山씨를 조선 내지에 특파하여 조선 내지 상업가와 연락을 도모하는 동시에 대외무역에 동의를 얻고자"[61]하였다. 당시 국내 언론에 소개된 기사를 통해서 볼 때 이유선은 미국의 상해상업회의소를 이용하여 조선물산전람회를 개최할 만큼 상당한 신임과 능력을 가진 상인이었고, 그가 운영하던 志成公司는 상해임시정부에 자금지원을 하고 있었을 것으로 추측할 수 있다.[62]

손봉상과 공성학이 상해에서 이유선을 만난 것은 김택영의 소개로 이루어졌을 가능성이 존재한다.[63] 6월 1일 상해에 도착한 두 사람은 바로 이유선을 만났고, 다음날에는 직접 지성공사를 방문하여 이유선을 통해 선약을 잡아놓고 기다리던 중국 인삼상인 馮子卿과 沈堯天을 만났다. 6월 3일, 고려삼업사 사장 '人蔘王' 손봉상은 중국 인삼상인과 春尾蔘 판매계약을 체결하고, 대금결제에 대해 장시간 협상을 가졌으며, 출발 전날에도 이유선과 옥관빈의 상점을 방문하고 작별인사를 나누었다. 이 외에도 金時文이 경영하는 金文公司가 '高麗蔘業社 中國經理'라는 간판을 걸고 영업을 했다는 사실은 손봉상과 밀접한 관계가 있었음을 반

---

61) 『朝鮮日報』, 1927년 2월 27일, 「中國上海에 朝鮮物産展」.
62) 『한민족독립운동사』 7권에는 "김규식의 知己이며 상해에 자산을 갖고 있는 徐秉奎가 년 5백불을 쾌척할 것이라고 한 것에서도 힘입은 바 컸다." 註에 "上海稅關에 근무하며 月400~500불의 수입이 있고 上海 北四川路에 志成公司라는 무역업체를 경영하고 있는 한국교포였다."라는 기록이 있다.
63) 孫鳳祥도 1908년 度支部 蔘政課 囑託의 職位를 가진 바가 있어 개연성은 있으나, 일기 내용에 근거하면 두 사람이 직접적인 관계를 가진 것은 아닌 듯하다.

중하는 일이다.[64] 하지만 이들이 김시문을 만났다는 기록은 남기지 않
았다.

V. 나오는 말

　반식민지의 중국에서는 제국주의 열강에 예속적이면서도 반제국주
의적인 계기를 가진 민족자본이 성장했지만 완전 식민지 조선에서는 그
러한 민족자본의 성장은 용이하지 않았다. 민족자본으로 성장했다면 총
독부와의 협조의 길을 모색하지 않으면 안 된다고 하는 딜레마가 있었
던 것이다.[65] 개성삼업조합장 손봉상과 부조합장 공성학은 1923년과
28년 조선총독부 전매국과 홍삼의 독점판매권을 불하받은 三井物産의
권유로 중국 내 홍삼판로를 시찰하였다. 첫 번째 시찰을 다녀온 후, 공
성학은 자신의 감회를 다음과 같이 담담하게 개괄하였다.

　　그저 燕趙의 시가지를 배회하며 고려의 野蔘 현황에 대해 묻고 다
　녔으므로 이 여행 기록은 피상적이고 빈껍데기에 불과하다. 게다가
　손짓으로 의사소통을 하여 보고 들은 것이 마치 隔靴搔癢하는 격이었
　고 바람이 불고 비가 퍼부어도 일정에 따라 강행했으니 시찰 취지에
　비추어 볼 때 매우 부끄러웠다. 그러나 얕은 식견으로도 오히려 바다
　너머 망망한 타국에서 만에 하나라도 얻은 바는 있을 것이다. 이에 전
　말을 기록하여 여러분의 웃음거리로 삼고자 한다.[66]

---

64)　김광재, 「日帝時期 上海 高麗人蔘 商人들의 活動」, 『韓國獨立運動史研究』 제40
　　집, 245쪽.
65)　조경달 저, 최예주 역, 『식민지 조선과 일본』, 2015, 한양대학교출판부, 98쪽.
66)　공성학, 위의 책, 254쪽.

공성학의 회고에 따르면 홍삼판매권을 갖지 못한 그들 개성상인들이 현지에서 행할 수 있는 것은 다만 인삼시장의 현황에 대해 묻고 다니는 피상적인 시찰활동 뿐이었다. 또한, 三井物産이 마련한 촉박한 일정 때문에 시장상황에 대해서도 자세한 탐문을 진행할 수도 없었고, 더군다나 중국말을 할 수 없어 손짓발짓으로 의사소통을 진행하는 마치 신을 신고 발바닥을 긁는 성에 차지 않는 시찰활동이었다는 것이다. 그러나 개성상인들은 상해에서 三井物産 支店 紅蔘係 직원들과 중국인 인삼 상인들을 만나 남양과 중부 남부지역 도시의 홍삼 판매 상황과 발전 가능성을 확인하였고, 옥관빈과의 만남을 통해 자바에서 열리는 박람회에 개성인삼제품을 출품하기로 결의하였으며, 중국시장에 백삼을 적극적으로 수출하기 위해 손봉상의 아들을 파견하여 지점을 개설하는 등 일정한 성과를 이룬 시찰이었다고 평가할 수 있을 것이다.

1928년 대만과 홍콩, 하문, 광주 등 중국 남부의 조선인삼 수요지를 시찰하고 돌아온 개성삼업조합 부조합장 공성학은 7월 2일 총독부 전매국장에게 시찰보고를 마친 후, 국내 언론과의 인터뷰를 통해 두 번째 시찰과 관련 다음과 같이 언급하였다.

> 紅蔘은朝鮮特産이니만치獨舞臺로여긔저긔서歡迎을밧고잇스나白蔘은最近亞米利加로부터輸入되어朝鮮物이驅逐될念慮가잇슴으로將來의우리同業者는매우硏究치안흐면아니될줄로생각한다더욱이宣傳이매우巧妙함으로朝鮮物의旗色이아조滋味가없는現狀이다　勿論分析한結果에依하면朝鮮物과는當初에比較가 안되나大槪큰놈을希望하고잇슴으로耕作方法도硏究改良하랴고思한다[67]

---

67) 『東亞日報』, 1928년 7월 6일, 「紅蔘은 獨舞臺 白蔘은 樂觀不能 - 米國物에 壓倒되기 쉽다」.

개성상인들은 두 번의 중국시장 시찰을 통해 三井物産이 주도하는 홍삼 판매상황은 상당히 안정적인데 반해 자신들이 주도하는 백삼의 판매상황은 아직 만족스럽지 못하지만 발전가능성이 있는 것으로 판단하였다. 1923년 첫 번째 시찰을 통해 개성상인들은 上海에서 판매되는 滿洲, 美國, 日本 등 각국 백삼의 연간 판매량에 비교하면 "조선산 백삼이 제일 취약해 만약 앞으로도 계속 힘써 선전하지 않는다면 신뢰할 만한 판로를 보장받기 곤란하다"는 사실을 인식하게 되었고, 상해에 지점을 내고 중국 남부와 동남아시아시장에 대한 백삼 수출을 적극적으로 추진하였다. 1928년 두 번째 방문에 있어 개성상인들의 주된 관심은 三井物産의 독점품인 홍삼이 아닌, 그들이 직접 수출하는 백삼에 있었다. 그들은 현지 소비자의 요구에 부합하는 굵은 인삼을 재배할 수 있도록 경작방법을 개선하고 백삼의 수출을 활성화하기 위해 선전을 강화해야 한다는 사실을 확인하였고, '범의 아가리'처럼 변해버린 위험한 사업 환경에 능동적으로 대처하고자 하였다. 비록 건강한 민족자본으로 성장하지는 못했지만 1920년대 총독부와의 협조의 길을 가면서도 독자적인 발전의 기회를 찾고자 했던 개성상인들의 노력을 어떻게 평가해야 할지 다시 한 번 고민할 필요가 있다.

【참고문헌】

孔聖求,『香臺紀覽』, 中央印書局, 1931.

공성학, 박동욱 · 이은주 역,『中遊日記』, 휴머니스트, 2018.

공성구, 박동욱 역,『香臺紀覽-개성성인의 홍삼로드 개척기』, 태학사, 2014.

설혜심,『인삼의 세계사』, 휴머니스트, 2020, 41-61쪽.

김도형,『1920년대 이후 일본·동남아지역 민족운동』, 한국독립운동의 역사 55, 독립기념관, 2008, 211쪽.

조경달 저, 최예주 역,『식민지 조선과 일본』, 2015, 한양대학교출판부, 98쪽.

부산대학교 한국민족문화연구소,『한국 근대의 풍경과 지역의 발견 4(경기도·황해도)』, 국학자료원, 2013, 128쪽.

鄭祖恩,『上海的日本文化地圖』, 上海錦繡文章出版社, 2010, 12쪽.

禹昇圭,『나절로 漫筆』, 探求堂, 1978, 57-58쪽.

京城商業會議所月報,『朝鮮經濟雜誌』第百七十二號, 1930. 04.

이은주,「1923년 개성상인의 중국유람기『中遊日記』연구」,『국문학연구』제25호, 2012, 183-215쪽.

陳慶智,「『香臺紀覽』기록에 투영된 일제 강점기 臺灣의 모습」,『동아시아문화연구』제56집, 2014, 247-272쪽.

陳慶智,「『香臺紀覽』을 통해 본 일제 강점기 대만의 교통과 숙식 시설」,『韓國漢文學研究』, 제57집, 2015, 569-609쪽.

양정필,「1910-20년대 개성상인의 백삼(白蔘) 상품화와 판매 확대 활동」,『의사학』, 2011, 83-118쪽.

張寅成,「古代韓國的道敎和道敎文化」,『成大歷史學報』, 第39號, 2010. 10, 52쪽.

許俊雅,「朝鮮作家朴潤元在臺作品及其臺灣紀行析論」,『成大中文學報』第34期, 2011, 32쪽.

김 승,「식민지시기 부산지역 주조업(酒造業)의 현황과 의미」,『역사와 경계』95, 2015, 89-99쪽.

김광재,「日帝時期 上海 高麗人蔘 商人들의 活動」,『韓國獨立運動史硏究』第40集, 2011, 245쪽.

『東亞日報』, https://newslibrary.naver.com/search/searchByDate.

『朝鮮日報』, https://newslibrary.naver.com/search/searchByDate.

『京鄕新聞』, https://newslibrary.naver.com/search/searchByDate.

국외 독립운동 사적지: http://oversea.i815.or.kr/country/?mode=V&m_
no=TW00007.

국외 독립운동 사적지: http://oversea.i815.or.kr/country/?mode=V&m_
no=TW00009.

『上海醫藥志』, http://www.shtong.gov.cn.

3. 올라우다 에퀴아노의 자전서사에서 언어와 문화변용

노종진

I. 서론

유럽에서 15~16세기에 노예무역이 시작되었는데 17~18세기에 본격적으로 유럽의 열강들은 아프리카에 진출하여 아프리카인들을 노예로 삼아 노동력을 이용하거나 매매를 통해 소유권을 가짐으로써 아프리카인들의 자유를 박탈하고 인간성을 파괴시키는 폭력을 행사하였다. 여러 지역에 식민지를 건설한 후 플랜테이션 농장에 노동력이 점점 더 필요하게 되자 영국정부는 노예로 이를 충당하려 하였다. 식민지 건설과 노예무역은 비례적으로 규모가 점점 더 커지고 더 많은 노예의 수요는 증가하였다. 그래서 대서양을 횡단하는 중앙항로(Middle Passage)를 통해 많은 아프리카 노예들이 아메리카와 서인도제도로 팔려와 비참한 삶을 살았다. 외부로부터의 이런 폭력 때문에 삶이 바뀌고 노예로 전락하게 된 아프리카인들의 이야기 또한 등장하였는데, 18세기에 출간된 여러 아프리카인들의 노예의 삶과 관련된 서사 중에서 올라우다 에퀴아노(Olaudah Equiano)의 자서전(1789)은 문학사에서 매우 중요한 작품으로 평가된다.[1] 헨리 루이스 게이츠(Henry L. Gates Jr.)가 지적하듯이 노예서사의 견본으로서 "19세기에 등장하는 노예서사들의 전형이 되는"(153) 올라우다 에퀴아노의 자서전은 많은 학자들의 연구의 대상이 되어왔을 뿐만 아니라, 현재에도 노예서사의 원조로서 자주 인용되는 작품으로 평가된다. 또한 문학선집에도 빼놓지 않고 등장하는 영어로 쓰인 초기의 대표적인 서사중의 하나로 대학에서도 자주 커리큘럼에서 빠지지 않는 주요 작품의 하나로 자리 잡고 있다.

에퀴아노는 자신의 생애동안 많은 것을 이뤄낸 르네상스형 인간이다. 현재의 나이지리아의 이그보(Igbo) 출생의 그가 노예로 팔려 서인도제도, 미국, 영국 등 세계의 여러 대륙을 항해한 후에 자전적인 서사를 출판하고 노예무역 폐지에 공헌한 점은 다방면으로 유능했던 그의 능력을 보여준다. 그는 노예 신분으로서는 당시에 극복하기에 거의 불가능한 신분적, 사회적, 정치적, 문화적 한계를 극복하였을 뿐만 아니라, 인간이 주어진 환경과 조건을 어떻게 변화시키고 새롭게 거듭나는지를 보여주는 전형의 인물로 평가받는다. 그는 자신이 처한 상황에서 어떤 방식으로 대처할 것인가를 빠르게 판단하고 당면한 문제를 해결하는 능력을 보여준다. 그는 자신과 관련된 주변사람들과 성실함과 신의로 관계

---

1) 에퀴아노의 서사보다 2년 앞서 1787년에 출간된 오토바 쿠고아노(Ottobah Cugoano)의 『아프리카 출생 오토바 쿠고아노가 영국민들에게 겸손히 제출한 사악한 노예수송과 인간거래에 대한 생각과 감정』(Thoughts and sentiments on the evil and wicked traffic of the slavery and commerce of the human species, humbly submitted to the inhabitants of Great Britain, by Ottobah Coguano, a native of Africa)과 올라우다 에퀴아노의 『올라우다 에퀴아노의 삶의 흥미로운 서사』(The Interesting Narrative of the Life of Olaudah Equiano)는 정치담론으로서 강력한 힘을 발휘해 마침내 1807년에 아프리카의 노예무역을 종식시키는데 크게 기여하였다(Marren 95). 자서전이나 노예서사의 측면에서 보면 에퀴아노의 서사가 이들의 서사보다 문학적으로 더 뛰어나고 영향을 끼친 것으로 평가된다. 이후 논문에서 텍스트의 인용이나 표기는 『흥미로운 서사』로 줄여 표기함.

를 맺음으로써 신뢰를 얻고 그가 처한 상황에서 최선의 결과를 얻어내려 노력한다. 그리하여 그는 비록 노예로서 암울하고 비천한 상황에 처하지만 자유에 대한 열망을 갖고 성실하게 자금을 모으고 주인에 대한 충성과 신의를 보여줌으로써 자유를 쟁취한다. 그는 강한 도전정신을 소유했을 뿐 아니라 열정을 갖고 자신의 목적을 이루기 위해 주어진 상황에 몰입하고 새롭고 폭넓게 사고하여 문제를 해결한다. 그가 노예에서 온전한 영국 시민으로 변화하는 과정에서 보여주는 능력은 이와 같은 폭넓은 사고와 도전정신에서 발휘된다.

에퀴아노의 삶이 노예서사라고 불리는 흑인서사의 중심인물들의 삶과 다른 점은 바다가 그의 삶의 현장이자 한 인간으로서 성장하는 자양분을 제공하는 영역이라는 것이다. 노예 신분으로서 한 주인에서 다른 주인으로 사고 팔리는 과정에서 신분뿐만 아니라 이동 중에 그가 겪었던 여러 중요한 사건들은 바다와 긴밀한 연관을 맺고 있다. 바다는 그에게 많은 기회를 제공하고 자유를 모색하게 하는 동인이자 공간으로서 존재한다. 노예 신분으로 중앙항로를 항해하면서 그는 바다의 광활함과 육지와 접지된 공간이자 무한히 열려있는 가능성에 강한 인상을 받는다. 그의 이동경로는 항해를 통해 주로 육지와 섬 그리고 대륙을 이동하는 과정이다. 에퀴아노는 바다를 항해하며 새로운 장소로 이동하고 정착과 탈주를 반복하는 삶에서 새로운 모험을 꿈꾸며 자신의 삶을 단련하게 된다. 바다는 그에게 삶의 교육의 장이다. 그는 배를 타고 항해하는 가운데 항해술을 비롯하여 다양한 지식을 습득한다. 그는 일련의 이동경로에서 새로운 문화와 관습 그리고 사람들과의 관계를 통해 보다 큰 세계를 이해하고 이런 경험을 바탕으로 자신의 삶을 계획하고 보다 큰 비전을 꿈꾼 인물이다. 이와 같이 에퀴아노는 그가 만나게 되는 사람들과 역동적인 문화교섭을 경험했으며 떠나온 본국과 새롭게 마주치는 지역의 문화의 차이를 몸소 체험하게 된다. 그는 새로운 문화의 경험과 더 많은 지식을 얻기 위해 언어를 습득한다. 새로운 언어인 영어에 대한 문해능력을 습득한 뒤에 더 나아가 자신의 삶을 요약한 자서전을 집필함으로써 노예무역을 폐지하는데 기여한 문필가이자 지식인으로 변화하였다.

에퀴아노의 자서전을 문학사적인 의의나 가치로 평가한다면 무엇보다도 이후에 등장하게 되는 노예서사의 근간을 이루는 여러 문학적 전형을 보여준다는 점을 빼놓을 수 없다. 서사에 나타나는 중요한 문학적 모티프는 가족과의 이별, 처참한 노예의 삶, 폭력과 감금, 매매, 탈출의 대가 등 노예서사에서 공통적으로 등장하는 모티프들이다.[2] 무엇보다도 에퀴아노의 노예서사에서 중요한 점은 이러한 비인간적인 처우와 열악한 환경에서도 문해능력의 기회가 박탈된 노예가 자유의 신분을 얻은 후에 영어로 자신의 삶에 대해 자전적인 서사를 쓰고 이를 통해 노예제도의 비인간적인 잔혹함을 고발하고 폐지의 정당성을 천명하는 것이다. 언어에 대한 뛰어난 감각과 통찰력을 갖고 그는 주인의 언어를 습득하여 그 언어를 통해 주인의 악행이나 모순과 제도적 폐단을 비판한다. 또한 그는 아프리카인의 인간성과 도덕성을 백인의 악행과 비인간적 만행을 대조적으로 드러내어 전복적 글쓰기를 시도한다. 자서전 서사를 쓴다는 것은 저자의 지적, 예술적, 문학적, 정치, 사회적 행위를 수행하는

---

2) 노예서사는 아프리카계 미국문학의 뿌리에 해당하는 전통이다. 노예신분에서 자유를 쟁취한 뒤 자유인이 된 흑인이 자신이 경험했던 노예제도의 참혹상을 고발하는 노예서사는 에퀴아노의 서사에서 다루어진 삶의 여러 형상과 유사한 요소들을 포함하고 있다. 프레데릭 더글라스(Frederick Douglass), 윌리암 브라운 (William Wells Brown), 해리엇 제이콥스(Harriet Jacobs), 부커 티 와싱톤(Booker T. Washington)을 거쳐 1960년대부터 새로 노예제도를 다룬 신노예서사(Neo-slave narrative)의 장르를 통해 흑인문학의 주요한 전통으로 자리매김하였다. 신노예서사로는 마가렛 워커(Margaret Walker)의 *Jubilee* (1965), 어네스트 게인즈의 *The Autobiography of Miss Jane Pittman* (1971), 토니 모리슨의 *Beloved*(1987) 등을 거론할 수 있다.

것이다. 이 논문에서 밝히고자 하는 것은 에퀴아노에게 언어의 습득, 특히 그를 노예로 전락시킨 백인들의 언어인 영어에 대한 문해능력의 습득이 그의 자유획득 뿐만 아니라 노예무역을 폐지하는데 일조하게 되는 전략과 도구임을 밝히는 데 있다. 항해는 에퀴아노에게 사회의 축소판으로서의 선박위에서와 광활한 바다에서 문화변용을 경험하게 하는 실질적인 공간이었고 그의 언어습득과 또한 항해 기술의 습득이 그의 자유를 얻는 데 중요한 역할을 한다. 그에게 종교는 이 과정에서 정신적·육체적 고통을 인내하고 그의 존재를 지탱하는 빛이자 구원의 반석이다. 논문은 에퀴아노가 자서전을 통해 정치적 담론을 이끌어 내고 이를 확산시킴으로써 노예무역의 부정과 비인간적인 행위를 고발하고 폐지를 위해 끊임없이 정진했던 르네상스형 문화인이자 지식인이었음을 분석하고자 한다.

II. 본문

1. 노예신분과 언어의 중요성

18세기에 유럽인들은 노예무역을 본격적으로 확대하면서 아프리카에서 많은 노예들이 유럽과 아메리카의 여러 지역으로 보내졌다. 아프리카와 아메리카의 식민화가 본격화 되면서 유럽경제를 풍요롭게 하는 데 노예들은 농장체제의 대규모 농업경제에서는 없어서는 안 될 존재가 되었다. 이런 지역에서의 노동력을 보충하기 위해 붙잡혀온 많은 아프리카 노예들은 고향과 가족과 생이별하여 낯선 곳에서 이산의 삶을 살아야 했다. 에퀴아노는 1745년에 현재 나이지리아의 이그보라는 지역에서 족장지위의 가문에서 출생하여 어린 시절을 보내다 1756년 11살의 어린 나이에 아프리카의 다른 노예 중개인에 포획되어 영국인 손에 넘겨져 노예로 전락한다. 그가 경험한 아프리카 부족에서의 노예생활은 후에 그가 백인들에게 겪는 노예의 삶과는 상대적으로 비교가 되지 않을 정도로 관대한 것으로 묘사된다. 그가 밝히고 있듯이 그는 어느 족장의 집에 들어가게 되었는데 "모두들 나에게 매우 잘해 주었다. 그들은 나를 달래려고 온갖 노력을 다했다… 그곳 사람들이 쓰는 말은 우리가 쓰는 말과 똑같았다"(20)라고 술회한다. 또한 "나는 그들에게서 그 어떤 학대도 당해본 적이 없고 다른 노예들이 그런 짓을 당하는 것을 본적도 없다"(23)고 언급한다. 이처럼 에퀴아노는 그의 서사에서 아프리카 문화와 전통이 이미 유럽인의 그것들보다 더 고유하게 존재하고 있었음을 부각시킨다. 그는 이그보 문화의 고유성과 독특함을 유럽인들의 그것과 비교하고 대조하여 보다 앞서서 이미 이런 문화와 전통이 실천되고 있었음을 드러내고자 한다. 헬레나 우다드(Helena Woodard)가 밝히고 있듯이 당시 유럽인들의 아프리카인에 대한 이미지는 "미개하고, 더럽고, 짐승같은"(99) 것으로서 상당히 부정적이고 인간이하의 모습으로 그려졌다. 에퀴아노는 그의 서사의 서두에서 이미 유럽인들의 아프리카인에 대한 인식과 노예제도의 비인간적인 면모와 야만적인 행위를 드러냄으로써 자신의 의도를 밝힌다. 에퀴아노는 고향에서 붙잡혀 노예가 된 후 서인도제도와 미국과 영국 등으로 유랑과 이산의 삶을 살다 자유인이 되어 한 개인으로서 만족할 만한 삶을 살 수 있었음에도 불구하고, 자신의 삶의 여정을 담은 서사를 통해 노예무역의 비인간적인 관행과 악행을 고발하고 폐지의 정당함을 주장한 것은 인간에 대한 그의 애정과 불의에 대한 저항을 보여준다.

에퀴아노의 삶에서 가장 중요한 자산으로 꼽을 수 있는 것은 그의 언어에 대한 탁월한 능력이다. 에퀴아노가 노예무역의 비인간적인 면과 야만성을 드러내고 폭로하는 도구로 사용하는 것은 바로 언어이다. 그는 아프리카를 가로지르는 동안 "두세 가지 언어를 배웠다"(23)라고 밝힌다. 그는 노예로 팔려 가는 도중에도 이처럼 언어에 대한 남다른 감각과 습득능력을 지니고 있던 것이다. 자신의 노예 신분의 상황을 파악하고 이러한 존재 상태를 향상시키는 데 중요한 것이 언어임을 재빠르게 인식한다. 노예는 언어를 통해 의사소통이 가능해지면 노예매매의 과정과 이동의 목적지 등 자신이 처한 상황을 이해할 수 있다. 에퀴아노가 아프리카의 다른 부족의 노예로 여러 지역을 가로지르며 이동한 후 7개월 후에 바다에 이르렀을 때 느끼는 황홀감에서 동포노예의 모습을 보자마자 이내 바뀌어 엄습하는 공포감은 그를 혼절할 만큼 강한 느낌이다. 이제까지 자신도 노예였지만 아프리카인들에서 느꼈던 노예신분의 개념과는 전혀 다른 공포감과 고통을 주는 현실과 마주하게 된다.

> 배안을 둘러보다 커다란 용광로에서 부글부글 끓는 구리를 봤을 때, 그리고 생김새가 제각각인 흑인 여럿이 쇠사슬에 한데 묶여 있는데 그들의 표정에 하나같이 낙담과 슬픔이 어려 있는 것을 봤을 때, 내가 맞을 운명에 대해 일말의 의심도 하지 않았다. 공포와 괴로움에 압도돼 꼼짝 못 하고 갑판에 쓰러져 의식을 잃었다. (28)

그는 아프리카인의 다른 부족에게 붙잡혀 노예로 살았을 때 비슷한 문화와 언어 때문에 큰 불편함을 느끼지 못했던 것을 백인들에게 인도되자 두려움과 공포를 느낀다. 전혀 다른 피부색과 언어를 사용하는 백인을 만나자 전혀 새로운 상황과 마주치게 된 것이다. "바닷가에 도착했을 때 내 눈을 황홀하게 해준 첫 대상은 바다, 그리고 화물이 실릴 때까지 대기하며 정박해있던 노예선이었다"(27). 이 새로운 광경에 대한 놀라움은 곧바로 끔찍한 현실로 바뀌게 된다. 그는 서인도제도 바베이도

스를 향하는 노예선에 올라 중앙항로를 항해한다.

바다를 처음 목격하고 익숙하지 않은 선창(hold)에서의 생활에 두려움을 느낀 에퀴아노이지만 그는 자신의 운명이 어떻게 전개될 것임을 재빨리 파악하고는 바다와 선박에서의 항해의 환경에 빠르게 적응한다. 그는 자신이 속한 환경에서 완전히 체념하고 포기하는 동료들과는 다르게 이 환경을 어떻게 변화시키고 자신에게 유리한 환경으로 만들 것인지를 끊임없이 고민하고 숙고하는 인물이다. 제넬레 콜린스(Janelle Collins)가 지적하듯이 "바다는 에퀴아노가 삼대륙의 해안가에 도달하는 통로이다. 그는 아프리카의 노예교역장소에서 아메리카의 노예농장으로 그리고 영국의 항구로 여행한다"(212). 그는 보이는 것들과 새로 경험하는 세계에 대해 열린 마음으로 호기심을 갖고 관찰한다. 백인들, 다양한 선박들, 항해 중에 만나는 바다의 새나 물고기들, 새로 도착한 항구들과 풍경 등을 자세히 관찰하고 기록한다. 에퀴아노는 "바다를 확장된 학교로서 사용하였다"(게이츠 154). 그는 이런 모든 새로운 만남을 "마술(magical arts)"(33)로 생각한다. "모든 사물이 하나같이 새로운 것들이었고, 나는 그것들을 보며 놀라움에 휩싸였다. . . 나는 이 사람들이 마술로 가득하다고 생각했다"(33). 테리 보즈맨(Terry Bozeman)이 지적하듯이 "두 세계가 충돌하여 당연히 극악한 공포를 자아내는 곳이 어디든지 에퀴아노는 그의 호기심을 알리고 어떤 면에서 그것 때문에 보상을 받는다"(64 원문강조). 그 보상 중에서 가장 큰 것이 언어에 대한 호기심을 자극하고 그것이 가져다줄 비전을 계속 꿈꿔왔다는 사실이다.

아프리카 문화권에는 생소한 인쇄문화와 활자화된 서적은 에퀴아노에게 새로운 정신세계로 인도하는 도관이 된다. 에퀴아노가 노예로서 서구인들과 마주치며 새로운 세계에 들어서자 처음 그를 흥미롭게 하는 것은 언어이다. 영어에 대한 호기심 그리고 책을 처음 접하게 되는 때는 백인인 파스칼(Pascal) 주인에게 처음 팔려 서인도 제도로 가는 항해 중인데, 그가 선상에서 주인과 딕(Dick)이라는 자신보다 조금 나이가 많은 미국소년의 모습을 보게 된 때이다. 그에게 그들의 모습은 신기하고 황홀한 광경을 선사한다.

> 주인님과 딕이 독서에 몰두하는 모습을 자주 봤다. 나는 책에다 대고 말을 하는 것이 무척이나 신기했다. 두 사람이 독서하는 모습이 내게는 그렇게 비쳤다. 그리고 모든 일을 시작하는 법을 배우는 것에도 신기해했었다. 그 목적을 위해 혼자일 때 나는 자주 책에 대고 말을 한 다음 책에다 귀를 갖다 댔다. 책이 나에게 대답해 주기를 바라면서, 그렇지만 책이 침묵을 지키는 것을 보고 무척이나 걱정했다. (41-2)

에퀴아노가 구술언어 세계에서만 경험하던 것과는 다른 문자체계로 구성된 책을 경험하는 것은 실로 엄청난 것이다. 그는 책이 지닌 힘이 어떠했는지 마치 주문을 외우고 기도하는 마법의 한 장면처럼 행동으로 보여준다. 에퀴아노가 딕을 "친절한 통역사이자 쾌활한 길동무, 믿음직한 친구"(38)로 여기고 그를 만난 것은 에퀴아노의 인생에서 중요한 에피퍼니가 된다.

책이 이처럼 그에게 강한 인상을 남긴 것을 통해 알 수 있듯이 그는 언어의 중요성을 잘 알고 있다. 그는 언어의 기능을 재빠르게 파악하였고 어렸을 때부터 언어에 대한 감각과 감수성을 보여준다. 그는 언어가 기본적인 의사소통뿐만 아니라 지식을 습득하고 정보를 수집하는 기본적인 수단임을 정확히 인식한다. 구두로 모든 의사소통과 사회제도의 운용이 이루어지던 아프리카에 반해 서인도제도는 읽고 쓸 수 있는 능력이 요구되는 시스템이 작동하는 사회이다. 제프리 건(Jeffrey Gunn)이 언급하듯이 에퀴아노가 들어서는 세계의 언어구성은 구어적이기보다는 문어적이다. 그래서 그 세계에서 "읽기와 쓰기는 아프리카인들을 인간답게 만드는데 그에게 권능을 부여하는 도구가 된다"(3). 그리고 그는 새로 접하는 사회와 문화에 놀랍도록 잘 적응한다.

    에퀴아노가 백인과 그 문화를 접하면서 취하는 여러 태도와 그의 사고를 검토하면 노예제도와 노예무역에 대한 그의 총체적인 인식을 이해할 수 있다. 그는 먼저 언어의 사용과 그 기능에 대해 면밀한 관찰을 한 것으로 볼 수 있다. 그에게 새롭게 주어진 이름의 의미에 대해 취하는 태도는 그의 자서전을 분석하고 이해하는 데 중요한 요소이다. 그의 자서전의 제목에서 나타나듯이, 에퀴아노는 그의 자서전을 읽게 될 독자들의 반응을 염두에 두고 이름 명명하기에 얼마나 고심하고 전략적으로 선택하였는지 보여준다. 그의 첫 번째 주인인 파스칼이 그에게 강제로 지어준 이름인 구스타부스 바사라는(Gustavus Vassa)이름을 거부하는 그의 단호함에서 우리는 그가 얼마나 이름의 중요성을 인식하였는가를 알 수 있다. 그는 강제로 주어진 이름인 바사와 제이콥으로 불리는 것을 싫어했지만, 상황을 받아들이고 두 개의 이름을 갖는 것의 장점을 보려고 한다. 이름은 한 인간의 정체성을 구성하는 중요한 요소 중의 하나이다. 야엘 벤즈비(Yael Ben-zvi)는 에퀴아노가 자신의 바사라는 이름을 그의 주인에서 받았을 때 제이콥(Jacob)이라는 이전 노예이름을 주장한 것은 성경의 야콥의 출생과 장자권을 염두에 둔 서사전략적 판단에서 나온 것이라는 주장을 한다. 그는 에퀴아노가 아프리카인들을 이스라엘 자손으로 주장하는 것은 바로 "유럽인들을 당연히 기독교인으로 아프리카인을 몽매한 이교도"(110)로 여기는 전통적인 묘사를 비판하는 것이라고 주장한다. 주체와 객체의 관계에서 그는 자신의 주체적인 의지로 아프리카 이름을 유지하길 원했지만, 주인의 의지를 꺾어 문제를 일으키기 보단 소극적으로 수용하길 선택함으로써 오히려 나중에 유리한 장점이 되게 하는 전략을 세운다. 또한 그의 이름 올라우다(Olaudah)는 자신의 아프리카 부족의 말로 "변천 또는 행운이 있는"(vicissitude or fortunate)을 의미하는 것도 시사적이다. 이그보 문화가 주어진 이름대로 세상에서 자신의 운명을 펼치도록 하라는 의도를 가진 것이라면 에퀴아노는 그의 삶에서 이름대로 충실하게 살려고 노력한 사람이다. 아프리카에서 권력과 부를 가진 부족 장로의 자손으로 태어나 노예 신분이 된 에퀴아노는 그의 문화가 부여했던 그의 존재의 주체성을 끝까지 지켜낸 인물이다.

그가 이룩한 성취의 근간은 언어이다. 언어습득을 통한 문화변용의 과정이 그의 서사의 많은 부분에서 기술된다. 그는 언어의 중요성을 파악하고 영어를 배우려는 노력을 시도한 후 영국에 도착하여 그는 2~3년이 지나자 영어를 잘 할 수 있게 된다.

> 그때쯤 영어를 어지간히 말할 수 있게 됐다. 사람들이 하는 말을 완벽하게 이해했다. 이제 나는 새로운 동포들과 함께 지내는 것을 꽤나 편해했을 뿐만 아니라 그들의 사회와 생활방식을 좋아하게 됐다… 나는 그들을 닮아야겠다는, 그들의 정신을 흡수하고 생활방식을 본떠야겠다는 강한 욕망을 느꼈다. (51)

새로 습득한 언어로 타문화와 "그들의 사회와 생활방식"을 즐기는 태도는 분명 자신의 정체성을 벗어버리고 새로운 틀에 자신을 종속시키는 타문화중심주의로 비판받을 수도 있으나, 이것은 새로운 문화교섭의 과도기에 그가 목표에 다다르고자 한 과정에서 취한 하나의 전략적 선택이라 할 수 있다. 그는 언어를 배우고 습득하여 타인과의 의사소통을 원활하게 할 수 있게 된다. 영어를 매개로 그의 평생에 많은 도움을 주는 사람들과 만날 수 있었고 이들과의 진실한 교제를 통해 완전히 다른 인간으로 변신할 수 있었다. 그가 만나는 선장 게린 자매 등을 통해 다른 사람들을 소개받고 새로운 일자리나 도움을 얻는 경우가 많았다. 영어는 그에게 능력을 부여해 주었고 문제를 해결하는 수단이 되기도 하였다. 그는 과연 언어의 능력을 정확하게 인식하였고 이를 통해 문화인으로 거듭날 수 있었다. 실용적인 이발을 배운다든가, 프렌치 호른을 배우고 수학을 배우고, 바닷물을 담수로 만드는 실험에 성공한 어빙(Irving)박사의 지도하에 실험과정을 배우고 또 저녁에는 학교에도 다닐 수 있게 되었다. 여홍상이 언급하듯이 "에퀴아노가 백인 지배자의 언어와 문화를 습득하고자 애썼던 것은 식민지배자에게 문화적·언어적으로 통합되고 종속되기 위한 것이라기보다는 자신과 동료 흑인노예의 '해방'을 위해 필요한 언어적·문화적 능력을 획득하기 위함이었다고 말할 수 있다"(69). 그는 문화변용의 과정에서 중요한 것 중의 하나가 언어습득임을 잘 알고 있던 것이다.

노예의 신분으로 모든 권리를 빼앗긴 채로 주인에 예속됐던 그의 삶에서 언어능력은 자유를 획득하는데 가장 중요한 수단이었음이 틀림없다. 문서가 노예들의 신분을 명시하고 확인했던 시대에 문해능력이 없는 노예는 자신의 미래에 대해 불안정하고 불확실한 상태에서 소극적인 삶을 살 수 밖에 없었을 것이다. 에퀴아노는 문해 능력을 갖게 된 후 언어가 자신의 의지와 목적을 이루기 위해 논리적으로 타인을 설득하고 이해시키는데 중요한 도구임을 잘 인식하였다. 건이 지적하듯이 "문해능력은 노예가 자기 자신의 이미지를 결정할 수 있게 해주고 자신을 역사 속으로 써가는 동안에 그가 말하려고 선택하는 사건들을 통제할 수 있게 해주는 수단이다"(1).

백인의 언어인 영어를 습득함으로써 그가 추구하고자 했던 것은 적지 않다. 그는 우선 영어구사 능력이 자신의 신분을 상승시키는 도구임을 정확히 인식하고 있었다. 영어를 도구로 그는 노예 신분에서 벗어나는 빠른 방법이 주인이 그를 노예로 삼기위해 지불한 대가를 갚는 것임을 알고 있었다. 그래서 백인 주인에게 빚진 금액을 갚기 위해 조금씩 벌어들이는 돈마다 저축을 하여 결국에는 노예 신분에서 벗어나게 된다. 비교적 양심적으로 에퀴아노를 잘 대해줬던 주인인 로버트 킹(Robert King)은 그에게 노동의 대가로 일정 금액의 보상을 약속하였는데 에퀴아노는 이를 저축하여 빚을 갚는데 사용한다. 파머(Farmer) 선장과 항해를 하면서 그는 장사를 통해 이윤을 남겨 돈을 버는 시도를 한다. 텀블러 잔을 사서 더 많은 돈을 받고 다시 파는 방식으로 그는 또 다른 물건을 구입하고 또 이윤을 남기고 파는 방식으로 일종의 장사꾼이 되어 돈을 번다. 그는 상업주의 방식을 빠르게 채택하여 자신에게 가장 필요한 금전적 자산을 모아 노예 신분을 탈출하는 방법으로 이용했던 것이다.

이언 핀세스(Ian Finseth)는 18세기에 등장하는 초기의 노예서사를 분석하면서 당시 계몽주의의 확산과 근대성, 자유 등의 개념에 편승한 여러 계약이나 증서, 또는 언약과 같은 사회적 약속이 중요한 것으로 대두되는 가운데 노예서사의 화자들은 이를 자신들의 서사에 수사적 전략으로 이용한 양상을 연구하였다. 그에 의하면 당시의 계약주의는 자신의 고향과 터전을 떠나 디아스포라 상태에서 겪어야 했던 흑인 노예들의 주체성 형성에 큰 역할을 하였다는 주장이다.

> 많은 이런 서사들은 인간관계를 중재하고 사회계약을 구현하는 데 있어 언어의 역할을 진지하게 주제로 삼고 있다. 공통의 목표는 노

예 경제와 인종이론의 사악한 주장을 좌절시킬 수 있는 공유의 의미
의 안전한 영역에 흑인 주체성을 정초하는 것이다. (33)

그의 영어구사능력은 장사를 통해 물건을 사고팔아 돈을 모으는데
일조한다. 서인도제도를 떠돌며 돈을 버는 와중에도 그는 노예이기 때
문에 불합리하게 자신의 재산이 강제로 빼앗기는 사기행각도 경험한다.
라임과 오렌지 같은 과일장사로 돈을 벌기위해 산타크루즈로 이동하는
중에 그와 한 사람은 백인 두 명에게 마지막 동전까지 이때까지 번 전
재산을 빼앗겨 버리는 상황을 겪는다. 그러나 끈질기게 다시 과일을 돌
려달라고 애원하고 요청하여 세 자루 중에 두 자루를 돌려받는다. 영어
에 익숙하지 않고 의사표현이 부족했다면 당할 수밖에 없는 상황에서
에퀴아노는 영어 구사능력을 통해 어려운 상황을 벗어날 수 있었다.

에퀴아노는 언어를 사용하여 상대를 무찌르거나 상대의 주장을 설득
하여 자신의 논리로 상황을 이끌어 가는 인물이다. 그는 영어를 배우고
나서 의사소통의 수준을 넘어서 언어의 싸움에서도 노련한 언어구사자
가 된 것이다. 그는 책략가(trickster)의 모습을 보인다. 그는 자유로운
신분이 된 후에도 다른 흑인 자유인이 신분을 거의 박탈당할 뻔한 사건
을 목격하면서 노예 신분이나 자유인의 신분이 불안전하다는 현실을 인
식한다. 피부색과 인종적 차이가 가져다주는 신분의 갑작스러운 전락을
목도하면서 그는 백인의 권위와 힘이 노예의 그것보다 훨씬 강력하게
작동되는 사회에서 노예의 자유인 신분은 매우 취약함을 드러내며 불리
한 상황에 놓이게 된다는 것을 체험한다. 이러한 존재상황에서 그는 영
어구사 능력이 중요한 도구가 된다는 것을 정확히 인식하고 있다. 이와
같이 "언어는 말 그대로 생존을 나타냈으며 자신의 정체성을 공적영역
과 역사에 투사하는 중요한 기회였던"것이다 (Finseth 33).

그가 언어를 도구로서 사용하는 능력은 수사적이다. 에퀴아노는 설득력 있게 언어를 사용하여 상대의 주장을 바꾸어 자신의 견해를 관철시키는 능력을 보인다. 새로운 선장 필립스(William Philips)와 세인트 유스타시아로 항해하는 도중에 좌초되어 끔찍한 상황에 처한다. 그들을 향해 가까이 다가오는 작은 배가 해적일지 모른다면서 주저하는 선장을 그는 설득하여 배에 승선함으로써 좋은 상황으로 사태가 전개되어 살아남게 된다. 그는 "무슨 수를 써서든 그 배에 올라야 한다고, 저들이 우리를 친절하게 맞지 않는다면 온갖 힘을 다해 대적하면 된다고 말했다. 그들이 죽든 우리가 죽든 둘 중 하나였으니까. 모두들 곧바로 내 의견에 동의했다"(131-2)고 밝힌다. 그가 겁 많은 선장의 말에 묵묵히 따랐었다면 모든 선원들과 함께 물과 식량도 다 떨어진 상황에서 죽음을 마주했을 가능성이 컸음에 틀림없다. 그는 용기와 설득력 있는 호소로 죽을 상황에서 벗어나는 지도자의 역할까지도 수행한 것이다. 나중에 알게 된 상황은 이 배도 조난을 당했는데 이 외돛배로 조난당한 선원을 태우러 가는 중이었던 것이다. 따라서 에퀴아노와 선원들은 뉴프로비던스호로 안전하게 다다를 수 있게 되었다.

2. 문화변용과 항해술, 항해의 삶

에퀴아노가 언어를 사용하여 자신의 목적을 위한 도구로 사용하였듯이 서구문화의 습득과 변용은 궁극적으로 자기 삶의 정체성을 이루는 통로가 된다. 특히 항해는 그에게 자기 삶의 노정이자 문화변용의 기회를 제공하는 영역이다. 항해를 통해 그는 기항지에서 새로 만나는 사람들과 새롭게 경험하는 그 지역의 풍습과 문화를 무심히 지나치지 않는다. 그는 세심한 관찰을 바탕으로 자기교육에 도움이 되는 것들은 배

우려는 자세를 갖고 있으며 배우려는 열망으로 결국에는 습득한다. 여러 평자들이 에퀴아노의 문화적 변용에 대해 언급하였다. 전반적인 평가는 그가 전략적으로 자신의 아프리카 정체성을 바탕으로 서구 기독교 문화의 양면성, 모순, 취약점을 파헤친다는 점에 대체로 동의하고 있다. 로빈 사비노(Robin Sabino)와 제니퍼 홀(Jennifer Hall)은 "서구 문화의 대부분의 양상에 대한 에퀴아노의 평가는 복합적이며 매우 선택적인 문화변용을 초래하였다"(11)라고 주장한다. 아담 포트케이(Adam Potkay)는 「에퀴아노의 『흥미로운 서사』에서 역사, 웅변, 그리고 신」에서 그의 서사의 구조를 분석하면서 그의 세계관이 철저히 기독교적이고 서구적임을 지적한다. 사비노와 홀과 보즈맨 같은 비평가들은 그의 정체성의 혼종성을 지적한다. 에퀴아노는 그가 기억하고 있는 본질적 고향인 아프리카의 전통과 훌륭한 문화적 유산을 포기하는 것이 아니라 새로 접하는 백인들의 문화와 풍습과 혼합된 방식으로 자신의 정체성을 확립해 간다. 물론 엔젤로 코스탄조(Angelo Costanzo)는 에퀴아노가 서구문화를 수용하는 것은 "일시적인"(transitory)것이며 "자신의 자유를 얻어서 그의 육체적 정신적 구원을 가져오기 위해서"(Sabino and Hall 재인용 8)라고 말하고 있지만 후에 영국사회에 정착하고 여생을 보낸 점으로 보아 이런 주장은 일부의 측면을 강조하고 있는 것으로 보여 진다.

에퀴아노의 서구문화 접촉과 습득과정을 보면 그는 초창기에 매우 강한 인상을 받았고 이는 후에 그의 정체성의 방향성을 결정하는 동기가 되었음을 알 수 있다. 그가 백인과의 접촉에서 가장 강한 인상을 받은 곳은 노예로 팔려 서인도제도로 이동하는 중앙항로에서의 경험이다. 노예로서의 정체성이 부과하는 강력한 정신적·육체적 충격을 받은 장소가 바로 이 중앙항로 항해이다. 많은 노예서사에서 등장하는 중앙항로의 항해는 아프리카 흑인노예무역의 비인간적이고 잔인한 행위를 보여주는 주요 모티프 중의 하나이다. 에퀴아노는 중앙항로의 끔찍한 항해과정을 사실적이며 생생하게 묘사한다. 그는 백인들의 노예무역과 노예매매를 흑인들의 시각으로 구체적으로 기술함으로써 백인들의 만행을 폭로하고 오히려 비인간적인 야만적 행위를 저지르는 주체로 묘사한다. 아프리카 노예들은 금전적 교환가치를 지닌 화물(cargo)로서 물건처럼 취급되었으며 인간으로서의 존엄과 대우를 받지 못하였다. 아메리카나 서인도제도로 항해하던 노예들은 병이 들면 바다에 산채로 버려지기도 하고, 제대로 된 음식을 공급받지 못했으며 좁은 공간에 빽빽이 가두어져 건강이 쉽게 쇠약해질 수밖에 없었다. 노예로 붙잡혀 서인도제도로 향하는 선박에서 행해진 만행을 목도하는 에퀴아노의 공포는 죽음과 바꾸고 싶을 정도로 고통스러웠다고 토로한다.

> 백인들은 내가 생각했던 것처럼 흉포해 보였고 하는 짓이 너무 사나웠다. 그렇게까지 잔혹하고 악랄하게 구는 사람은 그전까지 전혀 본 적이 없었다. 그들은 우리 흑인만이 아니라 자기들 백인 일부에게도 잔인하게 굴었다. (29)

중앙항로와 같이 고통과 죽음의 영역으로 이동하는 여정은 그가 흑인 노예로서 겪어야 하는 고통을 충격적으로 목도하고 경험하는 현실이다. 아프리카 노예들은 인간이하의 취급을 받으며 처참한 상황에 놓이게 된다. 에퀴아노의 증언에 의하면 다음과 같다.

> 비좁은 공간과 무더운 날씨, 게다가 너무 많은 인원이 승선한 까닭에 몸을 돌리지도 못할 정도로 북적대니 [그들은] 거의 질식할 지경이었다. 사람들은 비 오듯 땀을 흘렸고, 이런저런 역겨운 악취까지 더

해지면서 숨쉬기에도 어려운 상태가 되었다. 결국 노예들에게 병이
돌았고, 그 병으로 많은 사람이 목숨을 잃었다. (31)

에퀴아노가 목도한 백인들의 비인간적인 행위와 폭력은 실제 그가
경험한 개인의 기록이자 증거이기 때문에 그의 자전서사에서 매우 중요
하다. 왜냐하면 에퀴아노는 백인들의 행위와 관련된 사건들을 서사에
포함시키면서 행위 그 자체만을 묘사하는 것이 아니라 각 사건마다 노
예제도라는 큰 틀 안에서 그것을 들여다보고 자신의 분석과 판단을 명
쾌하게 제시한다.

서사는 일련의 항해과정으로 점철되는데 항해는 여행 모티프를 담고
있다. 한 곳에서 다른 장소로 이동하는 여행의 모티프는 서사에서 자주
등장하는데 그의 자서전에 묘사되는 여러 장소들은 실제로 아프리카에
서 서인도제도, 미국과 영국, 터키와 스페인, 심지어 북극까지 포함하는
데 그의 삶은 항해의 삶이라고 해도 과언이 아닐 정도로 여행의 모티프
로 가득하다. 자유를 쟁취한 후에 자신이 선택한 여러 항해에 등장하는
이러한 여행의 모티프는 새로운 경험과 발견을 통해 그가 습득한 인간
사회에 대한 이해에 다다르게 한다. 새로운 곳에서 낯선 사람들과 만나
고 소통해야 하는 점은 그로 하여금 언어의 중요성을 일깨워준다. 어떤
면에서 에퀴아노의 언어습득을 통해 새로운 문화와 정신세계로 들어가
그 문화를 이해하는 것은 여행의 여정과 유사한 면이 있다고 할 수 있
다. 레베카 피셔(Rebecka Fisher)는 「계몽의 시대: 올라우다 에퀴아노
의 『흥미로운 서사』에서 존재의 정신적 은유」라는 논문에서 계몽주의의
이념이 확산되고 개인의 자유와 주체성에 대한 의미가 중요시되던 시대
에 에퀴아노는 그의 현대적인 삶과 존재의 위험한 상황을 "존재의 정신
적 은유"로 삼아 자서전을 집필하였다고 지적한다. 즉 여러 지역으로의

유동적인 이동의 삶이 그의 자서전을 특징짓는 은유로써 표현되고 있다고 말한다. "그 내재성이 실로 정지를 거부하는 일시적인 주체로서 에퀴아노는 편력의 방식으로 세계를 여행하였고 그의 생계를 바다에서 꾸렸다"(74). 에퀴아노가 살았던 시기는 선박을 통한 항해가 바다 여행의 주된 수단이자 대표적인 방식이다. 동시대인의 평균적인 사람들의 선박여행보다도 에퀴아노가 배를 타고 여행한 기간과 그 거리는 과연 엄청난 것이었으며 다른 어떤 경험보다도 그의 삶에 막대한 영향을 끼쳤다. 그는 아프리카에서부터 대서양 전 지역과 그린란드를 포함하는 광활한 수역을 이동하고 여행하였다.

새로운 장소로의 이동을 통해 백인문화와 종교 등 그들의 삶으로의 진입은 자연스럽게 그의 아프리카의 정체성과 새로 접한 문화의 정체성이 혼합되는 양상을 보여준다. 에퀴아노의 혼종적 존재성에 대해 탐색한 학자 중의 한명이 보즈맨이다. 그는 아프리카인에 속하지도 않고 엄밀한 의미에서 영국인에 속하지도 않지만 호미 바바가 『문화의 위치』(The Location of Culture)에서 말하는 "틈새"(interstices)에 속하여 노예폐지론자와 자본주의자로서 살았던 에퀴아노의 다양성에 주목하여 그가 지향했던 삶을 연구한다. 보즈맨이 지적하듯이 "그는 오히려 그가 결코 온전히 돌아갈 수 없는 정체성과 결코 충분히 참여할 수 없지만─그럼에도 그가 이득을 얻는─ 정체성 사이에 갇힌 틈새의 지형에 거주하는 것으로 보이게 된다"(61). 이러한 틈새의 지형을 대표적으로 상징하는 것이 육지와 바다의 중간에 머무는 선박에 올라 항해할 때이다.

에퀴아노에게 항해는 그의 인생에서 마주치는 사건들 가운데 가장 의미 있는 행위중의 하나이다. 그에게 있어 항해는 그의 삶의 궤적과 유사한 비유가 될 수 있다. 그는 항해를 통해 새로운 장소로 이동할 수 있었고, 새로운 장소에서 마주하게 되는 문화와 사람들, 그리고 주변의 풍습과 풍경에 매료되어 끊임없이 출항하고 미지의 장소를 탐험하였다. 항상 착취당하고 희생을 강요받는 상황에서도 에퀴아노는 동화의 전략을 차용하여 자신에게 유리한 입장을 창조해 낸다. 그는 행위자로 남는다. 그는 그 가능성을 항해술을 습득하는 것에서 찾아내었다. 그는 항해술을 배우고 익히면 얻게 될 장점과 이익을 정확히 알고 있었다.

> 나는 자유를 손에 넣기 위해 그리고 영국으로 돌아가기 위해 모든 노력을 다하겠다고 결심했다. 그러려면 항해술에 대한 지식이 쓸모가 있을 것 같다는 생각을 했다. 학대를 당하지 않는 한 도망칠 생각은 없었다. 하지만 그런 경우가 생겼을 때 항해술을 안다면 나를 도와줄 사람이 없어도 서인도 제도에서 가장 빠른 배 중 하나인 우리 외돛배를 몰고 탈출을 시도할 수 있을 것 같았기 때문이다. (100)

그는 휴스턴 베이커(Houston Baker)가 언급하듯 "서인도에서 속박되어있는 동안에 감상도 정신적 동정도 그의 해방을 가져다 줄 수 없다는 것을 결론 내린다. 그는… 자산 획득만이 재산으로서 지정된 그의 신분을 바꾸게 할 수 있을 것임을 인식 한다"(원문강조 35). 자신의 삶의 여정에서 에퀴아노는 바다와 항해를 자유의 신분을 쟁취하는 매개로 삼아 이를 잘 이용한 것이다. 에퀴아노의 삶에 바다와 항해는 떼어놓을 수 없는 불가분의 관계라고 할 수 있다.

그러나 그에게 바다가 처음부터 이런 긍정의 힘과 권능을 가져다주는 장소였던 것은 아니었다. 바다는 그의 정신과 본질을 키워낸 이그보 문화와 가족과 삶의 터전을 구분 짓는 경계이자 단절을 의미하는 장소였다. 그를 노예로 삼아 다른 세계로 이동시킨 장소였지만 그는 이를 자유를 획득할 수 있는 기회의 장소로 변화시킨 것이다. 콜린스는 에퀴아노의 서사에서 바다의 이미저리를 통해 "에퀴아노의 정체성에 재현된 유동성의 수사적 거울로서의 서사적 기능"을 분석한다(213). 그녀는 그의 서사에서 "바다는 모순과 역설을 구현한다. 그것은 노예삼기의 장소이자 자유로의 매개체로 둘 다 존재한다"(213)고 지적한다. 유럽인들의 문학에서 바다는 항상 포로와 야만성을 상징하는데 많은 흑인 노예들과 다르게 그에게 바다는 의미 있는 장소로 부각되었고 그곳은 다양한 모험과 교육의 장소가 되었다. 리사 로우(Lisa Lowe)가 정확히 지적하듯이 "그가 한때 잔인하게 끌려갔던 트라우마의 장소였던 바다가 이제는 그가 지배하는 부분이 된다"(103). 이 바다는 에퀴아노에게는 그야말로 그의 잠재적 능력을 발휘할 수 있는 기회의 장이 된 것이다. 육지, 바다, 섬, 바다, 육지로 가로지르는 그의 삶의 항해는 에퀴아노에게 자유인이 된 후 새로운 지위를 부여받는 기회를 제공한다. 노예에서 자유인, 선원, 상인, 귀족에 이르기까지 그는 육지와 바다의 경계를 넘나들며 자신의 잠재력을 최대한 열매 맺는 인간으로 변신을 거듭한다. 그는 이러한 지위를 획득한 다음 노예무역 폐지의 열망을 갖고 혼신의 노력으로 아프리카인에 대한 폭력과 비인간적인 상업적 착취를 막아내고자 애쓴다.

3. 종교적 개종과 정신적 구원

에퀴아노가 기독교인으로 변화되어가는 종교적 개종은 그의 삶의 여정의 변화, 즉 아프리카 대륙에서 바다를 거쳐 다시 육지나 섬으로의 이동을 통해 형성되어가는 정체성 변화의 비유(analogy)로 간주될 수 있다. 또한 서사에 기술된 그의 종교적 체험과 개종의 과정은 그가 겪는 문화변용의 과정과도 유사한 양상을 보여준다. 그의 아프리카 종교는 육체보다도 정신을 값진 것으로 여긴다. 노예 신분에서 겪게 되는 여러 상황에서 기독교에 대한 호기심과 구원에 대한 열의를 보여주던 에퀴아노는 자유인이 되자 기독교에 더욱 심취하고 그의 영혼의 구원에 깊은 관심을 갖는다. 에퀴아노의 서사에서 문화수용의 중요한 예로 그의 기독교 개종을 예로 들고 있는 캐탈린 오르번(Katalin Orban)은 일반적인 개종서사와 다르게 노예서사의 저자들은 '과거'를 중요시한다고 밝힌다.[3] 그녀는 에퀴아노가 아프리카에서의 과거 삶을 창조적으로 재구성하는데 "그는 현재의 성취를 위한 잠재력을 과거로 투입함으로써 과거를 현재의 조건위에 현재에 용인될 만한 것으로 만든다"(657)라고 지적한다. 에퀴아노는 자신의 출신 종족인 이그보족이 고대의 유대인의 혈통에서 갈라져 나왔다고 주장한다.

에퀴아노는 아프리카인들의 운명과 자신의 삶이 성경의 구약의 유대민족의 역사와 성경인물들과의 예표론적인 유사성을 은연중에 드러낸다. 아프리카는 옛 유대인들의 땅으로 그리고 자신이 한 아프리카인에서 기독교인으로 거듭나는 것은 운명적인 것으로 그리고 있는 것이다. 비슷한 맥락에서 에퀴아노의 이그보 태생에 대해 연구하는 비평가인 실베스터 존슨(Sylvester Johnson)도 에퀴아노의 유대인 기원과 종교에 대해 언급하는데, 그는 "에퀴아노가 제례의 오염을 피하기 위해 시체 만지기 금기, 복수법에 기초한 사법판결과 제례적 씻기를 통한 청결과 같은 이그보 종교와 고대 유대종교 사이의 유사성을 암시한다"(원문강조 1005)고 지적한다. 그들의 삶의 형태와 유럽인들의 그것과의 유사성을 기술하고, 사법 시스템의 공정성으로 마을주민간의 다툼을 해결하

---

3) 오르번은 그녀의 논문『올라우다 에퀴아노의 삶 (또는 구스타부스 바사?)』에서 지배담론과 은폐담론』에서 에퀴아노의 기독교적 수사를 "위장"(disguise)된 것으로 보고 그의 개종의 진지함에 관해 의문을 제기하는 여러 평자들인 스미스(Valerie Smith), 치노솔(Chinosole), 사뮤엘스(Wilfred Samuels)과 같은 비평가들의 비평에 반대되는 주장을 펼친다. 이들의 독법은 "개종담론의 중요성을 경시하는 경향"(655)이 있다고 반박한다. 필자도 오르번의 주장에 동조하는 바이며 에퀴아노의 기독교에 대한 관심과 호기심은 노예초기부터 시작되며 점진적인 개종은 그의 문화적 동화와 함께 유사한 방식으로 전개된다.

고, 주거환경, 유일신을 숭배하는 등 여러 면에서 수사적인 비교를 통해 유럽인들이 경솔하게 치부하는 것과 다르게 그들의 삶의 양식, 지능, 가치, 문화 등이 적당한 도움이 주어지고 다듬어지면 유럽의 그것과 뒤지지 않는 것으로 변화되고 발전할 수 있음을 기술한다. 존슨은 또한 에퀴아노가 존 빌(John Bill), 존 브라운(John Clarke), 아서 베드포드(Arthur Bedford)등 성직자이자 성경연구자들의 코멘트를 자신의 서사에 끌어와 이그보족이 성경의 조상에서 내려왔다는 주장을 독자들에게 보여주려 한다(1005)고 지적한다. 이는 영국 중산층 독자들에게 익숙한 성경해석자들의 권위를 빌어 자신의 주장을 펼치려 하는 서사적 전략이 들어있는 것이다.

에퀴아노는 노예의 신분에서 자유인으로 변화되는 과정을 신의 섭리인 것으로 믿는다. 따라서 그는 서사에서 자신의 육체적인 신분의 변화는 개종을 통해 정신적 구원을 얻는 과정과 매우 닮아있음을 강조한다. 에퀴아노의 자서전에서 그는 성경에 나오는 여러 인물의 상황과 자신을 대비시켜 예표론적인 글쓰기를 시도한다.[4] 아프리카인들을 이집트의 노예로 붙잡혀간 이스라엘 민족으로 대비시킨다. 이런 글쓰기는 그가 성경을 매우 잘 알고 있고 그의 종교적 관점과 기독교의 신앙의 본질, 즉 모든 사람이 신의 은총으로 구원을 받을 수 있다는 종교적 신념이 확고했기 때문에 가능하였다고 볼 수 있다. 성경을 정확하게 잘 이해할 수 있는 문해능력을 가졌기 때문에 그는 성경에서 자주 예시되는 우화나

---

4) 이와 유사한 주장을 펼치는 비평가는 아일린 엘로드(Eileen Elrod)를 들 수 있다. 그녀는 에퀴아노가 자전서사에서 독자들에게 자기 자신을 어떻게 제시하는 가는 성경텍스트를 통해 자신의 경험을 유비시켜 독자가 같은 외부자의 시각에서 판단하도록 도식화 했다는 주장을 한다. 그녀의 결론은 "에퀴아노는 혼종물로서 그의 경험에 의해 한계까지 뻗어있는 종교적 이데올로기의 가장자리에 살며, 그가 성경텍스트에서 마주쳤던 모델들만큼 강력한 정의와 연민의 모델, 즉 자신의 경험의 만행 가운데 순간적인 탈주로부터 찾는다"((423).

상징을 또한 적절하게 자신의 자서전에 포함 시킬 수 있었던 것이다. 특별히 자서전 여러 곳에서 자신의 이름 야콥(Jacob)을 언급하는데 이는 성경에서 신과 겨루어서 이스라엘(Israel)이라는 이름을 얻은 자로 자신의 이그보 출신성분을 바로 야곱의 자손으로 등치시키려는 의도도 있는 것이다.

이처럼 에퀴아노는 자신의 고향 아프리카를 야만으로 가득한 암흑의 대륙이 아니라 많은 잠재력을 지닌 장소로 그리고 아프리카인을 백인들과 마찬가지로 신의 은총과 구원의 손길이 닿아있는 백성으로 제시한다. 즉 그들은 유대인과 마찬가지로 선택받은 민족이자 에퀴아노 자신도 신의 축복과 은총을 입은 자로 그리고 있다. 필드(Emily Field)가 주장하는 것처럼 "에퀴아노는 두 지역을 동일하게 만드는 것을 원하는 것이 아니라 오히려 아프리카를 많은 잠재력을 지닌, 초기의 영국적 특성을 보여주며 궁극적으로 문명화된 영역들과 나란히 적절한 위치를 차지하는 원시의 젊은 사회로 소개하고자 한다"(18). 그는 아프리카를 환경적인 삶의 조건이 다소 열세한 곳이지만 적절한 도움과 안내를 통해 서구의 발전된 문화와 문명의 역사를 이룰 수 있는 곳으로 상정한다. 따라서 왜곡된 시각과 차별로 아프리카인을 규정하는 것을 거부하면서 반박하는 논쟁을 펼친다. 서사의 처음시작부터 에퀴아노는 서구의 인종주의와 노예제도가 보여주는 우매한 판단과 편견을 지적하고 비판하는 날을 세운다.

노예제도가 인간의 정신을 암울하게 만들고, 인간 정신이 가진 열정과 모든 고상한 정서를 소멸시켜 버리고 있지 않은가? 무엇보다도 무례하고 미개한 이들이 가지지 못한 고상한 사람들만의 장점이라는 것은 무엇인가? 번지르르하고 거만한 유럽인에게 그의 조상들도 한때는 아프리카인들처럼 교양이 없었다는 것을, 심지어 야만적이었다

는 것을 상기시켜 보자. (17)

이는 매우 전복적인 생각으로서 그는 한 인간의 야만성/비문화성과 같은 잠재성은 그 주체가 처한 상황이나 조건에 의해 결정되는 것이지 본질적으로 어떤 인종의 우수성에 있는 것이 아님을 반박하는 논리를 펼쳐 백인들의 인종주의와 노예제를 비판한다.

에퀴아노의 삶에서 종교가 차지하는 비중은 절대적이라고 할 수 있다. 그는 항해 중이거나 기항해서 육지에 머무를 때에도 종교와 신에 대한 생각을 지속적으로 하면서 존재의 의미를 파헤치려 한다. 항해를 통해 그가 인식한 것은 어려운 상황에 직면할 때마다 그의 신앙심을 시험하는 순간들을 경험하게 된 것이다. 살아남을 수 없다고 생각한 악천후의 상황에서도 그는 신에게 간구하고 기도함으로써 구원받았다고 확신하게 된 순간을 여러 번 경험하였다. 삶과 죽음을 넘나드는 극한 상황을 여러 번 경험한 그는 자신의 존재의 근원에 대한 의문을 갖게 되어 기독교인으로 개종하고 백인의 종교를 받아들인다. 크리스천으로 변모에 가는 과정에서 그에게 결정적으로 영향을 끼친 것은 성경책과 주변의 기독교인들이다. 그는 성경으로부터의 가르침을 읽고 그것을 실천하는 삶을 살려고 노력한다. 그의 친구이자 교사였던 딕(Dick)이나 미스 게린(Miss. Guerin)과 다니엘 퀸(Daniel Queen)같은 인물들을 통해 에퀴아노는 종교적인 교육을 받을 수 있었고, 성경에 대해 듣고 읽음으로써 기독교인 훈련을 받을 수 있었다. 노예의 신분에서 억압자들의 문화와 언어, 그리고 종교를 차용하여 그는 자신의 비참한 상황을 역전시킬 수 있는 기회로 삼고자 했던 것이다.

그의 자서전은 종교적 신앙을 실천하는 그의 의지의 표상이며 노예무역의 폐지를 위한 호소는 수사적인 언어구사와 함께 강력한 호소력을 보인다. 그의 자서전 서사 12장에서 왕비께 노예폐지를 청원하는 그의 호소는 아프리카인을 노예에서 구원하는 차원과 백인들에게 인간적인 호소를 간청하는 것이다. 서사의 마지막에 그의 자서전 이야기를 마무리하며 탄원의 형식으로 당대의 명망 있는 사람들에게 제출하는 탄원서는 그의 언어사용의 탁월함을 보여준다. 그는 자유의 신분을 획득한 것에서 머무는 것이 아니라 자신이 겪은 삶을 백인들의 언어로 기술함으로써 그들이 저지른 폭력과 죄를 고발하고 이 끔찍한 관행을 자신의 자서전을 통해서 끝내기를 희망하였다. 수잔 마렌(Susan Marren)이 지적하듯이 "에퀴아노의 『자서전』은 노예신분에서 모호한 자유를 통과하여 서사의 현재시제로 영국문화 내에서 예속화된 집단의 전형적인 구성원으로서 권위를 갖고 말할 수 있는 언어를 창조하려는 시도의 기록이다"(96). 그의 자전서사는 자유인이고 영국시민 이지만 여전히 계급적 차별의 시선이 존재하던 당시의 분위기를 인지한 아프리카 출신 기독교인인 저자가 주 독자층이었던 백인 중산층과 엘리트 지식인들에게 기독교 정신에 반하는 비인간적이고 사악한 노예제의 폐지를 주장하는 호소문이다.

III. 결론

에퀴아노의 『흥미로운 서사』는 흑인에 의해 영어로 쓰인 자서전의 훌륭한 견본이자 후에 미국 흑인문학에서 영향력 있는 장르의 하나로 우뚝 선 노예서사의 원형이 되는 작품이다. 그의 자전서사에서 문해능력은 노예의 신분을 벗어나게 한 핵심적인 도구임을 보여준다. 후에 자전서사를 집필하게 한 것도 그의 탁월한 언어구사 능력이다. 그는 빠르게 백인의 언어를 습득하여 이를 매개로 백인들의 무자비한 행위와 모순을 드러내고 반박하는 자전서사를 썼다. 또한 그의 자전서사는 백인들의 만행과 비인간적인 불의를 폭로함으로써 노예무역의 폐지에 기여하였다. 에퀴아노의 서사는 아프리카인을 타자로 낙인찍고 그 야만성을 교화하고 가르쳐야 되는 대상으로 삼았던 백인들의 위선과 무지함을 역설적으로 드러내는 텍스트로서 기능한다. 무엇보다도 그의 서사의 궁극적 목표는 아프리카인을 노예로 삼아 백인들보다 천하고 막 다룰 수 있는 존재가 아닌 동등한 능력과 지능을 갖고 고유한 문화와 언어와 전통을 유지할 수 있는 능력있는 인종임을 강조하는 동시에 노예제도는 폐지되어야 할 제도임을 천명하는 것이다. 에퀴아노의 자서전은 여러 면에서 노예서사의 전형이면서도 문학적 가치를 보여준 뛰어난 작품이다. 그의 자서전은 흑인문학의 주요 장르로 자리매김 하게 되는 노예서사의 전형적인 구성과 전개에 중요한 기여를 하였다.

에퀴아노의 삶은 항해이다. 바다는 그에게 많은 기회를 제공하였고 항해술 습득은 그에게 자유를 쟁취하는데 큰 역할을 하였다. 그는 대서양의 여러 지역을 항해함으로써 새로운 문화와 풍습과 사람들을 접할 수 있었고 이는 차례로 그의 문화적·지적 호기심을 증대시켰다. 그의 종교적 개종은 문화변용과 함께 그의 삶을 완성시키는 하나의 과정이다.

무엇보다도 그의 글쓰기는 후에 전형적인 노예서사의 저자들이 추구했던 자신의 주체성을 찾는 행위의 표본이다. 게이츠가 흑인문학 전형의 글쓰기를 정의하듯, "단지 글쓰기 행위를 통해서 에퀴아노는 그가 주체로서 새로 찾은 지위를 공표하고 보존한다"(156). 에퀴아노는 자서전 출판을 통해 이루고자 하는 확고한 목표를 갖고 있었다. 프랭크 켈레터(Frank Kelleter)가 언급하듯 그의 텍스트는 "공적 발화행위이자 공적 토론에 전략적으로 개입"(71)한다. 그는 자신의 자서전이 공적 영역에서 미칠 파급적 효과와 반향을 미리 예상하고 있었던 것이다. 이는 그의 자서전의 문체와 구성이 얼마나 치밀하게 계산되고 계획되었는가를 통해서 알 수 있다. 그의 자서전은 다양한 형식의 글쓰기 유형을 통해 수사적 목적을 달성한다. 그의 서사는 역사이자 여행기록, 모험이야기, 웅변 등이 가미된 혼합적인 장르적 특성을 보여준다. 무엇보다도 노예무역과 노예제도에 대한 저항 담론으로서의 그의 자서전은 노예서사의 전형을 보여주는 정전으로 남게 되었다.

【참고문헌】

여홍상. 「에퀴아노의 자서전에 나타난 문화적 혼종성」. 『19세기 영어권 문학』 13.1 (2009): 57-79. Print.

Baker, Houston. Blues, Ideology, and Afro-American Literature: A Vernacular Theory. Chicago: U of Chicago P, 1984. Print.

Ben-zvi, Yael. "Jacob in Olaudah Equiano's The Interesting Narrative." The Explicator 70.2 (2012): 108-11. Print.

Bozeman, Terry S. "Interstices, Hybridity, and Identity: Olaudah Equiano and the Discourse of the African Slave Trade." Studies in the Literary Imagination 36. 2 (2003): 61-70. Print.

Collins, Janelle. "Passage to Slavery, Passage to Freedom: Olaudah Equiano and the Sea." The Midwest Quarterly 47. 3 (2006): 209-23. Print.

Elrod, Eileen R. "Moses and the Egyptian: Religious Authority in Olaudah Equiano's Interesting Narrative." African American Review 35: 3 (2001): 409-25. Print.

Equiano, Olaudah. The Interesting Narrative of the Life of Olaudah Equiano. London: The X Press, 1998. Print.

Field, Emily D. "'Excepting Himself': Olaudah Equiano, Native Americans, and the Civilizing Mission." MELUS 34.4 (2009): 15-38. Print.

Finseth, Ian. "Irony and Modernity in the Early Slave Narrative: Bonds of Duty, Contracts of Meaning." Early American Literature 48. 1 (2013): 29-60. Print.

Fisher, Rebecka. "Age of Enlightenment: Spiritual Metaphors of Being in Olaudah Equiano's Interesting Narrative." Early American Studies 11. 1 (2013): 72-97. Print.

Gates, Jr. Henry Louis. The Signifying Monkey. New York: Oxford UP, 1988. Print.

Gunn, Jeffrey. "Literacy and the Humanizing Project in Olaudah Equiano's The Interesting Narrative and Ottobah Cugoano's

Thoughts and Sentiments." eSharp 10 (Orality and Literacy): 1-19. Print.

Johnson, Sylvester A. "Colonialism, Biblical World-Making, and Temporalities in Olaudah Equiano's Interesting Narrative." Church History 77.4 (2008): 1003-24. Print.

Kelleter, Frank. "Ethnic Self-Dramatization and Technologies of Travel in "*The Interesting Narrative of the Life of Olaudah Equiano*, or Gustavus Vassa, the African, Written by Himself (1789)." Early American Literature 39. 1 (2004): 67-84. Print.

Lowe, Lisa. "Autobiography Out of Enpire." Small Axe 28 (2009): 98-111. Print.

Marren, Susan M. "Between Slavery and Freedom: The Transgressive Self in Olaudah Equiano's Autobiography" PMLA 108. 1 (1993): 94-105. Print.

Orban, Katalin. "Dominant and Submerged Discourses in The Life of Olaudah Equiano (or Gustavus Vassa?)" African American Review 27. 4 (1993): 655-64. Print.

Potkay, Adam. "History, Oratory, and God in Equiano's Interesting Narrative." Eighteenth-Century Studies 34.3 (2001): 601-14. Print.

Sabino, Robin and Jennifer Hall. "The Path Not Taken: Cultural Identity in the Interesting Life of Oaudah Equiano." MELUS 24. 1 (1999): 5-19. Print.

Woodard, Helena. African-British Writings in the Eighteenth Century: The Politics of Race and Reason. Westport: Greenwood P, 1999. Print.

4. 엘리자베스 비숍의 영감의 원천으로서
남/북 아메리카 바다

심진호

Ⅰ. 들어가며

"천국들, 나는 이 장소를 알겠다, 나는 그걸 안다!"(Heavens, I recognize the place, I know it!)(*CP* 176)[1]라는 그녀의 천명에서 단적으로 드러나듯 퓰리처상을 수상한 미국 시인 엘리자베스 비숍(Elizabeth Bishop)에게 "천국"으로 인식되는 특별한 의미를 지닌 장소인 캐나다의 노바스코샤(Nova Scotia)는 그녀에게 시적 상상력의 원천이 되었다. 비숍은 1911년 매사추세츠의 우스터(Worcester)에서 태어났지만 생후 8개월 만에 아버지의 죽음과 뒤이어 어머니의 정신병원 장기 감금으로 인해 일평생 깊은 상실의 트라우마를 가지고 살아가게 된다. 비숍이 3살이 되던 해부터 그녀의 어머니는 남편의 죽음으로 인한 정신적인 충격으로 그녀의 고향인 노바스코샤의 그레이트 빌리지(Great Village)에서 요양을 해야만 했다. 그리하여 비숍은 6살 때까지

---

1) 이하 본문에서 『비숍 시 전집』(*The Collected Poems*, 1927-1979)은 *CP*로 약칭하고 괄호 안에 면수만 표시할 것임.

캐나다 동부의 대서양 연해주(Maritime Provinces)에 위치한 노바스 코샤의 외가댁에서 조부모의 보살핌을 받으면서 지내게 되었다. 하지만 어머니와의 이별 후에 노바스코샤를 떠나 친조부모가 사는 우스터에서 자라는 동안 비숍은 점점 더 육체적, 정신적 질병으로 고통을 겪게 된다. 하지만 그녀가 노바스코샤에서 멀지않은 보스턴(Boston)으로 돌아 왔을 때 그녀의 육체적, 정신적 질병들이 호전되었다는 사실을 고려할 때 수많은 해안, 만(灣), 등대, 해양동식물 등 풍요로운 해양 풍경으로 가득한 노바스코샤는 치유의 힘을 지닌 장소이기도 했다.

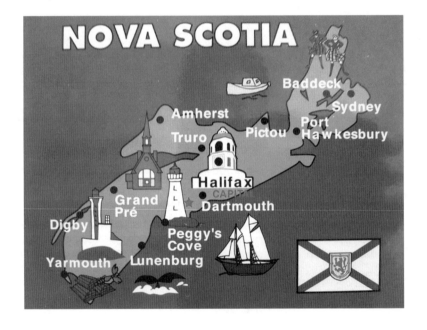

비숍에게 노바스코샤는 어린 시절 어머니와의 추억이 서려있지만 동시에 상실의 아픔을 불러일으키게 하는 장소, 곧 양가적 감정을 유발시키는 장소로 인식되었다. 이것은 1946년에 발표한 첫 시집『북과 남』(North & South)에서부터 1973년 발표한 마지막 시집『지리 Ⅲ』

(*Geography Ⅲ*)까지 수많은 시뿐만 아니라 자전적 산문 「마을에서」("In the Village"), 「네디 삼촌에 관한 추억」("Memories of Uncle Neddy") 등에 이르기까지 변함없이 노바스코샤가 그녀의 시적 상상력 속에 정신적 고향으로 각인되고 있는 사실에서 명백히 그 근거를 찾을 수 있다. 이는 1947년부터 그녀가 삶을 마감할 때까지 일평생 긴밀한 교우관계를 맺었던 동료 시인 로웰(Robert Lowell)에게 쓴 편지에서 명백히 드러난다. 여기서 비숍은 노바스코샤를 "생선 창고, 아름다운 산과 바다의 경치가 어우러진 매우 좋은 장소"(*OA* 147)[2]이자 자신에게 특별히 애착이 가는 의미 있는 장소라고 피력하고 있다. 무엇보다 전기부터 후기에 이르기까지 비숍의 시와 산문에 만(灣), 해안가, 해양동식물, 바다 등 해양 이미지가 충만해 있다는 사실은 중요하다. 이는 초기 시 「지도」("The Map")에서부터 쉽게 찾을 수 있다. "래브라도의 노란색은 멍한 에스키모가/ 그곳을 기름칠해서 그런 거야. 우리는 사랑스러운 만(灣)들을 쓰다듬을 수 있지… 해안가 마을들의 이름은 바다로 뛰쳐나가 있어"(Labrador's yellow, where the moony Eskimo/ has oiled it. We can stroke these lovely bays… The names of seashore towns run out to sea)(*CP* 3). 이와 관련해 "비숍의 첫 시집에 수록된 모든 시들은 그녀의 여행과 연관되어있다… 그 시들은 비숍 자신의 장소감과 관련이 있다"[3]라고 스티븐슨(Anne Stevenson)은 날카롭게 지적하고 있다.

중요한 점은 노바스코샤를 모티프로 한 그녀의 대표적 시와 산문은 1951년부터 브라질에 거주하면서 창작했다는 사실이다. 이것은 1955

---

2) 이하 본문에서 『하나의 예술: 편지들』(*One Art: Letters*)은 *OA*로 약칭하고 괄호 안에 면수만 표시할 것임.
3) Stevenson, Anne.(1966), *Elizabeth Bishop*. New York: Twayne, p.43.

년과 1965년에 발표한 시인의 중기 시집 『차가운 봄』(A Cold Spring)과 『여행에 관한 질문들』(Questions of Travel)에서 쉽게 찾을 수 있다. 「만(灣)」("The Bight"), 「생선 창고에서」("At the Fishhouses"), 「브레튼 곶」("Cape Breton"), 「탕자」("The Prodigal"), 「세스티나」("Sestina"), 「노바스코샤에서 첫 죽음」("Frist Death in Nova Scotia"), 「도요새」("Sandpiper") 등은 그 대표적 예이다. "처음으로 진짜 집"(the first real home)(Collected Prose ix)으로 인식된 노바스코샤에 대한 비숍의 상상력이 시공간을 초월하여 브라질에서 만개되었다는 사실은 주목할 만하다. 요컨대 비숍은 브라질에서 현재와 과거를 교차시킴으로써 자신의 시적 상상력에 '여행,' '장소,' '집'이라는 핵심 모티프를 더욱 선명하게 부각시키고 있다. 특히 『여행에 관한 질문들』에는 '여행,' '장소,' '집'의 모티프가 노바스코샤와 브라질이라는 특정한 장소와 중층적으로 맞물려 재현되고 있다. 『여행에 관한 질문들』에 수록된 동명의 시 「여행에 관한 질문들」("Questions of Travel")은 그 대표적 예라 할 수 있다. 여기서 그녀는 "집에 머무르면서 이곳을 생각해야 하는가?/ 오늘 우리는 어디에 있어야하는가?"(Should we have stayed at home and thought of here?/ Where should we be today?)(CP 93)라며 여행, 장소 및 집의 의미에 대해 질문함으로써 현미경적 관찰과 엄밀한 명상으로 자신의 내면 풍경, 즉 "내면으로 질주"(driving to the interior)(CP 90)를 촉발시킨 장소가 바로 브라질이라는 사실을 강조한다. 이는 "브라질은 나의 집이 되었다"[4]라는 시인의 언급에서 명백히 입증된다. 이렇듯 비숍은 시공간적 경계를 초월하여 북미와 남미, 과거와 현재, 중

---

4) Schiller, Baetriz.(1996), "Poetry Born Out of Suffering." *Conversations with Elizabeth Bishop*. Ed. George Monteiro, Jackson: UP of Mississippi, p.80.

심과 주변 등 이분법적 경계를 희석시키는 시각을 지니고 자신의 '내면 풍경'을 시와 산문을 통해 탁월하게 승화시킨다.

일평생 가족과 고향에 대한 상실감을 지니며 방랑자로서의 삶을 살아간 비숍에게 노바스코샤와 브라질은 "처음으로 진짜 집"이자 "원초적 꿈의 집"(proto-dream house)(CP 179)으로 각인되고 있다. 시인에게 "진짜 집(고향)"으로 인식되는 노바스코샤와 브라질은 '장소감'(sense of place) 혹은 '장소성'(placeness)이라는 개념과 밀접하게 연결되어 있다. 인문지리학자 에드워드 렐프(Edward Relph)는 "진정한 장소감"이란 "장소에 대한 참된 태도"를 의미하며, 이것은 "장소정체성의 전체적 복합성을 직접적으로 순수하게 경험하는 것으로 이해할 수 있다"[5]라고 주장한다. 또한 장소성이란 "장소의 인지된 특성으로 인간이 체험을 통해 애착을 느끼게 되고 한 장소에 고유하면서 동시에 다른 장소와는 차별적인 특성을 일컫는 것"[6]으로 정의되고 있다. 이런 점에서 그녀의 시와 산문에서 시공간을 초월하여 불가분적 상관성을 지닌 의미 있는 장소인 노바스코샤와 브라질은 미국의 지리학자 이푸 투안(Yi-fu Tuan)이 말한 장소성이 있는 장소에 대해 사람이 지니는 정서적 유대를 의미하는 장소애(topophilia)[7]의 전형이라 할 수 있다.

이렇듯 비숍의 작품에 충만해있는 '여행,' '장소,' '집'의 모티프의 토대이자 동시에 해양 풍경과 밀접하게 맞물려 있는 장소인 노바스코샤와 브라질은 시인에게 변함없이 시적 영감을 자극하고 있다. 이에 필자는 비숍의 해양적 상상력이 그녀가 브라질에서 체험한 진정한 장소감과 결

---

5) Relph, Edward. (1976), *Place and Placelessness*. London: Pion Limited. p.64.
6) 이석환·황기원(1997), 「장소와 장소성의 다의적 개념에 관한 연구」, 『국토계획』. 91호, 176쪽.
7) Tuan, Yi-fu. (1974), *Topophilia: a Study of Environmental Perception, Attitudes, and Values*. Englewood Cliffs, N.J.: Prentice-Hall, p.4.

합되어 이질적인 지리적, 문화적 차이의 융합을 열망하는 내면 풍경으로 형상화되고 있음을 살펴 볼 것이다. 그럼으로써 비숍의 진정한 장소감이 전통 연해주 문학 지역주의(Maritime literary regionalism)를 초월하여 중심과 주변, 북미와 남미와 같이 '우리'와 '타자'라는 이분법적 경계를 허무는 탈경계적 비전으로 확장되고 있다는 사실을 조명할 것이다.

Ⅱ. 거울 이미지로서 노바스코샤와 브라질

비숍은 20세기를 대표하는 영미시인들 중 흔치않은 과작의 시인이다. 일평생 그녀는 101편의 시만을 출판했지만 퓰리처상을 비롯해 가장 많은 상을 수상했다. 그녀는 미국여성 시인들 가운데 드물게 1951년부터 약 20년 동안 브라질에 살면서 포르투갈어를 습득해서 브라질 문학을 영어로 번역하여 영미권 세계에 소개하기도 했다. 무엇보다 주목할 점은 비숍의 전체 시 가운데 삼분의 일 이상이 바다와 물을 주제로 하고 있으며 더욱 중요하게도 이런 시들 중 상당수가 '노바스코샤'와 '브라질'이라는 특정한 장소와 긴밀히 연결되어 있다는 것이다.

비숍은 1951년 리우데자네이루(Rio de Janeiro) 근교에 위치한 페트로폴리스(Petropolis)의 사맘바이아(Samambaia)에서 자신의 연인 소아레스(Lota Soares)와 함께 거주하면서 1971년 브라질을 떠날 때까지 많은 작품을 썼다. 불행한 가족사로 인해 어린 시절부터 고향상실 의식을 지니게 된 시인은 이곳을 그녀가 일평생 갈망했던 "원초적 꿈의 집"(proto-dream house)(*CP* 179)으로 간주했다. 그녀는 동료시인 로웰에게 쓴 편지에서 "나는 브라질 집-몸이 되어가고 있는 것 같아요"(I seem to have become a Brazilian home-body)[8]라는 언급을 통해 자신에게 진정한 '집-몸'으로 다가온 장소가 다름 아닌 브라질이라는 사실을 천명한다. 이처럼 그녀의 시와 산문에서 '진짜 집'으로 인식되는 '노바스코샤'와 '브라질'은 '거울 이미지'로서 불가분적 연관성을 지니고 있다. 이와 관련해 데코스테(Susan DeCoste)는 시인의 본질적인 고향상실에 대해 "집이 부재하거나 하나의 집에 묶여있기 보다는 비숍은 언제나 두 개의 명백한 집들에 속해있다"라며 이 집들이 바로 "그레이트 빌리지와 리우데자네이루"[9]라고 지적한다. 나아가 딕키(Margaret Dickie)는 비숍을 "어떤 나라의 토착민이 아닌 이방인"[10], 즉 탈경계적 사유를 지닌 시인으로 간주하고 있다.

노바스코샤와 브라질을 병치된 두 가지 다른 장소로 형상화하는 비숍의 기법은 "동시다발적 시각"(multiple simultaneous perspective)[11]이라 할 수 있다. 이는 자서전적 단편 「네디 삼촌에 관한 추억」에서 명백히 드러난다. 여기서 비숍은 그레이트 빌리지에서뿐만 아니라 현재 화자가 거주하는 리우데자네이루의 집에 걸려있는 네디 삼촌의 초상화를 병치시킴으로써 상이한 시간과 장소를 다중적 시각(multiple perspective)으로 탁월하게 형상화한다. 주지하듯 비숍이 브라질에 장기 거주하면서 쓴 시집 『차가운 봄』과 『여행에 관한 질문들』에 수록된 많은 시들은 북미와 남미, 과거와 현재, 중심과 주변이라는 시공

---

8) Travisano, Thomas J.(1989), *Elizabeth Bishop: Her Artistic Development*. Charlottesville: UP of Virginia, p.132.
9) DeCoste. Susan.(2014), "Rethinking Maritime Literary Regionalism: Place, Identity, and Belonging in the Works of Elizabeth Bishop, Maxine Tynes, and Rita Joe." Diss. U of Waterloo, p.109.
10) Dickie, Margaret.(1997), *Stein, Bishop, and Rich: Lyrics of Love, War, and Place*. Chapel Hill : U of North Carolina P, p.105.
11) DeCoste, *Ibid.*, p.112.

간을 초월하여 '노바스코샤'와 '브라질'을 떼려야 뗄 수 없는 불가분적 관계로 연결해 준다.

노바스코샤에 대한 시인의 남다른 애정은 1951년 브라질에 도착하여 시를 쓰면서 이 특별한 장소를 은연중에 떠올린다는 사실에 있다. 이는 그녀가 1952년에 쓴 편지에서 명백히 드러난다. "브라질에 와서 노바스코샤에 대한 기억을 세세히 경험하는 것은 재미있는 일이다"(*OA* 249). 1953년 발표한 자전적 소설 「마을에서」("In the Village")에서도 그녀는 자신이 다른 곳에서 태어나서 자랐지만 유년시절 그레이트 빌리지에서 조부모와 함께 했었던 소중한 추억을 결코 잊을 수 없다고 고백한다. "마을에서 그렇게 많은 것들은 보스턴에서 비롯되었다. 그리고 심지어 나도 한때는 그곳 출신이었다. 하지만 나는 바로 이곳에서 나의 할머니와 함께 있었던 것밖에 기억하지 못한다"(*Collected Prose* 64). 나아가 1977년에 출간한 단편 회고록 「네디 삼촌에 관한 추억」에서 시인은 시공간적인 차이를 초월하여 브라질과 노바스코샤를 연결하면서 북미와 남미, 현재와 과거, 중심과 주변 사이의 경계를 지우는 '이중적 시각'(double point of view)을 보여주고 있다. 이런 점에서 비숍에게 노바스코샤와 브라질은 "지리적 거울 이미지"[12]로 인식되고 있다.

비숍의 시적 상상력의 근원이 되는 장소 노바스코샤가 대서양 연해주라는 사실은 주목할 필요가 있다. 이는 첫 시집 『북과 남』이 출간되기 이전인 1939년에 발표한 「기쁨 바다」("Pleasure Seas")를 포함하여 「만(灣)」, 「생선 창고에서」, 「브레튼 곶」 등의 초기 시에서부터 강, 만, 배, 해변, 바다 그리고 다양한 종류의 해양생물 등을 포괄하는 해양 이미지가 두드러지게 나타난다는 사실에서 그 근거를 찾을 수 있다. 더욱이 비

---

12) Millier, Brett C.(1993), *Elizabeth Bishop: Life and the Memory of It*. Berkeley: U of California P, p.252.

숍이 1915년 4살 때 어머니를 따라 이주했던 그레이트 빌리지는 코베퀴드 베이(Cobequid Bay)에 인접한 작은 해안 마을이었으며 그녀의 시와 산문에 영감의 원천으로 지속적으로 나타난다.

그레이트 빌리지의 세인트 제임스(St. James) 교회

필자는 한국연구재단으로부터 연구비를 지원 받은 '엘리자베스 비숍'에 관한 연구과제 수행을 위해 2018년 여름 노바스코샤와 그레이트 빌리지를 방문할 수 있었다. 비숍의 시적 영감의 원천이 된 노바스코샤는 정말 아름다웠으며 또한 장시간 차를 몰고 어렵게 찾아간 그레이트 빌리지의 '엘리자베스 비숍 하우스'(Elizabeth Bishop House)도 필자에게 형언할 수 없는 감동을 주었다. 현재 '엘리자베스 비숍 하우스'는 노바스코샤 지방 유적지로 인정받고 있다.

일평생 비숍은 자주 그레이트 빌리지에서의 삶에 매혹되었다는 사실을 드러내는데, 이것은 「노바스코샤의 회상」("Reminiscences of Nova

Scotia")이라는 그녀의 글을 통해 구체적으로 살펴볼 수 있다. 여기서 시인은 거실의 "정사각형 모양의 창유리"를 통해 그레이트 빌리지의 거리를 오가는 "마을 사람들"과 온갖 종류의 활동을 레이스로 덮힌 시각으로 보고 있다.[13] 그레이트 빌리지와 주변의 아름다운 해양 풍경은 그녀가 본격적으로 시작활동을 했던 시기에도 나타난다. 이것은 1946년 그녀에게 큰 영향을 끼친 선배 시인 매리언 무어(Marianne Moore)에게 쓴 편지에서 살펴볼 수 있다. 여기서 비숍은 인접해 있는 뉴브런스윅(New Brunswick)주의 펀디만(Bay of Fundy)을 따라 그레이트 빌리지까지 "적갈색," "분홍," "초록," "노랑," "청록" 등 형형색색의 색깔로 펼쳐진 해양 풍경을 마치 한 폭의 그림처럼 그려낸다. 이런 점에서 캐나다 학자인 치틱(Victor O. Chittick)은 1955년 발행된 노바스코샤 문학저널 『달하우지 리뷰』(*Dalhousie Review*)에서 그녀를 "노바스코샤의 본질적인 노바스코샤임"(essential Nova Scotianness of Nova Scotianness)[14]을 구현한 시인으로 간주했다.

노바스코샤의 작은 해안 마을 그레이트 빌리지에서 시작하는 해양 풍경은 그녀의 상상력의 원천이 되고 있다. 비숍은 한 인터뷰에서 "단어나 시구가 바다에서 표류하는 무엇인가처럼 내 머리 속에 들어오고 이내 이것은 다른 것들을 끌어들입니다"[15]라는 언급을 통해 자신의 시가 마치 바다의 물처럼 타자들을 흡수하면서 융합하는 속성을 지니고 있음을 강조한다. 이렇게 비숍의 시에 지속적으로 나타나는 해양 이미지로서 바다와 물의 유동적인 특성에 대해 "비숍이 시에서의 역동적인 감정

---

13) Barry, Sandra.(2011), *Elizabeth Bishop: Nova Scotia's "Home-made Poet."* Halifax: Nimbus Publishing, p.39.
14) DeCoste, *Ibid.*, p.101.
15) Brown, Ashley.(1966), *Conversations with Elizabeth Bishop.* George Monteiro, Jackson: UP of Mississippi. p.25.

에 관해서는 시행의 물결 내에 리드미컬한 상호작용을 생각했다"[16]라고 샤뮤엘즈(Peggy Samuels)는 지적한다.

그레이트 빌리지의 '엘리자베스 비숍 하우스'

초기 시에서부터 후기 시에 이르기까지 비숍은 정밀한 관찰과 더불어 노바스코샤라는 특정한 장소의식과 해양 이미지를 탁월하게 결합함으로써 새로운 시학을 구축해내고 있다. 이런 맥락에서 「기쁨 바다」와

---

16) Samuels, Peggy.(2010), *Deep Skin: Elizabeth Bishop and Visual Art*. New York: Cornell UP, p.40.

「만(灣)」 등의 초기 시는 바다와 만이라는 해양 이미지가 충만해있을 뿐만 아니라 마치 한 폭의 그림을 글로 표현하는 것과 같은 묘사, 즉 '시각적 표상의 언어적 표상'으로 정의되는 에크프라시스(ekphrasis)가 두드러진다.

페기스 코브(Peggy's Cove)에서 본 노바스코샤의 해안 경관

「기쁨 바다」의 전반부에 나타난 수영장의 풍경은 마치 프랑스 인상주의 화가 조르주 쇠라(Georges Seurat)가 그린 그림처럼 형형색색의 이미지로 가득하다.

벽으로 가려진 수영장의 물은 완벽하게 평평하다.
쇠라의 분홍빛 수영객들은 푸른색 창유리를 통해서
수영장으로 들락거리고 있다.
구름의 상이 통과한다
거대한 아메바의 움직임을
흰색, 연보라색, 그리고 푸른색의 바닥에 깔린 수영모들.
하늘이 회색으로 변하면, 물은 흐릿해진다
황록색과 머메이드 밀크색으로.

In the walled off swimming-pool the water is perfectly flat.
The pink Seurat bathers are dipping themselves in and out
Through a pane of bluish glass.
The cloud reflections pass
Huge amoeba-motions directly through
The beds of bathing caps: white, lavender, and blue.
If the sky turns gray, the water turns opaque,
Pistachio green and Mermaid Milk. (*CP* 195)

이 시구는 "나는 다른 시인들보다 더 시각적인 시인이라고 생각한
다"[17]라는 비숍의 주장을 명백히 입증한다. 이런 맥락에서 비숍은 예술
비평가인 샤피로(Meyer Shapiro)가 자신에게 "화가의 눈"(painter's
eye)으로 시를 쓴다는 말을 했을 때 매우 기뻤다고 시인하였다".[18] 이
시구에서 드러나듯이 비숍은 그녀의 작품에서 자주 시와 물의 긴밀한
연관성을 강조하였다. 특히 그녀는 이차원과 삼차원 사이의 물의 변동
(fluctuation)을 자신의 시에 차용하면서 표면과 깊이 사이에 영향을 미
치는 물의 중요성에 지대한 관심을 피력한다. "물은 너무 맑고 옅어서

---

17) Brown, *Ibid.*, p.24.
18) *Ibid.*, p.24.

당신은 그것의 표면을 보면서 동시에 그것 내부를 들여다본다. 시종일관 이중성이다".[19] 이렇게 시인은 표면들이 서로 만지고, 움직이며, 반사하고, 열려지고, 저항할 수 있는 방법을 계속 증가시킨다. 다시 말해 하늘의 회색을 다른 불투명한 색조인 "황록색"과 "머메이드 밀크색"으로 변모시킴으로써 "표면은 그것과 관련 없는 자연을 기록하지만 조절하는 것이다".[20]

「기쁨 바다」에서 볼 수 있듯이, 비숍은 마치 '화가의 눈'으로 면밀한 관찰을 시도하면서 "지식은 얻을 수 있는 것이 아니다"[21]라고 역설하고 있는 듯하다. 「만(灣)」이라는 시에서도 비숍은 다양한 이미지들을 구사하면서 해변가의 풍경을 한 폭의 그림처럼 묘사한다.

> 더러운 해면의 배들이
> 고분고분한 사냥개처럼 빽빽이
> 지푸라기 작살과 낚시 바늘 채우고
> 해변뭉치들을 붙이고 들어오고 있다.
> 도크에는 거북 등딱지 모양의 철망 울타리가 쳐있고
> 작은 쟁기 보습처럼 번쩍이면서, 청회색 상어 꼬리들이
> 중국 식당으로 팔려가기 위해 널린다.
> 작고 흰 배 몇 척은 겹겹이 쌓여 있거나
> 나란히 정박해 있다,
> 아니면 구멍이 난 채로 넘어져 있어 지난번 심한 폭풍우 이후
> 아직 수리되지 않은 채 놓여 있어
> 찢겨져 열렸지만, 답장을 하지 못한 편지처럼 보인다.

---

19) Samuels, *Ibid.*, p.37.
20) *Ibid.*, p.45.
21) Lombardi, Marilyn May.(1995), *The Body and the Song: Elizabeth Bishop's Poetics*. Carbondale: Southern Illinoise UP, p.98.

The frowsy sponge boats keep coming in
with the obliging air of retrievers,
bristling with jackstraw gaffs and hooks
and decorated with bobbles of sponges.
There is a fence of chicken wire along the dock
where, glinting like little plowshares,
the blue-gray shark tails are hung up to dry
for the Chinese-restaurant trade.
Some of the little white boats are still piled up
against each other, or lie on their sides, stove in,
and not yet salvaged, if they ever will be, from the last bad storm,
like torn-open, unanswered letters. (CP 60)

「기쁨 바다」와 「만(灣)」등의 초기 시에서 비숍은 "인상주의의 밝은 외피"를 지속적으로 탐구했지만 깊이를 탐색할 수 없었던 인상주의 화가들의 한계를 인식한다. 그래서 시인은 표면과 깊이 사이의 연관성을 토대로 새로운 회화를 개척한 초현실주의 화가들에게 점차 매료되면서 그들의 새로운 미학을 자신의 시에 적용시켜 나간다. 이와 관련해 샤뮤엘즈는 비숍이 첫 번째 시집 『북과 남』을 출간하기 훨씬 이전인 1930년대 후반부터 파울 클레(Paul Klee), 쿠르트 슈비터스(Kurt Schwitters), 알렉산더 콜더(Alexander Calder) 등의 현대 아방가르드 화가들의 실험적 기법에 깊은 영향을 받았다[22]고 주장한다. 이렇게 시인은 점차 자신의 시에 아방가르드 미학을 차용해나가면서 끊임없이 변하는 개인적이고 주관적인 시각을 발전시켜 나갈 수 있었다. 바로 이런 이유 때문에 비숍은 대서양 연해주 문학사에서 중요한 작가로 간주되지만 동시에 남

---

22) Samuels, Peggy.(2010), *Deep Skin: Elizabeth Bishop and Visual Art*. New York: Cornell UP, p.14.

성 작가들과 가부장적 시각이라는 한계를 지닌 편협한 연해주 문학 지역주의에 대한 중요한 대안"을 제시해주는 시인으로 간주될 수 있다. 이는 "비숍은 지역주의(regionalism)라는 지배적인 의미에 맞서는 작업을 수행했다"라는 데코스테의 언급을 통해 여실히 입증된다.

캐나다 연해주 지역(Maritime region)에 대한 비숍의 묘사는 단일 지리적 장소라는 한정된 측면으로서 혹은 국가적 중심에 묶인 주변 장소로서 캐나다의 오래된 지역 모델에 도전한다. 비숍의 전체 작품을 통해 지역주의를 재고하는 것은 독자들에게 국경을 가로질러 사람과 장소 사이의 관계의 산물로서 지역과 지역적 정체성을 보게 초대하는 그 지역에 대한 포스트모던적이고 탈식민주의적이며 페미니스트적 읽기로의 길을 열어놓았다.[23]

비숍이 브라질에서 약 20년 가까이 거주하면서 쓴 『차가운 봄』과 『여행에 관한 질문들』에 수록된 많은 시에서 노바스코샤는 변함없이 시인에게 해양적 상상력을 유발시키며 시적 영감의 원천이 되고 있다. 이 기간에 발표한 「생선 창고에서」라는 시는 그 대표적 예다. 여기서 시인은 공감각을 불러일으키는 노바스코샤의 해양 풍경을 탁월하게 묘사하면서 "차갑고, 어둡고, 깊으며 완전히 맑은/ 물고기와 바다표범에게/ 죽지 않는 요소를 제공하는"(Cold dark deep and absolutely clear, / element bearable to no mortal, / to fish and to seals)(CP 65) 바다가 있음을 강조한다. 나아가 그녀는 「브레튼 곶」이라는 시에서 노바스코샤의 해양 풍경은 필연적으로 "길"과 연관성을 지니고 있다는 통찰력을 보여준다.

---

23) DeCoste, *Ibid.*, p.97.

작은 하얀 교회들이 문제의 언덕들 속으로 떨어뜨려져 있다
잃어버린 수정 화살촉들처럼.
길은 버려졌던 것처럼 보인다.
풍경이 어떤 의미를 가졌든지 간에 버려졌던 것처럼 보인다,
만약 길이 그것을 내면에 간직하고 있지 않다면.

The little white churches have been dropped into the matted hills
like lost quartz arrowheads.
The road appears to have been abandoned.
Whatever the landscape had of meaning appears to have been abandoned,
unless the road is holding it back, in the interior (CP 67)

시인은 바로 풍경의 메타포로서 "길"을 자신의 "내면"과 연계시킴으로써 이 풍경을 통해 찾고자 하는 것은 무엇인가 대한 대답을 바로 "내면으로 질주"를 통해 찾을 수 있다는 비전을 암시적으로 보여주고 있다.

『차가운 봄』과 『여행에 관한 질문들』에 수록된 많은 시들은 노바스코샤와 브라질, 즉 과거와 현재, 북미와 남미라는 시공간적 경계를 허물고 있다. 이는 "브라질에 와서 노바스코샤에 대한 기억을 세세히 경험하는 것은 재미있는 일이다—지리는 틀림없이 우리가 인식하는 것보다 훨씬 더 신비로울 것이다"(OA 249)라는 그녀의 언급에서 명백히 입증된다. 이런 점에서 비숍이 브라질에서 그것의 "지리적 거울 이미지"로서 노바스코샤를 완벽하게 떠올렸다는 것이 그녀 자신도 이상하다고 생각했지만 그렇게 느낀 것은 사실이었다고 한다(252)라는 밀리어(Brett C. Millier)의 언급은 매우 적절한 지적이라 할 수 있다. 이렇듯 강렬한 정서적 유대감을 불러일으키는 노바스코샤는 비숍의 작품세계를 통해 시적 영감의 원천으로 확고히 자리 잡고 있다. 노바스코샤에 대한 비숍의 무한한 애정은 인간과 장소 또는 배경 사이의 정서적 결합을 표상하기

에 '의미 있는 장소', 곧 진정한 '장소감'이라는 개념과 긴밀한 상관성을 지닌다고 볼 수 있다.

정신적 고향으로 각인된 노바스코샤는 시인에게 "내면으로 질주"를 촉발시켜 지리적, 문화적 차이를 하나로 융합시키는 장소감을 불러일으킨다. 이것은 『지리 Ⅲ』에 수록된 「시」("Poem")를 통해서도 살펴볼 수 있다. 이 시에서 브라질에 거주하고 있는 화자는 그녀의 이모부로부터 받은 지폐크기의 작은 그림을 통해 현재와 과거를 교차시키면서 장소감을 확장해나간다.

> 그것은 노바스코샤임에 틀림없어, 단지 거기에
> 한 사람만이 박공으로 만든 끔찍하게 어두운 갈색으로
> 칠해진 목재 집들이 보인다.
> 일부 보이는, 다른 집들은, 흰 색이고.
> 느릅나무들, 낮은 언덕들, 얇은 교회의 뾰족탑
> ─회색빛 파란 조각이─그건가? 전경에는
> 초원 강가에서 물을 마시는 소들이 있고
> 두 개의 붓자국은 장담컨대, 소들일 테지
> 아주 작은 흰색 거위 두 마리는 푸른 물에서
> 등을 맞대고 먹이를 먹는다. 그리고 비스듬한 막대기 하나.
> 가까운 위쪽에는, 줄기에서 나온 상쾌하게 휘날리는,
> 희고 노란, 야생 붓꽃 한 송이.
> 공기는 신선하고 차갑다…

> It must be Nova Scotia; only there
> does one see abled wooden houses
> painted that awful shade of brown.
> The other houses, the bits that show, are white.
> Elm trees., low hills, a thin church steeple
> ─that gray─blue wisp─or is it? In the foreground

a water meadow with some tiny cows,
two brushstrokes each, but confidently cows;
two minuscule white geese in the blue water,
back-to-back, feeding, and a slanting stick.
Up closer, a wild iris, white and yellow,
fresh-squiggled from the tube.
The air is fresh and cold··· (*CP* 176)

「네디 삼촌에 관한 추억」에서처럼 이 시에서 화자는 작은 풍경화를 매개로 과거와 현재를 교차시킴으로써 노바스코샤의 풍경을 마치 눈앞에서 보고 있는 것처럼 현재 시점으로 탁월하게 묘사하고 있다. 한 폭의 풍경화를 연상시키는 이 시구는 '화가와 같은 시인'으로서의 면모를 잘 보여주고 있다. 물을 마시는 "소들," "상쾌하게 휘날리는 야생 붓꽃," "신선하고 차가운 공기" 등 노바스코샤의 풍경 묘사는 단순히 시각적 아름다움에만 초점이 놓여있지 않고 후각과 촉각 등 여러 감각을 자극시키며 더욱 확장된 공감각적 이미지를 창출해내고 있다. 특히 이 시의 화자는 그림을 보고 '동시다발적 시각'으로 자신과 그림의 화가인 조지 삼촌을 연결함으로써 '나'가 아닌 '우리'라는 정서적 유대감을 형성한다. 그래서 시인은 "우리의 비전은 동시에 일어났다─비전들이란/ 너무 심각한 단어이다─우리의 모습, 두 모습"(Our visions coincided─"visions" is / too serious a word—our looks, two looks:)(*CP* 177)이라고 역설한다. 이렇듯 「시」에는 회화적 이미지가 두드러지면서 동시에 다중적 시각으로 시인의 내면의 "두 모습"을 보여주고 있다. 다시 말해 "두 모습"은 국경을 가로지름으로써 한정된 지리적 장소를 초월하는 비숍의 확장된 시각을 암시적으로 드러낸다. 따라서 시인의 다중적 시각은 전통적인 '연해주 문학 지역주의'에서는 찾기 힘든 탈경계적 비전이 아닐 수 없다.

Ⅲ. 브라질과 '내면 풍경'

비숍은 지속적으로 자신에게 '진짜 집(고향)'과 인식되며 확장된 장소감을 확립시켜 준 장소가 다름 아닌 브라질이라는 사실을 피력한다. 이것은 생을 마감하기 전에 했던 인터뷰를 통해 뚜렷이 드러난다. "많은 다른 사람들과 달리 브라질에 대한 이론들(theories)이 내게 없다. 내가 도착하자마자 즉시 나는 이론들을 지니게 되었고 그것들은 뚜렷한 것들이었다. 조금씩 그 이론들이 사라지게 되었다. 브라질은 나의 집이 되었다"[24]라고 언급한다. 중요한 점은 시인에게 집은 물리적 장소가 아니라 보다 '정신적 상태'가 되고 있다는 사실이다. 이는 그녀가 생을 마감하기 한해 전인 1978년 「상상력의 지리」("Geography of the Imagination") 라 불린 인터뷰에서 명백히 드러난다. 여기서 시인은 "나는 지금껏 특별히 집이라는 느낌을 가져본 적이 없어요. 나는 그것이 시인의 고향의식을 꽤 잘 설명하는 것이라 생각합니다. 시인은 자신의 내면에 그것을 지니고 있지요"[25]라고 밝힌다. '집(고향)'이 '정신적인 상태'가 되고 있으며 "시인은 내면에 그것을 지니고 있다"라는 비숍의 주장은 그녀의 시를 통해서도 나타난다. 『여행에 관한 질문들』의 「브라질 시편」("Brazil")에 수록된 첫 번째 시 「산토스에 도착」("Arrival at Santos")은 그 대표적 예다. 여기서 시인은 "우리는 내면으로 질주한다"(We are driving to the interior)(CP 90)라는 구절로 이 시를 종결하고 있다. 이런 점에서 달랄

---

24) Schiller, Ibid., p.80.
25) George Monteiro.(1996), Ed. Conversations with Elizabeth Bishop. Ed. Jackson: UP of Mississippi, p.102.

(Anita Dalal)은 "비숍이 여행자의 장소관(view of the place)에서 시작하여 점점 더 내부자(insider)가 되어갔다"[26]라고 지적한다. 이 말은 "진짜 집"으로 각인된 브라질에서 시인이 더욱 "내면으로 질주"를 가속화함으로써 현재와 과거, 중심과 주변 등 이분법적 사유를 희석시키는 다중적 시각으로 장소감의 확장을 이루게 되었음을 의미하는 것이다.

비숍은 1951년부터 브라질에 거주하면서 미국에서 경험할 수 없었던 정서적 안정감과 고향의식을 통해 시적 상상력을 만개시킨다. 그녀는 이 기간에 시집을 발표하여 퓰리처상을 받게 되었을 뿐만 아니라 정신적 고향이자 동시에 상실의 아픔이 서려있는 장소 노바스코샤를 회상하는 여러 산문을 발표하게 된다. 자서전적 단편 「마을에서」, 「궨돌린」("Gwendolyn"), 「네디 삼촌에 관한 추억」 등은 그 대표적 예다. 비숍은 뛰어난 번역가로서의 재능도 보여주었다. 그녀는 포르투갈어를 배워 북미 작가들 중 최초로 마누엘 반데이라(Manuel Bandeira), 카를로스 데 안드라데(Carlos Drummond de Andrade), 클라리스 리스펙토르(Clarice Lispector) 등 당대 브라질 작가들의 시와 산문을 영어로 번역한다. 또한 1957년 그녀는 19세기 브라질 작가 앨리스 브랜트(Alice Brant)가 쓴 『헬레나 몰리의 일기』(*The Diary of "Helena Morley"*)를 탁월하게 번역했다. 나아가 그녀의 만년인 1972년에 『20세기 브라질 시선집』(*An Anthology of Twentieth-Century Brazilian Poetry*)을 편집하기도 했다.

비숍은 1930년대 초 바사대학(Vassar College) 시절부터 급우와 함께 캐나다 뉴펀들랜드(Newfoundland) 도보 여행을 시작으로 대학 졸

---

26) Dalal, Anita.(1998), "In Search of Home: The Writings of Katherine Anne Porter, Martha Gellhorn, Elizabeth Bishop and Joan Didion." Diss. University College, p.145.

업 후 프랑스, 영국, 모로코, 스페인, 아일랜드, 이탈리아 등 여러 나라를 방문하며 결코 지지치 않는 여행 습관을 보여준다. 더욱이 그녀는 미국 내에서도 뉴욕, 키웨스트, 워싱턴 D.C. 등 여러 도시를 옮겨가며 생활했다. 1941년 비숍은 남미 여행을 꿈꾸었으나 2차 세계대전의 발발로 인해 꿈을 접어야했지만 다음해 멕시코에서 9개월 거주하기에 이른다. 특히 비숍은 키웨스트, 뉴욕, 리우데자네이루, 시애틀, 샌프란시스코, 보스턴 등 바다를 쉽게 접할 수 있는 해안도시에 거주하기를 선호했는데, 이것은 그녀의 시에 중심 모티프로 부각되는 물의 이미지와 밀접하게 맞물려 있다. 1965년에 발표한 시집 『여행에 관한 질문들』에 수록된 동명의 시 「여행에 관한 질문들」에는 "폭포," "개울," "실개천" 등의 물 이미지로 가득한 브라질의 이국적 풍경이 "바다," "배," "따개비"와 같은 해양 이미지와 긴밀하게 맞물려 형상화되고 있다.

여기엔 너무 많은 폭포가 있다. 밀집한 개울들이
지나치게 서두르며 바다로 내닫고,
그리고 산꼭대기 저리 많은 구름들이 그것들을 짓눌러
부드럽게 슬로모션으로 산비탈에 넘치게 하여
바로 우리 눈앞에서 폭포로 만든다.
―저 실개천들, 빛나는 긴 눈물 자국들은
아직은 폭포가 아니지만,
순식간에, 여기서는 세월이 그리 흐르니,
그것들은 폭포가 될 것이다.
그러나 개울들과 구름이 여행하고 또 여행한다면,
산들은 전복된 배 모양으로
역청을 늘어뜨리고 따개비를 달고 있다.

There are too many waterfalls here; the crowded streams
hurry too rapidly down to the sea,

and the pressure of so many clouds on the mountaintops
makes them spill over the sides in soft slow-motion,
turning to waterfalls under our very eyes.
--For if those streaks, those mile-long, shiny, tearstains,
aren't waterfalls yet,
in a quick age or so, as ages go here,
they probably will be.
But if the streams and clouds keep travelling, travelling,
the mountains look like the hulls of capsized ships,
slime-hung and barnacled. (*CP* 93)

"산들은 전복된 배 모양으로/ 역청을 늘어뜨리고 따개비를 달고 있다"라는 표현은 난파선의 이미지를 상기시킨다. "따개비"는 앞 행의 "여행하는"이라는 단어와 병치되면서 이동이 아닌 정체를 암시한다. 말하자면 시적 화자는 탈출구가 없이 좌초된 채 난파된 상태로 브라질에 있음을 깨닫는다. 이 시구의 다음 행에서 화자는 "집으로의 긴 여행을 생각해보라"(Think of the long trip home)(*CP* 93)라고 말하면서 현재의 장소인 브라질을 떠나는 것을 주저한다. 이런 점에서 화자는 우리에게 여행에 관한 질문이라기보다는 거주에 관한 질문을 하는 것처럼 보인다. 이와 관련해 해리슨(Jeffery Harrison)은 화자가 질문하는 "*우리는 집에 머물렀어야 했는가,/ 그곳이 어디이던 간에?*"(*Should we have stayed at home,/ wherever that may be?*)(*CP* 94)라는 구절이 시인의 고향상실 상태를 강조하는 것으로 "여행을 떠남으로써 비숍은 자신의 본질적 고향상실을 탈출할 뿐만 아니라 동시에 규정하는 것처럼 보인다"[27]라고 지적한다. 무엇보다 『여행에 관한 질문들』의 「브라질 시편」

---

27) Harrison, Jeffery.(1999), "A Quest for 'Infant Sight': The Travel Poems of Elizabeth Bishop." *Harvard Review* 16, p.22.

("Brazil")과 「그 밖의 장소 시편」("Elsewhere")에 수록된 많은 시는 비, 폭포, 배, 바다 등 물과 해양 이미지가 충만해 있다. 이와 관련해 맥캐브 (Susan McCabe)는 "『여행에 관한 질문들』에 편재해 있는 비와 젖음"[28] 을 예리하게 간파하고 있다. 『여행에 관한 질문들』에 충만한 '비'와 '젖음'의 이미지는 상상력의 물과 결부되어 비숍의 성장환경에서 토대가 되는 두 장소 노바스코샤와 브라질의 주요 소재인 강, 폭포, 바다의 원초적 이미지를 통해 구체적으로 형상화되고 있다. 나아가 "우리는 내면으로 질주한다"라는 시인의 말에서 "내면"에 함축된 의미는 "우리가 이전의 집을 쳐다보는 것을 멈추어야 한다는 것이다. 이렇게 할 수 없는 사람은 정말로 새로운 문화에 도착해서 살아가지 못한 채 그 이행 속에서 수렁에 빠져버린다."[29] 확장된 장소감을 지닌 비숍은 중심과 주변이라는 이분법적 경계를 허물며 더욱 깊이 "내면으로 질주"를 해나간다. 그럼으로써 브라질 거주 초기에 연인 소아레스와 함께 생활했던 사맘바이아라는 특정한 장소에서 리우데자네이루까지 장소감을 확장한다.

비숍은 브라질 정착 초기 리우데자네이루 근교 사맘바이아의 소아레스의 집에서 함께 생활하면서 많은 작품을 발표하였다. 특히 소아레스가 비숍을 위해 설계했던 창작 공간인 사맘바이아의 스튜디오에 대해 시인은 "그 스튜디오가 막 지어졌고 나는 너무나 압도되어 그것에 대한 꿈을 매일 저녁 꿉니다"(OA 251)라고 말하며 한없는 사랑과 감동을 피력한다. 요컨대 사맘바이아의 집은 시인이 항상 열망했던 집, 즉 "원초적인 꿈의 집"(proto-dream house)(CP 179)이었던 것이다. 이것은 비숍의 기억 속에 슬픔, 눈물, 상실, 고통 등의 감정을 유발하며 "경직된

---

28) McCabe, Susan.(1994), Elizabeth Bishop: Her Poetics of Loss. University Park: The Pennsylvania State UP, p.185.
29) Neely, Elizabeth.(2014), "Elizabeth Bishop in Brazil: An Ongoing Acculturation." Diss. U of North Texas, p.67.

사맘바이아(Samambaia)에 있는 비숍의 '원초적 꿈의 집'

집"(rigid house)과 "불가해한 집"(inscrutable house)(*CP* 124)으로 각인된 노바스코샤의 집과 명백한 대조를 이루고 있다. 사맘바이아에서 비숍이 생애 처음으로 느꼈던 환희와 행복은 『여행에 관한 질문들』에 수록된 「우기 시즌을 위한 노래」("Song for the Rainy Season")라는 시를 통해 선명하게 엿볼 수 있다. 여기서 시인은 안개, 비, 폭포, 수증기 등 다양한 형태의 물 이미지를 제시하며 사맘바이아의 집을 마치 파라다이스처럼 묘사한다.

감춰진, 오 짙은 안개 속에
감춰져 있는
우리가 사는 집,
자석 바위 아래
비—, 무지개가 걸려 있다.
핏빛 검붉은
브로멜리아, 이끼,
부엉이들, 폭포의 물 보푸라기가 매달려 있으며,
친근하며 초대받아 온 것은 아니다

모호한 물의
시기 속에서
개울은 목청껏 노래한다.
거대한 고사리의
흉곽에서 흐르며, 수증기는
빽빽한 수풀을 쉽게
기어 올라와 몸을 돌려
집과 바위를 감싸 앉는다.
그 둘 다를,
그들만을 위한 구름 속에서.

Hidden, oh hidden
in the high fog
the house we live in,
beneath the magnetic rock,
rain−, rainbow−ridden,
where blood−black
bromelias, lichens,
owls, and the lint
of the waterfalls cling,
familiar, unbidden.

In a dim age

of water

the brook sings loud

from a rib cage

of giant fern; vapor

climbs up the thick growth

effortlessly, turns back,

holding them both,

house and rock,

in a private cloud. (*CP* 101)

브로멜리아, 이끼, 부엉이, 고사리 등 다양한 동식물을 양육하는 따뜻한 모성적 속성을 지닌 물 이미지가 비숍이 이전에 발표한 시들에서는 부재한다는 점에서 이 시구는 주목할 필요가 있다. 사랑, 환희와 행복으로 충만한 "원초적인 꿈의 집"에서 흘러나오는 물은 마치 모유를 연상시킨다. 그래서 시인은 "물이 없으면// 빽빽한 안개도 사라져 버리고/ 부엉이들은 날아가 버리겠지/ 여러 폭포마저도 한결같은 태양 속에서 쪼그라들 것이다"(Without water // the high fogs gone; the owls will move on / and the several waterfalls shrivel in the steady sun)(*CP* 102)라는 모성적 상상력을 발현시킨다. 이 시구는 "물의 모성에 대한 숭배의 감정이 열렬하고 진지하게 되자마자 물은 젖이 된다"(118)[30]라며 바슐라르의 통찰을 시로 승화시킨 듯하다. 따라서 「우기 시즌을 위한 노래」는 비숍이 이전에 보여주었던 모성부재의 공간으로서 노바스코샤와 선명하게 구별되는 모성성이 극명하게 발현된 시라고 볼 수 있다. 이처럼 『여행에 관한 질문들』의 「브라질 시편」에 수록된 많

---

30) Bachelard, Gaston.(1983), *Water and Dreams: An Essay on the Imagination of Matter*. Trans. Edith R. Farrell. Dallas: Pegasus Foundation, p.118.

은 시들은 비숍의 모성성이 그녀가 지향했던 "내면으로 질주"와 맞물려 이전에 찾기 어려웠던 타자에 대한 이해와 수용을 확장시키고 있음을 보여준다. 이는 「12일절 아침; 아니면 당신이 생각하는 대로」("Twelfth Morning; or What You Will")라는 시에서 구체적으로 드러난다. 이 시의 제목은 셰익스피어의 희곡 『십이야; 아니면 당신이 생각하는 대로』를 패러디한 것이다.

「12일절 아침; 아니면 당신이 생각하는 대로」에서 비숍은 리우데자네이루 근교의 휴양지 카보 프리오(Cabo Frio)가 이 시의 배경임을 명시하고 있다. 「여행에 관한 질문들」의 다른 시들처럼 이 시에서도 "난파선," "도요새," "바다" 등 해양 이미지가 두드러진다. 전체 8연으로 구성된 이 시는 첫째 연과 둘째 연에서 흑인 소년 "발타자르"(Balthazar), "담장," "말," "무너진 집" 그리고 "난파선"이 제시되고 난 후 셋째 연에서 시인의 시선은 바다를 향한다.

> 바다는 어딘가에 멀리 떨어져서, 아무 것도 하고 있지 않다. 들어봐라.
> 내뿜는 숨소리를. 그리고 희미하고, 희미하고, 희미한 ·
> (혹은 네가 다른 것들을 듣고 있는가?) 그 도요새의
> 가슴 아픈 울음소리를.
>
> 그 담장은 세 가닥의 가시철사인데, 모두 완전히 녹이 슬어서,
> 세 개의 점선이 된 채, 기대를 품고 나타나 있다,
> 부지들을 가로 막으며, 그거 다시 한 번 잘 생각해 봐, 바뀌었지.
> 일종의 모퉁이로…
>
> The sea's off somewhere, doing nothing. Listen.
> An expelled breath. And faint, faint, faint
> (or are you hearing things), the sandpipers'

heart-broken cries.

The fence, three-strand, barbed-wire, all pure rust,
three dotted lines, comes forward hopefully
across the lots; thinks better of it; turns
a sort of corner… (*CP* 110)

멀어지는 해변 풍경과 "도요새의 가슴 아픈 울음소리"는 이어지는
넷째 연에서 "가시철사," "녹슨 점선," "부지" 등 문명 세계의 부산물과
병치되면서 이곳의 황량함을 더욱 부각시킨다. 화자는 담장이 녹이 슬
어 "점선"이 되어버림으로써 그 담장이 있던 곳은 "일종의 모퉁이"로 변
했다고 말한다. 하지만 화자는 말줄임표로 문장을 마침으로써 그것조
차도 확신하지 못하고 있음을 알 수 있다. 실제로 카보 프리오는 비숍
이 1957년부터 5년간 휴가를 보냈던 리우데자네이루 근교의 휴양지다.
1960년 로웰에게 쓴 편지에서 비숍은 "카보 프리오가 변함없이 경이로
웠으며…우리는 매일 그 해변들로 수영하러 갔었다"(345)[31]라며 자신
과 소아레스가 이곳에서 행복한 시간을 보냈음을 밝힌다. 이렇게 비숍
은 카보 프리오의 해변 풍경을 매우 소중히 여겼기에 부동산 회사가 오
래된 모래 언덕을 부지로 변경하려 하는 것을 신랄하게 비판한다. 첫째
연에서 언급된 흑인 소년 발타자르의 이름은 그리스도를 예배하러 온
동방박사 3인 중의 한명과 같다. 역설적으로 시인은 발타자르를 마지막
두 연에서 깡통을 놓고 구걸하는 거지의 모습으로 형상화하면서 당시
브라질에 만연한 난개발, 인종, 계급, 빈부의 문제를 암시적으로 비판하
고 있다.

---

31) Bishop, Elizabeth.(2008), *Words in Air: The Complete Correspondence
Between Elizabeth Bishop and Robert Lowell*. Ed. Thomas Travisano
with Saskia Hamilton. New York: Farrar Straus Giroux, p.345.

그는 약간 희미하게 빛난다. 그러나 4갤런짜리 캔이
발타자르의 머리에 가까워지며
세상이 진주인양 계속 반짝이고, *그리고 나는,*
>   *나는*

세상의 가장 밝은 부분이다! 너는 지금 물소리를 들을 수 있다.
안에서 찰싹 찰싹하는 소리를. 발타자르는 노래를 부르고 있다.
"오늘은 나의 기념일이다" 그는 노래한다.
>   "왕들의 날들."

he gleams a little. But a gallon can
approaching on the head of Balthazár
keeps flashing that the world's a pearl, *and I,*
>   *I am*

its highlight! You can hear the water now,
inside, slap-slapping. Balthazár is singing.
"Today's my Anniversary," he sings,
>   "the Day of Kings." (*CP* 110-11)

주지하듯이 십이야는 크리스마스에서 12번째 되는 날 밤을 의미한다. 발타자르의 캔은 동방박사 3인을 인도하는 그리스도의 탄생을 암시하는 별처럼 밝게 빛난다. 이런 점에서 트라비샤노(Thomas J. Travisano)는 「브라질 시편」에서 "비숍에게 중요한 것은 그녀의 눈앞에 있는 대상들이다"라고 언급하며 콘래드(Joseph Conrad)의 관점보다 "브라질 토착민들의 독특한 특징을 더욱 실감나게 재현했다"[32]라고 주장한다. 발타자르는 그 자신의 여행 중 종교적 희열에 의해서가 아니라

---

32) Travisano, *Ibid.*, pp.131-32.

자신의 자아 속에 내재한 희열로 기분이 들떠있기에 "에피파니의 축제인 12일절 아침은 중요하다"[33]. 나아가 화자는 깡통 속에 동전이 들어와 부딪치는 소리를 "안에서 찰싹 찰싹하는 물소리"인 청각적 이미지로 표현하면서 발타자르를 "세상의 가장 밝은 부분"으로 간주한다. 그래서 발타자르는 무한한 희열을 느끼며 "오늘은 나의 기념일이다"라며 노래를 부르는 것이다.

가난한 흑인 거지 발타자르를 부각시키고 있는 「12일절 아침; 아니면 당신이 생각하는 대로」는 가난과 사회적 소외를 겪는 '타자'에 대한 비숍의 지대한 관심을 표명하는 시다. 이처럼 더욱 깊이 "내면으로 질주"를 통해 시인은 자신이 현재 살고 있는 브라질이 처한 문제점에 더욱 초점을 맞춘다. 1969년에 출간한 시 「베이커리 가다」("Going to Bakery") 또한 이런 맥락에서 이해될 수 있다. 「베이커리 가다」라는 제목 아래 리우데자네이루라는 지명을 표기한데서 알 수 있듯이 비숍은 여행자의 시각에서 벗어나 더욱 가까이서 브라질 내부의 문제점을 비판하고자 했다.

> 바다를 응시하는 대신
> 그녀가 다른 밤에 하던 대로
> 달은 코파카바나 대로에서의
> 광경을 내려다본다.
>
> 그녀에게 새롭지만 일상적인.
> 그녀는 늘어진 노면전차의 전선에 기댄다.
> 아래로 선로가 머리에서 꼬리까지 줄지어
> 주차되어 있는 차들을 미끄러지듯 나아간다.

---

33) *Ibid.*, p.157.

Instead of gazing at the sea
the way she does on other nights,
the moon looks down the Avenida
Copacabana at the sights,

new to her but ordinary.
She leans on the slack trolley wires.
Below, the tracks slither between
lines of head-to-tail parked cars. (*CP* 151)

연인 로타와 머물렀던 리우의 레미(Leme) 아파트와 코파카바나 비치

아름다운 해변이 펼쳐져 있는 코파카바나의 낭만적인 야경과 대조적
으로 두 번째 연에서 화자의 시선은 "노면전차"와 "주차되어 있는 차들"
이 있는 코파카바나의 내부로 옮겨간다. 시인은 부유한 백인 미국인 여성
을 화자로 설정하면서 베이커리 안의 여러 종류의 빵에 대한 묘사와 더불
어 코파카바나의 파벨라(favela, 브라질의 슬럼가)에 사는 빈민들의 모습
과의 병치를 통해 당면해 있는 사회의 문제점들을 적나라하게 보여준다.

둥근 케이크들은 희미하게 보인다.
각 케이크는 멍한 흰 눈을 내민다.
부드럽고 끈적거리는 타르트들은 빨갛게 상처가 나 있다.
사가, 사가라고, 나는 뭘 사야 하지?

이제 밀가루는 더럽혀진다
옥수수 가루로, 이렇게 만들어진 빵들은
황열병 환자들처럼 누워있다
붐비는 병동에 누워있는 환자들 말이다.

the round cakes look about to faint—
each turns up a glazed white eye.
The gooey tarts are red and sore.
Buy, buy, what shall I buy?

Now flour is adulterated
with cornmeal, the loaves of bread
lie like yellow-fever victims
laid out in a crowded ward. (*CP* 151)

"멍한 흰 눈"을 지닌 둥근 케이크들과 "빨갛게 상처가 나 있는" 타르트들은 우리에게 일종의 감염된 상황을 환기시키고 있다. 시인은 밀가루가 노란 옥수수 가루로 "더럽혀진다"라고 언급하면서 마치 빵을 사람에 비유함으로써 인종적 혼혈의 문제를 암시적으로 드러낸다. 이렇게 만들어진 빵들을 병동에 누워있는 "황열병 환자들"로 간주하며 시인은 당시 브라질 사회에 팽배해 있는 백인의 순수성을 더럽히는 혼혈에 대한 인종차별적 편견을 비판하고 있는 것이다. 그래서 "병약한"(sickly) 제빵사는 백인 화자에게 "상처가 나 있거"나 "더럽혀진" 빵들 대신 흰 우유로 만들어진 "밀크 롤"을 구매할 것을 권유한다. 계속되는 병마와 질병은 화자가 집으로 걸어갈 때 거리에 대한 화자의 인상으로 더욱 확장되고 있다. 이 시의 후반부에서 화자는 베이커리 바깥에서 마약에 취한 듯 몹시 흥분해서 춤을 추는 "어린애 같은 창녀"(a childish puta)와 자신의 고급 아파트 앞에서 술에 취해 자신의 상처를 보여주며 구걸하는 흑인 거지를 등장시킨다. 이렇게 "화자가 만나는 모든 사람은 병에 걸려있거나 상처를 입고 있으며 화자 자신의 병약한 응시는 자신을 전체적인 역병의

한 부분으로 만든다. 리우에 거주하는 것은 전염병으로 충만해 있는 사람 혹은 그것의 매개체인 것이다."[34] 말하자면 "가난과 가난한 자를 상호 교차하는 어휘들을 사용함으로써 화자는 브라질의 하층민들을 텍스트 전면으로 드러내고 있는 것"[35]이다. 이 시의 결론에 이르러 화자는 흑인 거지에게 7센트를 주면서 "안녕히 계세요"라고 말한다.

코파카바나의 '산타 마르타 파벨라'
(Santa Marta favela)

---

34) Neely, *Ibid.*, p.190.
35) 강민정(2014),「엘리자베스 비숍과 미국의 냉전」, 이화여자대학교 석사학위 논문, 32쪽.

나는 그에게 7센트를 준다. 나의
엄청난 돈이었고, "안녕히 계세요"라고 말한다.
습관에서 나온 말로, 오, 초라한 습관이다!
더 적절하거나 밝은 한 마디는 없었을까?

I give him seven cents in my
terrific money, say "Good night"
from force of habit. Oh, mean habit!
Not one word more apt or bright? (*CP* 152)

여기서 화자가 말한 "*나의* / 엄청난 돈"에서 이탤릭체로 강조한 "*나의*"라는 말은 획일화되고 고정된 세계에 묶여있던 자신의 자아가 탈획일화 되었음을 암시하는 것이다. 거지에게 무심코 내뱉은 "안녕히 계세요"라는 말을 "초라한 습관"으로 간주하면서 화자의 자책으로 종결하고 있음은 주목할 만하다. 다시 말해 화자는 흑인 거지와 같은 '타자'에게 시도한 의사소통의 어려움을 깨닫고 인종, 계급, 빈부의 차이 등 브라질 내부의 사회 문제는 개인의 자선으로 해결될 수 없음을 인식한 것이다. "더 적절하거나 밝은 한 마디는 없었을까?"라는 화자의 자책은 '타자'와 더욱 긴밀한 소통을 이루려는 비숍의 열망을 보여주는 것이다. 이렇게 비숍은 그녀의 시를 통해 피상적인 관광객(superficial tourist) 혹은 외부인(outsider)의 시선을 초월하여 리우데자네이루에 대한 진정한 장소 감을 체화하게 되었다. 그리고 브라질 내부로 더욱 깊이 질주해 나가면서 지속적으로 '타자'들과의 탈경계적 소통과 융합을 추구하고자 했다.

브라질 내부로의 질주를 가속화함으로써 '우리'와 '타자'라는 이분법적 사고의 경계를 무너뜨린 비숍의 새로운 비전은 그녀의 생애 마지막 해인 1979년에 발표한 시 「산타렘」에서 가장 명백히 드러난다. 아마존 강에 실제로 존재하는 마을인 산타렘은 두 개의 강인 타파호스

(Tapajos)와 아마존이 흘러가다 합쳐지는 장소이다. 여기서 시인은 "산타렘"이라는 장소의 아이디어를 통해 경계를 초월한 새로운 비전, 즉 진정한 장소감을 지니게 되었다고 역설하고 있다. 이런 점에서 "나는 그 장소를 좋아했어. 그 장소의 아이디어를 좋아했어. 두 개의 강. 두 개의 강은 에덴의 정원으로부터 / 솟아나지 않았어?"(I liked the place; I liked the idea of the place. / Two rivers. Hadn't two rivers sprung / from the Garden of Eden?)(*CP* 185)라는 시인의 통찰은 확장된 장소감에서 연원하며 탈경계적이며 융합적 상상력과 상통하고 있음을 보여준다. 따라서 "삶/죽음, 옳음/그름, 남성/여성"(life/death, right/wrong, male/female)이라는 이분법적 개념들이 "해결되고 용해되어"(resolved, dissolved)(*CP* 185) 하나로 융합되는 이상의 장소로서 산타렘은 그녀가 추구했던 비전을 표상하는 메타포라 할 수 있다.

Ⅳ. 나가며

비숍의 작품 속에 해양적 상상력의 원천이자 의미 있는 장소로 부각되는 노바스코샤는 그녀가 가장 오랜 기간 거주했던 장소인 브라질의 '지리적 거울이미지'로서 변함없이 그녀에게 시적 영감을 자극했다. 하지만 어린 시절 자신의 어머니와의 이별과 상실의 아픔을 환기시키는 노바스코샤는 비숍의 시와 산문에서 슬픔, 눈물, 상실, 고통 등 애증의 이중감정을 불러일으키고 있다. 이렇듯 시인에게 "경직된 집"과 "불가해한 집"으로 각인되는 노바스코샤는 사랑, 기쁨, 환희, 행복의 메타포로서 "진짜 집(고향)"이 되기에는 한계를 지닌다. 비숍이 브라질에 장기 거주하면서 '내부자'의 시선으로 북미와 남미, 현재와 과거, 중심과 주변 등 이분법적 경계를 허물며 '타자'들과 탈경계적 소통과 융합을 추구했다는 사실은 그녀를 당대 미국 여성 시인들과 선명하게 구별해준다.

무엇보다 시인에게 "원초적인 꿈의 집"이 있던 장소인 사맘바이아는 그녀가 이전에 보여주었던 모성부재의 공간으로서 노바스코샤와 선명하게 구별된다. 비숍은 바로 이곳에서 모성적 속성을 지닌 물과 같은 상상력을 발현시켜 더욱 깊은 내면의 풍경을 탁월하게 형상화한 시를 발표한다. 그리하여 시인은 『여행에 관한 질문들』의 「브라질 시편」에 실린 「우기 시즌을 위한 노래」라는 시에서 모유를 연상시키는 젖과 같은 물로 가득한 "원초적인 꿈의 집"을 사실적으로 그려낸다. 그녀는 지속적으로 "내면으로 질주"를 통해 사맘바이아에서부터 상실의 아픔이 서려있는 노바스코샤를 교차시키면서 서로 이질적인 지리적, 문화적 차이를 하나로 융합하고자 했다. 나아가 시인은 카보 프리오, 리우데자네이루, 산타렘 등 브라질의 여러 도시들에서도 "난파선," "도요새," "바다" 등 해양 풍경을 지속적으로 환기시키면서 진정한 장소감을 확장해 갔다. 그래서 시인은 「12일절 아침; 아니면 당신이 생각하는 대로」와 「베이커리 가다」라는 시에서 흑인 소년 "발타자르", "어린애 같은 창녀", 술에 취한 흑인 거지와 같은 '타자'들에게 연민을 느끼면서 더욱 가까이 다가갔다.

이처럼 비숍의 『여행에 관한 질문들』에 수록된 많은 시들이 이전에 보여주었던 '피상적인 관광객 혹은 외부인'으로서의 시각에서 탈피하여 '내부자'로서 브라질 내부의 문제점을 비판하고 있음은 주목할 만하다. 요컨대 시인은 브라질 내부의 타자들과의 융합을 통해 이분법적 경계를 초월하는 다중적이고 탈경계적 시각에서 연원한 확장된 장소감을 보여주고 있다. 시인은 브라질 내부 사회로 더욱 깊이 침잠해가면서 마침내 "완전히 다른 문화를 지닌 사람들 속에서 사는 것은 나의 오랜 정형화된 아이디어를 많이 바꾸어 놓았다"[36]라는 인식의 전환을 이루게 된 것이다. '내부자'의 시선을 지닌 시인은 "원초적 꿈의 집"이 있던 사맘바이아에서 벗어나 브라질 내부에 만연한 난개발, 인종, 계급, 빈부의 문제를 신랄하게 비판하고 있다. 이런 점에서 브라질 내부에서 노바스코샤라는 특정한 장소를 불러일으킴으로써 비숍이 깊이 체화한 진정한 장소감은 "특정한 지역과 사고방식의 동일시"(attitudinal identification with a particular locale)[37]라고 주장하는 편협한 문학적 지역주의를 초월하고 있다. 이렇게 비숍의 내면에 체화된 시들은 국경을 가로질러 단일 지리적 장소라는 한정된 측면을 초월하는 시인의 다중적 시각의 산물인 '확장된 장소감'을 보여주고 있다.

---

36) Brown, *Ibid.*, p.19.
37) New, W. H.(2002), Ed. *Encyclopaedia of Literature in Canada.* Toronto: U of Toronto P, p.117.

【참고문헌】

강민정(2014), 「엘리자베스 비숍과 미국의 냉전」. 이화여자대학교 석사학위 논문. 32쪽.

이석환·황기원(1997), 「장소와 장소성의 다의적 개념에 관한 연구」, 『국토계획』. 91, 176쪽.

Bachelard, Gaston (1983), *Water and Dreams: An Essay on the Imagination of Matter*. Trans. Edith R. Farrell. Dallas: Pegasus Foundation.

Barry, Sandra (2011), *Elizabeth Bishop: Nova Scotia's "Home-made Poet."* Halifax: Nimbus Publishing.

Bishop, Elizabeth (1983), *The Complete Poems 1927-1979*. New York: Farrar Straus Giroux.

———(1984), *The Collected Prose*. Ed. Robert Giroux. New York: Farrar Straus Giroux.

———(1994), *One Art: Letters*. Ed. Robert Giroux. New York: Farrar Straus Giroux.

———(2008), *Words in Air: The Complete Correspondence Between Elizabeth Bishop and Robert Lowell*. Ed. Thomas Travisano. New York: Farrar Straus Giroux.

Brown, Ashley (1966), "An Interview with Elizabeth Bishop." *Conversations with Elizabeth Bishop*. Ed. Monteiro, George. Jackson: UP of Mississippi.

Chittick, Victor (1955), "Nomination for a Laureateship." *The Dalhousie Review* 35.2, pp.145-57.

Dalal, Anita (1998), "In Search of Home: The Writings of Katherine Anne Porter, Martha Gellhorn, Elizabeth Bishop and Joan Didion." Diss. University College.

DeCoste, Susan (2014), "Rethinking Maritime Literary Regionalism: Place, Identity, and Belonging in the Works of Elizabeth Bishop, Maxine Tynes, and Rita Joe." Diss. U of Waterloo.

Dickie, Margaret (1997), *Stein, Bishop, and Rich: Lyrics of Love, War, and Place*. Chapel Hill : U of North Carolina P.

Harrison, Jeffery (1999), "A Quest for 'Infant Sight': The Travel Poems of Elizabeth Bishop." *Harvard Review* 16, pp.20-31.

Lombardi, Marilyn May (1995), *The Body and the Song: Elizabeth Bishop's Poetics*. Carbondale: Southern Illinoise UP.

McCabe, Susan (1994), *Elizabeth Bishop: Her Poetics of Loss*. University Park: The Pennsylvania State UP.

Millier, Brett (1993), *Elizabeth Bishop: Life and the Memory of It*. Berkeley: U of California P.

Monteiro, George (1996), Ed. *Conversations with Elizabeth Bishop*. George Monteiro, Jackson: UP of Mississippi.

Neely, Elizabeth (2014), "Elizabeth Bishop in Brazil: An Ongoing Acculturation." Diss. U of North Texas.

New, W. H. (2002), Ed. *Encyclopaedia of Literature in Canada*. Toronto: U of Toronto P.

Relph, Edward (1976), *Place and Placelessness*. London: Pion Limited.

Samuels, Peggy (2010), *Deep Skin: Elizabeth Bishop and Visual Art*. New York: Cornell UP.

Schiller, Baetriz (1977), "Poetry Born Out of Suffering." *Conversations with Elizabeth Bishop*. Ed. George Monteiro, Jackson: UP of Mississippi, pp.74-81.

Stevenson, Anne. Elizabeth Bishop. New York: Twayne, 1966.

Travisano, Thomas (1989), *Elizabeth Bishop: Her Artistic Development*. Charlottesville: UP of Virginia.

Tuan, Yi-fu (1974), *Topophilia: a Study of Environmental Perception, Attitudes, and Values*. Englewood Cliffs, N.J.: Prentice-Hall.

제Ⅱ부

어민과 노동자, 선원의 바다

5. 식민지 시기 부산지역의
수산물 어획고와 수산업인구 현황

김 승

Ⅰ. 머리말

현재 세계 각국은 자국의 이익을 앞세워 바다에 대한 독점적 지위를 확보하기 위해 안간힘을 쓰고 있다. 그런데 바다는 말 그대로 모든 것을 받아들이기 때문에 '바다'이고 동시에 만물을 탄생시킨 근원이기에 '바다(海)'에는 '어미 모(母)'의 의미가 숨어 있는 것이다. 따라서 바다는 애초부터 누군가에 의해 해양자원과 해양영토의 확보라는 측면에서 독점될 수 있는 성질의 것이 아니다. 그러나 근대국민국가의 출현 이후 현재까지 바다는 영해와 공해 등으로 나뉘면서 해양강국에 의해 배타적으로 소유권이 관철되고 있는 것 또한 엄혹한 현실이다.

이러한 상황 속에서 한반도는 삼면이 바다로 둘러싸여 있으므로 그 어느 때보다 바다에 대해 깊이 있게 연구하고 그것을 기반으로 바다를 슬기롭게 이용할 수 있는 지혜를 갖추는 것이 시급하다고 하겠다. 이런 맥락에서 본다면 바다와 떼려야 뗄 수 없는 수산업 관련 연구는 학문적으로 매우 중하다고 할 것이다. 그러나 이런 중요성에도 불구하고 한국에서 수산업 연구는 필자의 과문한 탓도 있겠으나, 주로 자연과학과 인류학 분야에서 활발하게 진행될 뿐 정작 역사학을 비롯한 인문사회 분야에서의 연구는 기대치에 미치지 못한다고 하겠다. 이러한 점에서 한국의 근대 수산업에 대해 일찍부터 많은 성과를 남긴 고(故) 박구병의 연구는 근대시기 한국 수산업을 이해하는데 많은 도움을 주었을 뿐만 아니라 현재의 시점에서 시사하는 바가 크다.[1]

사실 근대시기 한국 수산업에 대한 연구는 최근 십몇 년 사이에 많이 진척되었다. 20세기 초 한반도 전체의 어항과 수산업 전반에 대한 소개를 비롯해 지역 및 권역의 수산업 관련 연구, 일본인 이주어촌에 관한 연구, 각종 어종과 어장 등에 관한 연구들이[2] 이루어짐으로써 그동안 미쳐 밝혀지지 않았던 많은 사실들을 이해할 수 있게 되었다. 그러나 이런 연구 성과에도 불구하고 근대시기 한국 수산업 연구는 이제 막 첫걸음을 뗀 단계라고 해도 과언이 아닐 것이다. 특히 지역단위에서 수산업 연구는 일본인 이주어촌 연구가 대부분으로, 한국인 어민들에 대한 연구 혹은 한국인 어민들과 일본 이주어민들과의 비교연구 등과 같은 것은 아직 깊이 있게 진행되지를 못했다. 이런 문제점은 일차적으로 사료적 한계성에서 기인하는 바가 크지만 향후 수산업과 관련하여 전국적 차원과 지역적 단위의 활발한 연구를 통해 규명해야 할 과제임에 틀

---

1) 朴九秉, 『韓國漁業史』(정음사, 1975) 및 『增補版 韓半島沿海捕鯨史』(도서출판 민족문화, 1995) 외 다수의 수산업 관련 논문 참조.
2) 이근우·신명호·심민정 번역, 『한국수산지』(새미, 2010); 최길성 편, 『일제시대 한 어촌의 문화변용』(아세아문화사, 1992) 및 김수관·김민영·김태웅·김중규 공저, 『고군산도 인근 서해안지역 수산업사 연구』(선인, 2008); 여박동, 『일제의 조선어업지배와 이주어촌 형성』(보고사, 2002) 및 김수희, 『근대일본어민의 한국진출과 어업경영』(경인문화사, 2010); 김수희, 「근대 일본식 어구 안강망의 전파와 서해안어장의 변화 과정」 『大丘史學』 제104집(2011) 및 김수희, 「일제시대 남해안 어장에서 제주해녀의 어장이용과 그 갈등 양상」 『지역과 역사』 제21호(부경역사연구소, 2007) 등을 꼽을 수 있다.

림없다.

지역 차원의 수산업 연구와 관련해서 부산은 개항 이후 지금까지 수산물의 생산과 유통에서 중요한 역할을 담당하고 있다.[3] 이러한 지역적 특성 때문에 다른 지역에 비해 근대시기 수산업자본가와 해산물상인, 수산박람회, 수산업창고, 일본인 이주어촌, 20세기 초 일본인들의 수산업 활동 등의 연구를[4] 통해 근대시기 수산업에 관한 내용들이 어느 정도 밝혀졌다. 그러나 이러한 선행연구에도 불구하고 정작 총론격에 해당한다고 할 수 있는 부산지역 수산업의 전반적인 내용, 즉 수산물을 얼마만큼 어획했고 주요 어종은 무엇이었으며, 수산물을 어획했던 어민들의 민족별 구성 그리고 어로활동은 어느 수역에서 이루어졌는지, 부산의 수산가공업은 어떠했으며, 생선을 비롯한 수산가공품들은 어떤 유통경로를 통해서 국내외 각지로 수송되었는지, 최종적으로는 부산지역민들에게 있어서 수산물 소비는 어느 정도였는가 하는 문제 등에 관해서는 아직까지 구체적으로 밝혀지지 않았다. 그 결과 근대시기 부산지역

---

3) 2015년 12월 현재 부산은 전국 수산물생산량의 21%(635천톤), 수산물가공량의 28%(525천톤), 수산물 유통의 42%(2,115톤), 수산물 수출의 72%(1,653백만 달러), 수산물수입의 76%(3,010백만 달러), 원양어선조업의 99%(357척), 원양업체의 75%(56개 업체) 등을 차지함으로써 한국 제일의 수산업 중심지임을 확인할 수 있다(부산시청 홈페이지〉분야별〉경제〉해양농수산정보〉수산현황 통계 참조)

4) 김동철, 「부산의 유력자본가 香椎源太郎의 자본축적과정과 사회활동」『역사학보』제186집(역사학회, 2005) 및 임수희, 「일제하 부산지역 해산물 상인의 상업활동-石谷若松의 사례를 중심으로-」(부산대학교 석사논문, 2015) 및 石川亮太, 「개항기 부산의 일본인 상인과 부산수산회사」『민족문화연구』69 (2015); 김동철, 「1923년 부산에서 열린 朝鮮水産共進會와 수산업계의 동향」『지역과 역사』제21호(부경역사연구소, 2007); 차철욱, 「일제시대 남선창고주식회사의 경영구조와 참여자의 성격」『지역과 역사』제26호(부경역사연구소, 2010); 김승, 「해항도시 부산의 일본인 이주어촌 건설과정과 그 현황」『역사와 경계』75(부산경남사학회, 2010); 심민정, 「『한국수산지』 편찬시기 부산지역 일본인거류와 수산활동」『동북아연구』제28집(2008) 등 참조. 부산광역시에서 2006년 발간한 『釜山水産史』(上)은 고대로부터 식민지시기까지 부산의 수산업을 개설적으로 다루고 있다. 그러나 내용이 계통적이지 못함으로 인해 일목요연하게 식민지시기 부산의 수산업을 이해하기에는 부족한 점이 많다.

수산업의 전반적인 모습이 조명되지 않음으로써 마치 씨줄은 있지만 날줄은 없는 것과 같은 아쉬움을 갖게 한다.

이에 본고는 우선적으로 식민지시기 부산지역의 수산물 어획고와 주요 어종, 수산업인구와 수산업종의 동향 등에 초점을 맞추어 살펴보고자 한다.[5] 이를 통해 부산의 수산업은 물론이고 한국의 수산업을 이해하는데 조금이나마 보탬이 되고자 하며, 나아가 식민지시기 해항도시 부산의 성격을 파악하는데 어느 정도 도움이 되길 바란다.

Ⅱ. 수산물 어획고와 주요 어종의 추이

1. 전국의 수산물 어획고와 어종

먼저 〈표 1〉을 통해 식민지시기 전국의 어획고 현황에 대해서 정리하면 다음과 같다.

첫째, 전국적 어획고의 변화와 시기별 어획고의 증가 추이다. 전체 어획고는 1911년 6,341천 원에서 1943년 179,835천 원으로 28.4배 증가하였다. 이를 다시 10년 단위로 어획고의 증가폭을 보면 1911~1922년 7.5배, 1922~1933년 1.1배, 1933~1943년 3.5배 등으로 나타난다. 이를 통해 각 시기별 전체 어획고의 증가폭은 1910년대에 가장 컸으며 1920년대와 1930년대 전반기 기간 동안에는 큰 변화가 없었다. 그러다가 1930년대 중후반 이후부터 다시 어획고가 3.5배 증가하고 있었음을 알 수 있다.

---

5) 지면관계상 식민지시기 부산지역 수산가공업과 수산물의 유통, 소비 등에 대해서는 곧 공간될 필자의 「식민지시기 부산지역의 수산물 제조업과 수산물 유통 현황」을 참조하기 바란다.

〈표 1〉 식민지시기 각 지역별 어획고

지역	1911(A)	비율	1922	비율	1933	비율	1937	비율	1941	비율	1942	비율	1943	비율
경남	2,550,000	40.21	17,149,000	36.07	10,973,994	21.36	14,328,689	15.93	26,116,131	15.66	27,467,450	16.95	32,941,536	18.31
경북	436,000	6.87	5,520,000	11.61	5,707,273	11.11	5,812,253	6.46	15,414,004	9.24	18,051,203	11.14	17,455,089	9.70
전남	843,000	13.29	7,984,000	16.79	9,283,568	18.07	10,264,201	11.41	18,783,847	11.26	20,089,593	12.39	22,448,601	12.48
전북	84,000	1.32	1,085,000	2.28	1,510,305	2.94	1,819,633	2.02	3,100,792	1.86	3,774,199	2.32	4,451,208	2.47
충남	121,000	1.91	2,033,000	4.27	1,729,504	3.36	1,678,331	1.86	3,125,489	1.87	4,054,079	2.50	4,535,752	2.52
충북	1,000	0.01	7,000	0.01	4,799	0.01	5,176	0.01	11,047	0.01	8,237	0.01	4,950	0.01
경기	413,000	6.51	573,000	1.21	1,035,932	2.02	1,540,183	1.71	3,399,680	2.04	4,467,423	2.75	4,122,442	2.29
강원	127,000	2.00	1,893,000	3.98	4,375,420	8.52	10,143,529	11.28	15,435,585	9.25	15,316,861	9.45	16,898,527	9.39
황해	222,000	3.50	1,591,000	3.35	3,312,078	6.44	3,668,813	4.08	7,489,221	4.49	11,907,953	7.35	21,804,183	12.12
평남	100,000	1.58	963,000	2.03	830,867	1.62	1,286,108	1.43	2,638,152	1.58	3,315,917	2.04	4,033,641	2.24
평북	268,000	4.22	1,157,000	2.43	2,303,414	4.48	2,218,048	2.46	7,238,102	4.34	6,866,356	4.23	7,632,958	4.24
함남	1,034,000	16.31	4,650,000	9.78	6,065,955	11.81	17,051,503	18.96	33,498,990	20.09	31,833,031	19.64	30,837,162	17.14
함북	142,000	2.24	2,931,000	6.16	4,245,049	8.26	20,103,896	22.35	30,499,631	18.29	14,914,538	9.20	12,669,356	7.04
합계	6,341,000	100	47,536,000	100	51,378,158	100	89,920,363	100	166,750,671	100	162,066,840	100	179,835,405	100

* 출처: 朝鮮總督府, 「朝鮮水産統計」, 1937년판, 8~9쪽; 1943년판, 10~11쪽. 원문의 합계 오류는 수정. 1942년 및 1943년 통계수치는 「朝鮮總督府統計年報」의 것으로 1911년과 1922년 통계는 충청북도의 1911년과 1921년의 통계로 대체. 각 연도 어획고는 어류, 조개류, 해조류, 기타 등을 합친 수치. 〈표 1〉은 어획량이 아니라 어획량을 화폐로 환산한 금액이다. 따라서 어종별 가격 차이 때문에 어획량을 기준으로 했을 때의 전국적 순위와 약간의 차이가 있음을 밝혀 둔다.

둘째, 1911년과 1943년을 비교했을 때 각 도별 어획고의 증가 상황이다. 어획고에서 가장 큰 변화를 보였던 지역은 133배의 강원도와 89배의 함경북도였다. 특히 함경북도의 경우 1911년과 1941년을 비교했을 때는 그 증가폭이 215배에 이르렀다. 이처럼 강원도와 함경북도에서 어획고의 증가폭이 컸던 것은 이들 두 지역의 어획고가 1911년 당시 함경북도는 8위, 강원도는 9위로 적었던 상태에서 1930년대 중후반을 기점으로 어획고가 크게 증가했기 때문이다. 특히 함경북도는 어획고에서 1937년 전국 1위, 1941년 전국 2위를 각각 차지함으로써 식민지시기 초기와 비교했을 때 그 증가폭이 컸던 것이다. 이처럼 1930년대 중후반 이후 강원도와 함경남북도 지역에서 어획고가 크게 증가한 것은 정어리와 명태의 어획량이 이들 지역에서 폭발적으로 늘어났기 때문이었다. 예를 들어 1935년 전국의 어획고 순위를 보면, 1위 정어리(16,638,986원), 2위 고등어(5,438,134원), 3위 명태(4,191,618원), 4위 조기(3,871,092원) 등이었다. 이 가운데 정어리의 91.7%, 고등어의 33.4%, 명태의 99.8%가 모두 강원도와 함경도에서 어획되었다.[6] 1941년의 경우 전국 어획고를 보면, 1위 정어리(41,781,499원), 2위 명태(21,279,017원), 3위 조기(12,166,256원), 4위 멸치(8,017,486원)였는데, 어획고 1위였던 정어리의 92.4%(38,592,543원), 2위였던 명태의 99.6%(21,209,623원)가 강원도와 함경도에서 어획되었다. 그리고 전

---

6) 1935년 전국 1~4위의 어종별 어획고를 지역별로 보면 정어리는 1위 함경북도(51.4%/8,556,034원), 2위 함경남도(20.4%/3,402,848원), 3위 강원도(19.8%/3,299,616원), 고등어는 1위 전라남도(25.62%/1,393,506원), 2위 강원도(21.69%/1,179,573원), 3위 경상북도(21.22%/1,153,904원), 명태는 1위 함경남도(92.9%/3,895,504원), 2위 함경북도(4.1%/174,648원), 3위 강원도(2.7%/113,797원) 등의 순위였다. 조기는 1위 황해도(25.5%/985,390원), 2위 평안북도(25.3%/980,481원), 3위 전라남도(19.0%/736,528원) 순으로 어획되었다(朝鮮總督府, 『朝鮮水産統計』(1937, 30~31쪽). 조기는 서해안에서 집중적으로 어획되었는데 황해도, 평안북도, 전라남도 이들 세 지역의 조기 어획량은 전체 조기의 69.8%(2,702,399원)를 차지하였다.

체 어획고 중 3위였던 조기는 1935년과 마찬가지로 전라남도, 황해도, 평안북도 등에서 80.2%, 전체 어획고 중 4위였던 멸치는 경상도에서 83.8%가 각각 어획되었다.[7]

결국 1930년대 중반부터 동해안을 중심으로 정어리와 명태 등이 많이 잡혔기 때문에 식민지시기 도별 어획고의 변화에서 강원도와 함경도의 증가폭이 컸음을 알 수 있다. 물론 정어리는 1942년을 시점으로 어획고가 급감하였다. 그 결과 〈표 1〉에서 보듯이 1943년 함경도의 어획고는 1941년과 비교했을 때 14.2% 감소하게 된다. 그런데 이처럼 함경북도의 어획고가 감소했음에도 불구하고 1943년 함경남도가 전국의 어획고 2위를 할 수 있었던 것은 명태가 여전히 많이 잡혔기 때문이다. 이처럼 함경남도에서 명태가 많이 잡힘으로써 전국 어획고의 순위에서 명태가 1942~1943년 1위로 올라서게 된다.[8]

셋째, 수산자원이 풍부했던 남해안의 경남과 전남에서 어획고 상황이다. 경남은 수산자원이 풍부하고 지리적으로 일본과 가까웠던 탓에 일찍부터 일본인들의 통어(通漁)어업 및 이주어촌이 발달하였다. 이

---

7) 1941년 전국 1~4위의 어종별 어획고를 지역별로 보면 정어리는 1위 함경북도(52.5%/21,940,648원), 2위 함경남도(21.3%/8,966,386원), 3위 강원도(18.4%/7,685,509원) 순위였다. 명태의 경우는 전체 어획고(21,279,017원) 중에서 경남(1,554원)과 경북(67,840원)의 어획고만 파악이 가능하고 정작 명태가 많이 잡혔던 강원도, 함경남도, 함경북도 지역의 명태 어획고는 원문의 통계수치 오기(誤記)로 정확한 어획량의 파악이 어렵다. 본고에서는 명태의 전체 어획고 중에서 경남과 경북을 제외한 나머지 21,209,623원을 강원도와 함경도 지역의 명태 어획고 비율(99.6%)로 환산하였다. 조기는 1위 평안북도(38.38%/4,670,586원), 2위 황해도(28.14%/3,424,259원), 3위 전라남도(13.66%/1,662,026원), 멸치는 1위 경상남도(83.81%/6,719,712원), 2위 전라남도(5.79%/464,582원), 3위 경상북도(4.73%/379,887원), 4위 강원도(4.13%/331,184원) 순으로 어획되었다 (朝鮮總督府, 『朝鮮水産統計』(1943, 16~17쪽, 25쪽, 27쪽).

8) 1942년 전체 어획고(162,066,840원)의 어종별 순위는 1위 명태(24,283,500원), 2위 조기(15,292,619원), 3위 고등어(8,631,3288원), 4위 멸치(8,415,362원), 5위 청어(7,714,592원), 6위 갈치(6,601,160원), 7위 정어리(6,352,347원) 등이었다(水産廳, 『韓國水産史』(1968), 318쪽, 326쪽)

에 근대식 어로방식에 의한 어업활동이 울산의 방어진과 장생포, 부산, 마산, 통영, 진해, 거제도, 사천, 삼천포, 남해 등을 중심으로 발달하였다. 경남은 〈표 1〉에서 보듯이 1911~1922년 전국 어획고의 40%~36%를 유지하면서 1위를 차지하였다. 이후 1933년이 되면 21% 수준으로 떨어지지만 순위에 있어서는 여전히 전국 1위를 유지했다. 그러나 경남의 어획고는 1930년대 중후반부터 1941년까지 명태와 정어리를 앞세운 함경도의 어획고에 밀려 전국 대비 15~16% 수준으로 3위에 머물게 된다. 하지만 이후 경남의 어획고는 다시 증가하여 1942년 전국 2위, 1943년 1위로 올라서게 된다. 경남과 더불어 남해안의 중요 어장을 형성했던 전남은 1911년 전국 3위를 제외하고 1933년까지 2위, 1937~1941년 4위, 1942~1943년 3위의 순위를 나타냈다.

한편 한반도의 최대 어장이라고 할 수 있는 경남과 전남 두 지역을 합친 어획고를 보면 1911년 53.5%, 1922년 52.8%로 전체 어획고의 절반을 넘겼다. 그러나 1933년 39.4%로 하락한 이후 1937~1942년 37~39% 수준을 유지하다가 이어서 1943년 30.7%로 더욱 감소하였다. 이처럼 일제말기 경남과 전남의 전체 어획고 비중이 감소했던 것은 앞서 보았듯이 1930년대 중후반 이후 동해안을 중심으로 함경남북도와 강원도 지역의 어획량이 급증했기 때문이었다. 대체적으로 1930년대 전반까지는 경남과 전남, 1930년대 중반부터 1941년까지는 함경도, 이후 1942년과 1943년은 다시 경남과 전남이 전체 어획고에서 우위를 보이고 있었다.

다음은 식민지시기 어종별 어획고이다. 각 시기별 어종별 어획고의 현황을 보면 〈표 2〉와 같다.

〈표 2〉 어종별 어획고

(단위, 천 원)

순위	1915년	어획고	1920년	어획고	1925년	어획고	1930년	어획고	1935년	어획고	1937년	어획고	1941년	어획고	1943년	어획고
1	정어리	1,744	고등어	5,043	멸치	6,996	고등어	6,224	정어리	16,636	정어리	34,193	정어리	41,781	명태	28,120
2	고등어	1,178	정어리	4,712	고등어	5,809	정어리	4,936	고등어	5,438	멸치	6,483	명태	21,279	조기	22,340
3	조기	1,175	명태	3,876	조기	3,538	조기	3,714	명태	4,191	고등어	6,023	조기	12,166	멸치	11,312
4	삼치	915	조기	2,679	명태	2,763	멸치	2,271	조기	3,871	조기	4,763	멸치	8,017	꽁치	8,299
5	명태	869	청어	2,461	청어	2,009	청어	1,961	멸치	3,365	매퉁이	3,007	고등어	7,546	갈치	7,595
6	도미	785	삼치	1,573	도미	2,002	갈치	1,864	청어	2,539	청어	2,682	갈치	7,040	복어	5,566
7	대구	445	대구	1,492	대구	1,705	도미	1,859	새우	2,345	갈치	2,541	청어	6,045	잠어	5,388
8	새우	348	도미	1,445	삼치	1,596	갈치	1,504	잠어	2,151	새우	2,123	새우	5,344	가자미	4,493
9	갈치	337	기타	1,269	가자미	1,578	가자미	1,457	갈치	1,912	잠어	2,028	대구	3,592	고등어	3,858
10	미역	325	가자미	1,190	전갱이	1,460	삼치	1,407	가자미	1,540	가자미	1,576	가자미	2,772	방어	3,665
11	갯장어	320	갈치	1,178	갈치	1,449	대구	1,371	대구	1,481	전갱이	1,471	잠어	2,495	상어	3,651
12	잠어	286	새우	828	새우	1,422	전갱이	1,313	도미	1,322	대구	1,355	문어	2,191	청어	3,595
13	가자미	275	고래	795	잠어	1,421	새우	1,267	삼치	1,200	도미	1,215	민어	2,041	양미리	3,175
14	승어	269	미역	764	민어	1,404	고래	1,158	전갱이	1,053	삼치	1,160	상어	2,020	메가리	2,811
15	고래	265	김	757	방어	1,224	명태	1,093	민어	1,026	넙치	1,107	삼치	1,914	넙치	2,768

* 출처: 『朝鮮總督府統計年報』 각 연도 통계 참조.

〈표 2〉에서 1~5위에 해당하는 최상위 그룹의 어종은 고등어, 정어리, 조기, 명태, 멸치 등이었다. 특히 정어리, 고등어, 명태 등은 어획고에서 한반도를 대표한 3대 어종으로 정어리와 명태는 앞서 언급했듯이 1930년대 이후 많이 잡혔다. 그러나 〈표 2〉에서 확인할 수 있듯이 정어리와 명태는 1930년대 갑자기 출현한 것이 아니었다. 이미 1910년대 중반부터 많이 어획된 주요 어종이었음을 상기할 필요가 있다.

식민지시기 3대 어종이었던 정어리, 고등어, 명태 등의 현황을 좀 더 살펴보면, 먼저 정어리는 1923년 가을부터 함경북도를 중심으로 대량 출몰하기 시작하였는데 1923년 152천 원이었던 어획고는 1940년 64,222천 원으로 18년 사이 무려 428배로 증가했다. 정어리는 원래 자망(刺網)어업과 건착망(巾着網)어업으로 잡았는데 1934년까지만 하더라도 영세한 자망어업의 어획량이 건착망어업보다 더 많았다. 그러나 1929년부터 건착망(巾着網)어업이 급속히 보급되어 1936년이 되면 기선(機船)에 의한 기선건착망어업이 정어리 어획의 70%를 점했다. 그 결과 정어리어업은 1937년 단일 어종으로서는 세계적인 어획고를 올리게 되며 1938년부터 어군탐색 비행기가 동원될 정도로 기선건착망어업을 통한 정어리어업은 대성황을 이루었다.

이렇게 많이 잡힌 정어리는 식용 수요를 훨씬 능가하는 양이었기 때문에 자연히 정어리를 이용한 착유업(搾油業)이 성행하여 210~800만 드럼의 기름이 조선질소비료주식회사와 조선유지(朝鮮油脂)주식회사 등에 판매되었고, 기름을 짜고 남은 약 60~300만 가마니 분량의 찌꺼기는 비료로 일본 재벌 미쯔비시(三菱)상사에 일괄 판매되어 일확천금을 안겨주기도 했다. 따라서 1923~1949년까지 정어리 기름을 짜고 남은 찌꺼기를 비료로 매각하는 소위 유지업자(油脂業者)들이 북쪽의 웅기에서 남쪽의 부산까지 영세 가내공장을 비롯해 십 수 개의 대규모 공장들을 각 어항과 어촌에서 운영하였다. 이에 1940년 청진에는 1,500~10,000평에 이르는 큰 공장만 22개 있었다고 한다. 이처럼 수산업 계통에 큰 경제적 이득을 제공했던 정어리 어업은 수온의 변화와 남획 등에 의해 1940년부터 쇠퇴하였다.[9]

고등어 현황을 보면, 고등어는 4월 하순부터 10월 사이 한반도 연안 각 지역에서 많이 잡혔다. 조선시대부터 한국인이 즐겨 먹었던 고등어는 남해안의 거문도와 추자도, 동해안의 울산과 강원도, 함경도의 원산 지방 등에서 어업이 발달하였다. 고등어 주산지에는 고등어를 전문으로 취급하는 객주가 있어 추자도, 거문도 등 전라도 근해에서 잡은 고등어는 강경, 광주, 목포 등에 근거지를 두고 있었던 장사배(出買船)들에 의해 바다에서 매입된 뒤 어항의 소매상과 소비자들에게 전해졌다. 한편 부산 위쪽 지역의 영일만, 강원도, 원산 등지에서 어획된 고등어는 염장처리하여 원산, 경주, 영천 등지로 팔려나갔다. 그리고 욕지도나 부산 근해에서 어획된 고등어는 부산으로 이송되었는데, 평양상인은 부산의 염장고등어를 평양으로 이송하기도 했다. 원래 고등어는 자망(刺網), 지예망(地曳網) 등의 어법으로 식민지시기 초기에는 경상남북도 연해에서 어획되었다. 그러나 1924~1925년 사이 경남의 고등어 어장이 황폐화되면서 1920년대 후반부터는 동해안에서 일본인들의 기선건착망어업을 통해 더 많이 잡게 된다. 고등어 어업과 관련해서 주목할 점은 식민지시기 고등어 어획의 90% 이상이 일본인들에 의해 어획되었으며 이들 어획물의 대부분은 일본으로 운송되었다는 점이다. 이 과정에서 일본의 대표적 이주어촌이었던 거제도의 장승포, 울산의 방어진, 경북 감포 등

---

9) 水産廳, 『韓國水産史』(1968), 315~321쪽; 손정목, 『일제강점기 도시화과정연구』(일지사, 1996), 485~486쪽.

이 대표적인 고등어 어항으로 발달하게 된다.[10]

식민지시기 3대 어종 중에 하나였던 명태는 17세기 이후 함경도 명천과 원산을 중심으로 많이 잡히기 시작하여 19세기에 이르러 이미 전국적으로 유통되면서 한반도의 대표 어종으로 자리잡는다. 명태는 주로 한국인들에 의해 연승(延繩)어업, 자망(刺網)어업, 거망(擧網)어업 등의 어법을 통해 어획되었는데, 19세기 후반에는 일본인 또한 수조망(手操網)어업을 통해 명태어업에 뛰어들게 된다.

그러나 일본인들의 명태어업은 1910년까지 크게 성공을 거두지 못했다. 이후 1920년대 중후반부터 발동선수조망 또는 발동트롤 등으로 불렸던 일본인들의 기선저인망어업이 보급되면서 명태어업은 주요 어업으로 각광을 받게 되는데, 이 과정에서 전통적 방식으로 명태를 어획했던 조선인들이 적잖은 피해를 입기도 하였다. 하지만 식민지시기 명태어업은 정어리, 고등어, 멸치 등의 어업에서 일본인들이 독점적 우위를 나타냈던 것과 달리 조기와 함께 한국인들의 어획량이 일본인들의 어획량을 앞섰다. 예를 들어 1911~1932년 사이 전체 명태어획량 중 일본인의 명태어획량은 1915년 14.8%를 제외하고 1911~1928년 1.0~9.5%, 1929~1932년 18.1~28.2%의 수준에 불과하였다. 1933년 이후 통계자료에서는 민족구분이 사라지기 때문에 그 뒤 일본인들의 명태어획량이 정확히 얼마였는지 파악하기는 어렵다. 짐작컨대 1933년 이후 일본인들의 명태어획량은 30% 이상으로 증가했을 것으로 추정된다. 하지만 한

10) 水産廳, 위의 책, 323쪽; 1921년 장승포의 경우 어선의 70%와 어획고의 80%를 고등어어업이 점하였다. 식민지시기 고등어어업에 대해서는 김수희, 「일제시대 고등어어업과 일본인 이주어촌」『역사민속학』제20호(2005) 참조. 참고로 1941년 고등어의 전국 어획고를 보면 1위 경북(2,178천원), 2위 함남(1,529천원), 3위 전남(1,410천원), 4위 강원도(1,201천원), 5위 경남(966천원) 등이었고 1942년에는 1위 함남(2,347천원), 2위 강원도(2,047천 원), 3위 경북(1,737천원), 4위 경남(1,575천원) 5위 전남(583천 원) 순위였다(朝鮮總督府, 『朝鮮總督府統計年報』, 1941·1942년 통계 참조).

국인들 가운데 일부가 기선저인망어업을 경영한 것을 감안한다면 식민지시기 명태어업의 전체적인 주도권은 한국인들이 장악하고 있었다고 보는 것이 타당할 것이다.[11] 1930년 기록이기는 하지만 "명태어업은 우리 어민 대다수의 생업을 지지하고" "어획물의 전부가 조선내에서 수용"되고 있어서 "생선으로 혹은 동건명태로 도시, 농촌, 산촌을 막론하고 공급되지 않는 곳이 없다"고 할 정도로 명태는 조선인들에게 주요한 단백질 공급원이기도 했다.[12]

식민지시기 고등어, 정어리, 명태 다음으로 많이 잡혔던 어종은 조기와 멸치였다. 조기는 주로 서해에서 안강망(鮟鱇網)어업으로 많이 잡았는데, 일본인들에 의해 보급된 안강망어업은 한국인들의 조기어업 성장과 밀접한 관련이 있었다. 안강망어업은 1854년 일본의 구마모토(熊本)에서 개발된 어법으로 1890년대 후반 일본인들에 의해 서해지역의 어업에 보급되었다. 안강망은 조선의 재래식 어망인 중선망(中船網)과 어법이 비슷하고 적은 자본으로 운영할 수 있었기 때문에 조선어민들이 안강망어업에 쉽게 적응할 수 있었다. 그 결과 식민지시기 서해의 조기는 주로 조선어민들의 안강망어업으로 잡았다. 조기어업에서 조선인이 일본인보다 우위에 있었음은 안강망 어구의 민족별 소유 비율을 통해서도 확인할 수 있다. 전체 안강망 중에서 조선인의 안강망 소유 비율은 1914년 50%, 1928년 75%, 1930년대는 80% 등으로 조선어민의 소유가 월등하게 많았다.[13] 따라서 〈표 1〉의 1943년 전국 어획고에서 황해도 지역이 4위를 할 수 있었던 것도 그해 조기어업에서 황해도가 전국 1위

---

11) 박구병, 「韓國 명태漁業史」 『釜山水大論文集』 20(1978) 참조.
12) 『東亞日報』 1930년 1월 16일(6면)1단 「明太魚」
13) 김수희, 「근대 일본식 어구 안강망의 전파와 서해안어장의 변화 과정」 『大丘史學』 제104집(2011), 8~14쪽. 서해의 조기어업과 파시(波市) 등에 대한 최근의 연구는 오창현, 『18~20世紀 西海의 조기 漁業과 漁民文化』(서울대학교 대학원 박사논문, 2012) 참조 바람.

를[14] 했기 때문에 가능했다.

2. 부산의 수산물 어획고와 어종

〈표 3〉식민지시기 전국·경남·부산의 총어획고 (단위, 원)

연도	전국	경상남도	부산	비율		
				경상남도/전국	부산/전국	부산/경남
1910	8,103,000	−	−		−	−
1911	6,341,000	2,550,000	−	40.21	−	−
1912	8,466,000	2,735,000	−	32.30	−	−
1913	11,511,000	4,156,000	−	36.10	−	−
1914	12,064,000	4,703,000	−	38.98	−	−
1915	13,234,000	5,291,000	−	39.98	−	−
1916	15,955,000	5,590,000	−	35.03	−	−
1917	20,913,000	7,517,000	−	35.94	−	−
1918	32,863,000	12,206,000	−	37.14	−	−
1919	43,844,000	16,313,000	−	37.20	−	−
1920	39,264,000	13,855,000	−	35.28	−	−
1921	44,997,000	17,523,376	−	38.94	−	−
1922	47,536,000	17,155,231	1,678,906	36.09	3.53	9.78
1923	51,722,000	18,617,000	1,857,835	35.99	3.59	9.97
1924	51,997,000	18,220,000	1,826,150	35.04	3.51	10.02
1925	55,551,000	18,376,000	1,724,900	33.07	3.11	9.38
1926	53,742,000	18,248,011	1,957,328	33.95	3.64	10.72
1927	64,075,000	18,251,000	2,535,181	28.48	3.96	13.89
1928	66,114,000	17,500,000	2,990,090	26.46	4.52	17.08
1929	65,338,000	17,084,000	2,464,268	26.15	3.77	14.42
1930	50,129,000	12,608,000	2,398,528	25.15	4.78	19.02
1931	46,578,170	11,892,900	2,811,300	25.53	6.03	23.64
1932	46,263,592	12,806,171	3,413,995	27.68	7.38	26.66

---

14) 1943년 전국의 조기어획고(22,340,696원) 중 1위는 황해도 62.2%(13,897,467
원), 2위는 충청남도 5.44%(1,216,680원), 3위는 전남 5.40%(1,207,450원) 등
이었다.(『朝鮮總督府統計年報』통계 참조)

1933	51,378,158	10,973,994	3,008,200	21.36	5.85	27.41
1934	57,777,901	12,493,553	3,275,785	21.62	5.67	26.22
1935	65,966,614	13,068,127	3,585,766	19.81	5.44	27.44
1936	79,879,137	13,173,971	3,016,405	16.49	3.78	-
1937	89,920,363	14,328,689	4,117,122	15.93	4.58	28.73
1938	87,082,880	15,203,587	3,423,842	17.45	3.93	22.52
1939	151,098,000	18,084,217	7,928,067	11.96	5.25	43.84
1940	175,498,949	25,164,167	9,500,863	14.33	5.41	37.75
1941	166,750,671	26,116,131	-	15.66	-	-
1942	162,066,840	27,467,450	-	16.95	-	-
1943	179,835,405	32,941,536	-	18.31	-	-

* 출저: 朝鮮總督府, 『朝鮮水産統計』, 1937년판, 4쪽, 8~11쪽;1943년판, 10~11쪽, 원문의 합계 오류는 수정. 1942·1943년 통계는『朝鮮總督府統計年報』참조. 1921년, 1922년, 1926년 경남의 어획고는 朝鮮總督府慶尙南道編, 『慶尙南道勢一班』, 1922년판, 88쪽; 1923년판, 94~95쪽; 1927년판, 19쪽; 釜山府, 『釜山府勢要覽』각 연도판 취합.

앞서 지적했듯이 식민지시기를 거치면서 전국의 어획고는 28.4배 증가하였다. 그러나 〈표 3〉을 보면 경남의 어획고는 12.9배 증가로 전국의 증가폭에 비하면 절반 정도에 불과했다. 경남의 어획고 증가폭은 어획고가 많았던 경북·전남·강원·황해·함남·함북 등과 비교(〈표 1〉 참조)했을 때 가장 낮은 증가폭을 나타냈다. 이처럼 어획고의 증가폭에서 경남이 적었던 것은 위의 〈표 3〉에서 알 수 있듯이 식민지 말기로 갈수록 전체 어획고 중에서 경남의 어획고 비율이 낮아지고 있었던 것과 맥을 같이한다. 하지만 앞서 언급했듯이 경남의 어획고는 1930년대 중후반부터 1941년까지 함경도와 강원도에 밀려 비록 전국 3위에 머물렀으나 1942년 전국 2위, 1943년 전국 1위로 절대적인 어획고에서는 여전히 높은 비중을 차지하고 있다.

한편 〈표 3〉에서 전국의 어획고 가운데 부산이 차지한 비율을 보면, 1922~1940년 사이 19년간 부산지역 어획고의 평균치는 4.6%로 파악된다. 전국 어획고에서 부산이 차지한 4.6%의 수치는 1930년 부산의 어획고 비율 4.8%에 근접한 것이었다. 따라서 전국의 어획고에서 부산이 점했던 비율은 1936년과 1938년처럼 평균치 4.6%에 못 미치는 연도도 있었지만 대체적으로 1930년을 기준으로 했을 때, 전국 대비 부산 어획고는 1922~1929년 평균 3.7%, 1930~1940년 평균 5.3% 등으로 파악할 수 있다. 사실 〈표 3〉과 아래의 〈표 4〉에 기재된 '부산의 총수산어획고' 중 1922~1926년 수치는 당시의 실제 어획고를 반영했다고 보기에는 매우 미흡한 통계수치이다.[15] 따라서 사실상 1922~1929년 사이 전국 대비 부산의 어획고는 산출한 평균 3.7%보다 더 높았을 것이며 결국 1922~1940년 19년간 부산지역 어획고의 평균치 역시 4.6%보다 높았을 것으로 이해하는 것이 바람직할 것이다.

여하튼 식민지시기 부산의 총어획고의 평균치 비율 4.6%는 언뜻 보면 매우 낮은 수치로 비쳐질 수 있다. 수산업이 활발했던 경남 각 부·군 (府·郡)별 어획고를 1923년 전국 어획고(51,722,000원, 〈표 3〉 참조)에 대비하면, 통영군 16.68%(8,631,674원), 울산군 9.10%(4,707,950원), 부산부(釜山府) 3.59%(1,857,835원), 남해 1.45%(748,008원), 동래군 1.37%(710,945원), 창원군 1.12%(579, 160원), 사천군 0.58%(303,280원), 마산부(馬山府) 0.60%(312,336원) 등으로 파악된다.[16] 이들 지역의 비율과 부산의 총어획고 비율 4.6%를 비교하면 부산은 경남에서 울산군은 물론이고 통영보다도 훨씬 적었다. 그러나 당시 통영군은 오늘날의 통영항을 비롯해 거제도와 욕지도 등이 모두 속해

---

15) 〈표 3〉의 부산지역 어획고 중에서 1922~1926년 수치는 통계상 문제점을 내포하고 있는 수치이다. 실제 수치는 이보다 더 많았던 것으로 여겨지는데 여기에 대해서는 필자가 곧 공간할 논문「식민지시기 부산지역의 수산물 제조업과 수산물 유통 현황」에서 언급할 것이다. 일단 본고에서는 통계의 일관성을 위해 釜山府,『釜山府勢要覽』의 각 연도판에 기재되어 있는 '부산의 총어획고' 수치를 그대로 사용하였다.

16) 1923년 경남의 각 부·군별(府·郡別) 어획고는 朝鮮總督府慶尙南道,『朝鮮總督府慶尙南道統計年報』第貳編(1925), 94~95쪽 통계 활용.

있었고, 울산군 역시 일반 어종을 중심으로 어업활동을 했던 방어진뿐만 아니라 한반도 최대의 포경업 전진기지였던 장생포의 고래[17] 관련 어획고 등이 포함된 수치였다는 점에 유의할 필요가 있다.

따라서 전국 대비 경남 각 부·군(府·郡)의 어획고 외에 각 어항별 어획고를 살펴보면, 1921년 전국 어획고 44,997,000원(〈표 3〉 참조) 중에서 방어진 4.6%(2,068,650원[거주자 어획 537,450원+일본 통어자 어획 1,531,200원]), 거제도 장승포 2.0%(917,950원[거주자 어획 164,625원+일본 통어자 어획 753,325원]), 부산 영도 1.5%(692,512원), 남해 미조 1.3%(590,000원[거주자 어획 49,000원+일본 통어자 어획 541,000원]), 욕지도 0.65% (292,500원[거주자 어획 142,500원+일본 통어자 어획150,000원]), 통영시내 및 인근 이주어촌 0.63%(284,040원[통영시내 191,900원+廣島村 14,900원+岡山村 77,240원]), 거제 구조라 0.5%(245,000원) 등으로 확인된다.[18] 경남 각 지역의 대표적 어항들이었던 이들 지역의 어획고와 부산의 총어획고를 비교하면, 1920년대 전반기 부산항의 어획고는 단일 어항으로서 결코 적은 어획고가 아니었음을 확인할 수 있다.

특히 1920년대 전반기 전국 어획고에서 경남의 어획고가 차지하는 비율이 35% 내외였음(〈표 3〉 참조)을 상기할 때, 전국 대비 단일 어

---

17) 장생포 포경업에 관해서는 김승, 「한말·일제하 울산군 장생포의 포경업과 사회상」『역사와 세계』 33(효원사학회, 2008) 참조.

18) 식민지시기 주요 어항들의 대부분은 일본인 이주어촌들이었다. 본문에서 사용한 경남 각 지역 이주어촌의 어획고는 慶尙南道,『慶尙南道における移住漁村』(1921), 5쪽, 29쪽, 31쪽, 35쪽, 43쪽, 50쪽, 66쪽, 106쪽, 137쪽 참조. 한편 1921년 전국의 어획고가 아닌 경남의 총어획고 17,523,376원(〈표 3〉 참조)를 기준으로 경남 각 어항 가운데 어획고 20만 원 이상이었던 어항들의 비율을 보면 울산 방어진 11.8%(2,068,650원), 거제도 장승포 5.2% (917,950원), 부산 영도 3.9%(691,510원), 남해 미조항 3.4%(590,000원), 통영군 욕지도 1.66%(292,500원), 통영시내 및 인근 이주어촌 1.62% (284,040원), 거제도 구조라 1.4%(245,000원) 등으로 파악된다.

항으로서 부산항의 어획고 평균치인 1920년대 3.7%와 1930년대 이후 5.3% 등은 비교적 높은 수치이었음을 알 수 있다. 식민지시기 부산부 (釜山府)의 행정구역은 시기별로 차이가 있었다. 그러나 기본적으로 남쪽의 해안 방향을 제외하고 서쪽, 북쪽, 동쪽 등은 동래군(東萊郡)에 둘러싸여 있었다. 따라서 수산물의 유통 측면에서 동래군 어민들이 잡았던 수산물 중 상당 부분이 부산항으로 유입되고 있었다는 점을 감안하면 부산의 총어획고가 상당하였음을 짐작할 수 있다.

더욱이 경남에서 차지하는 부산의 총어획고 비율이 1920년대 전반기 10% 내외(〈표 3〉 참조)였던 것이 점점 증가하여 1939년 43.8%, 1940년 37.7% 등으로 늘어나 있었다는 점에서 경남은 물론이고 전국의 어획고에서 부산이 차지하는 비율이 매우 높았음을 알 수 있다.[19]

다음으로 부산을 근거지로 활동했던 어민들의 민족별 동향과 어획고의 현황에 대해 자세히 살펴보면 다음과 같다.

먼저 〈표 4〉에서 유의할 점은 1922~1935년까지는 조선어민과 일본어민의 민족별 구별이 가능하지만, 1936년 이후부터는 민족구분은 사라지고 '부산거주 어민'과 '부산 이외 지역 거주 어민' 등과 같이 거주지별로 구분되어 있다는 점이다. 이를 전제로 〈표 4〉를 통해서 확인할 수 있는 내용들을 정리하면 다음과 같다.

첫째, 부산의 총어획고 변화 추이이다. 각 연도별로 조금씩의 차이는 있었으나 전체적으로 보면 1922년 1,678,906원에서 1940년

---

19) 경남에서 각 시기별 부·군의 어획고를 파악할 수 있는 자료들은 많지 않다. 단지 1923년 경남 전체 어획고 중에서 부산부(釜山府) 9.78%(1,852,235 원), 울산군 24.85%(4,707,950원), 통영군 45.57%(8,631,674원), 동래군 3.75%(710,945원), 창원군 3.058%(579,160원), 사천군 1.60%(303,280원), 남해 3.94%(748,008원), 마산부 1.649%(312,336원) 등으로 파악된다. 1923년 경남의 총어획고는 기록에 따라 약간씩 차이가 있다. 본고에서는 1925년 5월 경상남도에서 발간한 자료의 경남의 총어획고 18,938,345원를 기준으로 산정하였다 (朝鮮總督府慶尙南道, 『朝鮮總督府慶尙南道統計年報』 第貳編(1925), 94~95쪽).

〈표 4〉 부산지역 수산물 어획고

연도	일본인					조선인					합계		
	관내 거주자 어획	비율	관외 거주자의 통어 어획	비율	소계 비율	관내 거주자 어획	비율	관외 거주자 통어 어획	비율	소계 비율	전체 어획량 (貫/kg)	전체 어획 금액	금액 비율
1922	587,149	34.9	774,918	46.2	81.1	211,249	12.6	105,590	6.3	18.9	1,305,631	1,678,906	100
1923	814,040	43.8	692,670	37.3	81.1	244,815	13.2	106,310	5.7	19.9	1,555,909	1,857,835	100
1924	839,223	46.0	719,277	39.4	83.3	168,140	9.2	99,510	5.4	14.6	1,442,345	1,826,150	100
1925	910,383	52.8	551,317	32.0	84.8	168,490	9.8	94,710	5.5	15.3	1,295,119	1,724,900	100
1926	1,014,836	51.8	639,814	32.7	84.5	212,747	10.9	89,931	4.6	15.5	2,057,699	1,957,328	100
1927	1,010,477	39.8	1,230,704	48.5	88.3	224,920	8.9	69,080	2.7	11.6	3,060,647	2,535,181	100
1928	1,331,630	44.5	1,327,590	44.4	88.9	265,386	8.9	65,484	2.2	11.1	3,460,346	2,990,090	100
1929	1,178,869	47.8	917,931	37.2	85.0	293,745	11.9	73,723	3.0	14.9	2,792,631	2,464,268	100
1930	1,255,404	52.3	815,670	34.0	86.3	290,159	12.1	37,295	1.6	13.7	3,133,238	2,398,528	100
1931	1,241,450	44.2	1,205,750	42.9	87.1	303,540	10.8	60,560	2.1	12.9	5,726,054	2,811,300	100
1932	1,882,526	55.1	1,130,111	33.1	88.2	336,427	9.9	64,931	1.9	10.8	6,685,597	3,413,995	100
1933	2,429,537	80.7	260,863	8.7	89.4	219,290	7.3	98,510	3.3	10.6	21,335,785	3,008,200	100
1934	1,197,023 (경남에서 어획) / 1,102,388 (경남 이외에서 어획)	36.5 / 33.6	214,700 (본구의 통어민) / 135,717 (경남 이외 지역의 통어민)	6.5 / 4.1	80.7	614,007	18.7	11,950	0.4	19.1	17,304,947	3,275,785	100
1935	1,516,095 (본구의 통어민) / 1,121,400 (경남 이외에서 어획)	42.3 / 31.3	48,000 (본구의 통어민) / —	1.3 / —	74.9	811,471 (경남에서 어획) / 64,400 (경남 이외에서 어획)	22.6 / 1.8	24,400	0.7	25.1	19,871,394	3,585,766	100

연도	일본인 관내 거주자 어획(부산부 거주 어민(일본인) 어획)	비율	일본인 관외 거주지의 통어 어획(일본인+조선인) 어획	비율	소계 비율	조선인 관내 거주자 어획(일본 또는 타도 어민 어획)	비율	조선인 관외 거주자 통어 어획(타도(他道) 어민 어획)	비율	소계 비율	전체 어획량(貫/kg) 수량	전체 어획 금액 금액	금액 비율
1936	2,929,525 (경남에서 어획)	—	—	—	—	—	—	—	—	86,880	—	3,016,405	100
1937	2,504,232 (경남에서 어획)	60.8	1,592,932 (경남 이외 지역에서 어획)	38.7	4,097,164 / 99.5	11,663 (일본 통어)	0.3	8,295 (타도 통어)	0.2	19,958 / 0.5	12,619,916	4,117,122	100
1938	1,958,712 (경남에서 어획)	57.2	1,333,538 (경남 이외 지역에서 어획)	38.9	3,292,250 / 96.1	—	—	—	—	131,592 / 3.8	43,595,245	3,423,842	100
1939	2,623,867 (경남에서 어획)	33.1	4,805,501 (경남 이외 지역에서 어획)	60.6	7,429,368 / 93.7	66,000 (일본 통어)	0.8	432,699	5.5	498,699 / 6.3	52,643,964	7,928,067	100
1940	3,180,791 (경남에서 어획)	33.5	5,264,482 (경남 이외 지역에서 어획)	55.4	8,445,273 / 88.9	371,500 (일본 통어)	3.9	684,090	7.2	1,055,590 / 11.1	133,654,420	9,500,863	100

* 출처: 釜山府, 『釜山府勢要覽』, 1923년판 75쪽; 1928년판, 99쪽; 1932년판, 93쪽; 1934년판, 85~88쪽; 釜山府, 『釜山府 産業』, 1936년판; 釜山府, 『釜山の産業』, 1936년판, 103~107쪽; 1938년판, 98~100쪽; 1940년판, 105~108쪽; 1942년판, 106~111쪽. 1936년 전체 어획 금액은 '경남 이외 지역에서 어획고'가 빠진 수치. 1922~1932년 어획고의 수량 단위는 관(貫), 1933년~1940년 어획고 수량 단위는 킬로그램(kg). 원문의 합산 오기(誤記)는 수정.

9,500,863원으로 18년 사이 5.6배 증가하였다. 부산 어획고의 이러한 증가폭은 같은 기간(〈표 3〉 참조) 전국 어획고의 3.7배, 경남 어획고의 1.5배 등과 비교했을 때 높은 증가폭이었다. 부산 어획고의 시기별 증가를 보면 1922~1926년까지 4,278천 원, 이후 1927~1932년까지 5년간 879천 원 등으로, 1920년대 전반기보다 후반기 이후 1930년대 초반까지 어획고 증가폭이 컸다. 특히 1938년 어획고가 일시 감소했으나 곧바로 1939년과 1940년 어획고는 전년 대비 큰 폭으로 증가하는 추세를 나타냈다.

둘째, 민족별 어획 현황이다. 〈표 4〉에서 민족별 구분이 가능한 1935년까지의 통계를 보면, 일본어민의 어획고는 1935년의 75%를 제외하고 대부분 80~90%를 점했고 나머지 10~20%는 조선어민이 차지했다. 좀 더 구체적으로 1922~1935년 기간의 민족별 어획고를 보면, 일본어민의 총어획고는 부산거주 일본어민의 어획고 46.6%, 부산에 거주하지 않았던 일본어민의 어획고 38.8% 등으로 부산의 총어획고에서 일본어민 전체의 어획고는 평균 85.4%를 점했다. 여기에 비해 조선어민의 어획고는 부산거주 조선어민의 어획고 10.7%, 부산에 거주하지 않았던 조선어민의 어획고 3.7% 등으로 부산의 총어획고에서 조선어민의 어획고는 평균 14.4%를 차지했다. 결국 1922~1935년 기간 동안 일본어민의 어획고는 조선어민의 어획고보다 6배 더 많았다.

부산 어획고에서 일본어민과 조선어민의 이러한 편차는 각 시기별 경남의 민족별 어획고와 비교하더라도 부산지역 일본어민들의 어획고는 월등이 높았다. 예를 들어 경남에서 민족별 어획고의 비율은 1922년 일본어민 69%(11,932,632원), 조선어민 31%(5,322,599원), 1933년 일본어민 54.1%(5,932,990원), 조선어민 45.9%(5,041,004원), 1936년 일본어민 48.5%(6,388,701원), 조선어민 51.5%(6,785,210원) 등으로[20] 시간이 경과할수록 일본어민의 어획고는 감소하고 상대적으로 조선어민들의 어획고는 증가하였다. 이처럼 식민지시기 부산의 어획고에서 일본어민들의 어획고가 줄곧 80~90%를 차지했다는 것은 행정구역상 부산부(釜山府) 내에 영도를 제외하고 조선어민들 중심의 포구가 발달해 있지 않았기 때문이었다. 물론 1936년 이후 동래군에 속했던 송도(松島)와 현재의 남구 가운데 일부가 부산부에 편입되었으나 민족별 어획고에서 일본어민들의 절대적인 우위는 일제말기까지 계속되었다.

한편 민족별 총어획고의 이러한 차이에도 불구하고 일본어민의 관내거주자와 관외거주자간의 평균 어획고 차이 7.8%, 조선어민의 관내거주자와 관외거주자간의 평균 어획고 차이 7.0%를 비교하면, 조선어민과 일본어민 모두 관내와 관외 어민들간의 어획고 격차는 1% 미만으로 크지 않았음을 엿 볼 수 있다.

셋째, 부산의 총어획고 가운데 부산에 거주하지 않았던 일본어민의 어획고 동향이다. 부산에 거주하지 않았던 일본어민들 중에는 일본 본국으로부터 출항하여 경남 근해에서 어업을 했던 어민들과 경남 이외 지역, 주로 전남과 경북 등 일본인 이주어촌 출신의 일본어민들로 구분할 수 있을 것이다. 이는 〈표 4〉에서 1934년 일본인의 관외거주자 어민들이 본국에서 통어(通漁)한 일본어민과 경남 이외 지역 일본인 이주어촌에서 통어한 어민들로 구분되어 있던 것을 통해서 확인할 수 있다. 그러나 〈표 4〉에서 보듯이 1934년을 제외하고는 일본 본국 통어 어민과 경남 이외 지역 일본 통어 어민들의 어획고가 각 시기별로 어떠했는지 현재로서 파악하기는 힘들다. 다만 1934년의 통계를 통해 부산 이외 거주 일본어민의 어획고 중에는 경남 이외 지역 일본인 이주어촌으로부터

---

20) 慶尙南道, 『慶尙南道勢一般』(1923), 94~95쪽; 慶尙南道, 『慶尙南道勢概覽』(1935), 113~119쪽; 慶尙南道, 『慶尙南道勢一覽』(1937), 117~124쪽.

통어했던 일본어민들보다는 일본 본국으로부터 한반도 연해에서 어업 활동을 했던 일본 통어어민의 어획고가 더 많았음을 짐작할 수 있다. 사실 이런 현상은 동래군 기장면의 일본인 이주어촌이었던 대변항에서도 일어나고 있었다. 대변항의 일본인 이주어민들의 한 해 수입은 23,000 원이었다. 그러나 성어기인 9~11월 사이 일본 카가와현(香川縣)에서 대변 지역으로 왔던 통어민들의 경우 석 달 만에 대변 현지 이주민들보다 3.7배 많은 86,500원의 수입을 올리고 돌아갔다.[21] 이런 정황들을 볼 때, 해마다 일본 본국에서 한반도로 건너와 어로활동을 하고 돌아가는 어민들의 수가 상당하였음을 알 수 있다. 일본 본국에서 한반도로 오는 통어민의 증가는 곧 조선어민들의 한반도 연해 어장에서의 활동을 제약하는 결과를 낳았을 것으로 여겨진다.

넷째, 각 시기별 부산거주 어민(조선인+일본인)과 부산 이외 지역 어민(조선인+일본인)들의 어획고 추이이다. 사실 일본어민의 어획고 중에서 부산거주 일본어민의 어획고는 1933년을 전후하여 큰 변화를 보였다. 1933년 부산거주 일본어민의 어획고는 전년 대비 25.6% 증가한 80.7%, 부산거주 조선어민의 어획고는 1934년 기점으로 전년 대비 11.4% 증가한 18.7%였다. 다시 말해 일본어민의 경우 1932년 이전까지 상황을 보면, 부산거주 일본어민과 부산 이외 지역 거주 일본어민의 어획고 차이는 많아야 10~20%(1922·1925·1926·1930년) 내외였으며 나머지 대부분은 10% 미만의 어획고 차이를 보였다. 심지어 1922년과 1927년에는 부산 이외 지역 거주 일본어민의 어획고가 부산거주 일본어민의 어획고보다 더 많았다. 이처럼 부산거주 관내 일본어민과 관외 일본어민 사이의 크지 않았던 어획고 차이는 1933년을 기점으로 크게 변

---

21) 김승, 「해항도시 부산의 일본인 이주어촌 건설과정과 그 현황」『역사와 경계』 75(2010), 40~41쪽.

화하여 부산거주 일본어민의 어획고가 월등히 많아지게 된다. 부산거주 관내 일본 어민의 이러한 변화는 1934년 기점으로 부산거주 조선어민의 어획고가 부산 이외 지역 거주 어민의 어획고보다 더 많이 증가한 것과 궤를 같이한다. 1933~1934년을 기점으로 드러난 부산거주 관내 어민(조선인+일본인)의 어획고 강세가 이후에도 계속되었는지 명확한 답을 내리기는 어렵다. 그 이유는 1936년 이후 거주지별 파악, 즉 '부산거주 어민(일본어민+조선어민)'과 '부산 이외 지역 거주 어민(일본 또는 경남 이외 지역에서의 통어민)'의 어획고 파악만이 가능할 뿐 민족별 어획고의 파악은 힘들기 때문이다. 하지만 부산거주 어민(조선인+일본인)의 어획고에서 분기점이 되었던 1933~1934년을 기준으로 부산거주 일본어민의 3개년(1933~1935년) 평균 어획고 74.8%와 부산거주 조선어민의 2개년(1934~1935년) 평균 어획고 21.5%를 합친 96.3%의 비율은 1937~1940년 부산거주 어민(조선인+일본인)의 4년간 평균 어획고 94.5%와[22] 큰 차이를 보이지는 않는다. 따라서 1933~1935년을 전후로 나타난 부산거주 일본어민과 부산거주 조선어민 사이의 어획고 비율 74.8% 대 21.5%는 일제말기까지 큰 변동 없이 지속되었던 것으로 여겨진다.

이처럼 1933~1934년을 기점으로 부산의 총어획고에서 부산거주 어민(일본인+조선인)의 어획고가 부산 이외 지역 거주 어민의 어획고보다 크게 증가했던 것은 역시 어업에서 중요한 수단이었던 동력어선의 보급과 밀접한 관련이 있었던 것으로 보인다.

---

22) 본문 〈표 4〉에서 1922~1932년 부산거주 일본어민의 평균 어획고는 46.6%, 1922~1934년 부산거주 조선어민의 평균 어획고는 10.4%, 양측을 합친 부산거주 어민(일본인+조선인)의 평균 어획고는 56%로 파악된다. 그리고 통계 파악이 어려운 1936년을 제외한 1937년 이후의 부산거주 어민(일본인+조선인)의 어획고는 1937년 99.5%, 1938년 96.1%, 1939년 93.7%, 1940년 88.9% 등으로 4년 동안의 평균 어획고는 94.5%이다.

식민지시기 동력선과 무동력선은 해마다 증가하였다. 특히 전남과 경남은 전체 어선수에서 선박(동력선·무동력선) 보급률이 가장 높았다. 더구나 1920년대 전반까지 일본인들이 독점했던 동력선 역시 1920년대 중반 이후부터 일본인의 동력선수에 비할 바는 못 되었으나 조선인들 또한 많이 소유하게 된다. 비록 1942년의 통계이기는 하지만 한반도 전체 무동력선 65,156척의 도별 소유 현황을 보면, 1위 전남 33.5% (21,805척), 2위 경남 20.9%(13,673척), 3위 함북 10.9%(7,149척) 등으로 전남과 경남의 무동력선수를 합치면 전체 무동력선의 54%를 점하였다. 또한 어업활동에서 큰 영향을 미쳤던 동력선의 전국 순위를 보면, 1위 경남 29.8%(997척), 2위 함북 19.0%(624척), 3위 경북 13.2%(433척) 등으로 경남은 많은 동력선을 보유하고 있었음을 알 수 있다.[23] 비록 10톤 미만의 소형 동력선이 주력이기는 했으나 전국의 동력선 소유에서 경남이 1위였던 통계에는 당연히 부산의 동력선이 포함되어 있었다.

결국 위의 〈표 4〉에서 1933~1934년을 기점으로 부산 이외 지역 관외 어민(일본인+조선인)의 어획고보다 부산거주 어민(일본인+조선인)의 어획고가 월등히 높아졌던 것은 동력선의 보급에 힘입어 일본 본국 또는 경남 이외 지역에서 통어했던 어민들과 경쟁할 수 있는 상황이 되

23) 水産廳, 『韓國水産史』(1968), 308~312쪽. 1942년 전국적 통계에서 10톤 미만의 동력선은 2,558척, 10톤 이상 동력선은 384척 등이었다. 10톤 미만 동력선의 도별 순위는 경남 32.8%(949척), 함북 16.4%(475척), 경북 13.5%(391척), 전남 10.7%(311척) 강원 9.2%(266척), 함남 7.3%(212척) 등이었고 10톤 이상 동력선의 도별 순위는 함북 33.8%(149척), 함남 22.1%(85척), 경북 10.9%(42척), 강원 10.7%(41척), 경남 7.3%(28척), 전북 3.6%(14척), 경기 2.8%(11척), 나머지 전남 6척, 평남과 평북은 각각 4척 등이었다(水産廳, 위의 책, 310쪽 〈표 2〉에 대한 필자의 분석). 결국 경남은 10톤 미만의 소형 어선에서 우위를 나타낸 반면에 동해안 지역(함경도·강원도·경북)은 10톤 이상 동력선의 77.5%가 배치되어 있었다. 이를 통해 식민지 말기 경남 지역은 소형어선 중심의 자영 어업이 주류였다면 동해안 일대의 어업은 자영 어업과 함께 대자본의 기업형 어업이 이루어지고 있었음을 짐작할 수 있다.

었기 때문에 나탄난 현상으로 보인다.

다섯째, 어업활동이 이루어졌던 조업 구역에 관한 문제이다. 〈표 4〉에서 1934년과 1935년을 보면, 부산거주 일본어민의 경우 1934년 경남에서의 어획고 36.5%, 경남 이외 지역에서의 어획고 33.6%로 경남과 비경남 지역에서 어획고는 큰 차이가 없었다. 그러나 1935년 부산거주 일본어민의 어획고는 경남에서의 어획고가 비경남 지역에서의 어획고보다 11% 정도 많았다. 1935년 부산거주 일본어민에게서 나타난 이런 현상은 〈표 4〉에서 1930년대 중반 이후 드러난 전체적인 추이를 감안할 때, 일시적 상황으로 이해하는 것이 더 설득력이 있어 보인다. 왜냐하면 전반적인 동력어선의 증가와 함께 1937년 이후 부산거주 어민(일본인+조선인)의 어획고는 전반적으로 경남에서의 어획고는 감소한 반면에 경남 이외 지역에서의 어획고는 증가하는 추세를 보였기 때문이다. 한편 부산거주 조선어민의 어업 구역은 1935년 경남에서의 어획고 22.6%와 경남 이외 지역에서의 어획고 1.8%를 통해 볼 때 부산거주 조선어민의 중요한 어업 구역은 예상되었던 바대로 경남을 크게 벗어나지는 않았다.

다음으로 살펴볼 내용은 어종별 어획고 현황이다. 각 연도별 상위 1~10위에 해당하는 어종들의 비율을 보면 아래와 같다.

<표 5> 1922~1940년 부산지역 수산물 어종별 어획고의 비율

순위	1922	비율	1926	비율	1931	비율	1935	비율	1937	비율	1940	비율
1	삼치	22.98	고등어	18.69	고등어	24.45	고등어	20.37	고등어	17.20	정어리	23.35
2	청어	10.95	넙치	14.44	전갱이	11.60	전갱이	20.11	전갱이	13.53	고등어	18.89
3	도미	10.77	전갱이	11.76	상어	9.23	넙치	15.01	정어리	13.50	전갱이	9.64
4	숭어	8.37	도미	7.28	도미	8.63	잡어	8.34	넙치	10.40	상어	9.22
5	고등어	5.91	상어	7.15	대구	6.28	우뭇가사리	5.63	잡어	5.94	도미	6.48
소계	-	58.98	-	59.32	-	60.19	-	69.46	-	60.57	-	67.58
6	정어리	4.34	조기	4.84	삼치	4.30	삼치	5.52	우뭇가사리	4.92	잡어	4.31
7	해삼	4.15	정어리	4.51	가자미	4.28	해삼	4.08	해삼	4.49	조기	3.33
8	갈치	3.48	가자미	4.21	조기	3.57	조기	3.43	삼치	3.69	가자미	2.55
9	가자미	3.39	삼치	3.66	다금바리	2.39	멸치	3.08	상어	3.60	메토리	2.22
10	전갱이	2.95	우뭇가사리	2.14	갈치	1.92	붕장어	2.93	방어	3.36	청새치	2.00
소계	-	18.31	-	19.36	-	16.46	-	19.04	-	20.06	-	14.41
합계	-	77.29	-	78.68	-	76.65	-	88.50	-	80.63	-	81.99

* 출처: 『釜山府』, 「釜山府勢要覽』, 각 연도판 중 「漁獲高類別表」; 釜山府, 「釜山の産業』, 1938 년판, 1942년판 「漁獲高』 등의 통계수치를 필자가 지면관계상 백분율로 환산. 도미 비율에는 해당 연도의 참돔, 감성돔, 황돔, 옥돔과 붕장어 비율에는 갯장어 등을 포함한 수치.

위의 〈표 5〉에서 각 연도별 1~10위의 어획고 비율을 보면, 최저 76.6%(1931년), 최고 88.5%(1935년)로 이들 이종이 전체 어종 중에서 평균 80.5%를 점했다. 이 가운데 상위 1~5위의 어종들만 보면 전체 어획고 중에서 평균 62.7%로 과반을 훨씬 넘는 수치를 나타냈다. 1922~1940년 어획된 어종들을 보면 1922년 청어와 숭어, 1931년 대구와 다금바리, 1935년 붕장어와 멸치, 1937년 방어, 1940년 게르치와 청새치 등을 제외한 나머지 어종들은 비록 어획고의 비율에서 매년 편차를 보였지만 중요한 어종으로 어획되고 있었음을 알 수 있다.

특히 고등어와 전갱이는 1922년을 제외하고 매년 최대의 어획고를 보였다. 1926~1940년 고등어와 전갱이의 어획고를 보면, 최저 28.53%(1940년), 최고 40.48%(1935년), 평균 33.24%로 고등어와 전갱이 어종이 1920년대 중반 이후 부산에서 어획된 전체 어종 중에서 대략 3분의 1 이상을 차지하여 이들 두 어종이 부산의 대표 어종이었음을 알 수 있다. 여기에 1937년 정어리 떼의 출몰에 의해 정어리가 합쳐지면서 고등어와 전갱이, 정어리는 1937년 이후 부산의 3대 어종으로 군림하였다.

〈표 5〉를 통해서 한 가지 눈여겨 볼 부분은 도미, 상어, 해삼, 우뭇가사리 등의 수산물이다. 도미는 값비싼 어종으로 일본인들이 선호하는 대표 어종 중의 하나였다. 이는 도미를 어획하던 어민들은 조선인들보다는 일본인들이 절대적 다수를 차지했던 점을 통해서 알 수 있다. 도미는 어획량을 떠나 값비싼 어종이었기 때문에 1~5위의 상위 수산물에 네 차례(1922·1926·1931·1940년)나 들어갈 수 있었다. 문제는 상어, 해삼, 우뭇가사리 등의 수산물이다. 이들 수산물은 매년은 아니지만 다른 어종에 비해 제법 많이 어획되고 있었다는 점이다. 특히 상어는 1~5위의 상위 수산물에 세 차례(1926·1931·1940년)나 속했으며, 해삼은

평균 어획고 순위로 보면 7위(1922·1935·1937년), 우뭇가사리의 경우
는 10위(1922년), 5위(1935년), 6위(1937년)를 각각 차지했다. 이처럼
상어와 해삼, 우뭇가사리 등이 많이 어획되었던 것은 이들 수산물이 대
부분 일본으로 수출되고 있었기 때문이다. 특히 해삼은 말린 건해삼(乾
海蔘)으로 일본에 대량 수출되었는데, 조선에서 가공한 건해삼이 외국
으로 수출된 것은 식민지시기가 처음이 아니었다. 해삼은 일찍부터 중
국 상류층의 값비싼 요리의 재료로 사용되었다.[24]

따라서 18,19세기 조선의 대중국 무역이었던 사행(使行)무역과 북관
개시(北關開市)무역 등에서 조선의 건해삼은 중요한 수출품으로 취급되
었다. 이처럼 건해삼이 대중국 무역에서 수출품이 될 수 있었던 것은 그
만큼 건해삼에 대한 중국인들의 수요가 많았기 때문이다. 18세기 전반
무렵이 되면 중국 어민들이 배를 타고 한반도로 건너와 옹진반도를 비
롯해 서해안 일대에서 해삼을 채취하거나 심지어 중국 어민과 조선 어
민들이 "서로 낯이 익어 혹 서로 상거래(與之慣熟, 或相賣買)"하는 상황
에까지 이른다.[25] 서해를 건너 한반도로 건너온 중국인들은 산동반도의
등주(登州)와 내주(萊州) 출신자들이 많았다. 이들은 봄에 한반도 서북
해안에 출몰하여 해삼을 무단으로 채취하고서 8월이 되면 본국으로 돌
아가는 과정을 밟았는데, 이렇게 출몰한 중국 어선은 8~10척, 1척의 승
선 인원은 70~80명, 많게는 100여 명이 될 정도로 조선의 해삼은 중국
인들에게 있어 매우 가치 있는 상품이었다. 19세기 중후반 기록에 의하

---

24) 대항해시대 이후 동북아시아, 동남아시아, 남태평양 등에서 전개된 건해삼의 생
    산과 유통, 소비, 현지인들의 역사와 삶에 대한 자세한 설명은 쓰루미 요시유키
    (鶴見良行) 지음, 이경덕 옮김, 『해삼의 눈』(뿌리와이파리, 2004) 참조. 우뭇가
    사리 채취에 있어서는 부산에 진출한 제주해녀들과 부산의 각종 일본인 수산회
    사 및 수산조합들이 갈등을 빚었다. 여기에 대해서는 곧 공간할 별고에서 자세
    히 다루도록 하겠다.
25) 『英祖實錄』 38권, 영조 10년 5월 6일 신사; 『英祖實錄』 56권, 영조 18년 10월 5
    일 경인.

면 조선에서 해삼은 한반도 전역에서 생산되었는데 품질 면에서 함경도 연안에서 생산된 것을 제일로 쳤다.[26]

한편 조선후기 한반도에서 가공된 건해삼은 부산의 초량왜관(草梁倭館)을 통해 일본으로 수출되고 있었다. 19세기 전반 대일무역에서 건해삼은 소가죽(牛皮), 소 뿔·발톱(牛角爪), 한약재인 황금(黃芩) 등과 함께 대일무역에서 핵심적인 네 가지 품목 중의 하나로 취급되었다.[27] 예를 들어 1846년 조선에서 일본으로 수출된 상품은 우피(牛皮) 179,141근(斤), 우각조(牛角爪) 19,565근, 황금(黃芩) 21,300근, 건해삼(乾海蔘) 19,242근 등이었다. 이들 상품의 구입에 대해 일본은 구리(銅) 138,683근과 상평통보 2,140냥을 결제하였다.[28] 당시 1근(斤)을 600g으로 보면, 일본으로 수출된 건해삼 19,242근은 11,545kg, 즉 11톤을 초과하는 분량으로 당시 유통되던 화폐의 실질적 가치로 환산한다면 상당한 금액이었던 것으로 생각된다.[29]

이처럼 18세기 후반에서 19세기 전반기 한반도의 건해삼이 중국과 일본 무역에서 중요한 수출 품목이 될 수 있었던 것은 아시아에서 건해

---

26) 이철성, 「조선후기 연행무역과 수출입 품목」 『韓國實學硏究』 20(2010), 37~38쪽, 46~51쪽.

27) 조선후기 건해삼(乾海蔘)의 대일무역에 대해서는 김동철, 「조선 후기 倭館 開市 貿易과 東萊商人」 『민족문화』 제21집(1998), 69~70쪽; 鄭成一 著, 『朝鮮後期 對日貿易』(신서원, 2000), 168쪽, 386쪽; 김동철, 「17~18세기 조일무역에서 '私貿易 斷絕論'과 나가사키[長崎] 直交易論'에 대한 硏究史 검토」 『지역과 역사』 제31호(2012), 314~315쪽.

28) 정성일, 「동래상인 정자범(鄭子範)의 대일무역 활동−1833년과 1846년의 사례−」 『민족문화연구』 제69호(2015), 100쪽, 128~133쪽.

29) 필자는 조선후기 대일무역에서 수출품의 분량도 중요하지만 각 물품의 동전(銅錢) 또는 은가(銀價)로서 화폐가치가 궁금하였다. 그러나 자료적 제약 때문인 것으로 짐작되지만 기존의 조선후기 대일무역 연구에서는 확인할 수가 없었다. 참고로 1814년 북관개시무역에서 '건해삼 1근은 삼승포(三升布) 2필, 서피(鼠皮) 10장, 건해삼 20근은 말 1필 등으로 거래되었다. 1820년대에는 건해삼 10근이 소 한 마리 값과 같았으며 길림의 오라(烏喇)지방에 판매했을 경우 근당 천은(天銀) 1냥 2전을 받았다. 특히 한반도 북부에서 가공된 북해삼이 남해삼보다 은화 10냥 가량 더 비쌌다'(이철성, 2010년 논문, 38쪽, 50쪽)는 내용만 지적해 둔다.

삼에 대한 중국의 거대한 수요가 작용하고 있었기 때문이다.[30] 일본의 도쿠가와막부는 초기 중국과의 무역에서 중국으로부터 생사와 견직물을 수입하고 일본의 금과 은을 수출하였다. 그러나 청국 정부의 해금(海禁, 1661~1683년)이 끝나고 1684년부터 중국배들이 일본 나사가키(長崎)에 입항할 수 있게 되면서 1688년에는 중국배 193척, 연 인원 9,128명이 나가사키에 체류하게 된다. 이후 중국과 일본의 교역량이 빠르게 증가하게 되면서 일본의 금·은·동의 유출 또한 급증하였다. 이 과정에서 일본은 대중국 무역에서 금·은·동을 대체할 수 있는 건해삼, 말린 전복, 상어지느러미 등의 세 가지 중요 품목인 다와라모노(俵物)를 탄생시키게 된다. 다와라모노 중에서 주종은 역시 건해삼이었다. 그 결과 1744년 나사가키에서 중국으로 수출된 건해삼의 총량은 31만 7천 근(약 190톤)으로 도쿠가와막부의 대중국 무역에서 건해삼은 중요한 역할을 하게 되었다.[31]

결국 조선후기 초량왜관을 통해 일본으로 빠져 나갔던 건해삼의 상당 부분이 나가사키를 거쳐 중국의 광동과 복건 지역으로 흘러 들어가고 있었던 것이다. 전근대 해삼을 매개로 한중일 삼국의 교역시스템은 개항 이후에도 여전히 계속되었다. 이는 부산의 일본인들이 1889년 설립한 부산수산회사가 한반도의 건해삼을 직접 중국으로 수출할 목적에서 설립되었다는 점을 통해서도 확인할 수 있다.[32] 사실 식민지시기 부산항을 통해 수출된 수산물 중 게(蟹), 말린 새우(乾鰕), 말린 상어지느러미, 건해삼 등은 모두 중국요리의 주요 원료로서 상해, 천진, 대련 등

30) 전근대로부터 근대에 이르기까지 동아시아에서 채취된 건해삼은 중국 광동과 복건 지역으로 유입되고 있었다. 쓰루미 요시유키(鶴見良行) 지음, 이경덕 옮김, 『해삼의 눈』(뿌리와이파리, 2004), 323~335쪽.
31) 쓰루미 요시유키(鶴見良行) 지음, 이경덕 옮김, 위의 책, 338~360쪽.
32) 石川亮太, 「개항기 부산의 일본인 상인과 부산수산회사」 『민족문화연구』 69 (2015) 참조.

지로 수출되고 있었다. 다만 본고에서는 1932년 부산에서 수출된 수산물 중에서 상어는 23,144원, 전복은 22,788원, 해삼은 93,637원, 게는 180,851원, 말린 새우는 163, 995원으로 이들 상품이 그해 수산물 수출액에서 7.8%를 차지했음을 밝혀 둔다.[33]

III. 수산업인구와 수산업종의 동향

1. 전국의 수산업인구와 수산업종

수산업인구란 어로, 제조업, 양식업, 판매업 등의 업종에 종사한 어민을 뜻한다. 1911~1943년 전국의 수산업인구와 수산업 호수를 보면, 수산업인구는 27만 5천 명에서 47만 7천 명으로 1.7배, 수산업 호수는 8만 8천 호에서 19만 7천여 호로 2.2배 각각 증가하였다.[34] 식민지시기 수산업 통계수치의 이와 같은 난맥상 때문에 수산업 종사자와 이들 종사자들에 대한 민족별 추이를 일목요연하게 파악하기는 어렵다. 하지만 전반적인 현황을 이해하기 위해 수산업 종사자의 인구와 호수를 정리하면 다음과 같다.

---

33) 수산물의 수출과 관련해서는 필자의 후속 논문 「식민지시기 부산지역의 수산물 제조업과 수산물 유통 현황」을 참조하기 바란다.

34) 朝鮮總督府, 『朝鮮水産統計』, 1937년판, 84쪽; 1943년판, 4~5쪽 및 『朝鮮總督府統計年報』 참조. 『朝鮮總督府統計年報』 중 수산업 호수와 수산업 종사자에 관한 통계수치는 시기별로 차이가 있다. 1911~1932년 통계에서는 수산물의 4개 업종(어로·양식업·제조업·판매업)에 대해 민족별 호수와 인원수 등이 기재되어 있다. 그러나 1933~1943년 통계에서는 판매업 자체가 통계대상에서 제외되었고 나머지 3개 업종도 전체적인 호수와 인구수는 집계되었으나 각 지역의 민족별 호수와 인구수 등은 표시되지 않았다. 따라서 수산업 관련 호수를 중심으로 수산업 종사자를 파악한 기존 연구(김수희, 『근대일본어민의 한국진출과 어업경영』(경인문화사, 2010), 제4부 제1장)와 본문에서 인구수를 중심으로 분석한 내용에는 차이가 있음을 미리 밝혀 둔다.

〈표 6〉 전국의 수산업 업종별 호수 및 인구

분류(조선)		전체 호구 및 인구			업종 호수 및 인구							
					어로		양식업		제조업		판매업	
		조선	일본	합계	조선	일본	조선	일본	조선	일본	조선	일본
1911	호수	83,530	4,339	87,869	54,902	3,138	3,907	10	9,648	425	15,073	766
	비율	95.1	4.9	100	62.5	3.6	4.4	0.0	11.0	0.5	17.2	0.9
	인구	260,791	14,235	275,026	170,902	11,417	12,020	23	32,779	1,067	45,090	1,728
	비율	94.8	5.2	100	62.1	4.2	4.4	0.0	11.9	0.4	16.4	0.6
	(합계 비율)				66.3		4.4		12.3		17.0	
1915	호수	85,693	3,539	89,232	63,314	2,316	2,156	35	10,319	314	9,904	874
	비율	96.0	4.0	100	71.0	2.6	2.4	0.0	11.6	0.4	11.1	1.0
	인구	320,076	12,503	332,579	235,297	8,513	7,655	123	40,278	1,075	36,846	2,792
	비율	96.2	3.8	100	70.7	2.6	2.3	0.0	12.1	0.3	11.1	0.8
	(합계 비율)				73.3		2.3		12.4		11.9	
1920	호수	99,234	4,871	104,105	66,800	3,068	5,929	34	14,315	529	12,190	1,240
	비율	95.3	4.7	100	64.2	2.9	5.7	0.0	13.8	0.5	11.7	1.2
	인구	426,244	18,489	444,733	294,523	12,521	22,637	104	58,458	2,005	50,626	3,859
	비율	95.8	4.2	100	66.2	2.8	5.1	0.0	13.1	0.5	11.4	0.9
	(합계 비율)				69.0		5.1		13.6		12.3	
1925	호수	119,807	5,618	125,425	76,130	3,272	14,590	40	13,859	733	15,228	1,573
	비율	95.5	4.5	100	60.7	2.6	11.6	0.0	11.0	0.6	12.1	1.3
	인구	444,312	19,208	463,520	309,279	11,863	44,670	107	42,133	2,407	48,230	4,831
	비율	95.9	4.1	100	66.7	2.6	9.6	0.0	9.1	0.5	10.4	1.0
	(합계 비율)				69.3		9.6		9.6		11.4	

전체 호구 및 인구 / 업종 호구 및 인구 비교표

표의 대분류는 **전체 호구 및 인구**(합계·어로)와 **업종 호구 및 인구**(양식업·제조업·판매업)로 구성된다.

연도	조선 분류	합계 (일본)	합계 (조선)	어로 (조선)	어로 (일본)	양식업 (조선)	양식업 (일본)	제조업 (조선)	제조업 (일본)	판매업 (조선)	판매업 (일본)	일본
1930	호수	136,165	5,318	141,483	84,548	3,133	24,157	79	11,236	738	16,224	1,368
1930	비율	96.2	3.8	100	59.8	2.2	17.1	0.0	7.9	0.5	11.5	1.0
1930	인구	469,612	17,976	487,588	302,257	11,262	77,329	159	39,232	2,551	50,794	4,004
1930	비율	96.3	3.7	100	62.0	2.3	15.9	0.0	8.0	0.5	10.4	0.8
1930	합계 비율	—	—	—	64.3(합계 비율)	—	15.9(합계 비율)	—	8.5(합계 비율)	—	11.2(합계 비율)	—
1935	호수	155,268	4,469	159,737	118,066	—	31,802	—	9,882	—	—	—
1935	비율	97.2	2.8	100	73.9	—	19.9	—	6.2	—	—	—
1935	인구	—	—	349,224	242,220	—	82,783	—	24,221	—	—	—
1935	비율	—	—	100	69.4	—	23.7	—	6.9	—	—	—
1943	호수	194,922	2,660	197,582	141,313	—	45,020	—	11,252	—	—	—
1943	비율	98.7	1.3	100	71.5	—	22.8	—	5.7	—	—	—
1943	인구	—	—	477,279	305,025	—	140,954	—	31,300	—	—	—
1943	비율	—	—	100	63.9	—	29.5	—	6.6	—	—	—

* 출처: 『朝鮮總督府統計年報』 각 연도판 및 朝鮮總督府, 『朝鮮水産統計』, 1937년판, 84쪽; 1943년판, 4~9쪽.

〈표 6〉을 통해서 확인할 수 있었던 내용을 정리하면 다음과 같다.

첫째, 전체 수산업인구와 민족별 구성 비율의 추이이다. 먼저 전체 수산업인구의 시기별 추이를 보면, 1911년(275,026명)에서 수산업인구가 가장 많았던 1931년(527,226명)까지는 증가, 1932년(509,059명)~1935년(349,224명) 사이는 감소, 1936년(382,108명)~1943년(477,279명) 기간에는 다시 증가하는 추세를 각각 나타냈다. 이들 기간 중 민족별 수산업인구 동향을 정확히 알 수 있는 1911~1930년의 통계를 보면, 조선인 수산업인구 비율은 95~97%, 일본인 수산업인구는 5~3%로 조선인 수산업인구가 절대적으로 많았다. 이 기간 동안 조선인 수산업자는 20만 명이 증가한 46만 9천 명(1.8배), 일본인 수산업자는 4만 명이 증가한 18만 명(1.3배)으로 파악된다. 문제는 1932~1933년 사이의 급격한 수산업인구 감소이다. 1932년 전국의 수산업인구는 462,642명이었는데, 1933년 수산업인구는 350,455명으로 약 11만 2천여 명이 감소하였다. 이렇게 감소한 수산업인구는 1932년 대비 전체 수산업인구 중에서 24.3%에 해당하는 것이었다(아래의 〈표 7〉 참조).

물론 1932~1933년 전라남도와 황해도에서처럼 수산업인구가 증가한 곳도 있었다. 전남은 1932년 131,608명에서 1933년 148,814명으로 1만 7천여 명, 황해도는 37,408명에서 44,029명으로 6,621명이 각각 증가하였다. 두 지역에서 수산업인구가 증가한 주된 원인은, 전남에서 양식업과 황해도에서 조기잡이 종사자들이 크게 증가했기 때문이다.[35] 그

---

35) 전남은 수산업인구수에서 항상 1위였다. 1932~1933년 전남에서 수산업인구 증가는 양식업 종사자의 증가 때문이었다. 1932년 전남의 양식업 종사자는 58,334명(조선인 58,279명[23,779호], 일본인 55명[26호])이었는데, 1933년에는 83,083명으로 24,749명이 증가했다. 전남은 전국의 양식업에서 압도적 우위를 보였는데 1932년 전국의 양식업 종사자수 69,145명 중 84.4%(58,334명=조선인 58,279명+일본인 55명) 그리고 1933년 전국의 양식업 종사자 94,854명 중 87.6%(83,083명)가 전남에 속해 있었다. 참고로 전국의 양식업 종사자 중 1932년에는 경남이 2위(9.8%[6,746명]), 1933년에는 황해도가 2위(6.1%

외 나머지 지역은 감소폭에서 차이는 있었으나 전반적으로 어로 종사자들의 감소 때문에 1933년 전국의 수산업인구가 1932년 대비 11만 2천여 명으로 감소했다. 이처럼 전남과 황해도를 제외한 나머지 지역에서 급격하게 수산업인구가 감소한 것은 역시 세계대공황 때문이었다.[36]

그러나 여기서 한 가지 짚고 넘어가야 할 것은 1933년 수산업인구의 감소에는 수산 어민들의 경제적 몰락에 의한 것도 있었으나 1932년까지 통계 대상이었던 4개의 업종(어로·양식업·제조업·판매업) 중 판매업이 1933년 통계부터 제외되었다는 사실이다.

다시 말해 1932년 전국의 수산업인구 462,642명(14만 1천 호) 중 11%(50,361명=조선인 47,710명+일본인 2,651명)을 차지했던 약 5만여 명의 판매업 종사자가 1933년 수산업인구의 감소 부분에 포함되어 있었다는 점이다.[37]

결국 1년 사이에 감소한 전국의 수산업인구 11만 2천여 명은 세계대공황의 영향으로 감소한 인구와 1932년 판매업 종사자로 분류되었지만 1933년 통계에서 배제된 5만 명 내외의 수산업인구 등이 포함된 수치로 이해해야 할 것이다. 따라서 1932~1933년 사이 수산업인구의 실질적인 감소는 1932년 판매업에 종사했던 5만 명을 뺀 나머지 6만여 명 정

[5,797명])를 차지했다. 한편 1932~1933년 황해도에서 수산업인구의 증가를 보면, 어업 8,595명, 양식업 2,432명, 제조업 775명 등으로 파악되는데 이처럼 어업 종사자가 많이 증가했던 것은 조기잡이 때문이었다. 이는 1933년 전국의 조기 어획고 6,700만kg 중 1위 황해도 61%(4,109만kg), 2위 평북 12.6% (843만 kg), 3위 전남 9%(600만kg) 등의 순위였던 것을 통해서도 황해도에서 조기잡이 어업이 이 무렵 매우 왕성했음을 알 수 있다(『朝鮮總督府統計年報』 1932·1933년 통계 참조).

36) 김수희, 『근대일본어민의 한국진출과 어업경영』(경인문화사, 2010), 166쪽.

37) 〈표 6〉에서 판매업이 통계 대상에 계속 포함되었다고 가정했을 때, 1935년 판매업 종사자는 대략 54,802명으로 추정된다. 이 수치는 『朝鮮總督府統計年報』의 1932년과 1935년 수치를 기준으로 집계([138,364명(1935년 총수산업인구-1932년 총수산업인구)]-[(어로 부문 감소 71,299명+제조업 부문 감소 17,562명)-(양식업 부문 증가 5,299명)])한 것이다.

도였던 것으로 생각된다. 어쨌든 전국의 수산업인구는 1933년과 1934년 계속 감소했다. 그러나 수산업인구는 1935년부터 다시 증가하여 1943년이 되면 47만 7천 명으로 늘어났다.

한편 수산업인구와 관련된 통계에서 1933년 이후부터는 민족별 구분이 사라진다. 따라서 민족별 호수 구분만 가능할 뿐 정확한 민족별 수산업인구의 추이를 파악하기는 힘들다. 그러나 수산업자의 호수와 인구가 밀접하게 상관관계를 갖고 있고, 〈표 6〉에서 일본인 수산업 종사자의 전체 호수가 1925년 4.5%(5,618호), 1930년 3.8%(5,318호), 1935년 2.8%(4,469호), 1943년 1.3%(2,660호)로 계속 감소했던 것을 감안한다면 1933년 이후에도 조선인 수산업인구는 계속 증가했음을 알 수 있다. 이는 〈표 6〉에서 1935년과 1943년 조선인 수산업 호수 비율이 이전보다 더 증가했던 점을 통해서도 엿볼 수 있다.

둘째, 식민지시기 어로, 양식업, 제조업, 판매업 등 업종별 종사자 구성이다. 먼저 어로 종사자는 1911년 66.3%(182,319명), 1920년 69%(307,044명), 1925년 69.3%(321,142명), 1930년 64%(313,519명) 등과 같이 전체 수산업인구에서 절대적 비중을 차지하였다. 어로 종사자의 이러한 비중은 통계 대상에서 판매업이 사라진 이후에도 1935년 69.4%(242,220명), 1943년 63.9%(305,025명) 등으로 높게 나타났다.

그런데 전체적인 어로 종사자의 이러한 증가에도 불구하고 일본인 어로 종사자는 1930년대 이후에도 계속 감소하였다. 따라서 1920년대 중반 이후 일본인 수산업인구의 감소는 주로 어로 업종 종사자의 감소에서 기인하였음을 알 수 있다.

한편 양식업 종사자는 1911년 4.4%(12,043명), 1915년 2.3%(7,778명), 1920년 5.1%(22,741명)로 1920년대 전반까지는 전체 수산업인구 중에서 그 비중이 가장 낮았다. 그러나 1920년대 중반부터 빠르게 증가하기 시작해 1930년 전체 수산업인구 가운데 양식업 종사자가 16%(77,488명)를 차지함으로써 1위였던 어로 업종 다음으로 많은 인구 구성을 보였다. 양식업 종사자는 이후에도 계속 증가하여 1943년에는 전체 수산업인구 중 29.5%를 차지했다. 결국 양식업 종사자는 30여 년 사이 12만 9천여 명이 늘어 6.7배의 증가폭을 나타냈다. 양식업 종사자들이 1920년대 중후반부터 급격하게 늘어난 것은 조선인 양식장과 조선인 양식업 종사자들의 빠른 성장이 있었기 때문이었다. 양식업에서 압도적 비중을 차지한 것은 김 양식업이었다. 1932년 양식업 총생산액 중에서 김 양식은 97.6%를 차지했는데 그 중에서도 조선인이 생산한 김이 90% 정도로 압도적 우위를 차지했다.[38]

한편 제조업과 판매업 종사자는 1911~1925년 사이 전체 수산업인구 중에서 2~3위를 다투었다. 그러나 1920년 제조업 종사자가 6만 명으로 최대치를 기록한 이후 계속 감소함에 따라 인구 구성비 또한 줄게 된다. 그 결과 1930년 이후 제조업 종사자는 1위 어로와 2위 양식업에 큰 격차를 보이면서 수산업 종사자 가운데 가장 낮은 비율을 보였다.

결국 식민지시기 전국의 수산업인구 추이를 정리하면, 1933~1934년 사이 일시적인 감소가 있었으나 1935년 이후 다시 증가 추세로 돌아서 1911년의 수산업인구 8만 8천여 명과 단순 비교하더라도 1943년에는 5.4배 증가한 47만 7천 명으로 늘어났다. 민족별 수산업인구 추이를

---

38) 1932년 전국의 양식업을 보면 김, 돌김, 굴, 백합, 바지락, 꼬막, 일반 물고기 등 10여 종이 양식되었다. 당시 총 양식업 생산액(244만 8천여 원) 가운데 조선인이 생산한 것은 김 81%(198만 4천여 원), 돌김 9.3%(22만 8천여 원), 일본인이 생산한 것은 김 5.7%(14만 원), 돌김 1.6%(4만 원) 등으로 전체 양식업 중에서 김 생산이 97.6%를 점했다. 참고로 1942년 전국의 김 생산 면적은 2,810만여 평으로 이 가운데 1위는 전남 80%(2,257만여 평), 2위는 경남 8.6%(242만여 평), 3위는 황해도 7.3%(204만여 평) 순이었다. 조선인과 일본인의 양식업 면적을 비교했을 때는 일본인들의 양식업 면적이 월등히 넓었다. 양식업에 대해서는 水産廳, 『韓國水産史』(1968), 329~334쪽 참조 바람.

보면, 조선인 수산업자는 비록 1933~1934년 사이 감소하였으나 이 시기를 제외하고는 줄곧 증가 추세였다. 따라서 1930년대 중반 이후 전체 수산업인구의 증가는 조선인 수산업인구의 증가에 기인한다고 할 수 있다. 여기에 비해 일본인 수산업인구는 1925년 최대 수치를 기록한 이후 계속 감소하였다. 이렇게 된 주요 원인은 어로 업종에 종사한 일본어민들의 감소에 있었음을 알 수 있었다.

수산업인구의 업종별 동향을 보면 어로 종사자 비율은 63.9%(1943년)~73.3%(1915년)로 높은 비율을 보였으나 식민지 말기에 이르러 감소 경향을 나타냈다. 제조업과 판매업은 1911년에서 1920년대 중후반 기간에 어업에 이어 2위, 3위를 다투었다. 그러나 1930년부터는 1위 어업, 2위 양식업, 3위 제조업 순위로 고착화되고 있었음을 확인할 수 있었다.

2. 부산의 수산업인구와 수산업종

〈표 7〉를 통해 경남과 부산의 수산업인구 동향을 보면, 먼저 경남의 경우 1922년 7만 8천 명의 수준에서 1930년 7만 5천 명으로 약간 감소 하였다. 그러나 1932년 8만 명으로 식민지시기 최대의 인구수를 기록 했는데 이것도 잠시 1933년이 되면 전년 대비 4만 5천 7백여 명이 감소한 3만 3천 8백 명 수준으로 떨어졌다. 물론 이러한 감소에는 앞서 지적 했듯이 1932년까지 집계되었던 판매업 종사자들이 1933년부터 통계대 상에서 제외되었기 때문이다. 그러나 1932년 대비 1933년 전국의 수산 업인구 감소 현황을 보면, 1위 경남(45,698명), 2위 함북(22,830명), 3 위 경북(17,746명), 4위 함남(13,917명), 5위 충남(11,883명), 6위 평북 (11,516명), 7위 강원(10,649명), 8위 평남(5,070명), 10위 전북(2,790 명), 11위 경기(2,528명) 등으로 경남은 1933년 전국의 수산업인구 감소 인원 11만 2천여 명 중 40.7%를 점해 감소 인원수에서 1위, 감소율에서 2위를 차지하였다.[39]

1933년 경남의 수산업 업종 가운데 가장 많이 수산업인구가 감소한 업종은 어로 업종으로 세계대공황의 경제적 타격에 의한 수산업 종사자의 피해가 다른 어느 지역보다도 경남에서 심각했음을 확인시켜 준다.[40]

---

39) 참고로 1933년 각 도별 수산업인구 감소율을 순위별로 보면, 경북 58.1%(1932 년 12,807명/ 1933년 30,553명), 경남 57.5%(33,829명/79,527명) 충 남 57.5%(8,791명/20,674명), 함북 56.4%(17,650명/40,480명), 평북 53%(10,213명/21,729명), 평남 38.3%(8,177명/13,247명), 강원 32.9%(17,183 명/27,832명) 등으로 경남은 감소율에서 2위였다(『朝鮮總督府統計年報』 1932·1933년 통계 참조).

40) 『朝鮮總督府統計年報』를 기준으로 하더라도 1932년 대비 1933년 경남의 각 업종별 수산업인구 감소는 어업 종사자 23,679명(1932년 51,709명-1933년 28,030명), 양식업 종사자 2,608명(6,746명-4,138명), 제조업 종사자 918명 (2,577명-1,661명) 등이었다. 1933년 통계 대상에서 제외된 경남의 1932년 판 매업 종사자는 8,382명(조선인 7,288명, 일본인 1,094명)이었다(『朝鮮總督府統 計年報』 1932·1933년 통계 참조).

〈표 7〉 전국·경남·부산 수산업인구 현황

분류	전국(A)			경남(B)			부산(C)			비율		
	조선	일본	합계	조선	일본	합계	조선	일본	합계	B/A	C/A	C/B
1922	469,220	16,618	485,838	70,234	7,649	77,883	3,074	2,612	5,686	16.0	1.2	7.3
비율	96.6	3.4	100	90.2	9.8	100	54.1	45.9	100			
1927	466,531	17,819	484,350	66,240	9,872	76,112	3,385	2,639	6,024	15.7	1.2	7.9
비율	96.3	3.7	100	87.0	13.0	100	56.2	43.8	100			
1930	469,612	17,976	487,588	66,517	8,173	74,690	4,427	2,917	7,344	15.3	1.5	9.8
비율	96.3	3.7	100	89.1	10.9	100	60.3	39.7	100			
1932	446,711	15,931	462,642	72,100	7,427	79,527	4,792	3,144	7,936	17.2	1.7	10.0
비율	96.6	3.4	100	90.7	9.3	100	60.4	39.6	100			
1933	350,455		350,455	30,890	2,939	33,829	2,276	948	3,224	9.6	0.9	9.5
비율	100		100	91.3	8.7	100	70.6	29.4	100			
1934	339,083		339,083	32,029	2,644	34,673	1,539	986	2,525	10.2	0.7	7.3
비율	100		100	92.4	7.6	100	61.4	38.6	100			
1937	396,042		396,042	47,023	2,771	49,794	1,648	1,040	2,688	12.6	0.7	5.4
비율	100		100	94.4	5.6	100	61.3	38.7	100			
1939	410,837		410,837	47,337		47,337	1,157	381	1,538	11.5	0.4	3.2
비율	100		100	100		100	75.2	24.8	100			
1940	431,212		431,212	47,029		47,029	2,714	776	3,490	10.9	0.8	7.4
비율	100		100	100		100	77.8	22.2	100			
1943	477,279		477,279	42,833		42,833	-	-	-	9.0	-	-
비율	100		100	100		100	-	-	-			

* 출처: 『朝鮮總督府統計年報』 각 연도판; 慶尙南道, 「道勢一班」, 1923년판, 93쪽; 1927년판, 19쪽; 1931년판, 83쪽; 1935년판, 105쪽; 1940년판, 152~153쪽; 釜山府, 「釜山府勢要覽」 각 연도판, 「水産業者戶口表」 참조. 경남과 부산의 수산업인구는 각 업종의 전임, 겸임, 종임(=노동자) 등을 모두 합친 통계이다. 따라서 1933년 이후 전임과 겸임만을 대상으로 집계된 『朝鮮總督府統計年報』의 경남 수치와 차이가 있음.

    1933년 경남의 급격한 수산업인구 감소에 따라 전국 수산업인구수에서 경남은 1911~1932년 기간 중 1911년을 제외하고 계속 2위였다. 그러나 1933년에는 황해도에 밀려 3위로, 1934년에는 2위 황해도와 3위의 함경남도에 뒤처지며 4위를 기록했다. 이후 경남의 수산업인구는 1937년 다시 증가함에 따라 3위로 상승하고 이어서 1939~1941년 계속해서 3위, 1942~1943년에는 부동의 1위였던 전남에 이어 2위를 각각 차지했다. 결국 식민지시기 경남의 수산업인구는 1910~1932년 기간 동안 부동의 1위였던 전남의 뒤를 이어 2위, 이후 1934년의 4위를 제외하고는 1933~1939년 3위, 1940~1943년 2위 등의 추세를 보였다.[41]

    식민지시기 경남의 수산업인구 증감과 관련해서 살펴볼 부분은 각 시기별 수산어획고와 수산업인구의 상관관계이다. 앞의 〈표 1〉에서 경남의 수산어획고와 〈표 7〉의 경남의 수산업인구를 비교하면 1933년과 1941년의 경우처럼 수산어획고와 수산업인구가 비례 관계에 있지 않는 경우도 있었다.

    그러나 전반적으로 보았을 때 1930년대 중반 이후 경남의 수산업인구가 전국 2위였을 때, 수산어획고 역시 전국 1위와 2위로 올랐고, 수산업인구가 3위로 떨어졌을 때 수산어획고 또한 전국 3위를 나타냈다. 경남의 수산업인구와 수산어획고의 이러한 상관성은 식민지시기 수산업인구가 가장 많았던 전남의 추이와는 대조를 이룬다.

    전남은 줄곧 수산업인구에서 전국 1위를 차지했는데 〈표 1〉에서 보듯이 정작 수산어획고에서는 전국 3~4위에 머물렀다. 이것은 전남의 수산업 종사자들이 매우 영세했으며 수산업 종사자의 노동생산성이 매우 낮았음을 의미한다.

---

41) 朝鮮總督府, 『朝鮮總督府統計年報』 각 해당 연도 통계 활용.

전남에서의 이러한 양상은 1930년대 중반 이후 함남과 함북, 특히 함남의 경우와도 대조를 이룬다. 함남은 1933년 수산업인구에서 4위였지만 전국의 수산생산액에서는 3위였고, 1937년에는 수산업인구 4위에 수산생산액 2위, 1941년은 수산업인구 5위에 수산생산액 1위, 1942년은 수산업인구 7위에 수산생산액 1위, 1943년은 수산업인구 5위에 수산생산액 2위 등으로 수산업인구는 상대적으로 적었으나 수산생산액이 매우 높았다. 이는 1930년대 중반부터 함남의 수산업이 전남과 달리 정어리와 명태어업을 중심으로 기업형 수산업으로 전환되었기 때문에 가능할 수 있었다. 명태는 1920년대 초반만 하더라도 함경남도 이원군의 차호(遮湖), 북청군의 신포(新浦), 육대(陸臺) 등지에서 많이 잡혔으나 1930년 무렵에는 명태 어족이 40㎞ 정도 남하하여 홍원군의 전진(前津), 삼호(三湖), 함흥의 퇴조(退潮) 지역 등에서 많이 잡혔다. 1928년 함경남도 어획고 705만 원 중 명태 어획고는 247만여 원으로 전체 어획고의 35%를 점했다. 당시 함경남도의 명태어업에서 민족별 어획고를 보면 조선인 약 200만 원, 일본인 44만 7천여 원으로 함남의 명태어업은 조선인이 82% 정도를 어획하였다.[42]

한편 〈표 7〉에서 부산의 수산업인구 추이를 살펴보면 다음과 같다.

1922~1932년 수산업인구수에서 전국과 경남이 증감의 양상을 보였다면 부산은 처음부터 계속 증가 추세였다는 점이다. 아울러 전국과 경남의 일본인 수산업인구가 증감을 나타냈던 반면에 부산의 일본인 수산업인구는 계속 증가했다는 점이다. 그러나 여기서 유의할 점은 부산의 일본인 수산업인구가 계속 증가했음에도 조선인과 일본인의 구성비에서는 그 비율이 감소하고 있었다는 것이다. 이렇게 된 데는 같은 기간에

---

42) 『東亞日報』 1930년 3월 3일(10면)1단 「咸南의 明太魚(一)」

부산의 일본인 수산업인구 증가와 함께 조선인 수산업인구 또한 빠르게 증가하고 있었기 때문이었다. 이를 통해 볼 때 1922~1932년 사이 부산에서 일본인과 조선인 수산업자 모두가 일정하게 동반 성장을 하고 있었던 것으로 여겨진다.

한편 전국 대비 경남과 부산의 수산업인구 비율을 보면 경남은 1920년대보다는 1930년대 수산업인구의 비율(B/A)이 낮았다. 부산 역시 경남과 마찬가지로 1920년대보다 1930년대 이후 수산업인구 비율(C/A)이 감소하였다. 하지만 전국 대비 경남의 수산업인구 비율(B/A)과 경남 대비 부산의 수산업인구 비율(C/B)을 비교하면 경남과 부산은 약간의 다른 양상을 보였다. 즉 1930년과 1940년 각각의 전년 대비 수산업인구를 보면 경남이 감소할 때 부산은 증가하고, 1934년, 1937년과 같이 전년 대비 수산업인구가 경남에서 증가할 때 부산은 감소하는 상반된 추이를 나타냈다는 점이다. 이것은 1930년대 중반 이후 경남과 부산의 수산업인구 증감 추이가 크게 연동되어 있지 않았음을 뜻한다.

특히 식민지 말기에 해당하는 1939~1940년, 경남의 수산업인구가 정체된 것과 대조적으로 부산의 수산업인구는 두 배 가까이 증가하였는데, 이러한 증가는 앞의 〈표 3〉에서 보았듯이 1939~1940년 사이 경남에서 부산의 수산물 생산액이 가장 많았던 것과 밀접한 관련성을 보여준다.

〈표 7〉과 앞의 〈표 3〉을 통해 부산의 수산업인구와 수산생산액의 상호 관계를 보면, 1934~1939년 부산의 수산업인구 비율이 감소했음에도 부산의 수산생산액은 큰 변화가 없었다는 사실이다. 오히려 수산업인구 비율이 낮았던 1937년과 1939년에 부산의 수산생산액은 높았다. 이것은 식민지 말기에 부산의 수산업이 영세한 자영업 형태의 어업에서 벗어나 제조업을 중심으로 한 기업형의 수산업 경제구조로 변화하고 있었음을

뜻한다. 한편 〈표 7〉를 통해서 확인할 수 있는 것은 전국·경남·부산 지역에서 일본인 수산업자의 비율이다. 1922~1932년 전국의 수산업 종사자 중에서 일본인 수산업자의 비율은 평균 3.6%, 같은 기간 경남에서 일본인 수산업자의 비율은 약간의 증감이 있었지만 평균 10.7%인데, 부산의 일본인 수산업자는 평균 42.3%의 높은 비율을 보였다.

부산에서 수산업은 개항 직후부터 일본 상인들에 의해 주도되었고 경남에서 손꼽히는 일본인 이주어촌 또한 일찍부터 절영도에 건설되었다.[43] 따라서 부산의 수산업인구 중에서 일본인이 차지하는 비율은 높을 수밖에 없었다. 식민지시기 일본인 수산업인구수는 〈표 7〉에서 볼 수 있듯이 전국·경남·부산 모두 1932년 최고를 기록했다. 이후 경남과 부산에서 일본인 수산업인구는 1937년 일시 증가 추세를 보였으나 경남은 1937년 이후 계속 감소한 것으로 판단되며, 부산은 1940년 경우 전년 대비 증가 추세를 나타냈다. 식민지시기 경남과 부산의 일본인 수산업인구의 비율만을 놓고 본다면 일시적으로 증가한 해도 있었지만 대체적으로 그 비율은 감소하고 있었음을 알 수 있다.

부산의 수산업 업종과 민족별 구성을 좀 더 세밀하게 분석한 것이 본문의 〈부록 1〉이다. 〈부록 1〉을 통해서 확인할 수 있는 내용들은 다음과 같다.

먼저 부산의 수산업 가운데 어업·양식업·제조업·판매업 등 4개 항목에 대해서 살펴볼 수 있는 1921~1932년 상황을 보면 첫째, 전체 호수와 수산업 종사자 수의 변화이다. 호수는 1921년 1,260호에서 1932년 2,347호로 두 배 정도 증가하였고 수산업 종사자는 2,067명(남 1,785명, 여 282명)에서 7,936명(남 4,726명, 여 3,210명)으로 네 배 가까

---

43) 김승, 「해항도시 부산의 일본인 이주어촌 건설과정과 그 현황」『역사와 경계』 75(부산경남사학회, 2010), 6~7쪽, 16~23쪽.

이 증가하였다. 이는 같은 기간 전국의 수산업 호수의 1.3배(109,764호→140,925호) 증가, 수산업 종사자의 1.0배(454,231명→462,642명) 증가와 역시 같은 기간 경남의 호수 1.2배(15,019호→18,725호) 증가, 수산업 종사자 1.2배(57,978명→69,414명) 증가 등과[44] 비교하더라도 매우 높은 증가율을 보인 것이다. 그만큼 1920년대 부산에서 수산업이 빠르게 성장하고 있었음을 의미한다.

둘째, 1921~1932년 기간 동안 부산의 수산업 종사자의 민족별 추이이다. 〈부록 1〉을 보면 약간의 감소 추세를 보였던 1927~1929년을 제외하고 10여 년 사이 일본인과 조선인 수산업자 모두 절대적 인원수에서 증가 추세를 보였다. 그러나 민족별 비율에서 일본인 수산업자는 1921년 43.2%(892명), 1924년 44.8%(2,832명), 1928년 44.1%(2,752명), 1932년 39.6%(3,144명), 조선인 수산업자는 1921년 56.8%(1,175명), 1924년 55.2%(3,482명), 1928년 55.9%(3,488명), 1932년 60.4%(4,792명) 등으로 그 비율이 감소하였고 조선인 비율은 증가 추세를 나타냈다.

그런데 1921~1932년 기간을 1921~1928년과 1929~1932년 기간으로 양분해서 본다면 앞 시기에는 일본인과 조선인의 수산업인구 비율이 평균 44% 대 56%로 조선인이 12% 정도 많았다. 그리고 후자의 기간에는 39.9% 대 60.1%로 이전 시기보다 조선인 수산업자의 비율이 4% 정도 더 많았음을 볼 수 있다. 이처럼 1929~1932년 부산에서 일본인 수산업자의 비율이 감소한 것은 이 시기 전국적으로 일본 어민의 수가 줄어들었던 것과 맥을 같이한다. 1929년 시작된 세계대공황으로 어류 가격이 하락하고 그 과정에서 경영난에 봉착했던 중소 일본인 어민들이

---

44) 朝鮮總督府, 『朝鮮總督府統計年報』 1921년·1932년 통계 비교.

어업을 그만 두는 경우가 많았는데 부산에서도 그와 같은 양상이 진행되었음을 엿볼 수 있다.

셋째, 1921~1932년 부산 수산업자의 성별 동향이다. 이 시기 남성은 2.6배(1,785명→4,726명), 여성은 11.4배(282명→3,210명) 증가한 것으로 파악된다. 그러나 오차의 범위가 컸던 1921년을 제외하고 1922~1932년 남녀의 증가폭을 보면 남성은 1.4배(3,271명→4,726명), 여성은 1.3배(2,415명→3,210명)로 사실상 1922~1932년 부산의 수산업 종사자 성별 증가율은 큰 차이가 없었다는 점이다.

넷째, 1922~1932년 조선인 수산업자와 일본인 수산업자 각각의 남녀 구성비이다. 먼저 민족별 남녀의 증감폭을 보면 일본인 남자 1.2배(1,535명→1,883명), 여자 1.2배(1,077→1,261명), 조선인 남자 1.6배(1,736명→2,843명), 여자 1.5배(1,338명→1,949명)로, 1922~1932년 사이 부산의 수산업인구 증가에서 조선인 남성의 증가가 많았음을 알 수 있다. 이는 결국 10년 사이 부산의 수산업인구 증가는 일본인보다는 조선인, 그 중에서 조선인 남성의 증가가 주된 원인이었음을 보여주는 것이다. 같은 시기 각 민족별 남녀 성비는 연도마다 조금씩 차이가 있었다. 그러나 평균적으로 본다면 일본인은 남성 60%(평균 1,649명) 대 여성 40%(평균 1,101명), 조선인은 남성 58%(평균 2,130명) 대 여성 42%(평균 1,543명)로 조선인보다 일본인의 남녀 성비 격차가 컸음을 알 수 있다.

다섯째, 부산지역 수산업인구의 업종별 현황이다. 먼저 1921~1932년 시기 각 업종별 종사자수의 평균을 산출하면 어업 종사자 4,774명, 양식업 종사자 7명, 제조업 종사자 436명, 판매업 종사자 1,122명으로 합계 6,339명이 도출된다. 따라서 전체 수산업인구 대비 각 업종별 종사자의 비율로 그 순위를 보면 1위 어업(75%), 2위 판매업(17.7%), 3위 제조업(6.8%), 4위 양식업(0.1%)으로, 어업종사자들이 압도적으로 많았고 양식업 종사자는 극히 저조했다.[45]

전국의 업종별 종사자와 부산의 업종별 종사자를 비교하면 1920~1930년 사이 부산에서 어업 종사자는 전국 대비 7.5%, 판매업 종사자는 전국 대비 6.1% 정도 비율이 높았다. 하지만 제조업 종사자에서는 부산이 전국보다 3.8% 정도 낮게 나타났다. 사실 판매업은 어업과 제조업처럼 수산물을 직접 생산하고 가공하기보다는 수산물의 유통과 관련된 상업적 성격이 강한 부문이었다. 판매업이 갖는 이런 점들 때문에 1933년 이후 통계 대상에서 제외되었던 것으로 짐작되는데, 어쨌든 1921~1932년 부산에서 전국적 추세와 다르게 제조업과 큰 편차를 보이면서 수산업 판매업 종사자가 많았다는 것은 수산물의 생산과 가공 못지않게 판매 와 유통 관련 부문이 부산에서 발달하였음을 보여준다.

각 수산 업종의 민족별 현황을 보면, 어업 부문에서 조선인과 일본인의 비율은 59.4% 대 40.6%로 조선인 어업종사자들이 19% 정도 많았고, 제조업은 조선인과 일본인이 각각 절반씩 종사하고 있었다. 판매업에서는 52.6% 대 47.4% 수준으로 조선인이 약간 많았으며 양식업은 기업형이기 보다는 자가 경영 형태로 몇몇 일본인들에 의해 운영되고 있었다. 이를 통해 부산은 각 수산 업종에 일본인들이 많이 종사하였음을 확인할 수 있다. 이는 부산의 수산업인구 중에서 일본인의 비중이 높았던 특성이 바로 업종 부문에서도 반영되고 있었던 것이다.

---

45) 물론 행정구역상 동래군과 김해군 경계에 위치했던 낙동강 하류지역에서 장어양식과 김(海苔)양식이 발달하였다. 낙동강 하구에서 일본인들에 의한 장어양식은 1908년 일본 오가야마현(岡山縣)에 본사를 두었던 일본식산회사의 출장소가 하단(下端)에 설치되면서 본격화되었다. 1921년 일본식산회사 출장소에서 관리한 장어양식장의 규모만 하더라도 4만 평이었으며 일본인들에 의한 김 양식 또한 1917년부터 본격화되었는데 1921년 무렵 김 양식을 위한 통발 면적이 8만 평에 이르렀다(김승, 「해항도시 부산의 일본인 이주어촌 건설과정과 그 현황」 『역사와 경계』 75(부산경남사학회, 2010), 24~27쪽).

〈부록 1〉을 통해서 판매업이 빠진 1933년 이후의 동향을 앞의 방식과 동일하게 산출하면, 전체 어업종사자는 2,060명, 양식업 종사자는 27명, 제조업 종사자는 555명으로 부산의 수산업 종사자는 2,642명으로 산출된다. 이를 업종별 순위로 나타내면 1위 어업(78%), 2위 제조업(21%), 3위 양식업(1.0%) 순으로 파악된다. 이전 시기와 비교했을 때 어업 비율은 조금 높거나 동일한 수준이었으며 양식업은 이전 시기와 마찬가지로 여전히 미흡했다. 그러나 양식업 부문에서 이전에 볼 수 없었던 조선인 양식업 종사자들이 1930년대 후반에 출현하는 점이 눈에 띄는 변화라고 할 수 있다. 하지만 양식업에서 일본인과 조선인의 호수별 종사자 수를 비교하면 여전히 가족 단위의 자영 형태로 운영되었음을 짐작할 수 있다.

어업 다음으로 종사자가 많았던 부산에서 제조업 비중은 판매업이 통계 대상에서 빠진 점도 이유로 작용했겠지만, 이전 시기 제조업 비율은 물론이고 〈표 7〉의 1935년 이후 전국의 제조업 비율과 비교하더라도 1933년 이후 월등히 높아졌다. 이는 1930년대 중반 이후 부산에서 수산물 제조업이 발전하고 그것에 종사하는 노동자들의 비율이 높아졌기 때문이다.

마지막으로 부산의 수산물 제조업과 관련해서는 후술 논문에서 자세히 다루겠지만, 1920년대 전반까지는 부산에서 일본인과 조선인의 수산물 가공 생산액 비율이 63% 대 37%였으나 1930년이 되면 91% 대 9%로 일본인들의 가공액이 압도적으로 증가였다는 점, 그리고 수산물 제조업에서 절반을 차지한 것이 통조림과 어묵·튀김·포(脯) 등이었는데, 1920년대에는 비교적 통조림 생산이 앞섰고 1930년 이후부터는 어묵·튀김·포(脯) 등의 생산이 통조림보다 많았다는 점만 밝혀 둔다.

Ⅳ. 맺음말

부산은 조선시대 초량왜관이 있었던 곳으로 개항과 함께 일찍부터 일본인들이 터를 잡게 된다. 이렇게 부산으로 이주하게 된 일본인들은 남해안 일대가 수산자원의 "보고(寶庫)"임을 알아차리고 서둘러 수산업에 뛰어들게 된다. 그 결과 부산은 남해와 동해를 연결하는 위치상의 특성과 맞물려 수산업이 다른 어느 곳보다 빨리 발전하게 되었다. 이러한 사실은 1889년 일본인들에 의해 세워진 부산수산회사를 시작으로 각종 어업관련 단체 및 조합, 회사들이 부산에 근거지를 두고서 활동했던 점을 통해서도 알 수 있다. 청일전쟁과 러일전쟁을 거치면서 부산은 부산과 경남으로부터 수집한 많은 수산물을 국내는 물론이고 일본과 만주, 중국 등지로 수출하는 중요 근거지로 자리잡는다. 이런 과정을 통해 성장하게 된 부산의 수산업은 식민지시기를 거치면서 수산물의 가공처리 뿐만 아니라 유통 부문에서 미곡 다음으로 많은 거래량을 나타내면서 부산은 물론이고 전국적으로 중요한 역할을 하였다.

이와 같이 식민지시기 부산경제에서 큰 역할을 했던 수산업은 그동안 몇몇 연구들을 통해서 새로운 사실들이 밝혀지게 되었다. 그러나 이러한 선행연구에도 불구하고 여전히 부산의 수산업과 관련해서는 수산물의 생산, 수산물 생산의 담당자, 수산물의 유통과 소비 등이 어떻게 이루어지고 있었는지 전체적인 상이 파악되고 있지 않은 것도 사실이다. 이에 본고는 우선적으로 수산물의 생산 현황과 수산업인구의 동향에 초점을 맞추어 살펴봄으로써 다음과 같은 사실들을 확인할 수 있었다.

첫째, 식민지시기 전국의 어획고 가운데 부산의 수산물이 차지한 비율은 평균 4.6%로 파악된다. 이러한 평균치는 언뜻 보면 매우 낮은 수치로 비쳐질 수 있다. 그러나 도별, 군별이 아닌 단일 어항으로서만 놓고 본다면 이 수치가 결코 낮은 것이 아니었다. 더구나 경남에서 차지하는 부산의 어획고 비율이 1920년대 전반기 10% 내외(〈표 3〉 참조)였던 것이 점점 증가하여 1939년 43.8%, 1940년 37.7% 등으로 늘어나고 있었다는 점에서 경남은 물론이고 전국의 어획고 가운데 부산이 매우 중요한 위치를 점했음을 확인할 수 있었다.

그리고 어종에 있어서는 전국적으로 고등어, 정어리, 명태, 조기, 멸치 등이 많이 잡혔던 것과 다르게 고등어와 전갱이 등이 많이 잡혔으며 정어리는 1937년 이후 급증하는 경향을 보였다. 특히 부산지역 어획 어종 중에는 도미, 상어, 해삼, 우뭇가사리 등이 많았는데 상어와 해삼은 한중일 삼국간의 다와라모노(俵物) 유통과 밀접한 관련이 있었다. 특히 건해삼은 조선시대 초량왜관을 통해서 수출되었던 물품인데, 개항 이후 식민지시기에도 여전히 중요 품목으로 게(蟹), 말린 새우(乾鰕), 말린 상어지느러미 등과 함께 상해, 천진, 대련 등지로 수출되고 있었다.

둘째, 부산지역 수산물 생산에 있어 민족별 동향이다. 1935년까지의 통계를 보면, 일본어민의 어획고는 80~90%이며 나머지 10~20%는 조선어민들의 어획고였다. 부산 어획고에서 일본어민의 어획고가 월등히 높았음은 각 시기별 경남의 민족별 어획고와 비교하더라도 알 수 있다. 이 시기 부산지역에서 조선인 수산업자의 증가에도 불구하고 정작 어획고에서 이와 같은 극심한 불균형이 나타났다는 것은 부산지역 조선인 수산업자들이 매우 열악한 처지에 놓여 있음을 반증한다. 이러한 열악한 조건들은 곧 어로활동을 위한 각종 조합 가입과 어로허가권을 받는 과정에서 발생하는 민족적 차별들이 매우 공공연히 작동하고 있었음을 엿보게 한다.

셋째, 부산의 총어획고 가운데 부산에 거주하지 않았던 일본어민의 어획고 동향이다. 자료적 제약 때문에 구체적인 실상을 파악하기는 어렵지만 〈표 4〉의 1934년의 통계를 통해서 경남을 중심으로 한반도에 이주해 와 있던 일본인 이주어촌 어민들보다 일본 본국으로부터 한반도 연해에서 어업활동을 했던 일본 통어어민의 어획고가 더 많았음을 알 수 있다. 일본 본국에서 한반도로 건너와 어로활동을 하고 돌아가는 일본 통어민의 수가 증가할수록 조선어민들의 연해 어장에서의 어로활동은 제약을 받을 수밖에 없었다.

넷째, 각 시기별 부산거주 어민(조선인+일본인)과 부산 이외 지역 어민(조선인+일본인)들의 어획고 추이이다. 1932년 이전까지는 부산거주 일본어민과 부산 이외 지역 거주 일본어민의 어획고 차이가 많아야 10~20%(1922·1925·1926·1930년) 내외였다. 심지어 1922년과 1927년에는 부산 이외 지역 거주 일본어민의 어획고가 부산거주 일본어민의 어획고보다 더 많았다. 이처럼 부산거주 관내 일본어민과 관외 일본어민 사이에 있어 크지 않았던 어획고의 차이는 1933년을 기점으로 크게 변화하면서 부산거주 일본어민의 어획고가 월등히 많아졌다. 이러한 변화는 1934년 기점으로 부산거주 조선어민의 어획고가 부산 이외 지역 거주 어민의 어획고보다 큰 폭으로 증가한 것과 맥락을 같이한다. 이처럼 1933~1934년을 기점으로 부산의 총어획고에서 부산거주 어민(일본인+조선인)의 어획고가 부산 이외 지역 거주 어민의 어획고보다 크게 증가했던 것은 역시 어업에서 중요한 수단이었던 동력어선의 보급과 밀접한 관련이 있었던 것으로 판단된다.

다섯째, 어업활동이 이루어졌던 조업 구역에 관한 문제이다. 부산거주 일본어민의 경우, 1934년 경남에서 어획고는 36.5%, 경남 이외 지역에서의 어획고는 33.6%로 경남과 비경남 지역에서 어획고는 큰 차이가 없었다. 그러나 1937년 이후 부산거주 어민(일본인+조선인)의 어획고 중 경남에서 어획고는 감소한 반면에 경남 이외 지역에서의 어획고는 증가하는 추세를 나타냈다. 다시 말해 1937년 이후 부산거주 일본 어민들의 어로활동이 상당히 부산에서 떨어진 곳에서 이루어졌음을 짐작케 한다. 한편 부산거주 조선어민 어업 구역은 1935년 경남에서의 어획고 22.6%와 경남 이외 지역에서의 어획고 1.8%에서 확인할 수 있듯이 역시 경남을 크게 벗어나지는 않았음을 알 수 있다.

이상의 사실들과 함께 부산지역 수산업과 관련하여 확인할 수 있었던 점은 다음과 같다.

먼저 수산업인구와 업종별(어로·양식업·제조업·판매업) 수산업자 현황이다. 식민지시기 각 업종 종사자들의 전국적 추이를 보면 4개 업종 중에서 절대적 다수는 어로 종사였다. 업종별 전국 수산업인구의 현황을 보면, 일본인 수산업인구가 감소하기 시작한 1925년을 기준으로 했을 때, 조선인 수산업인구는 어로와 양식업에서 절대적으로 증가하였고 제조업은 감소 추이를 나타냈다. 여기에 비해 일본인 수산업인구는 양식업과 제조업은 약간 증가, 어로는 약간 감소하는 경향을 보였다. 결국 1925년을 기점으로 일본인 수산업인구가 전국적으로 감소했던 주요 원인이 어로 종사자의 감소 때문이었음을 엿볼 수 있었다.

다음으로 각 도별 수산업인구와 수산 어획고의 상관관계이다. 경남은 비교적 수산업인구의 증감에 수산업 어획고의 증감이 연동되어 나타났다. 그러나 함북과 함남, 특히 함남의 경우는 1930년대 중반 이후 수산업인구는 적은 반면 수산어획고는 상당히 높은 양상을 보였다. 이는 함남지역의 수산업이 정어리와 명태어업을 중심으로 상당히 노동생산성이 높은 기업형에 가까운 형태로서 운영되고 있었음을 뜻한다. 여기에 비해 전남은 수산업인구에서 항상 전국 1위였다. 그러나 수산생산액은 늘 3~4위에 머물렀다. 전남지역의 이러한 모습은 함남지역과 대비를 이루는데, 이는 전남지역의 수산업이 매우 영세한 형태로 운영되었음을 보여준다고 하겠다.

한편 수산업인구 동향과 관련하여 경남과 부산의 상황을 보면 약간 다른 양상을 나타냈다. 즉 1930년과 1940년의 경우와 같이 전년 대비 수산업인구가 경남에서 감소할 때 부산은 증가하고, 1934년과 1937년 처럼 경남에서 증가할 때 부산은 감소하는 상반된 양상을 보였다. 이것은 1930년대 중반 이후 경남과 부산에서 수산업인구의 증감 추이가 크게 연동되어 있지 않았음을 뜻한다.

특히 1939~1940년 경남의 수산업인구가 정체된 것과 대조적으로 부산의 수산업인구는 전년 대비 두 배 가까이 증가하였는데, 이는 1939~1940년 사이 부산의 수산물 생산액이 증가한 것과 밀접한 관련이 있다. 결국 부산의 수산업이 식민지 말기에도 부산 경제에서 여전히 중요한 역학을 하였음을 의미한다.

〈부록 1〉 부산의 수산업종과 종사자 현황

분류	일본인 어업			일본인 양식업			일본인 제조업			일본인 판매업			일본인 소계			일본인 비율 어업			비율 양식업			비율 제조업			비율 판매업			전체(일본인+조선인)			
	호수	남	녀	호수	남	녀	호수	남	녀	호수	남	녀	남	녀	합계	호수	남	녀	호수	남	녀	호수	남	녀	호수	남	녀	호수	남	녀	합계
1921	421	643	37	2	-	-	52	78	14	114	95	25	816	76	892	33.4	36.0	13.1	0.2	-	-	4.1	0.8	5.0	9.0	5.3	8.9	1,260	1,785	282	2,067
1922	605	1,168	811	2	5	4	56	122	77	117	240	185	1,535	1,077	2,612	38.1	35.7	33.6	0.1	0.2	0.2	3.5	3.7	3.2	7.4	7.3	7.7	1,589	3,271	2,415	5,686
1923	696	1,243	867	2	5	4	63	122	70	143	274	204	1,644	1,145	2,789	39.2	37.9	34.6	0.1	0.2	0.6	3.6	3.7	2.8	8.1	8.3	8.1	1,774	3,282	2,504	5,786
1924	-	-	-	-	-	-	-	-	-	-	-	-	1,712	1,120	2,832	-	-	-	-	-	-	-	-	-	-	-	-	1,980	3,724	2,590	6,314
1925	-	-	-	-	-	-	-	-	-	-	-	-	1,930	1,358	3,288	-	-	-	-	-	-	-	-	-	-	-	-	2,256	4,335	3,097	7,432
1926	765	1,450	1,070	1	2	2	100	155	89	212	371	257	1,978	1,418	3,396	32.7	32.0	32.7	0.1	-	0.1	4.3	3.4	2.7	9.1	8.2	7.8	2,337	4,525	3,275	7,800
1927	582	1,113	775	-	-	-	80	125	73	190	345	208	1,583	1,056	2,639	31.0	31.0	31.9	-	-	-	4.3	3.5	3.0	10.1	9.6	8.5	1,878	3,591	2,433	6,024
1928	591	1,133	799	-	-	-	81	129	88	190	352	251	1,614	1,138	2,752	31.1	30.8	31.1	-	-	-	4.3	3.5	3.4	10.0	9.6	9.8	1,903	3,673	2,567	6,240
1929	604	1,146	803	-	-	-	80	133	94	186	355	244	1,634	1,141	2,775	30.9	30.2	30.5	-	-	-	4.1	3.5	3.6	9.5	9.3	9.3	1,953	3,799	2,637	6,436
1930	635	1,194	846	-	-	-	80	145	105	189	369	258	1,708	1,209	2,917	29.7	27.9	30.5	-	-	-	3.7	3.4	3.4	8.8	8.6	8.4	2,141	4,273	3,071	7,344
1931	648	1,218	854	-	-	-	85	154	106	192	375	256	1,747	1,216	2,963	28.4	27.9	23.4	-	-	-	3.7	3.5	2.9	8.4	8.6	7.0	2,285	4,361	3,648	8,009
1932	687	1,313	885	-	-	-	95	180	111	198	390	265	1,883	1,261	3,144	29.3	27.8	27.6	-	-	-	4.0	3.8	3.5	8.6	8.3	8.3	2,347	4,726	3,210	7,936
1933	562	789	-	◎	◎	◎	112	133	26	◎	◎	◎	922	26	948	33.5	47.0	-	-	-	-	6.7	12.1	29.8	-	-	-	1,678	1,100	87	1,187
1934	577	810	-	◎	◎	◎	121	148	28	◎	◎	◎	958	28	986	33.3	33.2	-	-	-	-	7.0	6.1	33.3	-	-	-	1,731	2,441	84	2,525
1935	585	822	-	◎	◎	◎	115	165	35	◎	◎	◎	987	35	1,022	33.1	33.5	-	-	-	-	6.9	6.7	34.0	-	-	-	1,766	2,455	103	2,558
1936	-	-	-	-	-	-	-	-	-	-	-	-	1,023	36	1,059	-	-	-	-	-	-	-	-	-	-	-	-	1,857	2,604	102	2,706
1937	619	815	5	11	11	5	139	167	37	◎	◎	◎	993	47	1,040	32.4	31.7	4.5	0.6	0.4	4.5	7.3	6.5	33.0	-	-	-	1,913	2,574	114	2,688
1938	-	-	-	-	-	-	-	-	-	-	-	-	515	35	550	-	-	-	-	-	-	-	-	-	-	-	-	1,401	2,170	84	2,254
1939	280	351	8	3	3	-	14	15	4	-	-	-	369	12	381	22.8	24.5	7.6	0.2	-	0.2	1.1	1.0	4.8	-	-	-	1,230	1,433	105	1,538
1940	288	370	8	3	-	-	303	385	13	-	-	-	755	21	776	10.5	11.6	2.7	-	-	-	11.1	12.1	4.4	-	-	-	2,742	3,193	297	3,490

분류	어업 호수	어업 남	어업 녀	양식업 호수	양식업 남	양식업 녀	제조업 호수	제조업 남	제조업 녀	판매업 호수	판매업 남	판매업 녀	소계 남	소계 녀	소계 합계	비율 어업 호수	비율 어업 남	비율 어업 녀	비율 양식업 호수	비율 양식업 남	비율 양식업 녀	비율 제조업 호수	비율 제조업 남	비율 제조업 녀	비율 판매업 호수	비율 판매업 남	비율 판매업 녀	전체 호수	전체 남	전체 녀	전체 합계
	조선인															조선인 비율												전체(일본인·조선인)			
1921	454	677	139	-	-	-	44	98	18	173	194	49	969	206	1,175	36.0	37.9	49.3	-	-	-	3.5	5.5	6.4	13.7	10.9	17.4	1,260	1,785	282	2,067
1922	592	1,247	1,014	-	-	-	47	166	131	170	323	193	1,736	1,338	3,074	37.3	38.1	42.0	-	-	-	3.0	5.1	5.4	10.7	9.9	8.0	1,589	3,271	2,415	5,686
1923	647	1,283	1,060	-	-	-	45	103	74	178	252	225	1,638	1,359	2,997	36.5	39.1	42.3	-	-	-	2.5	3.1	3.0	10.0	7.7	9.0	1,774	3,282	2,504	5,786
1924	-	-	-	-	-	-	-	-	-	-	-	-	2,012	1,470	3,482	-	-	-	-	-	-	-	-	-	-	-	-	1,980	3,724	2,590	6,314
1925	-	-	-	-	-	-	-	-	-	-	-	-	2,405	1,739	4,144	-	-	-	-	-	-	-	-	-	-	-	-	2,256	4,335	3,097	7,432
1926	963	2,075	1,535	-	-	-	84	149	81	212	323	241	2,547	1,857	4,404	41.2	45.9	46.9	-	-	-	3.6	3.3	2.5	9.1	7.1	7.4	2,337	4,525	3,275	7,800
1927	729	1,553	1,106	-	-	-	76	135	62	221	320	209	2,008	1,377	3,385	38.8	43.2	45.5	-	-	-	4.0	3.8	2.5	11.8	8.9	8.6	1,878	3,591	2,433	6,024
1928	745	1,585	1,127	-	-	-	78	143	67	218	331	235	2,059	1,429	3,488	39.2	43.2	43.9	-	-	-	4.1	3.9	2.6	11.5	9.0	9.2	1,903	3,673	2,567	6,240
1929	778	1,678	1,182	-	-	-	79	147	69	226	340	245	2,165	1,496	3,661	39.8	44.2	44.8	-	-	-	4.0	3.9	2.6	11.6	8.9	9.3	1,953	3,799	2,637	6,436
1930	921	2,055	1,528	-	-	-	79	156	80	237	354	254	2,565	1,862	4,427	43.0	48.1	49.8	-	-	-	3.7	3.7	2.6	11.1	8.3	8.3	2,141	4,273	3,071	7,344
1931	1,037	2,091	1,539	-	-	-	82	162	82	241	361	811	2,614	2,432	5,046	45.4	47.9	42.2	-	-	-	3.6	3.7	2.2	10.5	8.3	22.2	2,285	4,361	3,648	8,009
1932	1,012	2,285	1,593	-	-	-	104	169	92	251	389	264	2,843	1,949	4,792	43.1	48.3	49.6	-	-	-	4.4	3.6	2.9	10.7	8.2	8.2	2,347	4,726	3,210	7,936
1933	887	-	-	◎	-	-	117	178	61	◎	◎	◎	178	61	239	52.9	-	-	-	-	-	7.0	16.2	70.1	-	-	-	1,678	1,100	87	1,187
1934	907	1,303	-	◎	-	-	126	180	56	◎	◎	◎	1,483	56	1,539	52.4	53.4	-	-	-	-	7.3	7.4	66.6	-	-	-	1,731	2,441	84	2,525
1935	931	1,333	-	-	-	-	135	135	68	◎	◎	◎	1,468	68	1,536	52.7	54.3	-	-	-	-	7.6	5.5	66.0	-	-	-	1,766	2,455	103	2,558
1936	-	-	-	-	-	-	-	-	-	◎	◎	◎	1,581	66	1,647	-	-	-	-	-	-	-	-	-	-	-	-	1,857	2,604	102	2,706
1937	997	1,376	-	-	-	-	147	205	67	◎	◎	◎	1,581	67	1,648	52.1	53.5	-	-	-	-	7.7	8.0	58.8	-	-	-	1,913	2,574	114	2,688
1938	-	-	-	-	-	-	-	-	-	-	-	-	1,655	49	1,704	-	-	-	-	-	-	-	-	-	-	-	-	1,401	2,170	84	2,254
1939	904	1,035	92	14	14	1	15	15	-	-	-	-	1,064	93	1,157	73.5	72.2	87.6	1.1	1.0	1.0	1.2	1.0	-	-	-	-	1,230	1,433	105	1,538
1940	1,050	1,196	135	-	-	-	1,101	1,242	141	-	-	-	2,438	276	2,714	38.3	37.5	45.5	-	-	-	40.2	38.9	47.5	-	-	-	2,742	3,193	297	3,490

출처: 釜山府, 『釜山府勢要覽』, 각 연도판 「水産業者戶口表」; 釜山府, 『釜山の産業』, 1935·1936·1938·1940·1942 「水産業者戶口」. ◎는 인.
사료 자체에 없는 항목, 소수점 둘째 자리 이하는 0.1 처리.

참고문헌

1. 사료

慶尙南道,『慶尙南道における移住漁村』(1921)

慶尙南道,『道勢一班』, 1923·1935·1937 각 연도판

釜山府,『釜山府勢要覽』1921·1922·1927·1930·1931·1932·1934 각 연도판

釜山府,『釜山の産業』, 1935·1936·1938·1940·1941 각 연도판

朝鮮總督府,『朝鮮水産統計』, 1937·1940·1943 각 연도판

朝鮮總督府,『朝鮮總督府統計年報』각 연도판

朝鮮總督府慶尙南道,『朝鮮總督府慶尙南道統計年報』第貳編(1925)

『英祖實錄』,『東亞日報』

2. 단행본 및 논문

김동철,「조선 후기 倭館 開市貿易과 東萊商人」『민족문화』제21집, 1998.

김동철,「부산의 유력자본가 香椎源太郎의 자본축적과정과 사회활동」『역사학보』제186집, 2005.

김동철,「1923년 부산에서 열린 朝鮮水産共進會와 수산업계의 동향」『지역과 역사』제21호, 부경역사연구소, 2007.

김동철,「17~18세기 조일무역에서 '私貿易 斷絕論'과 나가사키[長崎] 直交易論'에 대한 硏究史 검토」『지역과 역사』제31호, 2012.

김수관·김민영·김태웅·김중규 공저,『고군산도 인근 서해안지역 수산업사 연구』, 선인, 2008.

김수희,『근대일본어민의 한국진출과 어업경영』, 경인문화사, 2010.

김수희,「근대 일본식 어구 안강망의 전파와 서해안어장의 변화 과정」『大丘史學』제104집, 2011.

김수희,「일제시대 남해안어장에서 제주해녀의 어장이용과 그 갈등 양상」『지역과 역사』제21호, 부경역사연구소, 2007.

김 승,「한말·일제하 울산군 장생포의 포경업과 사회상」『역사와 세계』33(효원사학회, 2008.

김 승,「해항도시 부산의 일본인 이주어촌 건설과정과 그 현황」『역사와 경계』

75, 부산경남사학회, 2010.

박구병, 『韓國漁業史』, 정음사, 1975.

박구병, 『增補版 韓半島沿海捕鯨史』, 도서출판 민족문화, 1995.

박구병, 「韓國 명태漁業史」『釜山水大論文集』20, 1978.

부산광역시, 『釜山水産史』(上), 2006.

손정목, 『일제강점기 도시화과정연구』, 일지사, 1996.

심민정, 「『한국수산지』 편찬시기 부산지역 일본인거류와 수산활동」『동북아연구』제28집, 2008.

수산청, 『韓國水産史』, 1968.

쓰루미 요시유키(鶴見良行) 지음, 이경덕 옮김, 『해삼의 눈』, 뿌리와이파리, 2004.

여박동, 『일제의 조선어업지배와 이주어촌 형성』, 보고사, 2002.

오창현, 『18~20世紀 西海의 조기 漁業과 漁民文化』, 서울대학교 대학원 박사논문, 2012.

이근우·신명호·심민정 번역, 『한국수산지』, 새미, 2010.

이철성, 「조선후기 연행무역과 수출입 품목」『韓國實學研究』20, 2010.

임수희, 「일제하 부산지역 해산물 상인의 상업 활동-石谷若松의 사례를 중심으로-」, 부산대학교 석사논문, 2015.

石川亮太, 「개항기 부산의 일본인 상인과 부산수산회사」『민족문화연구』69(2015)

정성일, 『朝鮮後期 對日貿易』(신서원, 2000)

정성일, 「동래상인 정자범(鄭子範)의 대일무역 활동-1833년과 1846년의 사례-」『민족문화연구』제69호(2015)

차철욱, 「일제시대 남선창고주식회사의 경영구조와 참여자의 성격」『지역과 역사』제26호(부경역사연구소, 2010)

최길성 편, 『일제시대 한 어촌의 문화변용』(아세아문화사, 1992)

6. 제1차 세계대전 시기 칭다오를 통한 산둥 노동자의 이동과 그 의의

권경선

Ⅰ. 들어가며

이 글은 제1차 세계대전(이하 1차 대전) 시기 중국 산둥 성(山東省)의 칭다오(靑島)와 교제철도(膠濟鐵道: 칭다오와 濟南을 잇는 산둥 성 횡단 철도) 연선에서 이루어진 연합국의 중국인 노동자 모집을 당시 국제관계와 동북아시아 역내 노동력 수급 관계를 중심으로 고찰한 것이다.

20세기 전반 산둥 성은 동북아시아 역내 노동력의 주요 공급원이었다. 이 시기 산둥 성 출신 노동자(이하 산둥 노동자)의 이동 규모와 범위는 전쟁, 통치 권력의 교체, 경기 변화, 자연재해, 이주 및 노동 관련 정책과 제도를 포함하는 제 변수들에 의해 부단히 변화했으나, 대체적으로 만주(滿洲)라 불렸던 중국 동북지방과 한반도, 러시아 극동 방면을 중심으로 전개되고 있었다. 1차 대전 기간은 일시적이나마 이러한 대체적인 경향과는 다른 양상이 나타났던 시기로, 영국, 프랑스, 러시아 등 연합국이 자국의 부족한 노동력을 보충하기 위해 산둥 성에서 노동자를 대거 모집하면서, 필요 노동력의 대부분을 이 지역으로부터 공급받고 있던 산둥 성 현지와 만주는 노동력 수급난에 직면하게 되었다.

연합국의 중국인 노동자 모집과 경과는 당시의 국제관계와도 맞닿아 있었다. 연합국의 노동자 모집 배경, 연합국과 중국 중앙정부·지방정부의 교섭, 동맹국인 독일의 반발과 모집 방해, 노동자의 유럽 현지 노동과 귀국을 둘러싼 문제들은 중국, 연합국, 동맹국을 아우르는 국제관계의 틀 안에서 전개되었다. 산둥 성에서의 노동자 모집은 중국과 모집 주체인 영국·프랑스·러시아뿐만 아니라 당시 칭다오와 교제철도 연선을 군사 점령하고 있던 일본과의 관계 속에서 이루어졌고, 연합국의 일원이자 현지 노동력의 수요자로서 일본은 노동자 모집을 지원하는 동시에 노동력 유출을 우려하는 일견 모순적인 입장을 취하고 있었다.

이 글은 일본 육군성과 산하의 칭다오수비군(靑島守備軍), 일본 외무성의 자료를 중심으로 칭다오와 교제철도 연선에서 진행된 연합국의 전시 노동자 모집 과정을 분석하고, 노동자의 유럽 송출이 동북아시아 노동력 수급 관계에 미친 영향을 확인하고자 한다. 본론에서는 연합국 중 가장 많은 노동자를 모집한 영국의 활동에 초점을 맞추어 노동자 모집의 배경, 칭다오 및 교제철도 연선에서의 모집 활동 등을 칭다오수비군과의 관계를 중심으로 정리한 후, 연합국의 산둥 노동자 모집이 동북아시아 노동력 수급 관계에 미친 영향을 고찰한다.

Ⅱ. 1차 대전과 연합국의 산둥 노동자 모집

1. 노동자 모집을 둘러싼 국제관계

연합국의 중국인 노동자 모집이 본격화된 것은 노동력 부족 현상이 심화한 1916년 이후였다. 연합국이 모집한 중국인 노동자의 정확한 규모는 알 수 없으나, 기존 연구를 참고하면 1916년부터 1918년의 기간 동안 영국과 프랑스는 산둥 성, 즈리 성(直隷省: 지금의 河北省), 장쑤 성(江蘇省) 등 연해 지역을 중심으로 약 15만 명을 모집했고, 러시아는 만주와 산둥 성, 즈리 성을 중심으로 약 3만 명을 모집한 것으로 보인다.[1]

쉬구어치(徐国琦)의 분석에 따르면, 연합국의 중국인 노동자 모집 배경에는 전시 노동력 부족 문제를 신속히 해결해야 할 연합국의 필요와 자국 노동자 파견을 통해 전시 국제질서에 참여하고자 한 중국 정부의 필요가 맞물려 있었다. 1차 대전 초기부터 참전 의지를 가졌던 중국에게 1915년 일본의 대중국 요구는 참전의 필요성을 더욱 강화하는 계기가 되었다. 위안스카이(袁世凱)의 막료였던 량스이(梁士詒)는 노동자의 파견을 통해 참전한다는 이른바 '이공대병(以工代兵)'을 주장하고 영국, 프랑스와 접촉했다. 중국인 노동자 파견을 둘러싼 중국과 연합국의 교섭은 중국의 연합국 지위 인정과 무장(武裝) 노동자 파견에 대한 이견으로 난항을 겪었으나, 연합국의 노동력 수급난이 심화하면서 현실화했다.[2]

연합국 중에서 가장 많은 중국인 노동자를 모집한 나라는 산둥 성을 중심으로 모집 활동을 벌인 영국이었다. 영국 국방부 자료에 따르면 1917년 1월 18일부터 1918년 3월 2일까지 영국이 모집한 중국인 노동자의 수는 94,458명으로, 전쟁 기간 동안 적어도 10만 명 이상의 노동자가 영국의 모집에 응한 것으로 보인다. 영국은 당초 중국의 국제적 지위 변화를 우려하여 량스이의 제의를 거절했으나, 1916년 여름 솜강 전투로 노동력 부족이 심각해지자 중국의 노동자 파견 제의를 받아들이고,

---

[1] 영국과 프랑스의 중국인 노동자 모집에 관해서는 다음을 참고할 것. 徐國琦(2000), "一戰期間中國的"以工代兵"參戰研究", 『二十一世紀』第62期, 55~62쪽. 러시아의 중국인 노동자 모집에 관해서는 다음을 참고할 것. 陳三井(1986), 『華工與歐戰』, 中央研究院近代史研究所., 31~32쪽.

[2] 徐國琦(2000), 앞의 논문.

4만~5만 명의 노동자를 모집하여 프랑스 등지에 파견된 자국 원정군의 후방근무에 투입하기로 결정했다.[3]

영국은 당초 산둥 성 북부의 자국 조차지 웨이하이웨이(威海衛)에 노동자 모집 본부를 설치하고 모집 활동을 시작했으나, 웨이하이웨이와 산둥 성 내륙 간의 교통문제, 수송선 출항에 적합하지 않은 기후 문제 등으로 인해 1916년 말까지 큰 성과를 내지 못하고 있었다.[4] 영국이 대규모 노동자를 모집하여 유럽으로 수송하기 시작한 것은 1917년 칭다오와 교제철도 연선에서 노동자를 모집하면서부터였다. 1차 대전 기간 동안 영국이 칭다오와 교제철도 연선에서 모집한 노동자의 수는 약 6만 명으로, 웨이하이웨이를 거쳐 유럽으로 송출된 노동자(약 5만 4천 명) 중에도 칭다오와 교제철도 연선에서 모집된 인원이 상당수 포함되어 있었다.[5]

2. 칭다오를 중심으로 한 노동자 모집의 배경

칭다오와 교체철도 연선을 중심으로 가장 많은 노동자를 모집한 것은 영국이었으나, 프랑스[6]와 러시아[7]도 이 지역을 중심으로 노동자를

---

3) 徐國琦(2000), 앞의 논문.
4) 陳三井, 앞의 책, 32쪽. 1916년 말까지 영국이 웨이하이웨이 모집 본부를 통해 모집한 노동자의 수는 40명에도 못 미치고 있었다.
5) 靑島守備軍陸軍參謀部(1918), 『英仏露國ノ山東苦力募集狀況』, 27쪽.
6) 프랑스는 당초 상하이(上海)와 톈진(天津)을 중심으로 노동자 모집 활동을 벌였으나 현지 관민과의 마찰을 겪으며 1917년부터는 산둥 성을 중심으로 모집을 진행했다. 양스이 등이 관여한 혜민공사(惠民公司)가 주축이 되어, 1917년 2월부터 교제철도 연선의 장뎬(張店), 칭저우(靑州), 팡쯔, 가오미(高密) 등지에서 노동자를 모집하고, 창커우에 수용소를 설치하여 노동자의 수용과 수송을 진행했다. 같은 해 8월에는 1,400여 명의 노동자가 칭다오 항에서 프랑스로 수송되었고, 10월에는 3천 여 명을 모집하여 수송했다. 吉田美之(1934), "山東河北出稼移民發港地事情", 『勞務時報』 第61號, 174쪽.
7) 러시아의 산둥 노동자 모집은 1917년 2월에 시작되었는데, 야로슬라블의 항공기 및 자동차 제조공장에 투입할 노동자를 구하기 위해, 칭다오 전 러시아 명예영사의 원조를 얻어 칭다오 인근의 지모(即墨)에서 직공 33명을 모집, 다롄을

모집하여 일정한 성과를 낼 수 있었다. 연합국의 노동자 모집이 칭다오와 교제철도 연선에서 활발히 이루어질 수 있었던 이유로는 산둥 성 노동력 송출의 거점으로 칭다오가 가진 이점과 이 지역을 점령하고 있던 일본의 지원을 들 수 있다.

19세기 말 독일의 자오저우 만(膠州灣) 조차를 계기로 건설된 칭다오는 칭다오 항의 축조와 교제철도의 부설을 발판으로 산둥 성 노동력의 송출 거점으로 성장하고 있었다. 산둥 성 내륙과 역외 지역을 잇는 교통망(철도, 항만), 노동자의 숙박 및 출입항 수속을 처리하는 민간시설(객잔), 독일 조차기부터 축적된 관(官)의 노동력 송출 경험 등이 대규모 노동력의 모집과 수송에서 이점으로 작용하고 있었다.

1914년 독일과의 교전 후 이 지역을 점령하고 있던 일본은 연합국의 노동자 모집과 수송을 지원하고 다양한 편의를 제공했는데,[8] 이는 동맹관계를 바탕으로 일본의 적극적인 지원을 받은 영국의 노동자 모집 과정에 잘 드러난다. 1917년 초, 영국은 칭다오 및 교제철도 연선 지역에서의 노동자 모집과 수송을 위해 일본 칭다오수비군 및 중국 지방정부와 접촉했다. 1917년 1월, 지난(濟南) 주재 영국 영사는 칭다오수비군 사령부를 방문하여 노동자의 교제철도 수송 및 기타 편의 제공에 관해 협의하는 한편, 산둥성회(山東省會) 경찰청장을 통해 산둥 성 정부에 노동자 모집 및 수송 관련 편의를 제공해 줄 것을 비공식적으로 요청했

경유하여 러시아로 수송했다. 같은 해 6월에는 칭다오 재주 일본인과 중국인 명의로 조직한 태무공사(泰茂公司)와 계약을 맺어 노동자 모집을 기획하고, 칭다오 시내 혹은 인근의 창커우(滄口)에 수용소 건설을 고려했으나, 러시아혁명의 영향으로 좌절되었다. 靑島守備軍陸軍參謀部(1918), 앞의 책, 23~24쪽.

8) 노동자 모집 및 수송을 둘러싼 일본과 프랑스, 일본과 러시아의 교섭에 관해서는 다음 자료를 볼 것. 陸軍省, "仏国行支那苦力ヲ青島ヨリ輸送ノ件", 陸軍省-欧受大日記-T6-3-33; 陸軍省, "支那苦力ヲ青島ヨリ露国ニ輸出ノ件", 陸軍省-欧受大日記-T6-11-41.

다.[9] 영국은 같은 해 2월부터 교제철도 연선에서 노동자를 모집하여 칭다오 항을 통해 웨이하이웨이나 홍콩으로 수송했고, 4월부터는 칭다오 항에서 유럽으로 직접 수송하기 시작했다. 이 과정에서 일본은 영국의 노동자 모집 활동 및 수송에 협조하는 것은 물론, 노동자 수송선의 일본 기항 및 수속 관련 편의를 제공하고,[10] 질병 및 부상으로 중도에 귀국한 노동자를 칭다오수비군 민정부 병원에 위탁 치료했으며,[11] 종전 후 노동자 귀국 시의 편의 제공을 약속했다.

1917년 초, 아직 중립국의 위치에 있던 중국 정부는 칭다오와 교제 철도 연선에서의 노동자 모집 활동에 대해 영국과 일본 정부에 항의하는 동시에 노동자 모집에 관한 금지령 등을 내렸으나, 실질적으로는 노동자 모집을 묵인하거나 비공식적인 편의를 제공했다.[12] 독일은 연합국의 노동자 모집에 대해 중국 정부에 항의하는 한편 비밀리에 모집 활동에 지장을 주고자 했으나 큰 영향을 미치지는 못했다.[13]

3. 칭다오와 교제철도 연선에서의 노동자 모집 과정

1) 모집 기관과 모집 방법

영국의 중국인 노동자 모집기관인 대영국초공국 칭다오초공소(大英

---

9) 日本外務省, "山東省ニ於ケル英国政府ノ苦力募集ニ関スル件(1917.2.10.)", 『欧州戰争ニ関スル雑件 第四巻』.

10) 상동.

11) 陸軍省, "欧洲從軍帰還苦労患者に関する件", 陸軍省-欧受大日記-T8-1-30.

12) 1917년 1월과 2월 웨이현(濰縣) 지사(知事)는 영국의 노동자 모집 행위 및 응모를 엄금하고 응모자의 숙박시설을 폐쇄하는 등의 조치를 취했다. 같은 해 2월 중국 중앙정부는 교섭원을 통해 지난의 일본 영사와 영국 영사에게 교제철도와 칭다오 항을 이용한 노동자 모집에 대해 항의했다. 日本外務省, 앞의 자료, 252~256쪽.

13) 지난의 독일 영사관은 모집 노동자를 공장 등이 아닌 전장(戰場)으로 수송한다는 내용의 인쇄물 등을 배포하며 방해 활동을 진행했다. 青島守備軍陸軍參謀部(1918), 앞의 책, 58~63쪽.

國招工局 靑島招工所: 이하 초공소)는 칭다오 항 근처에 있는 영국 화기양행(和記洋行)내에 설치되었다. 초공소는 산둥 성 현지에 주재하며 현지 사회와 언어에 익숙한 영국인들과 일본인을 고용하여 업무를 시작했고, 칭다오 북부의 창커우(滄口)에 노동자 수용소가 개설된 이후부터 주요 사무는 창커우 수용소에서 취급하게 되었다.[14]

초공소는 교제철도 연선의 거점 지역인 웨이현(濰縣)에 연선 지역 중앙사무소를 설립하고, 지난, 저우춘(周村), 팡쯔(坊子)에 출장소를 세운 후 각 출장소마다 1~2명의 영국인 감독과 사무원, 다수의 모집원을 두었다. 영국의 노동자 모집원은 교제철도 연선 각지에 거주하던 영국인 선교사[15]들로, 이들은 현지어에 정통하여 현지인들과 친밀한 관계를 맺고 있었고, 1차 대전 이전부터 선교 활동 외에 현지 상황을 조사하여 본국에 보고하는 활동을 하고 있었다.

노동자 모집원들은 철도 연선의 마을을 순회하며 응모를 권유했는데, 한 마을에서 수 명 내지 수십 명의 응모자가 모이면 우선 이들을 가장 가까운 출장소로 인솔하여 임시수용소에 수용했다. 임시수용소의 인원이 상당수에 달하면 초공소 측은 교제철도와 운임 할인 특약을 맺은 화물열차를 이용하여 응모자들을 칭다오의 창커우 수용소로 수송하고,

---

14) 초공소의 주임은 즈푸(芝罘: 지금의 옌타이)의 영국 양행 바네스 상회의 점주 바네스가 맡았다. 그는 산둥 성에 수십 년을 재주하여 현지의 사정에 정통한 인물이었다. 초공소의 감독은 지난 주재 영국 영사이자 칭다오 화기양행의 점주인 에크포드(Eckford)가 맡았다. 에크포드는 전 칭다오 영국 명예영사이자 산둥 성의 각종 사업에 관계하여 현지 사정에 정통했으며, 중국 지방 관리 사이에서도 이름이 알려져 있었다. 靑島守備軍陸軍參謀部(1918), 위의 책, 54~55쪽.

15) 靑島守備軍陸軍參謀部(1918), 위의 책, 57~58쪽. 산둥 성은 1860년 선교사의 도래 이후 종교의 전파가 빠르게 이루어진 지역이었다. 1917년 산둥 성에는 외국인 선교사(新敎) 453명, 중국인 전도자 2,002명, 신도 18,000명이 있었는데, 이는 당시 중국 18개 성 중 선교사 수에서는 제3위, 중국인 전도자 수에서는 제2위, 신도 수에서는 제3위에 해당하는 수치였다.

이후 체격 검사 등을 거쳐 노동자를 선발하고 계약을 체결했다.[16]

2) 모집 규모

영국은 칭다오와 교제철도 연선에서 노동자 모집을 개시한 1917년 2월에만 3,757명의 노동자를 모집하여 웨이하이웨이로 수송했다.[17] 교제철도 연선에서 이루어진 노동자 모집 경과는 지난의 일본 영사가 자국 외무대신에게 보낸 보고서를 통해 살펴볼 수 있다.

1917년 6월 29일의 보고에 따르면 지난·저우춘·팡쯔 출장소 및 교제철도 연선 각지에서 모집 완료한 노동자의 수는 3만 5천여 명에 달했다. 당초 영국은 이 지역에서 약 10만 명의 노동자를 모집할 계획이었으나 도중에 3만 5천 명으로 감원했다가 다시 1만 명을 증원하여 1917년 9월 초까지 전원을 칭다오로 보낼 계획을 세웠다.[18] 같은 해 9월 26일의 보고에 따르면 전쟁이 심화함에 따라 영국 정부는 모집인원을 증원하여 1918년 3월 무렵까지 11만 명의 노동자를 모집, 수송하는 계획을 새로 수립했다. 영국이 9월경까지 모집, 수송한 노동자의 수는 5만여 명에 달했고, 남은 6만 명의 모집도 예정 기간 안에 용이하게 이루어질 것으로 예상되었다.[19]

1918년에 들어서면서 전황의 변화와 함께 영국의 노동자 모집 활동은 점차 감소했다. 같은 해 3월 2일 1,899명을 끝으로 칭다오 항의 노동자 수송이 중지되었고, 칭다오 초공소는 선박 부족 문제를 들어 3월 27일부

---

16) 青島守備軍陸軍參謀部(1918), 위의 책, 55~57쪽.
17) 青島守備軍陸軍參謀部(1918), 위의 책, 65쪽.
18) 日本外務省, "英国政府の苦力募集状況に関する件"(1917.6.29), 『欧州戦争ニ関スル雑件 第四巻』.
19) 日本外務省, "英国行苦力募集に関する件"(1917.9.26.), 『欧州戦争ニ関スル雑件 第四巻』.

로 사업의 완전 중지를 결정했다.[20] 1917년 초부터 1918년 초까지 영국의 노동자 모집에 응하여 칭다오로 수송된 인원은 약 7만 4천명이었고, 그 가운데 약 6만 명이 체격검사에 합격하여 유럽으로 송출되었다.[21]

Ⅲ. 산둥 노동자의 이동과 노동력 수급 문제

1. 1차 대전과 노동력의 분산

1917년부터 1918년 사이에 연합국의 노동자 모집에 응하여 유럽으로 수송된 산둥 노동자는 칭다오와 웨이하이웨이에서의 출항 규모만으로도 최소 10만 명에 달했을 것으로 추측된다. 비록 일시적인 현상이었으나 대규모 노동력의 유출은 산둥 노동자를 주요 노동력으로 삼고 있던 산둥 성과 만주 산업계에 적지 않은 영향을 미쳤다. 산둥 성과 만주의 일본 정재계에서는 연합국의 산둥 노동자 모집과 관련하여 노동력 유출에 대한 우려에서부터 노동자의 송금 등 경제력에 대한 기대, 귀국 노동

---

20) 島守備軍陸軍參謀部(1918), 앞의 책, 77~78쪽.
21) 靑島守備軍陸軍參謀部, 위의 책, 78쪽. 대부분의 중국인 노동자는 종전 후에도 유럽 현지의 공장, 철도, 부두 등에서 전시와 동일한 조건으로 노동에 종사하고 있었으나, 영국 정부와 프랑스 정부가 복귀한 자국 노동자를 위해 중국인 노동자의 귀국을 고용주 측에 명령하면서 본격적인 귀국이 시작되었다. 1919년 2월 14일에 중국인 노동자 1,203명을 태운 영국 선박이 칭다오 항에 도착한 것을 시작으로, 1920년 5월 중순까지 총 42회에 걸쳐 유럽에 나가 있던 중국인 노동자가 중국 각지의 항구로 귀국했다. 1919년 칭다오 항 입항 여객 중에는 예년에 보이지 않던 르아브르, 마르세유, 플리머스, 밴쿠버, 윌리엄헤드 등 유럽 및 북미 각지와 홍콩 및 웨이하이웨이에서 입항한 여객이 3만 7천여 명에 달했는데, 대부분이 유럽에서 귀국한 노동자로 여겨진다. 구체적인 수치의 파악은 어려우나 1920년에도 칭다오 항을 통한 노동자의 귀환은 계속된 것으로 보인다. 칭다오 항에 입항한 노동자는 대개 산둥 성 출신자로 교제철도를 이용하여 귀향한 이들이 많았다. 종전 후 교제철도가 수송한 귀국 노동자의 수는 단체 여객만으로도 80,717명에 달했고, 통계에서 누락된 수를 고려하면 더욱 많은 노동자가 칭다오 항과 교제철도를 통해 귀향했을 것으로 여겨진다. 吉田美之(1934), 앞의 논문, 169쪽; 靑島實業協會(1919), "帰還苦力輸送数", 『靑島實業協會月報』 第19號, 45쪽.

자의 사상 문제에 이르는 다양한 의견이 제기되었는데, 그중에서도 가장 문제시된 것은 노동력 수급문제였다.

〈표 1〉은 1916년부터 1919년까지 칭다오 항을 출항한 중국인 남성 여객의 수와 주요 행선지를 나타낸 것이다. 해당 시기 중국인 남성 여객은 전체 출항자의 7할 내지 8할을 차지하고 있었고, 주요 행선지는 산둥 성 연안을 제외하고는 다롄을 비롯한 랴오둥 반도 연안이 가장 큰 비중을 차지하여 만주로의 이동이 주를 이루고 있었음을 알 수 있다. 1917년과 1918년에는 산둥 성과 랴오둥 반도 연안 외에도 예년에는 보이지 않던 밴쿠버 및 마르세유행 여객이 급증하고 웨이하이웨이 및 홍콩행 여객이 증가했는데, 이는 연합국의 노동자 모집에 응하여 유럽으로 송출된 노동자들로 볼 수 있다.

〈표 1〉 칭다오 항 출항 중국인 남성 여객과 주요 행선지 (단위: 명)

행선지 연도	중국인 남성 (전체 여객)	산둥 성 연안	랴오둥 반도 연안	웨이하이웨이 및 홍콩(香港)	북미 및 유럽
1916	71,247 (92,362)	芝罘 5,960 기타 31,713	大連 31,276 牛莊 29 安東 88	威海衛 3 香港 –	–
1917	158,837 (189,599)	芝罘 7,888 기타 28,767	大連 66,372 牛莊 752 安東 2,483	威海衛 7,368 香港 6,962	밴쿠버 31,285 마르세유 4,530
1918	68,588 (94,939)	芝罘 4,633 기타 3,275	大連 43,199 牛莊 20 安東 867	威海衛 61 香港 90	밴쿠버 10,708
1919	65,245 (87,749)	芝罘 1,891 기타 9,824	大連 44,150 牛莊 9 安東 1,838	威海衛 13 香港 17	–

* 출처 : 靑島守備軍司令部(1917), 『靑島守備軍統計年報 大正四年度』, 218~219쪽; 靑島守備軍司令部(1918), 『靑島守備軍統計年報 大正五年度』, 232~233쪽; 靑島守備軍司令部(1919), 『靑島守備軍統計年報 大正六年度』, 266~267쪽; 靑島守備軍司令部(1920), 『靑島守備軍統計年報 大正七年度』; 靑島守備軍司令部(1921), 『靑島守備軍統計年報 大正八年度』, 218~219쪽.

특히 전시 노동자의 송출이 집중되었던 1917년에는 랴오둥 반도 연안과 유럽행 출항 여객이 급증하면서 여객의 규모가 전년도의 배 이상 증가했다. 이는 산둥 성 내륙부에서 발생한 가뭄과 흉작으로 출가(出稼)를 희망하는 주민이 늘어난 것과, 전쟁 특수로 인한 만주의 노동력 수요 및 연합국의 전시 노동력 수요가 맞물리면서 나타난 현상이었다. 이시기 주목해야 할 점은 돌연 발생한 유럽행 여객의 규모가 만주행 여객의 규모와 비등한 수준에 달했던 점으로, 송출 노동력의 상당 부분이 유럽으로 분산되었음을 알 수 있다. 1918년에는 산둥 성에 풍작이 들어 출가 농민의 수가 크게 감소하고 연합국의 전시 노동자 모집이 중단되면서 출항 여객의 규모가 대폭 축소되었다. 주요 행선지로는 만주행 여객의 비중이 크게 늘어났으나 여전히 유럽행 여객이 1할 이상을 차지하고 있었다.

2. 노동력 부족 현상과 관련 문제

연합국의 전시 노동자 모집으로 산둥 성의 노동력이 분산되면서, 전쟁 특수로 노동력 수요가 급증하고 있던 산둥 성과 만주 산업계에서는 노동력 부족, 노동능률 저하, 임금 상승, 물가 등귀 등의 문제들이 부각되기 시작했다.

산둥 성의 경우, 지난과 칭다오 등 도시부에서 상공업이 발전하면서 노동력 수요가 증가하고 있었고, 농촌부에서도 노동력 유출에 따른 일손 부족이 문제시되고 있었다. 1917년 9월 지난의 일본 영사는 자국 외무대신에게 보내는 보고서에서 영국의 노동자 모집으로 교제철도 연선 농가의 노동력 부족 문제가 심화하고 있으며, 모집 활동이 지속될 경우에는 임금 및 물가 상승을 초래하여 산둥 성 경제에 막대한 영향을 미칠

것이라는 의견을 피력했다.[22)]

산둥 노동자의 분산이 더욱 문제시된 곳은 만주였다. 만주는 남만주 철도주식회사(만철) 등 대규모 사업장에서부터 도시 잡업 부문에 이르기까지 필요 노동력의 과반을 산둥 성에서 공급받고 있었다.[23)] 산둥 노동자 유출에 대한 우려는 현지 일본 정치경제계의 움직임으로 이어졌다. 연합국의 노동자 모집이 가시화되던 1917년 초, 부두와 광산을 비롯한 모든 사업에 대규모 중국인 노동자를 사용하고 있던 만철은 자사 사업에 피해를 주고 임금 상승의 요인이 된다는 이유로 러시아와 영국의 노동자 모집을 저지해줄 것을 관동도독부(關東都督府)에 요청했다. 관동도독부는 일본 외무성과 연락을 취해 관동주 내의 각국 영사와 이 문제에 관해 교섭하는 한편, 중국 주재 각국 영사에게 중국인 노동자 모집에 주의해 줄 것을 부탁했다.[24)]

전시 노동자 모집과 함께 만주 노동력 수급의 또 다른 장애물로 떠오른 것이 중국 정부의 노동자 모집 규제였다. 유럽으로 송출된 중국인 노동자의 열악한 노동 환경과 처우가 문제시되자 중국 정부는 1917년 9월 자국 노동자의 보호·감독을 목적으로 국무원 내에 교공사무국(僑工事務局)을 설치했고, 1918년 4월과 5월에는 자국 노동자의 외국 및 중국 내 외국조계지로의 출가를 제한하는 '교공출양조례(僑工出洋條例)'와 모집 관련 규칙 등을 발포했다. 조례와 규칙들은 일본의 관동주 조차지

---

22) 日本外務省, "英国行苦力募集に関する件"(1917.9.26.), 『欧州戦争ニ関スル雑件 第四巻』.

23) 해당 시기 1만 명 이상의 탄광 노동자를 상용하고 있던 만철 푸순(撫順) 탄광은 6할 이상에 달하는 노동자를 산둥 성으로부터 공급받고 있었다. 南滿洲鉄道株式會社総裁室人事課(1929), 『南滿洲に於ける支那勞動者募集及移動概況』, 1쪽.

24) 日本外務省, "欧州行苦力募集差止の件"(1917.3.13.), 『欧州戦争ニ関スル雑件 第四巻』; 日本外務省, "外国行支那苦力募集着止ノ件"(1917. 4.4.), 『欧州戦争ニ関スル雑件 第四巻』.

나 한반도 등에도 적용되는 것으로, 노동자의 주요 송출지인 산둥 성 즈푸(芝罘: 지금의 煙臺) 등지에서 노동자 모집 단속이 엄격해지면서 중국 정부와 일본 정부 사이의 마찰과 교섭이 계속되었다.[25]

노동력의 동북아시아 역외 유출과 역내 수요 급증으로 촉발된 노동력 부족 문제는 1차 대전이 종식되고 전시 노동자의 귀국이 시작된 1919년에도 계속되고 있었다. 전시 호황이 이어지는 가운데, 다롄 항의 부두 하역작업에서부터 건축업, 잡업 노동에 이르기까지 만주 내 노동력 부족이 심화하면서, 사업자 간 노동자 쟁탈 현상까지 발생하고 있었다.[26] 전후 불황에 접어들기 전의 짧은 기간이었으나 노동력 부족과 그로 인한 다양한 문제들이 발생하면서, 만주에서는 안정적인 노동력 수급 방식이나 노동자 정착을 위한 방법 강구 등 노동력 수급 안정화를 위한 논의들이 전개되었다.[27]

산둥 성과 만주 지방의 노동력 수급 상태는 1차 대전의 종식과 함께 노동자들이 귀국하고 지역 경제가 불황에 빠지면서 과잉으로 전환되었다. 만주 산업계의 수용력이 포화상태에 이르며 산둥 노동자들의 유입지는 한반도 등지로 확대되었다. 1920년대 이래 산둥 노동자의 한반도 유입이 증가하면서, 한반도에서는 저임의 중국인 노동자에 대한 조선인 노동자들의 우려와 사용주들의 기대가 교차하고, 조선인 노동자의 일본 도항을 촉발하는 기제로서 중국인 노동자를 지목하는 논조가 강해지면서 노동 이동을 둘러싼 사회적 갈등과 논쟁이 전개되었다.[28]

---

25) 〈滿洲日日新聞〉, "外国行苦力", 1918.7.9

26) 〈滿洲日日新聞〉, "値上げになった水汲苦力賃", 1919.4.10; 〈滿洲日日新聞〉, "建築難と苦力", 1919.6.29; 〈滿洲日日新聞〉, "滿鐵輸送改善問題", 1919.7.8

27) 〈滿洲日日新聞〉, "滿洲勞動問題;勞役の系統的經營", 1919.4.8.; 〈滿洲日日新聞〉, "滿洲勞役問題;支那人勞動者の土著安定を急務とす", 1919.12.23

28) 산둥 노동자의 조선 유입과 그 사회적 파급에 대해서는 다음을 참고할 것. 김 승욱(2013), "20세기 전반 韓半島에서 日帝의 勞動市場 관리-중국인 노동자

Ⅳ. 나오며

이상 1차 대전 중 칭다오와 교제철도 연선을 중심으로 이루어진 연합국의 산둥 노동자 모집과 노동자 송출에 따른 지역 노동력 수급문제를 고찰했다. 전시 노동자 모집 과정에서 칭다오의 역할, 전시 노동자 송출을 둘러싼 일본의 입장, 동북아시아 노동 이동과 노동력 수급 맥락에서 1차 대전이 가진 의미와 관련하여 다음의 결론을 도출할 수 있었다.

전시 노동자 모집 과정에서 칭다오의 역할

연합국이 칭다오와 교제철도를 중심으로 노동자를 모집, 수송한 것은 노동력 송출의 거점으로서 칭다오가 가진 이점과 해당 지역을 점령하고 있던 일본의 지원을 고려한 것이었다. 칭다오는 1차 대전 이전부터 산둥 성 노동력 송출의 거점 역할을 하고 있었다. 철도·항만 등의 교통망, 이주 관련 편의 시설, 관민의 노동력 송출 경험 등은 노동자 모집 및 수송 과정에 이점으로 작용했다. 더불어 이 지역을 점령하고 있던 일본이 노동자 모집 과정부터 유럽으로의 수송 과정에 이르기까지 다양한 지원과 편의를 제공함으로써 연합국, 특히 영국은 대규모의 노동력을 확보할 수 있었다. 이와 같은 일본 측의 지원은 당시 일본의 국제적 지위와도 관계되는 부분이었다.

전시 노동자 송출을 둘러싼 일본의 입장

연합국의 산둥 노동자 모집과 지역의 노동력 수급문제가 맞물리는

를 중심으로", 『中國史硏究』 85, 159~185쪽; 김승욱(2013), "20세기 전반 한반도에서 日帝의 渡航 관리정책", 『중국근현대사학회』 58, 133~159쪽; 安井三吉(2005), 『帝國日本と華僑-日本·臺灣·朝鮮』, 靑木書店.

상황에서 일본은 모순적인 입장을 취하고 있었다. 칭다오와 교제철도 연선을 점령하고 있던 일본 육군은 영일동맹과 연합국으로서의 자국의 위치를 고려하여 연합국, 특히 동맹 관계였던 영국의 노동자 모집 활동을 적극적으로 지원했다. 한편 1차 대전의 전쟁 특수를 바탕으로 중국 내 경제 기반을 확충하고 세력을 확장하려 했던 산둥 성과 만주의 일본 경제계는, 연합국의 전시 노동자 모집으로 인한 '우량' 노동력의 유출과 노동력 부족을 우려하며 자국 영사와 관할 정부에 연합국의 노동자 모집 저지를 청원했고, 이를 수용한 당국은 일본 외무성을 통해 연합국에 주의를 요청하기도 했다. 일견 모순적으로 보이는 일본 측의 다양한 입장과 대처들은, 중국 내 세력기반이 공고하지 않은 상태에서 경제력 강화를 통해 자국 세력을 부식하는 동시에, 국제 협조를 통해 자국의 지위와 세력을 인정받아야 했던 당시 일본의 국제적 위치를 보여주는 대목이라고 할 수 있을 것이다.

근대 동북아시아 노동 이동과 노동력 수급 관계에서 1차 대전이 가지는 의미

20세기 전반 산둥 노동자의 이동은 동북아시아 각지, 특히 일본 제국주의 세력권 내 노동력 수급 관계를 좌우하고 있었다. 20세기 초 산둥 노동자의 주요 유입지는 산둥 성 도시부와 만주였으나, 연합국이 전시 노동자를 모집한 2년 정도의 기간 동안 약 10만 명의 노동자가 유럽으로 송출되며 지역 내 노동력 수급난을 초래했다. 산둥 노동자의 유럽 송출은 일시적인 현상이었으나, 동북아시아 노동 이동과 노동력 수급 관계에 적지 않은 변화를 가져왔다. 만주에서는 안정적인 노동력 수급을 위한 논의가 본격화되고, 중국 정부는 재외 노동자 보호 관련 정책을 마련하게 되었으며, 한반도로 확대된 중국인의 노동 이동은

1920~1930년대 한반도와 일본에서 전개될 이주노동자 문제의 발단이
되었다.

【참고문헌】

권경선, 「1900~1930년대 중국 산둥인의 역외이동과 해항도시와의 관계 연구: 중국 동북지방으로의 이동을 중심으로」, 『해항도시문화교섭학』 제6호, 2012, 47~87쪽.

陳三井, 『華工與歐戰』, 中央研究院近代史研究所, 1986.
徐國琦, 『文明的交融』, 五洲傳播出版社, 2007.
叢…愛娟, 「參…加一戰的華工與威海衛」, 山東師範大學碩士學位論文, 2008.
張岩, 「一戰華工的歸國境遇及其影響──基于對山東華工後裔(或知情者)口述資料的分析」, 『華僑華人歷史研究』 2期, 2010.
徐國琦, 「一戰期間中國的 "以工代兵" 參…戰研究」, 『二十一世紀』 第62期, 2000.
青島守備軍司令部, 『青島守備軍統計年報大正四年度』, 1917.
青島守備軍司令部, 『青島守備軍統計年報大正五年度』, 1918.
青島守備軍司令部, 『青島守備軍統計年報大正六年度』, 1919.
青島守備軍司令部, 『青島守備軍統計年報大正七年度』, 1920.
青島守備軍司令部, 『青島守備軍統計年報大正八年度』, 1921.
青島守備軍陸軍參…謀部, 『英仏露國ノ山東苦力募集狀況』, 1918.
青島實業協…會, 「帰還苦力輸送数」, 『青島實業協…會月報』 第19號, 1919.
南滿洲鉄道株式會社総裁室人事課, 『南滿洲に於ける支那勞動者募集及移動概況』, 1929.
吉田美之, 「山東河北出稼移民發港地事情」, 『勞務時報』 第61號, 1934.
陸軍省, 「仏国行支那苦力ヲ青島ヨリ輸送ノ件」, 陸軍省-欧受大日記-T6-3-33.
陸軍省, 「支那苦力ヲ青島ヨリ露國ニ輸出ノ件」, 陸軍省-欧受大日記-T6-11-41.
陸軍省, 「欧洲從軍帰還苦労患者に関する件」, 陸軍省-欧受大日記-T8-1-30.
日本外務省, 「山東省ニ於ケル英国政府ノ苦力募集ニ関スル件」, 『欧州戦争ニ関スル雑件第四巻』, 1917.2.10.
日本外務省, 「英国政府の苦力募集状況に関する件」, 『欧州戦争ニ関スル雑件第四巻』, 1917.6.29.
日本外務省, 「英国行苦力募集に関する件」, 『欧州戦争ニ関スル雑件第四巻』, 1917.9.26.

〈滿洲日日新聞〉, 1918.7.9
〈滿洲日日新聞〉, 1919.4.8
〈滿洲日日新聞〉, 1919.4.10
〈滿洲日日新聞〉, 1919.6.29
〈滿洲日日新聞〉, 1919.7.8
〈滿洲日日新聞〉, 1919.12.23.

7. 제국과 자본에 대한 민중의 승리
: 선박안전입법의 머나먼 여정[1)]

김주식

Ⅰ. 영제국의 그늘

산업혁명이 일어나고 자본주의가 발달한 유럽 열강은 19세기 후반에 이르자 시장 개척, 자원 확보, 자본투자대상 탐색 등을 위해 세계로 나아가기 위해 제국주의 시대를 열었다. 이 제국주의는 유럽 열강에게 밝은 번영을 가져다주었지만, 그들의 식민지가 된 아시아와 아프리카는 짙은 그늘을 가져다주어 많은 어려움을 겪게 되었다. 그러나 자세히 살펴보면, 유럽 열강 내에서도 이 시기에 지울 수 없는 그늘이 있었다.

---

1) 이 글은 선박 안전관련 입법을 위해 34년 동안 노력한 서무엘 플림솔의 전기, 『바다에서 생명을 살린 플림솔 마크』(니콜레트 존스 지음, 김성준 옮김, 장금상선주식회사, 2019, 비매품)에 대한 서평이다. 일반적으로 서평은 저자, 출판사항, 집필과 출판의 의도, 구성, 내용, 영향과 의미 등을 주요 내용으로 한다. 그러나 필자는 이러한 일반론을 떠나 선박안전에 관한 만재흘수선이 입법화되는 과정을 설명하는 것으로 서평을 대체하려 한다. 왜냐하면 만재흘수선을 모르는 사람이 우리나라에 많을 뿐만 아니라 관련 입법을 둘러싸고 선주나 자본가와 정부 대 선원과 민중 및 개혁가의 길고 험한 여정을 소개할 필요도 있다고 판단했기 때문이다. 오늘날에는 만재흘수선이 국제적인 상식이 되었지만, 상식으로 때까지 걸었던 험로는 역사의 발전이나 진보가 얼마나 더디고, 힘들고, 많은 희생을 필요로 하는지 보여주고 있다는 점도 서평의 정형을 깨려는 이유에 포함된다.

제국주의 시대는 여러 기반 위에서 전개되었으며, 상선을 통한 해상무역은 그 기반 중 하나였다. 19세기 중엽 영국 상선단의 총톤수는 미국의 1.5배였고, 영국의 해상무역량은 프랑스의 4배였다. 당시 영국 상선단에서 일하는 선원은 24만 명이었고, 34,000척의 상선이 7,500만 파운드의 상품을 운송하고 있었다.

그런데 해상무역 과정에서 상선과 선원들의 피해가 상상을 초월할만큼 컸다. 1826년부터 1871년까지 약 45년 동안 17,086척의 상선이 난파하고, 탑승자는 12명 당 1명꼴로 사망하였다. 1861년부터 1870년까지 10년 동안 항해하다가 사망한 선원 수는 약 3만 명이었고, 그중에서 2/3가 미망인과 고아를 남겼다. 1860년대에 선원이었던 아버지를 잃은 아이들이 7만 명이나 되었다. 같은 10년 동안 브리튼제도 해안에서는 5,826척의 상선이 난파하고, 8,150명의 선원이 사망하였다. 이민선에서도 인명과 선박 피해가 속출하였다. 1830년부터 1890년까지 60년 동안 영국 이민선 선원의 20%가 항해도중 사망했으며, 북미 이민선은 6척당 1척꼴로 침몰했다. 1873-4년의 2년 동안 미국 해안에서만 400척 이상의 선박이 침몰하였고, 500명 이상의 선원이 사망하였다. 1854년 5월 23일자 〈뉴욕 데일리 타임〉지는 '18개월 동안 11척당 1척꼴로 상선을 잃었고, 44시간마다 1척의 상선이 좌초했으며, 75시간마다 1척의 상선이 포기되었고, 10일마다 1척의 상선이 연락두절되었다'는 기사를 실었다.

II. 사무엘 플림솔의 만재흘수선 입법 운동

17세기 항해법이 자유무역의 성행에 의해 1850년 폐지되자, 선주들의 탐욕이 승객과 선원 및 화물을 위험하게 만들었다. 선주들은 화물을 최대한으로 선적하여 수익을 극대화하려 했다. 선내의 빈 공간마다 화물을 가득 채우고 심지어 갑판 위까지 가득 선적하는 바람에, 선원들이 갑판 위를 다니기가 어려웠으며, 갑판과 수면의 차이가 30㎝ 이하로 내려가 바닷물이 갑판 위로 넘실거리기까지 했다. 선박과 화물이 보험에 들었기 때문에, 침몰한다 해도 선주의 입장에서는 전혀 손해가 아니었고, 오히려 보험료를 받고 노후선을 처분할 수 있다는 이점이 되었다.

해운업계의 이처럼 부조리한 상황을 정확하게 인식하고 이를 개선하기 위해 노력한 사람이 있었으니, 사무엘 플림솔(Samuel Plimsoll, 1824-98)이었다. 그는 1824년 브리스톨에서 태어나 1839년 학교를 마치고 사무변호사 사무실에서 서기로 근무하기 시작했다. 1841년에는 맥주회사 사무원으로 10년간 일했으며, 그 와중에 1842년 시민학교(People's College)에 입학하였다. 1852년에는 양조공장 서기로 일하다가 1853년에 석탄거래소 사업장의 임대사업을 하기 시작했는데, 1855년에 파산하고 말았다. 그러나 그는 1856년에 석탄사무실을 열었다.

플림솔이 선원과 선박의 안전에 대해 관심을 갖게 된 것은 1864년의 사건 때문이었다. 플림솔은 그 해 런던에서 클리블랜드의 레드카로 배를 타고 가다가 악천후를 만났는데, 그 자신은 살아남았지만, 4척의 선박이 해상에서 침몰되는 장면을 보았다. 또한 레드카 해안에서 선원과 승객의 가족들 특히 수많은 여인들이 나와 밤을 새면서 울고 있는 것을 보았다. 바로 그때 그와 그의 부인은 가지고 있는 모든 것을 선원을 위해 사용하겠다고 다짐했다.

자유당원이었던 플림솔은 1865년 평민원 선거에서 낙선했으며, 2년 후인 1867년 선거 때 더비 지역 자유당후보로 다시 나와 당선되었다. 1868년 12월 그는 한 예배당에서 의원으로 당선된 것이 "바다에서 위험에 빠진 사람들을 도울 수 있는 기회를 주었습니다. 저는 탐욕스럽고 부도덕한 사람들이 소유한 정말 항해할 수 없는 선박을 완전히 없애버리는데 할 수 있는 모든 일을 하겠습니다"라고 선언했다.

1862년 보수당 수상이었던 파머스턴 경(Lord Palmerston)은 갑판선적금지법을 폐지하여 선주에게 유리하도록 법을 바꾸었다. 1868년 8월 9일에는 무역성담당 간사의원 조지 존 쇼-르페브르(George John Shaw-Lefevre)가 상선법 통합안을 제출했는데, 주요 내용은 항해부적합선의 억류권과 항해부적합선의 승선거부선원에 대한 조사비용의 국가부담이었다. 그러나 이 법안은 696개 조항으로 구성되어 있어 검토하는데 많은 시간이 걸려 통과되지 못했다.

1870년 4월 14일, 플림솔은 이미 제출되어 있던 상선법에 선박점검, 최대만재흘수선, 선가의 2/3이상 보험가입 금지의 3개 조항을 추가해달라고 요청하였다. 그런데 이 법안에는 선원이 항해 계약에 서명한 후 항해부적합선에 탑승을 거부하면 계약위반으로 3개월간 투옥된다는 독소조항이 있었다. 실제로 1870-2년의 3년 동안 1,628명의 선원이 항해부적합선 승선거부죄로 투옥되었다. 선원들은 자신이 탈 선박이 어떤 것인지 모른 채 계약하는 것이 일반적이었으며, 한 석박에 대해 승선을 거부하면 일종의 블랙리스트에 올라 다른 선박에 승선할 수 없었다.

그리하여 1871년 2월 22일에 모든 선박에 만재흘수선을 표시하고, 출항 전 검사를 의무화하는 새로운 상선검사법안이 제출되었다. 실제로 영국 무역성이 발간한 1871년도 연례보고서에 따르면, 한 해 동안 "강풍으로 영국 해안 10마일 이내에서 856척의 영국 상선이 침몰하였고, 돌풍으로 149척의 상선이 침몰했으며, 총 500명의 선원이 익사하였다." 플림솔 의원은 1873년 1월 왕실조사위원회로 하여금 해운산업계를 조사하게 하도록 대중이 압박하는데 도움을 주기 위해 『우리 선원들 : 호소』라는 서적을 발간하였다. 이 책은 노동조합원들에게 배포되었고, 이 책을 읽고 고무된 노동자들은 캠페인을 시작하였다. 이 책의 출판은 큰 센세이션이 일어나게 계산된 활동이었으며, 실제로 큰 센세이션이 일어났다. 신문들도 그의 주장을 받아들이기 시작했다.

대의와 인간에 대한 플림솔의 열정이 집회와 언론 발표 등으로 커지는 만큼, 그에 대한 반대도 커졌다. 해운업계 전체가 그의 활동에 대해 분노했다. 내부고발자들이 당했던 것처럼, 그는 자신의 인기가 커질수록 인신공격을 더 많이 받았다. 심지어 그를 비정상인 즉 미친 사람으로 치부하는 사람들도 있었다. 1873년 2월 15일, 선주들은 후에 그를 명예훼손으로 고발하였다. 사람들은 이 사실이 알려진지 보름이 지난 1873년 3월 1일부터 플림솔의 변호기금을 모금하기 위해 돈을 보내기 시작했으며, 이 기금은 '플림솔과 선원 변호기금'으로 불리었다.

플림솔은 고소를 당한 상태에서도 활동을 멈추지 않았으며, 틈만 나면 전국을 돌아다니면서 대중집회를 강행하였다. 1873년 3월 22일 런던 엑서터 홀에서 대규모 집회가 열렸다. 플림솔 캠페인은 게으르고, 무절제한 낭비자이자 상륙하자마자 유락가에서 돈을 흥청망청 써버리는 사람이라는 선원에 대한 인식을 용감하고, 너그러우며, 애국적이고, 가정적인 그야말로 가정과 국가에 헌신하는 '고결한 동료'로 바꾸는데 성공하였다. 집회 다음날인 3월 23일자 〈더 타임즈〉 지는 "우리 선원들은 대영제국의 자부심이자, 안보(安保)이고, 힘이지 않았던가? 우리 상선대가 해군을 공급하지 않았는가? 나일 강 해전과 트라팔가 해전에서 국가의 대의를 위해 매년 죽어간 많은 훌륭한 사람들의 희생을 앉아서 무시하고, 도외시하며, 탐욕을 보여야 했는가? 모든 영국인이 영국 선원들을 사랑했었지 않았는가?"라는 기사를 실었다.

플림솔 캠페인 덕분에 1873년에 왕립위원회가 임명되고 상선법이 통과되었다. 이 상선법은 선박의 결함과 과적에 대한 조사권을 무역성에 부여했으며, 무역성은 440척을 억류하고 그중 14척만 항해적합선으로 판정하였다. 1873년 5월 14일에는 선박 검사 및 만재흘수선과 관련된 임시해운검사법안이 제출되었다. 그러나 정부는 애매모호한 태도를 보였으며, 플림솔은 그 때문에 글래드스턴 수상을 비난하였다. 선주들은 "화물이 높이 쌓이면 쌓일수록 더 안전해진다. 선박이 가라앉을 때 선원과 승객에게 더 많은 대피기회를 주기 때문이다."라고 계속 주장했다.

무역성 장관은 수정안을 제출하는 지연작전을 펼쳐 이 법안의 통과를 방해했다. 무역성의 수정안에 대해 왕립위원회가 결론을 내리는데 수개월이 걸렸던 것이다. 법안 통과를 방해하는 방법으로 의회에서 문제를 장황하게 설명하여 법안 자체를 설명할 수 있는 시간을 갖지 못하게 하는 것도 있었다. 반대로 유권자들은 법안을 지지하는 탄원서를 제출하였다.

의회 밖에서는 플림솔이 국가 영웅의 지위를 누렸다. 1873년 9월 런던–멜버른 항로를 항해하는 철제 여객선이 사무엘 플림솔호로 명명되었으며, 이 선박은 1903년 폐선될 때까지 선명을 그대로 유지하였다. 1874년에는 '바다 위의 우리 선원들'이라는 노래(Alfred Lee 작곡, F. W. Green 작사)가 그에게 헌정되었다.

선주들은 법안의 구속을 회피할 수 있는 수단을 찾았다. 그들은 자신이 소유한 선박의 최상갑판 위에 경갑판을 설치하여 최상갑판 선적화물이 선내선적화물로 간주될 수 있게 하였다. 또한 갑판에 선적한 목재는 화물이 아니라 갑판에 사용할 것들이라고 해명하였다. 그밖에도 선박을 외국인에게 팔아 외국기를 게양하게 했으며, 화물의 갑판선적금지가 경쟁국을 이롭게 한다고 주장하였다. 선주들의 행동에 보조를 맞추어 보험사들은 자료 제출을 거부했으며, 선원들의 과음으로 선박을 잃는 경우가 많다고 주장하였다. 법안 반대자들은 플림솔을 무모한 열정주의자, 악명 높은 사냥꾼, 거짓을 말하고 사과조차 하지 않는 사람, 엉뚱한 극단주의자, 의회의 법을 이용해 죽음을 막으려는 사람, 항해를 모르는 사람, 스파이를 통해 부정확한 정보를 얻는 사람으로 비난하였다. 플림솔은 이러한 반대활동에 대응하기 위해 가옥을 매매했지만, 12번이나 고발을 당하였다.

로이즈선급에 따르면, 등급을 매길 수 없을 정도로 상태가 나쁜 선박이 2,654척이나 되었다. 그러나 디즈레일리 수상과 재무장관은 이러한 현실을 외면하고 7월 22일 상선법의 지연 전략을 모의했는데, 논의시간 부족으로 법안 통과를 연기시키는 방법을 택하였다. 또한 정부는 선박관리의 책임을 선주에게 부여하려 하였다. 그러자 7월 27일과 28일 이틀 동안 런던을 포함한 전국의 많은 도시에서 플림솔 지지집회가 열렸다. 버밍엄시장 체임벌린은 최근 6개월 동안 12척의 선박이 침몰하고, 177명의 선원이 익사했으며, 1년 동안 승선거부로 633명의 선원이 구금되었다고 주장하였다. 〈그래픽〉지의 8월 호에는 플림솔에 대한 헌정기사가 그의 전신초상화와 함께 게재되었다. 플림솔 동상의 건립기금을 모금하기 위한 플림솔기념재단이 설립되었다. 프랑스의 한 예술가는 2종의 플림솔 기념메달(5실링, 반 페니)을 주조하였다. 1875년 10월 8일에는 런던 동부의 매노 스트리트가 플림솔 스트리트로 개명되었다. 10월 말에는 루마니아의 술리나 항에 정박 중이던 영국 선박들이 플림솔의 술리나항 방문을 환영하기 위해 장식을 했으며, 프랑스에서 다뉴브 강 어귀까지 많은 선원들이 플림솔을 환대하였다. 11월 5일에는 서섹스 주의 한 마을에서 창가에 플림솔 찬양문구를 내걸었고, 축제 때 소형선박 조각에 '플림솔에게 명예를, 썩은 배를 다루는 법'이러는 문구를 써두었다.

1875년 상선법의 약점은 선주만 만재흘수선을 확정할 수 있다는 점이었다. 플림솔은 성탄절에 귀국한 후 1875년 임시법안의 누락사항(안전조치)을 바로잡기 위해 노력하였다. 이듬해인 1876년 1월 10일 런던 조선공(造船工)집회에서 그가 연설하자, 참가자들은 갑판선적금지법안의 입법화에 도움을 주기 위해 100파운드를 기부하였다. 바로 이어 리버풀에서 연설할 때에는 그가 선급 미가입선에 대한 즉각적인 강제검사를 요구하였다. 2월 4일 베스에서 연설했을 때에는 만재흘수선의 변경이 불가하다고 주장하였다.

그런데 그 해 여름 즉 8월 18일. 영국선박 1척이 항해도중 사망한 선원 1명의 시신을 태운 채 샌프란시스코로 예인되었다. 선장의 요청으로 2주일 후 조사위원회가 열렸는데, 이 때 선장은 선내 부식의 열악함과 항괴혈병제의 사용을 진술하였다. 영국에서 열린 후속 조사위원회에서는 적절한 식품의 선상 보급에 대한 상충된 증언들이 있었으며, 대부분의 선원이 서인도제도출신 흑인이었고, 흑인이 허약하고, 더럽고, 꾀병을 잘 부리고, 무지하다는 주장이 반복되었다. 선사는 선원의 사망원인을 저질의 선원, 불결한 생활습관, 라임주스의 섭취 거부, 불량한 급식 탓으로 돌렸다.

1876년 2월 2일 런던의 선주모임에서 다음과 같이 주장되었다. "선주의 사업에 부산을 떨고, 간섭하기를 좋아하며, 까탈스럽게 간섭하는 것을 원치 않으며, 우리 무역에 불필요하고, 시시콜콜하고, 어리둥절하게 만드는 제한을 가하여 해외무역을 인위적으로 부양하는 것을 바라지 않는다. 압박과 군중 동요 속에서 도입되었기 때문에 1875년 상선법을 반대한다. 플림솔의 선동은 영국 선원과 고용주를 서로 적으로 만들어 해운업에 피해를 주었다. 영국의 해양패권과 평등유지를 위해 깊이 적재할 수 있는 기선이 필요하다. 무역성 조사관들이 성가시게 간섭하고 있다." 이 모임에서 7개 조항의 결의안이 통과되었는데, 주요 내용은 상선 관련법의 축소와 단순화, 선박 과보험에 대한 부정과 보험법 개입에 대한 반대, 지방법원의 불감항성 비난에 대한 즉각적인 청취, 선원 1/4 이상 합의하에 이루어질 수 있는 선박억류에 대한 반대, 감항성을 입증하지 못할 때 출항시킨 자를 유죄로 한다는 조항의 철폐, 무죄입증 책임을 피고에게 부여 등이었다. 디즈레일리 수상도 선주편을 들면서 선주청문회의 개최와 노동조합원과의 면담을 거부하였다.

1876년 3월 27일, 플림솔은 영국 국적선의 출항 전 감항성 증서 제출 의무화를 위한 수정안을 제출하였다. 반대자들은 그 법안이 자유무역을 해치고 다른 나라와의 경쟁력을 약화시킨다고 주장하였다. 결국 이 수정안은 247대 110으로 부결되었다.

그는 이 수정안의 법제화 실패를 대중에게 알리기 위해 노력하였다. 4월 8일에는 셰필드 커틀러스 홀에서 집회가 열렸다. 플림솔은 이때 선주가 만재흘수선을 결정하는 것을 반대하였고, 출항 전 선박의 감항성 증서 제출을 옹호했으며, 선원에게 저질의 음식이 제공되는 것을 비난하였다. 4월 25에는 그가 노동조합원 200명에게 연설하였다.

플림솔이 노력한 결과, 1876년 5월 22일 그의 수정안이 평민원을 163대 142로 통과되었다. 그러나 귀족원은 갑판적재조항을 삭제한 후 반송했으며, 약 3개월 후인 8월 12일에 귀족원에서 통과되었다. 이 법안은 총 45개 조항으로 구성되었는데, 앞선 상선법 조항들(1854 1871, 1873, 1875)을 대체하였다. 주요 내용은 신조 선박에 대한 만재흘수선의 강제화와 12인치 원 가운데 흘수선을 표기하는 것이었다. 이 만재흘수선은 '플림솔 마크', '팬케이크', '플림솔의 눈'으로도 불리게 되었다.

이 법안의 통과를 경축하기 위해 프레드 앨버트의 자작곡 "플림솔 찬가"가 옥스퍼드 음악당에 울려 퍼졌다. 플림솔은 8월 16일에 전국구명정협회 리버풀지역분회에서 축사를 한 후 강연료를 구명정 기금으로 기부했는데, 협회는 12월 진수된 구명정에 플림솔의 이름을 명명하였다. 크리켓선수 그레이스는 그에게 은제 컵을 선물하였다. 같은 해에 리버풀고무회사는 검정 편상화를 플림솔 신발로 명명하였다.

이듬해인 1877년부터는 플림솔에 대한 부정적 경향이 커졌다. 〈편지〉지의 3월호는 『선박저당 대차증』이라는 패러디 소설을 연재했는데, 플림솔의 『우리 선원들』을 비판하고 있었다. 1878년에 발간된 익명풍자소설 『플림솔의 잉글랜드』는 플림솔의 허영심과 무지 및 대중선동을 비난하였다.

그러나 플림솔은 풍자와 경멸에도 불구하고 선원의 운명을 개선하려는 노력을 계속했다. 특히 그는 선장과 선주가 마음대로 만재흘수선을 표시하는 것에 반대하고, 그 대신 표준만재흘수선의 도입을 입법화하기 위해 이후 14년간이나 투쟁하게 되었다.

1879년 몰타를 방문했을 때 『몰타의 상황』이라는 팸플릿을 〈더 타임즈〉지에 게재했다. 이 팸플릿에 따르면, 몰타에서는 식품세 때문에 빈궁과 불결이 유발되어 콜레라가 발생할 우려가 컸다. 그런데 영국 선박이 몰타를 많이 드나들었다. 따라서 영국은 식품세를 개정하여 영국 선원의 콜레라 감염 가능성을 차단해야만 했다. 1880년 1월 24일 그는 런던에서 노동조합원들과 곡물화물과 갑판선적에 대해 논의하였다.

자유당원이었던 플림솔은 1880년년 선거에서 선주이자 토리당 경쟁자에게 큰 표차로 승리하였다. 그러나 같은 해 4월 30일 토리당의 글래드스턴이 자유당의 디즈레일의 후임 수상에 임명되자 취임환영회를 제안하여 개최하였다. 그 결과, 9월에 곡물화물의 안전 운송법이 통과될수 있었다. 1882년에는 체임벌린이 주도하는 위원회가 무역성에서 열렸다. 무역에 대한 과도한 간섭 없이 과적을 방지할 수 있는 건현관련 일반적인 원칙을 제정할 수 있는지의 여부가 이 위원회에서 논의되었다. 로이즈 수석검사관 벤자민 마텔의 도움으로 플림솔식 만재흘수선도 논의되었다. 1884년 5월 24일에는 체임벌린이 상선보험법안을 제출했는데, 반대가 강해 3년 후인 1885년에야 통과되었다.

플림솔은 1885년 선거 때 셰필드 센트럴에서 낙선했다. 이후 그는 의원 활동을 하지 못했다. 그러나 그는 1888년에 전국선원노조의 초대 회장이 되었으며, 1891년 1월에는 쇠고기무역을 조사하기 위해 캐나다를 방문하였다. 1892년 1월 27일 선원파업 이후 왕립노동위원회에서 증언한 후, 은퇴하여 포크스톤으로 이주하였다. 1896년 6월 27일 영국인에 대한 미국인의 혐오를 치유하기 위해 미국을 방문했으며, 1898년 6월 3일 포크스톤에서 75세의 나이로 사망하였다. 그날, 포크스톤 항의 모든 선박이 반기를 게양했으며, 장례식 날 선원들이 장례마차를 준비하여 끌었다. 그러나 〈더 타임즈〉지는 "소문에 의거한 증거를 보고 단호하게 분개한 사람"으로 플림솔을 비난하였다.

III. 플림솔 이후의 만재흘수선 입법 과정

만재흘수선의 입법화 작업은 플림솔이 의원직을 상실한지 5년 후부터 활발하게 다시 전개되었다. 1890년 6월 9일 상선법이 통과되어 국왕의 승인을 받았다. 이 법은 무역성이 만재흘수선을 확정할 수 있고 건현을 변경할 수 있는 권한을 갖도록 했다. 또한 경쟁국으로부터 영국 선박을 보호하기 위해 영국 항구를 출입하는 모든 외국 선박에게도 만재흘수선의 표기 의무를 요구하였다.

플림솔의 만재흘수선 표시는 열대평수구역, 평수구역, 하계, 동계, 동계 북대서양으로 구분되었다. 그러나 선주들은 이 법안이 시행되자 만재흘수선의 효력을 무산시킬 수 있는 방법을 찾는데, 만재흘수선

구역 구분을 수정, 제한, 제거하는 것이었다. 1896년 무역성은 뉴욕 곡물수출업자에게 유리하도록 동계 북대서양 마크를 수정해주었다. 1898년 12월에는 미국 동해안의 모든 대서양 횡단항로가 동일하다는 선주와 화주들의 주장을 받아들여, 무역성이 길이 330피트 이상 대형선의 일부에 대해 동계 북대서양 마크를 제거해주었다.

1906년 동계 북대서양 만재흘수선을 모든 선박에서 폐지하기 위해 무역성 위원회가 비밀리에 소집되었다. 그러나 폐지하지 못했으며, 그 대신 무역성장관 로이드 조지는 '플림솔 마크'를 6인치에서 12인치로 상향 조정하였다. 이로써 선박의 적재능력이 5% 증가되었는데, 선원노조는 문제를 제기하였다.

1907년부터 1908년까지 2년 동안 의회는 이 문제에 대한 논의 기회를 기피하였다. 1908년부터 상무장관이었던 윈스턴 처칠도 기술적인 전문가의 문제로 생각하여 관리와 선원 대표 간의 협의를 불필요한 것으로 간주하였다. 그러자 전국에서 항의와 시위가 계속되었다. 소요가 점차 절정에 도달하자 1912년에 만재흘수선 위원회가 설치되었다. 이 위원회는 선원 대표를 배제한 상태에서 '플림솔 마크'의 원래로의 복귀 여부를 논의했으며, 결국 수정이 불필요하다고 결론지었다.

IV. 플림솔의 만재흘수선 제정 운동 평가

영국에서 플림솔은 긍정과 부정의 사후평가를 동시에 받고 있다. 먼저 긍정을 보면, 1890년 알렉산더 헤이 잽의 『선하고 착한 사람 : 선행과 자비 분야에서 일하는 노동자들의 전기』에서는 플림솔이 학생들이 따라야 할 모범으로 묘사되고 있다. 1907년 '플림솔 마크'의 영향을 받은 런던 지하철 로고가 등장하였고, 1918년에 런던교통의 등록상표로 등록되었다. 1920년대에는 선원들이 템즈 강변에 플림솔 기념비 건립하기 시작했으며, 1929년 8월 21일 제막되었다. 1927년에 더비에 플림솔 스트리트가 명명되었는데, 이때까지 플림솔 스트리트로 명명된 곳은 총 7곳이었다(런던 2, 웨스트민스터 1, 노팅엄 3, 더비 1). 그 이후 헐, 버밍엄, 리버풀, 펜리스, 포크스톤, 웨이크필드, 브리스틀에서도 플림솔 스트리트가 명명되었다. 1928년에는 선원노조가 플림솔의 묘에 석비를 세웠다. 1929년 8월 21일에는 선원들이 빅토리아 임뱅크먼트에 플림솔 기념비를 건립하였다. 1935년 12월 29일에는 플림솔의 브리스톨 생가에 동판을 세웠으며, 그 후 브리스톨에서도 그의 동판이 건립되었다.

한편 부정적인 평가에 대한 몇 가지 예는 다음과 같다. 1933년 출판된 휴 월폴의 소설 『바네사』에서는 플림솔이 선동가이자 혐오스러운 인물로 묘사되고 있다. 1939년 발간된 손턴의 『영국 해운업』에서는 플림솔이 분별력 없고, 선동적이며, 과장된 사람이었을 뿐 개혁가는 아니었다고 묘사되었다. 이 책은 심지어 플림솔을 이기심이 많고, 남의 공을 가로채고, 선원과 선주의 반감을 자극하여 해운업을 저해하고, 자신의 이야기와 동기를 거짓말하고, 진행 중인 개혁을 지체시키고, 자신의 명성과 영광을 위해 사건을 조종한 사람으로 평가하고 있다.

플림솔은 민중에 의해 찬사를 받았고, 거리 이름이 명명되고, 동상이 건립되었다. 그러나 정부나 국가로부터의 포상은 한 번도 받은 적이 없었으며, 기사작위도 받지 못했다. 그는 "나는 노동자 속에 있을 때 정말로 영광스럽게 생각하고 있고, 그들과 동등한 존경을 받을만한 가치가 있기를 갈망한다."고 말했다. 그러나 1875년에 〈펀치〉지가 말한 것처럼, "전략가로서 플림솔의 결점은 비난하고 지지하는데 거리낌이 없다는 것인데, 그것은 그가 그만큼 정직하다는 것을 말한다. 그러나 그것이 반

대를 키우기도 했다." 심지어 해운개혁과 만재흘수선 확정에 대한 공로
와 영예를 계몽선주들과 다른 의원들에게 돌리는 사람까지도 있었다.

V. 만재흘수선 관련 국제 협약

플림솔은 세계 각국에 영향을 주었다. 특히 미국에서는 그에 대해
대단히 호의적인 반응이 나타났다. 1896년 6월 27일 〈뉴욕 미들타운 데
일리 아거스〉지는 플림솔의 미국 방문 보도기사에서 만재흘수선을 '플
림솔 마크'로 부르게 한 장본인이 미국인의 영국인 혐오 상황을 파악 위
해 방미했다고 했다. 1896년 7월 15일 〈포트 웨인 센티널〉지와 1896년
11월 7일 〈스튜번빌 데일리 헤럴드〉지에 게재된 프랭클린 프라이스의
기사는 "모든 미국인이 플림솔처럼 선량하다면, 이 나라는 위대하고 영
광스러운 나라가 될 것이다. 그는 모든 인류를 위해 고동치는 크고도 큰
마음을 갖고 있다."는 내용이 들어 있었다. 또한 1898년 6월 말 그가 중
병을 앓고 있다는 사실이 영국과 미국의 지방신문에까지 게재되었다.

만재흘수선이 독일에서 1908년, 프랑스에서 1909년, 네덜란드에
서 1910년에 통과되었지만, 미국에서는 1924년까지 통과되지 못했다.
1917년 미국 해운국은 영국 무역성의 건현표를 준수하는 규정을 만들었
다. 미국 의회는 1920년에 만재흘수선을 도입하려고 시도했으나 실패하
였고, 1924년에야 성공하였다. 미국은 1929년에 만재흘수선법을 국제
항해에 도입했으며, 1935년에는 플림솔 라인을 연안무역에 강제 도입하
는 내용의 만재흘수선법이 통과되었다.

'플림솔 라인' 즉 만재흘수선이 국제기준으로 자리를 잡기 시작한 것
은 플림솔이 사망한지 32년 후인 1930년이었다. 그해 7월 5일 런던에

서 30개국이 확정된 '플림솔 라인'의 도입을 위해 국제만재흘수선협약을 체결하였다. 그로부터 30년 후인 1966년에는 국제해사기구(IMO)의 회원국 60개국이 대형선의 만재흘수선을 더 깊게 정하고 소형선에 대해서는 더 낮게 개정하는데 합의하였다. 다시 20년이 흘러 1988년이 되자, 만재흘수선의 프로토콜이 수정되어 개정판 만재흘수선 협약이 출판되었다. 그 후 만재흘수선은 1995년과 2003년에 두 차례 더 개정되었다. 이러한 국제적인 노력에도 불구하고, 2004년 해사해안경비국의 보고서에 따르면, 3월 1달 동안 과적 위반으로 26척의 선박이 억류되었으며, 만재흘수선의 규정과 시행이 나라마다 서로 달랐다. 그리하여 국제해사기구는 2005년 1월 만재흘수선을 개정하고 확정한 최종안을 도출한 후 최신만재흘수선협약을 발효시켰다. 플림솔이 선원과 선박의 안전에 관심을 가진지 141년 만에 또한 그가 사망한지 107년이 지난 후에야 그가 주창한 만재흘수선이 국제협약으로 완비되었던 것이다.

【참고문헌】

니콜레트 존스 지음, 김성준 옮김, 『바다에서 생명을 살린 플림솔 마크』(장금
　　상선주식회사, 2019, 비매품)

8. 선원인권교육의 도입 방안에 관한 기초연구

진호현, 이창희

I. 서론

1. 연구의 배경과 목적

　최근 우리 사회는 부의 양극화, 갑을 문화, 구시대적 업무 관행 등과 같은 다양한 사회적 이슈가 증가함에 따라 인권 존중에 대한 국민적 요구 수준이 점차 높아지고 있다. 이러한 추세에 부응하기 위하여 2018년부터 한국선주협회, 한국선박관리산업협회, 한국해기사협회는 공동으로 선원 인권 침해의 예방적 활동으로 상호존중형 선내조직문화를 개선하는 각종 워크숍, 선내 인권침해 예방을 위한 T/F 등을 운영하고 있다. 특히 2018년 3월 화학제품운반선박에 승선 중이던 3등 기관사의 자살사건, 2019년 3월 자동차운반선에서 실습 중이던 실습선원에 대한 음주강요 및 폭행사건을 계기로 국내 해운회사들은 혼승선박으로 대표되는 외항상선에서 이와 같은 유사한 사건을 예방하고, 운항경쟁력과 국적선원 부족의 문제를 포괄적으로 해결하고자 노력하고 있다. 대표적으로 한국선주협회는 2019년 해양수산부를 비롯하여 관련 단체를 대상으로 선내

인권침해 사고 등의 재발 방지 및 제도 개선을 위해「선내 인권침해 예방을 위한 콘텐츠(포스터, 리플렛, 가이드북)」를 제작하여 배포하고 있으나, 여전히 외항상선 선원을 양성하는 해양계 대학교, 고등학교, 연수원 등에서 이와 관련된 전문화된 맞춤형 교육과정이 부재한 상태이다.

국내의 경우 여전히 선원을 선박운항의 기술적 단위의 지원체로 인식하고, 선내조직 생활을 건전하게 영위할 수 있도록 지원하려는 사회적인 문화, 인식의 변화 등과 같은 체계적인 연구가 필요하다고 판단된다. 따라서 이 연구에 필요한 다양한 근거자료를 파악하기 위하여 선박조직 내의 다양한 갈등과 선원의 인권보호와 관련된 선행연구를 검토해보면 다음과 같다. 첫째, 선박조직의 갈등구조와 관련하여 신용존(2012), "해운기업 선박조직과 육상부서 간의 커뮤니케이션과 갈등의 인식차와 조직유효성에 관한 연구", 이종석·김태형·신용존(2012), "선박조직의 의사소통과 갈등이 집단응집성 및 조직유효성에 미치는 영향", 손장윤·신용존·이정경(2014), "선박조직에서 리더의 커뮤니케이션 스타일이 갈등 및 직무태도에 미치는 영향", 신해미·노창균·이창영, "선박조직문화가 선원의 직무만족과 이직의도에 미치는 영향"이 대표적이다. 둘째, 선원 인권관련 연구는 조상균(2013), "선원 이주노동자의 법적 지위와 과제", 두현욱(2017), "외국적 선박의 해양오염사건에 대한 국가 관할권 집행과 선원 인권보호에 관한 연구", 진호현·김진권(2019), "상선 선원의 인권 보호를 위한 제도 개선 방안에 관한 연구" 등이 있다. 전술한 선행연구는 주로 선내에서 발생하는 갈등구조를 설문 및 인터뷰를 통해서 구체적으로 분석하고, 관련된 선원의 인권 침해의 사례를 분석한 양적 논문과 국내외 인권보호 협약, 제도, 지침 등에 대한 문헌조사를 통한 정책적 개선안을 제시하는 질적 논문들이 대부분이다.

단순 분석 연구 및 정책적 개선방안만으로 이 연구에서 핵심적으로 언급하고자하는 선박 내의 다양한 갈등관계속에서 선원인권 침해와 관련된 근본적인 예방책으로 교육의 필요성을 도출하는데 한계가 있다. 왜냐하면 선내에서 발생하는 갈등의 구조는 선박조직을 구성하는 선원들 상호간 의사소통의 부재, 선내 근무환경의 변화로 인한 해사노동의 개인화 현상, 신구 가치관의 차이에 기인한 세대차이, 오랫동안 점층 된 보수적인 선내위계 문화에 대한 반감 문제 등으로 인하여 새로운 관점에서 해결방안을 접근해야하기 때문이다(Jin and Kim, 2019).[1] 최근 보편화된 선박에서 발생하는 갈등해결 및 인권보호를 위한 근본적인 해결방안은 1차적으로 사회적 선원인권 보호문화의 형성이고, 근원적인 해결책은 효과적인 선원인권교육이라고 할 수 있다.

실제로 우리나라의 경우 2013년 국제노동기구(ILO)의 '2006 해사노동협약(MLC)' 발효에 맞춰 국적선박에 협약이행증서를 발급하는 등 선원들의 인권관리를 위하여 지속적으로 노력해오고 있다(Jeon, 2014).[2] 그러나 아쉽게도 국제적인 인권관련 단체 및 국제기구에서 요구하는 수준의 맞춤형 선원인권교육 프로그램이 설계되거나 시행되지 못하고 있다. 따라서 이 연구는 외항 선박에 승선하는 선원들에게 적합한 교육과정을 개발하기 위한 기초연구로서 인권교육의 개념과 국내·외 동향을 검토하고, 선박 내에서 선원인권 침해와 인권교육의 필요성을 지지하기 위하여 선박에서의 선원인권교육에 대한 개념을 명확히 함과 동시에 선원직이 갖고 있는 고유한 특징에 기초한 선원인권교육과정을 형성하는 주요 교육과정에 대한 검토하여 방향성을 제시하였다. 또한 혼승선박

---

1) Jin, H.H. and Kim J. K.(2019), A Study on the Improvement Plan for the Protection of Human Rights of Merchant Ship Seafarers, Journal of Korea Maritime Law and Policy Review, Vol. 31, No. 1, pp. 211-227.
2) Jeon, Y. W, Kim, Y. M, Kim, W. S., Jo, S.H and Lee, C. H.(2014), The role and value for seafarers, pp. 11-12.

에서 발생하는 선원인권 침해의 현실을 인식함과 동시에 외국인 선원과 한국인 선원이 공존하고 있는 혼승선박의 안전운항을 위해 선원인권교육이 갖고 있는 보편성, 유연성, 친화적 문화를 형성하는데 필수적인 핵심가치를 공유하고자 한다.

II. 인권교육의 개념과 국내·외 동향 검토

1. 인권의 정의와 변천과정

국가인권위원회법 제2조 제1호에 따르면, 「인권」이란 「대한민국 헌법 및 법률」에서 보장 또는 대한민국이 가입·비준한 국제인권조약 및 국제관습법에서 인정하는 인간으로서의 존엄과 가치 및 자유와 권리를 의미한다. 특히, 1945년 유엔헌장은 「인권」의 개념에 대하여 '기본적 인권, 인간의 존엄과 가치, 여성과 남성의 평등한 권리에 대한 신념'으로 정의하고 있으며, 제1조 3항에 따라 '인종, 성별, 언어, 종교와 관계없이 모든 인간의 인권과 기본적 자유의 존중을 증진하기 위한 국제협력 달성'이라고 규정하고 있다. 이후에도 1948년 세계인권선언(The Universal Declaration of Human Rights), 1993년 비엔나 인권선언 및 행동계획(Vienna Declaration and Programme of Action), 1966년 채택되어 1976년에 발효된 국제인권협약(International Bill of Rights) 등을 통하여 인간으로서의 존엄과 가치 및 응당히 누릴 수 있는 기본적인 자유와 권리가 「인권」이라는 점을 분명히 하고 있다(Peter, 2018, UNIACC, 2010).[3]

---

3) Peter B. Payoyo(2018), Seafarers' Human Rights : Compliance and Enforcement, The Future of Ocean Governance and Capacity

인권은 더 이상 국제적인 선언문에 국한된 것이 아니라 모든 산업, 생활, 국가, 사회에서 통용되는 보편적 가치가 되었다. 그러므로 인간은 나이, 지역, 인종, 국적, 성별, 언어, 종교, 정치적 견해, 사회적 지위 또는 신분, 신체적·정신적 장애의 존재 여부와 관계없이 구분하거나 차별받지 않아야 한다. 그리고 이러한 천부적, 자연적 권리로서 인권은 문언적 해석에 따른「인간의 권리(rights of man)」에서 벗어나「인간다운 권리(human rights)」또는「인간답게 살 권리」로 그 의미가 점차 확대되고 있다(Lenhart and Savolainen, 2002).[4]

인권의 개념 변화는 개인이 소속된 사회가 갖고 있는 고유한 상호 존중의 문화 수준을 따르고 있다. 일반적으로 인권은 총 3단계의 범주로 구분할 수 있고, 이를 기준으로 사회적 관점에서 인권의 개념은 변천의 과정을 통해서 구분되고 있다(Park, 2018).[5] 첫째, 1세대 인권에 대한 개념은 자유권적 인권으로서 개인의 자유이다. 자유권적 인권은 인간이 특정 주체로부터의 독립적으로 행동하고자 노력하는 권리를 의미한다. 즉, 자유권적 인권은 정치적 혁명인 영국의 권리장전(1689년), 미국의 헌법(1787년), 프랑스의 인권선언(1789년) 등과 같은 '~으로 부터의 자유'라는 명제를 기초로 근본적인 인간의 권리에 중심을 두고 사회를 조망하고 있으며, 국가로부터 또는 사회(교육, 산업, 정치, 종교, 기타 조직권력)로부터 개인을 보호할 수 있는 자유이다

둘째, 2세대 인권의 개념은 상호존중의 관점에서 발현된 평등주의이

Development, pp. 468-472 ; UNIACC(2010), Final evaluation of the implementation of the first phase of the world programme for human rights education, pp. 1-276.

4) Lenhart Volker and Savolainen Kaisa(2002), Human Rights Education as a Field of Practice and of Theoretical Reflection, International Review of Education, pp. 145-158.

5) Park M. J(2018), On Liberty, Paju : Hyundai Jiseoung, pp. 7-22.

다. 18세기 산업혁명 이후 사회주의자들은 기회의 평등을 통해서만 개인의 진정한 사회권이 보장되어 인간다운 삶이 완성된다고 주장하였다. 그리고 평등주의적 관점에서 개인의 사회권은 개인에게 노동할 수 있는 권리와 동시에 가혹한 노동의 금지, 실업으로부터 보호받을 권리, 미성년자 노동금지, 주말노동규제, 단결권의 보장(노동조합의 설립), 교육 및 문화에 대한 권리, 남녀평등, 인종차별금지 등과 같은 개념이 포함된다. 결국 이러한 개념은 현대사회가 발전됨에 따라 사회권적 인권에 대한 개념으로 확대되어 적용되고 있다.

셋째, 3세대 인권의 개념은 누구에게나 적용되는 박애주의(博愛主義)에 기초한 보편성이다. 이와 관련된 대표적인 인권의 사례는 연대에 대한 권리, 정치적 지위를 스스로 결정하고 경제사회적 발전을 자유롭게 추구하는 자결권, 평화에 대한 권리, 재난에 대한 인도주의적 구제 권리, 지속가능한 환경에 대한 권리 등이 있다.

2. 인권교육의 정의와 주요 의미 요소

국가인권위원회 인권교육센터 운영지침 제2조에 따르면, 인권교육은 인권에 관한 이해와 지식의 습득을 통하여 자신에 대한 인권침해 및 차별행위에 대처하고 이를 극복할 수 있는 역량과 다른 사람의 인권을 존중하는 태도를 키우기 위하여 필요한 모든 교육적 활동을 의미하고 있다. 이처럼 문언상 정의가 명시되어있음에도 불구하고, 인권교육이 명확하게 무엇인지에 대한 실체적 관점에서의 의문은 여전히 남아있다. 현재 국내·외적으로 국가에서 국민을 대상으로 진행하는 인권교육과 관련된 개념적 이해를 위해 UN 또는 UNESCO 등에서는 공식적으로 사용되는 문건 또는 협약을 근거로 사용하고 있다. 이러한 문건에 따르면, 인권교육은 지구상에 존재하는 공동체, 광의적인 관점에서는 사회 전반에서 인권을 실현시키는 것이 사회구성원 모두의 공동책임임을 강조하고 있다.

해운분야에 있어서 일반적인 교육은 국제해사협약 및 국내법에 따른 명시기준에 따라 제도적으로 접근한다. 그러나 이 연구에서 언급하고 있는 선원인권교육은 교육과정 개발단계에서 부터 제도적으로 도입된 것이 아니라 선박조직 내에서 인권사각지대의 문제점을 개선하기 위하여 내부적으로 자발적인 문제제기에서 시작되었다. 결국 국제해사협약 및 국내법에 따른 제도권에 속한 교육은 사회화 기능과 관련하여 선원들이 국제적으로 합의된 규정과 질서에 순응하도록 교육·훈련하는 형식적 요건에 초점을 두고 있다(Cho, 2013).[6] 즉, 하향식(Top-down)으로 전개되는 제도적 교육은 시작단계에서부터 교육 목표, 내용, 과정 시간의 설정에 대한 이론적 적절성에 대한 논의가 선행되고, 교육과정을 운영하도록 순환된다. 그러나 선원인권교육의 경우는 상향식(Bottom-up)으로 일반적인 인권교육에 필요한 다양한 요소를 교육과정에 포함시켜서 운영하면서 이론, 체계, 실험, 실천을 통해서 도출된 현장의 이론을 정리하면서 관련 문제의 재해석 및 요약을 통해 교육과정의 체계를 형성하는 차이가 있다.

앞서 언급한 바와 같이 인권교육은 기존의 단위교육과정에서 언급하는 목표달성 중심의 교육이라기보다는 교육을 진행하면서 Lessons & Learned 관점에서 도출되는 결과를 구체화해 가는 과정 중심의 교육이다(Moon, 2006). 결국, 이론 및 집체형 교육에서 탈피하여 소규모/체험형/대화형/토론형/결과도출형 교육과정을 개발하는데 필요한 핵심인

---

6) Cho, S. K(2013), Immigrant Seamen's Legal Status, Challenges and Tasks, Journal of Law review, Vol. 33, No. 1, pp. 7-29.

교육단위(unit)를 6개로 대분류하여 세부내용을 정의하면 다음과 같다.

Table 1. Classification of Important Implications of Human Rights Curriculum

No.	Unit	Detail for Curriculum
1	Active learning participation	One of the many conceptual expressions about human rights education is emphasizing active participation of learners in human rights education.
2	Purpose of human rights education	Human rights education ultimately demands social change. That is not to say that human rights education is a means for social change.
3	Object and scope of human rights education	Human rights education emphasizes the point of view of social underprivileges and minorities. In this sense, human rights education is not neutral.
4	Definition of human rights	Human rights education itself is a right and human rights education itself can not be a means for anything but a goal by emphasizing direct participation by human rights education on the human rights situation of learners.
5	Human rights friendly environment management	The importance of human rights-friendly environment is highlighted in human rights education. There are not many cases in which the importance of the environment is emphasized while talking about education on a daily basis.
6	Human rights case and content	If human rights education emphasizes the participation of learners, human rights education emphasizes that education should be centered on contents related to human rights situation of learners.

3. 인권교육의 국내외 동향

전세계 많은 국가들이 시행하는 인권교육은 유엔헌장, 세계인권선언, 유엔의 각종 인권관련 협약(Convention), 선언(Declaration), 지침(Guideline), 기준(Standard), 원칙(Principle), 권고(Recommendation)등에 기초하여 운영되고 있다. 이와 관련하여 지금까지 우리나라가 가입한 6대 국제인권협약을 연혁순서로 요약하면 다음과 같다.

Table 2. History of international agreements on human rights

No.	Adopted Year	Detail of Convention
1	1948	The Universal Declaration of Human Rights
2	1965	International Convention on the Elimination of All Forms of Racial Discrimination
3	1966	International Covenant on Civil and Political Rights(Code 'B')
4	1979	Convention on the Elimination of All Forms of Discrimination Against Women
5	1985	Convention against Torture and other Cruel, Inhuman or Degrading Treatment or Punishment
6	1989	United Nations Convention on the Rights of the Child

1990년 이후부터 유럽의 국가들이 추구하는 인권교육이 세계적인 보편화 추세로 인정되기 시작하였으며, 1993년 세계인권회의 이후 본격적으로 국제사회는 선언적인 '인권 강조'에서 '단일 교육체계'로 편입되도록 요구하고 있다(Lenhart Volker et al., 2019; Willems Gwen M, 2006).[7] 그리고 1994년 유엔은 「유엔인권교육 10년 행동계획 1995년~2004년」을 발표하면서 년차별 인권교육 프로그램의 기초를 제공하였다. 이를 기초로 유엔은 「제1차 세계 인권교육프로그램 2005~2009」을 발표하면서 개별 국가들에게 자국 교육제도의 근간인 초·중등교육체계에 인권교육이 투영되도록 요구하기 시작하였다. 물론 이러한 노력은 개별 국가의 자체적인 인권의식이 높아졌기 때문일 수도 있지만, 실제로 각종 노동단체, NGO, 학계 등의 다각적인 노력을 통해서 기초 교육단계에서부터 인권교육을 시행하는 것이 상호존중형 사회문화를 형성하여 인권문화의 저변을 확대하는 데 기여할 것이라는 공감대가 형성되었기 때문이다(Chun, 2008). 본격적으로 2010년 유엔의 인권대표사

---

7) Lenhart Volker and Savolainen Kaisa(2002), Human Rights Education as a Field of Practice and of Theoretical Reflection, International Review of Education, pp. 145-158.

무소(Office of The United Nation High Commissioner for Human Rights : UN OHCHR)는 선행적으로 추진되었던 「제1차 세계 인권교육프로그램 2005~2009」에 대해 192개 회원국을 대상으로 PDCA관점의 평가를 실시하여 응답결과를 분석한 결과 57개국에서 인권 교육 정책과 교육받을 권리와 제도 등을 마련하였다는 긍정적인 응답을 받았다(UNIACC, 2010).[8]

특히 유엔은 「제1차 세계 인권교육프로그램 2005~2009」이후 고등교육 및 사회전역에서 인권교육이 확대되어야 하는 당위성과 주장이 확대됨에 따라 후속사업으로 「2차 세계 인권교육프로그램 2010~2014」을 발표하여 단일 국가가 추구하는 교육철학이 포함된 제도권 내의 고등교육을 상대로 공적가치 추구, 보편적 지식탐구, 공공적 기능 등과 같은 사회적 역할을 강조하였다.

1960~1980년 산업화시대에 우리나라는 인권 또는 민주주의 대신 생산을 통한 수출만이 주요 핵심과제였다. 따라서 국내 기업, 정부, 단체들은 '인권교육'에 대한 개념 대신 개인의 인권이 침해되는 상황, 인권 자체의 개념에 대해서 홍보 또는 공론화하는 것이 전부로 인식하였다. 그러나 2000년대를 살아가고 있는 우리에게 인권은 "어떻게 다수의 대중에게 인간 삶을 구성하는 기본교육인 인권교육을 통해서 상호존중의 문화적 분위기를 만들어야 하는가?"가 중요한 시대적 사명이 되었다.

이러한 시대적 맥락속에서 우리나라는 2001년 국가인권위원회를 설립하고, 국민 개개인에 대한 인권침해·차별행위에 대한 조사 및 구제 활동을 추진하고 있으며, 예방적 조치차원에서 다양한 인권교육이 활발하게 진행하고 있다. 그러나 사회조직에 참여하는 구성원들이 점차 다

---

8) UNIACC(2010), Final evaluation of the implementation of the first phase of the world programme for human rights education, pp. 1-276.

양해짐에 따라 일반적인 인권교육만으로는 효과가 제대로 발휘되지 못하고 있다. 특히 사회적 약자·소수자에 대한 인권침해와 차별행위가 발생할 때 마다 사회적 공감대가 형성되어 지탄의 목소리가 높지만 여전히 현실은 인권침해 및 차별행위를 사전에 예방할 수 있는 인권교육이 구체화되지 못하고 있는 실정이다.

현행 국가인권위원회법 제19조 제5호 및 제26조에 따르면, 위원회의 3대(정책·조사·교육)기능인 교육기능에 관한 조항은 2개뿐이고, 그 조항 역시 선언적 규정으로서 공공기관의 협조 없이는 인권교육이 불가능한 상황이다. 따라서 상당수 국내 기관, 회사, 단체들은 인권교육을 강제적인 정부정책의 일환으로 인식하고, 사정에 따라 실시하지 않아도 되는 부가형 교육으로 취급하는 경향이 있다. 예컨대, 정부기관 조차도 인권교육을 실시하는 경우 연령대, 성별, 직군 등의 민감도를 고려한 맞춤형 인권교육을 실시하기 보다는 실적 중심의 결과지향형 집체식(200-300명), 단기간(1~2시간이내) 강의가 대부분임에 따라 교육적 효과는 반감될 수 밖에 없다(Heo et al., 2011).[9]

---

9) Heo, J. R, Na, D. S. and Lee, D. S.(2013), The Institutional Improvement for Invigorating Human Rights Education in Korea : Some Implications from Foreign Cases, Journal of Human Rights & Law-related Education Researches, Vol.6, No.1, pp. 171-202.

III. 선원인권 침해와 인권교육의 필요성

1. 혼승선박 선원직업 환경의 특수성

(1) 갈라파고스형 승선환경

승선생활은 통상 선박이 운항하는 항해생활을 의미하고, 항만의 입출항을 제외하면 목적항을 기점으로 24시간 중단 없는 선교, 기관실, 갑판 당직근무가 계속된다. 따라서 일반적인 육상 근로자의 근로 및 휴게시간의 분리와는 다른 독특한 특징이 있다. 예컨대, 선원들은 당직 근무가 종료되면 선박조직 내의 독립적인 개인공간에서 완벽한 휴식을 취하는 것이 아니라 동일한 장소인 선박에서 휴식을 취해야한다. 결국 선원들은 불가피하게 개인적으로 보장된 독립된 시간을 향유하기 보다는 공동생활의 무형적인 틀에 구속되어 생활하게 된다(Jeon et al., 2014).[10]물론 최근 선원들은 VSAT(Very Small Aperture Terminal)시스템을 활용한 위성통신기술이 발달하여 SNS, E-mail 등을 쉽게 사용할 수 있음에도 불구하고, 선박이 갖고 있는 고유의 물리적인 특성상 특히 혼승선박 내의 외국인 선원과의 감정적인 의사소통이 부족한 상태에서 개인이 느끼는 고립감은 더욱 확대될 수 밖에 없다(Jin and Kim, 2019).[11]

(2) 불규칙형 승선환경

비록 정기선이라고 하더라도 선박운항이 갖고 있는 불예측성으로 인

---

10) Jeon, Y. W, Kim, Y. M, Kim, W. S., Jo, S.H and Lee, C. H.(2014), The role and value for seafarers, pp. 11-12.

11) Jin, H.H. and Kim J. K.(2019), A Study on the Improvement Plan for the Protection of Human Rights of Merchant Ship Seafarers, Journal of Korea Maritime Law and Policy Review, Vol. 31, No. 1, pp. 211-227.

하여 해상운송 업무는 예상하지 못한 주기관, 조타기 등의 고장, 충돌, 좌초 등으로 화주가 맡긴 물건을 'A' 항구에서 'B' 항구까지 약속된 기간 내에 안전하게 운송하지 못하는 경우가 발생할 수 있다. 또한 선박은 대양항해 중 외부 지원을 받는 것이 제한적임에 따라 자체적으로 발생한 문제를 신속하게 해결하기 위하여 상당한 자구 노력이 필요하다. 이처럼 의도하지 않았지만 선박조직 내에서 근무하는 선원들은 선박운항의 정시성을 확보하기 위하여 부득이 개인적인 근로시간 또는 휴게시간을 포기하고 불규칙적인 승선생활을 지속할 수 밖에 없다(Jin and Kim, 2019).[12]

(3) 관계 제한형 승선환경

1990년대 이전까지만 해도 대부분의 국적 외항상선은 약 30명 정도의 한국인 사관과 부원들이 승선하였으나, 1990년말부터 외국인 부원들이 송입됨에 따라 혼승형태의 외항상선이 증가하게 되었다. 선박자동화 및 비용절감을 이유로 선박에 승무하는 선원의 수는 약 20여명 내외로 점차 축소되고 있으며, 이러한 선원들 간의 관계 역시 사관과 부원으로 구분되어 제한적이고, 반복적으로 당직업무를 수행하는 일부 선원들과 제한적인 관계를 형성하고 있다. 특히 밀레니얼 세대 선원들이 승선하면서 선박조직 내에서 선장과 기관장을 제외하고는 별도로 개인의 시간을 할애하여 타부서의 사관 또는 외국인 부원들과 관계형성을 위하여 별도의 의사소통을 해야 할 필요가 없다. 또한 한국인 사관과 부원, 외국인 사관과 부원 상호간의 관계형성에 필요한 의사소통용 언어가 제한

---

12) Jin, H.H. and Kim J. K.(2019), A Study on the Improvement Plan for the Protection of Human Rights of Merchant Ship Seafarers, Journal of Korea Maritime Law and Policy Review, Vol. 31, No. 1, pp. 211-227.

적이고, 여전히 엄격한 서열과 규율을 강조하는 선박조직 문화 또는 분위기로 인하여 지속적으로 선원들 상호간의 관계는 사무적으로 변화되고 있다.

(4) 복합형 갈등발생 승선환경

과거 선박갈등의 패러다임은 수직적 세대 및 직급간의 갈등, 내부 조직간의 갈등이 대부분이었다. 그러나 최근 디지털환경으로 선박조직문화가 급속도로 변화되고, 외국인 선원들과 혼승하는 형태가 증가하면서 선박갈등의 패러다임은 상하위 계층구조간의 갈등(structural perspective), 국적이 상이한 선원들간의 행위 갈등(agent perspective), 선박운항의 복잡성에 기인한 제도 갈등(institutional perspective) 등이 복합적으로 연계되어 발생하고 있다. 즉, 선박조직을 구성하는 선원의 국적, 종교, 성별이 기존에 비하여 복잡해짐에 따라 단선형 갈등에서 다층형, 다각형 갈등으로 점차 복잡해지고 있다.

2. 인권 침해 사례 검토

(1) 선박조직내 발생하는 괴롭힘의 개요

2018년 국제해운회의소(International Chamber of Shipping : ICS)와 세계 최대 운수노조단체인 국제운수노련(International Transport Workers Federation : ITF)에서는 선박조직에서 발생할 수 있는 선원인권의 침해사례를 예방하는 차원에서 '선내 괴롭힘 근절을 위한 지침(Guidance on Eliminating Shipboard Harassment and Bullying)'을 제정·공표하였다. 그러나 아직까지 우리나라는 정부차원에서 육상근로자에 대한 '직장 등에서의 괴롭힘 근절대책'을 발표하였으나, 선원을 대상으로 구체적인 지침을 대안적으로 제시하지 못하고 있다.

이 연구에서 의미하는 '혼승선박조직 내 괴롭힘'은 선박에 승선하고 있는 선원들끼리 상호간의 지위, 국적에 따른 조직관계에서 높은 지위에 있는 사람이 계약된 업무 범위를 벗어나 정신 및 신체적 고통을 일방적으로 상대에게 가하는 행동으로 포괄적으로 정의할 수 있다. 물론 선박조직은 육상과 달리 교대자가 불규칙적인 주기로 승하선함에 따라 조직 차원 또는 다수인이 특정 사람(예컨대, 직위가 낮은 자, 계약직 선원, 외국인 선원)에게 정신적·신체적 고통을 가하는 행동으로 제한적으로 정의할 수도 있다.

(2) 예시적 사례를 중심으로 종류 검토

선박조직 내에서 발생하는 대표적인 괴롭힘에 기초한 인권침해의 유형은 명예훼손, 폭언, 모욕, 성적 침해 등이 있으며, 이를 예시적으로 범주화하여 구분하면 다음과 같다.

첫째, 선박조직 내에서 당직 또는 일과작업 중 상급자가 하급자에게, 한국인사관이 외국인 부원에게 또는 외국인 상급사관이 한국인 하급사관에게 협박·명예훼손, 인종 및 종교차별적 모욕, 심한 폭언을 통한 인권침해이다. 이러한 정신적 공격의 대표적인 사례로는 업무와 과도한 연관성이 없는 부적절한 질책 및 주의, 계약직 선원을 대상으로 일방적인 재계약 거부 및 자진 퇴사권고, 부도덕한 행동에 기인한 누명, 간섭, 국적과 종교의 차이로 인한 불공정/평등 대우, 무례한 언사 및 행동, 일방적 비난, 인격비하적 별명 또는 호칭 등이 있다.

둘째, 선박조직 내에서 당직 또는 일과작업 중 일방적으로 타인에 대한 신체적인 공격행동을 통한 인권침해이다. 예컨대, 의사소통상의 문제로 인한 한국인 선원과 외국인 선원간의 직간접적인 신체적 폭행, 폭언, 선내작업 공구의 던짐, 감금, 신체상 위해를 가하는 행위, 직위를 활용한 고압적 태도 등이 이러한 사례에 해당한다.

셋째, 선박조직 내에서 당직 또는 일과작업 중 성적 수치심을 느끼게 하는 말이나 행동을 통한 성적 인권침해이다. 예컨대, 신체적 특이사항을 지적하며 여성 선원 또는 하급 선원들에게 지속적으로 반복행동을 하는 행위 또는 업무적 숙달훈련을 이유로 불편한 신체적 접촉을 취하는 것이 대표적이다.

넷째, 선박조직 내에서 당직 또는 일과작업 중 과업이외의 불필요한 지시, 기한 내에 완료가 불가능한 업무량을 강요적으로 부담시키는 행동에 따른 인권침해이다. 예컨대, 감정관계가 불편한 상급자가 하급자를 상대로 불안전한 작업환경에도 불구하고, 무리한 업무지시, 작업일정 변경, 당직인수인계 거부, 애매한 업무지시, 개인적인 질병(여성 선원에 대한 보건휴식)/부상 등에 대한 무배려, 사적인 업무의 강제 부담, 부적절한 시말서 및 경위서 등의 작성 등이 대표적이다.

다섯째, 선박조직에서 당직 또는 일과작업 중 개인의 업무능력, 승선경험과 상반되는 업무 요구 또는 과소한 업무 지정을 통한 인권침해이다. 예컨대, 특정인을 상대로 당직업무에 필요한 공구/정보를 인수인계하지 않아 의도적으로 실수를 유도하는 행위, 정보를 제한적으로 공개하여 참여 기회를 의도적으로 방해하는 행위, 해사노동협약에 따른 근로시간 및 휴식시간 기록부상에 명시된 시간을 고의적으로 조작하는 것이 해당한다.

여섯째, 선박조직 내에서 당직 또는 일과작업 중 선원 개개인의 사적인 문제에 간섭하는 사생활 침해이다. 예컨대, 선내통신상의 개인정보 보안을 무시하고 개인의 특징, 질병, 나이 등에 관한 부적절한 발언, 남녀 간의 연애, 가족문제 등과 관련된 사생활 간섭, 개인 전자우편을 확인하여 의도적으로 개인정보 등을 제3자에게 유포, 위생점검을 이유로 개인 침실 및 소지품 등을 확인하는 것이 해당한다.

일곱째, 선박조직 내에서 부당한 근무평정, 진급 누락, 승선계약기간, 휴가권리박탈 등으로 경제적 또는 시간적 불이익을 주는 경제적인 인권침해이다. 예컨대, 승선 중 성과에 대한 부당한 평가로 인한 진급 누락이 발생하여 경제적 불이익/제재를 받는 사례, 계약 종료를 빌미로 강제하선 조치, 휴가신청 등과 같은 정당한 권리 박탈 또는 무시 등이 이에 해당한다.

여덟째, 선박조직 내에서 당직 또는 일과작업 중 의도적으로 특정한 상대를 격리 또는 무시하는 행동에 기초한 인권침해이다. 예컨대, 특정 개인간의 감정을 이유로 고의로 당사자 이외의 제3자와 의사소통을 막는 따돌림, 불공정한 유급휴가 순서 배정, 당직 배치 및 전환, 공식적인 선내회의 중 의견/제안 사항에 대한 일방적 비난, 합의 취소, 하급 사관 및 부원들을 상대로 일방적으로 선내 업무지시/명령/제안 등을 듣지 않도록 종용하는 것이 이에 해당한다.

3. 선원인권교육의 도입 및 개념화

(1) 선원인권교육의 개념화

2018년 선원통계연보에 따르면, 우리나라 외항상선에 근무하는 선원은 2018년 말 기준 1,029척에 내국인 8,263명, 외국인 11,813명이 승선하고 있다. 그리고 외항상선의 선원배승형태는 혼승인 경우가 대부분이며 이러한 특수한 환경 때문에 선박조직내의 다양한 갈등과 연계된 인권침해에 더욱 쉽게 노출될 수밖에 없습니다. 이러한 인권 침해는 개인의 노력이나 육해상 조직간 변화의 노력도 필요하지만, 무엇보다 개

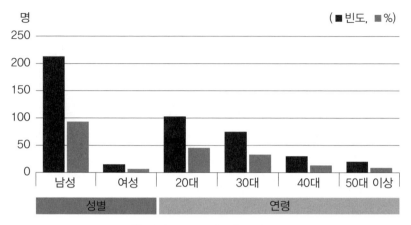

Fig. 1. Demographic Data Analysis

별 구성원 및 조직이 갖고 있는 전반적인 인식의 변화가 중요하다.

따라서 선원인권교육에 대한 개념화를 통한 단위교육의 주요 요소를 도출하는 관점에서 인권의 정의 또는 선원의 인권을 한 문장으로 정의하는 것은 매우 어렵다. 즉, 선박조직 내에서 발생하는 인권 문제는 인권이 침해되는 과정에서 논의되어야만 현실에서는 실제적인 형상으로 증명되어 도출되어야 하기 때문에 선원인권교육에 대한 개념화는 매우 어렵다. 또한 선원직이 갖고 있는 특수성으로 인하여 인간으로서 갖고 있는 천부적 인권과 선원 인권을 별도화하여 개념화하거나 정의해서는 아니될 것이다(Sayedeh, 2019).[13]

그럼에도 불구하고 필자가 선원인권교육의 필요성에 대해서 따로 주장하는 이유는 선원직업이 갖고 있는 특수한 성질로 인하여 선원이 되려는 사람 또는 선원이 되려는(선원인) 사람을 가르치거나 고용하는 사람들이 반드시 소양적 관점이 아닌 의무적 관점에서 갖추어야할 인권의

13) Sayedeh H. H.(2019), Seafarer Abandonment: A Human Rights at Sea Perspective from Iran, Human Rights at Sea Research Paper, pp. 1-30.

개념이 반영된 맞춤형 인권교육이 필요하다고 생각되었기 때문이다.

결국 선원인권의 개념은 선박이라고 하는 특수, 고립, 제한된 승선 환경속에서 복합갈등에 기초한 선원 인권이 침해되는 다양한 과정을 고려하지 않으면 제대로 된 선원인권 교육방안이 도출되기 힘들고 더 나아가 선원인권침해의 해결방안이 모색될 수 없다(Maria, 2009).[14]

(2) 혼승선박의 인권교육 도입 필요성 및 정책적 대안 우선순위 결정을 위한 설문조사 분석 및 시사점

이 설문은 2019년 4월~5월까지 한국해양수산연수원 교육생, 주요 해운회사 인사담당 관리자, 전국해운노동조합협의회 소속 노조원, 승선 중인 선원 총 300명을 대상으로 응답요청을 실시하였으나 228명만 이 설문지에 응답하였다. 설문의 이해를 위하여 선정된 표본을 중심으로 사전에 직·간접적으로 설문 배경, 목적, 취지를 설명하였고, 현장에서 설문지 또는 전자우편 또는 PDF 방식으로 온라인 응답을 받은 기본 데이터 결과는 Fig. 1.과 같다.

그리고 수집된 설문지는 SPSS 21.0 통계프로그램을 활용하였으며, 이를 분석한 결과 켄달의 일치도 계수가 0.228로 측정됨에 따라 혼승선박 갈등 최소화를 위한 인권교육의 필요성이 의미 있는 주요 개선사항으로 식별되었다.

---

14) Maria R. S. B. Hubilla(2009), An analytical review of the treatment of seafarers under the current milieu of the international law relating to maritime labour and human right, Master of Science in WMU, pp. 1–82.

Table 3. Priority for the necessity of Seafarer's Rights Education for minimizing on the conflict at ship

No.	Survey Items	Priority
1	It is necessary to change consciousness of Korean officers to minimize conflicts and protect seafarers' human rights on the mixed-nationality crew vessels	2.28
2	In order to minimize conflicts and protect seafarers' human rights on the mixed-nationality crew vessels, it is necessary to strengthen the professional consciousness and loyalty of crew members of Millennium generation.	2.97
3	In order to minimize conflicts on the mixed-nationality crew vessels, various governmental supports (welfare facility expansion, interpretation service, expansion of online education, etc.) are necessary.	3.11
4	It is necessary to establish a mutual respectful safety culture in order to minimize conflicts and protect seafarers' human rights in the mixed-nationality crew vessels.	3.30
5	It is necessary to supply educational materials and teaching materials in order to minimize conflicts in the mixed-nationality crew vessels.	3.34

Table 4. Analysis for Kendall's coefficient of concordance

No.	Survey	Kendall's coefficient of concordance
1	N	228
2	Kendall to Wa	.074
3	chi square test	67.863
4	degree of freedom	4

구체적인 혼승선박 갈등을 최소화하여 선원 개인의 인권을 보호하기 위한 선내 상호존중의 문화정착과 관련된 개선방안 수립 시 우선순위는 ① 혼승선박에서 갈등의 최소화 및 인권보호를 위하여 한국인 사관의 의식 전환 필요, ② 혼승선박에서 갈등의 최소화 및 인권보호를 위하여 밀레니얼 세대 선원의 직업의식과 애사심의 강화 필요, ③ 혼승선박에서 갈등의 최소화 및 인권보호를 위하여 정부 차원의 다양한 지원(복지시설 확대, 통역 서비스, 온라인 인권교육 확대 등)이 필요, ④ 혼승선

박에서 갈등의 최소화 및 인권보호를 위하여 상호존중형 안전문화의 조기 정착, ⑤ 혼승선박에서 갈등의 최소화 및 인권보호를 위하여 교육과정 및 교재보급 필요의 정책순서로 구분되었다.

이 설문조사의 결과를 해석하여 시사점을 도출해보면, 혼승선박에 승선하는 선원들은 갈등의 최소화 및 인권보호를 위하여 관리자급 책임을 맡고 있는 한국인 사관의 의식 전환의 중요성을 공통적으로 인식하고 있으나, 여전히 휴가 중 또는 과업 중 자신의 시간을 할애하여 별도의 교육을 이수하는 것에는 거부감을 나타내는 이중적인 설문특성을 보이고 있다. 물론 의식적인 관점에서 교육을 통하여 혼승선박 내에서 발생하는 다양한 갈등 및 인권침해를 최소화하는 데에는 동의하지만 실제로 이를 대안으로 인권교육을 수용하는데 한계가 있다. 이는 실제적인 생활환경속에서는 교육보다는 다른 대안이 우선하여야 한다는 인식이다.

IV. 선원인권교육 방안

1. 선원인권교육이 추구하는 기본 방향과 기초원리

(1) 선원인권교육의 방향

선원인권교육은 전술한 바와 같이 개념적인 지식으로 '선원의 인권'을 배우고, 가르치기 위한 것이 아니라 육상조직, 선박조직의 관리자들이 선원인권에 대하여 이해하고 상호 존중하는 태도를 배양함과 동시에 선원인권문제를 합리적으로 해결할 수 있는 능력을 기르는 일련의 과정으로 정의할 수 있다. 선원인권교육을 시행할 때에는 교육에 참여하는 모든 당사자는 자신의 경험의 공유, 느낌과 생각을 자유롭게 표현할 기회를 보장받아야 하며, 참여 과정에서도 모든 참여자에게 동등한 기회를 부여해야 한다. 특히 혼승선박이라는 특수한 환경속에서 오랫동안 다른 사고, 삶의 방식, 문화의 차이 등으로 인하여 차별을 할 경우 선원 인권교육의 방향이 제대로 설정될 수 없다. 즉, 경직된 선박조직사회에서도 민주적 논의와 합의를 통해 공정하고 평화롭게 갈등 문제를 해결하여 선원 스스로가 개인의 인권을 보호하고, 상대선원을 배려하는 것을 학습할 수 있어야 한다. 결국 선원인권교육의 방향은 절차적인 측면에서 과정 자체가 선원인권을 완성해 가는 것임을 육상조직과 선박조직의 관리자 모두가 아래의 Fig. 2와 같이 인지해야 한다.

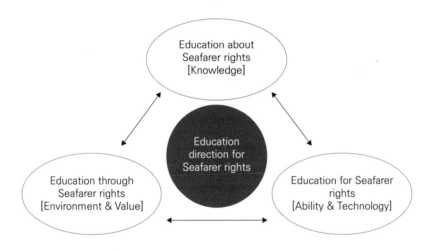

Fig. 2. Concept of seafarer human rights education

인권교육과정은 인권과 관련한 다양한 가치(value)를 체득하게 되는 관점에서 리스터(Lister), 한국교육과정평가원, 아시아·태평양국제이해교육원(Asia-Pacific Centre Of Education For International Understanding Under The Auspices Of UNESCO)이 개발한 인권교육의 기초 원리에 따라 운영되고 있으며, 이와 관련된 세부사항은 후술하여 구체적으로 검토하고자 한다.

(2) 선원인권교육 구성을 위한 기본원리 분석

국제적으로 저명한 인권교육학자인 리스터(Lister)가 주창한 인권과 관련된 교육은 ① 인권에 대한 교육, ② 인권을 위한 교육, ③ 인권을 통한 교육과 같은 필수 3요소로 요약하여 제안하고 있으며, 구체적인 내용은 다음과 같다.

첫째, 인권교육은 목적에 대한 교육으로서 대상자들에게 인권이 무엇인지 학습을 통해서 스스로 인지할 수 있도록 교육하는 것을 의미한다. 이러한 활동은 교육에서 인권에 대한 각자의 인지적인 측면을 강조함으로서 인권의 역사, 관련 문서, 정책 등을 교육받음으로서 자신이 가진 기본적인 권리와 권리 침해에 대해 이해하는 것을 의미한다. 물론 교육 이후의 학습자는 인권적 인지자세가 확립되어 사회조직 활동 시 인권적인 행동을 취할 수 있도록 개도하는 것도 포함된다.

둘째, 인권을 위한 교육은 개인이 스스로 보호해야할 대상 또는 타인을 보호해주어야 할 대상을 위하여 실제로 구체적인 행위를 취할 수 있도록 하는 교육을 의미한다. 결국 일방의 당사자가 제3자의 인권을 보호하려고 노력해야할 뿐만 아니라 학습자 스스로 개인의 자발적인 의지로서 인권을 인지하고 일상생활에서 인권을 내면화할 수 있는 지식과 기술을 갖추도록 교육하는 것을 포함한다.

셋째, 교육과정의 일환으로 인권을 통한 교육은 인권을 사회생활에서 인지하고, 향유하면서 상호존중형 환경을 학습을 통해 조성하는 것을 의미한다. 즉, 외부적인 폭력, 억압, 강제적인 행위가 발생하여 반인권적인 행동이 발생할 경우 제대로 된 인권교육을 할 수 없기 때문에 인권교육은 반드시 가장 인권적인 교수학습, 분위기, 기자재, 시험평가,

결과 공개 등이 이루어져야 한다.

국내의 경우 한국교육과정평가원과 아시아·태평양국제이해교육원을 중심으로 국제사면위원회가 기존에 제안한 인권교육의 기본 원리에 추가하여 학습자 인지중심의 원리, 종합의 원리, 방법의 원리를 추가하여 제시하고 있다. 결국은 교육은 이론에 기초한 교육내용에 대한 경험적 교육과정으로 구성해야 한다. 경험적 교육과정을 설계하여 학습자는 학습의 목적이 개인의 객관적인 조건과 상황에 따라 인권이 어떻게 적용되고 있는가를 비판적으로 이해하는 것이다. 그리고 인권교육은 상세 교육내용에 구체적인 학습자의 활동내용이 포함되도록 설계되어야 한다. 즉, 학습자는 Flipped Learning 기반의 사전지식을 공유한 이후 토론, 발표, 숙의 등의 학습활동을 통해 효과적으로 지식을 축적·활용할 수 있도록 고안되어야 한다.

결국 선원인권 교육은 학습자와 교수자간의 일방적으로 육상조직에서 논의된 이론과 사례를 예시하는 교육이 아니라 교육과정 중 승선생활 중 발생하는 주제를 질의·응답과정에서 통해 도출하여 '왜', '어떻게', '그래서', '우리는 이렇게' 등과 같은 키워드가 핵심 교육과정에 반영되도록 설계 및 운영되어야 한다.

2. 선원인권교육의 주요 내용 및 개선 방안

(1) 일반적인 인권교육의 주요 구성 및 시사점 도출

해외 저명 인권교육학자들이 제시하는 인권교육의 주요 내용을 분석하면 다음과 같다. 첫째, 베스트(F. Best)가 제안한 인권교육 내용의 구성을 살펴보면 ① 인권과 관련된 법적인 개념과 접근법, ② 인권의 역사와 영향을 준 철학, ③ 인권증진을 위한 다문화적 접근, ④ 학교 등 일

상생활에서의 인권 관련 활동 등을 구성하고 있다(Best. F. 1991).[15] 둘째, 뱅크스(J. Banks)가 제안한 인권교육 내용의 구성은 ① 인권과 관련된 국내의 역사적 사건, ② 세계 여러 나라에서 일어났던 역사적 사건, ③ 헌법 조문 및 인권 관련된 문서들, ④ 최근에 일어난 사건에 대한 사례 연구 등으로 구성되어 주로 인권이 무엇인지 아는 인지적 관점에서 접근하고 있다(James A. 1998).[16] 전술한 두 학자가 제시한 인권교육의 공통점은 연혁적 관점에서 인권이 어떻게 발전해왔는지를 중점 교육내용으로 정의하고 있는 반면에 베스트는 사회생활속에서 인권교육의 중요성을 강조하고, 뱅크스는 문헌관계를 탐색하여 사건사고에 따른 사례 연구를 강조하는 차이가 있다.

앞서 언급한 베스트(F. Best)와 뱅크스(J. Banks)가 제안한 인권교육의 주요 내용을 가장 충실히 반영한 대학 수준의 사례인 미국의 미네소타대학 인권교육자료센터의 인권교육 핸드북의 내용과 시사점을 검토하면 다음과 같다. 인권교육 핸드북은 ① 인권의 기본 원리, ② 인권의 역사와 관련 문서, ③ 인권 사건과 해결 사례, ④ 인권이 갖고 있는 진정한 가치와 기술적 의미와 관련된 대영역을 중심으로 세부교육내용을 상술하고 있다. 인권교육 핸드북에 포함된 인권 기본 원리들에 대한 세부내용은 인권선언의 내용을 토대로 6가지 기본 원리 제시(평등, 보편성, 차별의 철폐, 분리될 수 없는 개인, 상호의존성, 책임)하고 있다. 또한 인권의 역사와 인권문서에 포함된 대한 세부내용은 인권의 역사적 발전, 세계인권선언, 국제인권규약, 인권 관련 자료 및 문서가 생산된 배경, 문맥, 연혁적 변화 동향, 인권 조약, 국제법, 헌법 등을 포함하고

---

15) Best. F.(1991), Human Right Education and Teacher Training, London : Cassell, pp. 120-129.

16) James A. Banks(1998), Teaching Strategies for the Social Studies, 5th Ed. Newyork : Addison Wesley Longman.

있다. 그리고 인권 사건과 해결 사례와 관련된 세부내용은 인권침해 사건과 사례, 관련된 전략, 인권관련 가치와 기술에 대한 내용을 포함하고 있다. 특히 인권이 갖고 있는 진정한 가치와 기술적 의미에 대한 세부내용은 제3자가 피해당사자 또는 가해자로서 느끼는 개인적인 태도, 가치 기능, 인권관련 행위능력, 인권사고에 따른 문제해결 및 분석능력 등을 교육내용으로 담고 있다.

리스터, 베스트, 뱅크스가 주창한 인권교육의 프레임은 결국 선원 인권교육의 주요 내용과 차이가 있을 수 없고, 단지 세부 내용에 있어서 선원인권 침해 사례, 해사법제도적 측면에서의 해결방안, 해양계 지정교육기관에서 숙의해야할 교육의 가치, 선원법 및 해사노동협약 등에 따른 선원인권의 보호가치와 연혁적 특징 등을 주요 핵심 구성내용으로 포함하는 것이 필요하다(Li and Ng, 2002).[17]

(2) 선원인권교육의 교수학습 원리

국내 해양계 지정교육기관에서 운영하는 많은 교육들은 국제해사협약, 국내법, 해운협회 및 노동조합 등에서 요구하는 수준을 충실히 반영한 교육임에도 불구하고, 여전히 학습자들은 흥미없이 의무적으로 교육과정을 수료하는 경우가 대부분이다. 특히 선원인권 교육의 경우 교육의 목적과 대상 그리고 교수-학습원리가 상호간에 충분히 숙지되지 않으면 흥미유발이 제대로 이루어지지 않는다. 그러므로 "인권교육을 어떻게 해야하는가?"에 대한 기본적인 대답은 앞서 소개한 리스터의 '인권을 통한 교육'을 통해서 가능하다. 따라서 선원인권교육은 상호존중

---

17) Li, K. X. and Ng, J. M.(2002), International Maritime Conventions : Seafarers' Safety and Human Rights, Journal of Maritime Law and Commerce, Jefferson Law Book Company, Vol. 33, No. 3, pp. 381-404.

형 분위기속에서 진행되어야 하고, 이에 따라 인권교육은 일방적이거나 지시적인 방법이 아니라 학습자 스스로 활동을 통해 참여함으로써 경험 하도록 '인권을 위한 교육'이 되어야 한다. 이와 같은 체험형 인권교육 은 교육과정 내에 교수학습자 상호간의 실습, 실험, 토론, 견학 등이 다 양한 방법으로 노출되어 특정지식을 학습자가 경험을 통하여 내면화 하 도록 유도하는 필수요소이다(Ko, 2006).[18] 따라서 선원인권교육을 체 험형 교육으로 전환하여 획기적인 교육효과를 추구한다면 반드시 소집 단의 형식으로 학습자 출석형태를 구성해야한다. 즉, 소규모 학습자가 교수자와 협의하여 모둠을 구성하고, 선박조직내의 인권침해 사례, 역 사, 관련 문서, 해결방안을 중심으로 활발한 토론을 통해서 학습자 스 스로가 관심과 욕구에 기반한 자기주도적 학습이 추동되도록 해야 한다 (Moon, 2005).[19]

(3) 선원인권 교육과정의 개선 방안

선행연구 자료에 의한 이론적 배경과 선원직의 특질이 반영된 선원 인권침해 상황을 조합해 보면 선원인권 교육과정에 포함되어야할 기본 방향과 주요 내용의 설정이 가능하다. 그리고 이를 기초로 다음과 같이 기초 모델을 제안한다.

---

18) Ko, M. S.(2006), The Meaning of Experiential Education, Asian journal of education, Vol. 7 No. 1, pp. 133-136.
19) Moon, M. H(2006), The Development and Validation of a Human Rights Education Program for Pre-service Teachers: Based on the Rests Four Component Model of Morality , Journal of Science Teacher Education, Vol. 20, No. 2, pp. 341-362.

Table 5. Curriculum contents for seafarers' human rights

Unit	Curriculum Contents	Method
Recognition of seafarer's rights	① Concept and definition of seafarers' human rights ② Connecting seafarers' human rights with human dignity and values ③ Discuss for the importance of seafarers' human rights ④ Seafarers role and value Recognizing the necessity of protecting the human rights of seafarers ⑤ Types and Characteristics of seafarers' human rights ⑥ Basic principles of seafarers' human rights ⑦ Respect for foreign seafarer and cultural considerations ⑧ Review the history of seafarers' human rights	Theory and audiovisual tool
Identification of seafarer's rights	① Cases and Features of Infringement of seafarers' human rights ② Definition of infringement on the seafarers' human rights ③ Situation of infringement on the seafarers' human rights ④ Causes of the Infringement of the seafarers' human rights ⑤ Skills of consulting on the seafarers' human rights ⑥ Complex Conflicts on board	Role play and group discussion
Making the formation of mutual respect, understanding, development in the cross cultural on board	① The necessity of protection for seafarer's rights ② The plan for seafarers' human rights ③ The law and Social System for the protection of seafarers' human rights ④ Measures and methods for the Protection of seafarers' human rights ⑤ Preventive measures to protect the seafarers' human rights	Theory and group discussion
Understand for International law and trend for seafarer's rights	① International Organizations and seafarers' human rights ② Government policy and seafarers' human rights ③ Differences in perspective between ship-owners' associations and labor unions	Theory and presentation

V. 결 론

선원인권에 대한 문제는 해운산업이 생겨난 이래로 지속적으로 제기되어 왔으며, 경직된 선박조직의 문화와 관련 국내외 제도가 변화됨에 따라 점차 유연화 및 체계화되고 있다. 그러나 우리사회는 여전히 육상 중심으로 사회적 약자계층의 노동자에게 발생하는 인권문제를 핵심으로 다루고 있는 반면 선원인권에 대해서는 여전히 무관심한 상태이다. 특히 본인 스스로가 선원임에도 불구하고 하급선원, 실습선원, 외국인 선원이라는 이유로 의도와는 관계없이 선원의 인권을 침해당하는 경우는 더 이상 발생하지 않아야 할 것이다. 따라서 이 연구에서 제기한 선원인권 교육은 학습자인 선원 스스로가 인권에 대한 감수성을 가지고, 승선생활 중 다양한 활동을 통해 타인을 배려하는 관심을 가져야 한다. 결국 선박조직에서 관리자는 어떠한 문제 또는 갈등 상황에 직면하였을 때 선원의 인권을 어떻게 적용하고 조망하느냐?, 한국인 선원과 외국인 선원간의 관계 정립은 어떻게 할 것인가?, 보수적인 선박조직 문화를 어떻게 상호 존중형 문화로 연계할 것인가? 에 대한 해답으로 교육적 해결방안이 핵심이다.

결국 이 연구에서 요약하고 있는 선원인권교육은 인권을 주제로 시행하는 교육내용 중 핵심 요소를 사전에 도출하고, 이를 근거로 교수 및 학습을 점층화하여 가르쳐야 할 내용의 범주와 계열성을 선원인권에 대한 교수자와 학습자의 프레임으로 정리하는 것이다. 이러한 관점에서 선원인권 교육과정은 선원이라는 특수한 직업군에 속하는 개인이 가진 기초적이고 보편적인 권리로서 스스로의 권리를 인지하고, 선원인권을 타인으로부터 또는 자기 스스로부터 존중하여 보호하기 위한 행동양식과 기술, 인권을 존중하는 태도의 형성을 이해하는 과정이라고 할 수 있다. 특히 선원인권교육은 승선생활 중 선원들간에 갈등해결의 핵심원리로서 선원인권을 통한 교육이 반복되어야 한다. 특히 해양계 지정교육기관들은 집체적 교육을 받아야하는 교육환경에도 불구하고, 학습자인 선원의 인권이 충분히 보장받을 수 있도록 학습환경을 조성해야 한다. 이를 통해서 진정한 선원인권교육은 우리나라 해운이 한 단계 성장할 수 있는 근본적인 힘이 될 수 있도록 상호 공감대를 형성해야 한다.

현재 국내에서 비록 횟수는 적지만 소수의 협회, 기업, 단체 등을 중심으로 차별방지와 성희롱 예방 교육 등에 대한 내용에 기초한 선원인권 교육을 시행하고 있다. 그러나 이와 같은 교육시행은 주체자가 선원인권교육에 대한 개념이 부족하거나 전시형 일회성 선원인권교육만을 시행하고 있음을 반증하고 있다. 따라서 혼승선박이 점차 확대되어 가는 우리나라의 해운환경속에서 선원들간의 갈등을 최소화하고, 이와 연관된 핵심 선원인권 침해를 줄이기 위해서는 해운회사, 선원, 정부, 노동단체, 해양계 지정교육기관 모두가 지구상의 인류로서의 가치존재자, 국민의 한사람, 선원으로서 역할과 지위를 인정하는 상호존중의 정서와 문화가 형성되어야 한다. 이를 위한 시발점으로서 국내 지정교육기관들은 선원인권 교육과정을 공동으로 개발해야 하며, 나아가서는 해운회사의 대표 및 임직원, 선원과 직접적인 연관이 있는 유관기관 및 공무원 등 해양수산 전 분야에 걸쳐 효과적인 선원인권교육에 대한 인식확산이 절실히 필요한 시점이다.

【참고문헌】

1. Best. F.(1991), Human Right Education and Teacher Training, London : Cassell, pp. 120-129.
2. Claudia Lohrenscheit(2002), International Approaches in Human Rights Education, International Review of Education, Vol. 48, Issue. 3-4, pp. 173-185.
3. Cho, S. K(2013), Immigrant Seamen's Legal Status, Challenges and Tasks, Journal of Law review, Vol. 33, No. 1, pp. 7-29.
4. Chun, K. O.(2008), Policies for Human Rights Education in Schools and College-Middle School Partnership, Journal of Korean Political Science Association, Vol. 42, No. 4, pp. 189-1212.
5. Heo, J. R, Na, D. S. and Lee, D. S.(2013), The Institutional Improvement for Invigorating Human Rights Education in Korea : Some Implications from Foreign Cases, Journal of Human Rights & Law-related Education Researches, Vol.6, No.1, pp. 171-202.
6. James A. Banks(1998), Teaching Strategies for the Social Studies, 5th Ed. Newyork : Addison Wesley Longman.
7. Jeon, Y. W, Kim, Y. M, Kim, W. S., Jo, S.H and Lee, C. H.(2014), The role and value for seafarers, pp. 11~12.
8. Jin, H.H. and Kim J. K.(2019), A Study on the Improvement Plan for the Protection of Human Rights of Merchant Ship Seafarers, Journal of Korea Maritime Law and Policy Review, Vol. 31, No. 1, pp. 211-227.
9. Jeon, Y. W.(2014), A Study on Major Contents of the Preamble and Articles of Maritime Labour Convention, 2006, Journal of Korea Maritime Law and Policy Review, Vol. 26, No. 3, pp. 97-133.
10. Ko, M. S.(2006), The Meaning of Experiential Education, Asian journal of education, Vol. 7 No. 1, pp. 133-136.
11. Lenhart Volker and Savolainen Kaisa(2002), Human Rights

Education as a Field of Practice and of Theoretical Reflection, International Review of Education, pp. 145−158.

12. Li, K. X. and Ng, J. M.(2002), International Maritime Conventions : Seafarers' Safety and Human Rights, Journal of Maritime Law and Commerce, Jefferson Law Book Company, Vol. 33, No. 3, pp. 381−404.

13. Maria R. S. B. Hubilla(2009), An analytical review of the treatment of seafarers under the current milieu of the international law relating to maritime labour and human right, Master of Science in WMU, pp. 1−82.

14. Moon, M. H(2006), The Development and Validation of a Human Rights Education Program for Pre−service Teachers: Based on the Rests Four Component Model of Morality , Journal of Science Teacher Education, Vol. 20, No. 2, pp. 341−362.

15. Park M. J(2018), On Liberty, Paju : Hyundai Jiseoung, pp. 7−22.

16. Peter B. Payoyo(2018), Seafarers' Human Rights : Compliance and Enforcement, The Future of Ocean Governance and Capacity Development, pp. 468−472.

17. Sayedeh H. H.(2019), Seafarer Abandonment: A Human Rights at Sea Perspective from Iran, Human Rights at Sea Research Paper, pp. 1−30.

18. UNIACC(2010), Final evaluation of the implementation of the first phase of the world programme for human rights education, pp. 1−276.

9. 이방익 표해록 속의 표류민과 해역 세계

김강식

I. 머리말

전 세계의 바다를 연결하는 海域은 바다가 둘 이상의 지역을 나누는 것이 아니라 지역을 하나로 합치면서 연결하는 공간이다.[1] 동아시아해역은 9세기에 형성되어 변화·확장되었다.[2] 동아시아해역은 폐쇄적인 대륙과 달리 다양하면서도 개방된 다문화적인 세계인데, 沿海·環海·連海에 의해 구성되어 있다.[3] 전근대시기에 동아시아해역은 국가 차원과 민간 차원에서 활용되었는데, 민간 차원의 해역은 다층적이면서도 자연적인 성격이 강하였다.[4] 자연발생적인 漂流는 官의 조공체제에 적용되어 해역으로서 영향력이 유지되었던 문제였다.[5] 동아시아의 해역사 입장에서 표류민 문제는 동아시아에서 국경을 초월한 주제였다. 우연히

---

1) 정문수 외, 『해항도시 문화교섭연구 방법론』(선인, 2014).
2) 김강식, 「이지항의 표주록 속의 표류민과 해역 세계」『해항도시문화교섭학』16 (선인, 2017).
3) 濱下武志, 「동양에서 본 바다의 아시아사」『바다의 아시아』1 尾本惠市 外 엮음 (다리미디어, 2003).
4) 김강식, 「이지항의 표주록 속의 표류민과 해역 세계」, 2017.
5) 濱下武志, 「동양에서 본 바다의 아시아사」(2003).

발생했던 사고였던 표류민 문제에는 국가 사이의 대처에서부터 표류민 사이의 개별적인 異文化 인식과 해외 정보에 이르기까지 다양한 문제가 존재하고 있다고[6] 파악되었다.

조선후기에 조선에서 동아시아해역으로 표류했던 조선인 표류민에 대한 연구는 최근 다양한 연구가 진행되고 있다.[7] 이러한 조선후기의 표류 가운데서 李邦翼의 『漂流錄』이 주목되는 이유는 조선시대에 臺灣까지 표류하였다가 돌아온 사례가 많지 않았기 때문이다. 아울러 국왕 正祖가 朴趾源에게 좋은 문체의 글을 지어라는 명령에 따른 「書李邦翼事」가 남아 있으며, 이방익 자신이 장편기행가사 「漂海歌」를 남겨서 일찍부터 국문학계에서 주목해 왔기 때문일 것이다.[8] 그런데 지금까지 이방익의 『표해록』에 대한 연구는 이방익의 『표해록』와 박지원의 『書李邦翼事』내용을 비교·분석한 연구,[9] 이방익이 표류하여 송환되기까지의 교류와 과정, 중국 인식과 체험했던 생활문화를 다룬 연구,[10] 이방익의 『표해록』에 나타나는 지명과 의미를 다룬 연구,[11] 이방익의 표류를 여행 문학과 체험이라는 문학적 시각에서 『표류가』와 『표해록』를 분석한 연구

---

6) 劉序楓, 「표류, 표류기, 해난」『해역 아시아사 연구입문』모모키 시로 엮음, 최연식 옮김 (민속원, 2012).
7) 이훈, 『조선후기 표류민과 한일관계』(국학자료원, 2000); 정성일, 『전라도와 일본 : 조선시대 해난사고 분석』(경인문화사, 2013); 최성환, 『문순득 표류 연구－조선후기 문순득의 표류와 세계인식』(민속원, 2012); 김강식, 『조선시대 표해록 속의 표류민과 해역』(선인, 2018).
8) 최강현 엮음, 『한국기행문학연구』(일지사, 1982). 이후 조규익, 윤치부 등에 의해서 꾸준히 연구되었다.
9) 남호현, 「李邦翼 漂海記錄에 나타난 '서로 다른 길'－한글산문『표해록』과 박지원의 「書李邦翼事」를 중심으로－」『서강인문논총』51 (2018).
10) 백순철, 「李邦翼의 〈漂海歌〉에 나타난 표류 체험의 양상과 바다의 표상적 의미」『韓民族語文學』62 (2012).
11) 김문식, 「≪書李邦翼事≫에 나타나는 朴趾源의 지리고증」『한국실학연구』15 (2008).

로[12] 나눌 수 있다.

본고에서는 이방익의 『표해록』을 해역사의 측면에서 접근·주목해 보고자 한다. 먼저 이방익의 『표해록』에 나타난 표류 계기와 과정을 통해서 동아시아의 지리적 해역을 확인하고, 다음으로 표류민을 통해서 가능했던 해역의 교류와 송환 과정을 살펴보고자 한다. 이런 작업을 통해서 전근대시기에 표류는 단순한 해난사고에만 그치는 것이 아니라 부분적으로 민간 차원의 문화교섭의 통로가 되었으며, 그들이 표류하여 표착했던 해역의 범위를 통해서 해역 세계를 그려보는 하나의 사례로 삼고자 한다. 나아가 그것은 수많은 표류민이 표류·표착했던 해역이 동아시아해역을 구성하기 때문이기도 하다.

II. 『漂海錄』 속의 해역

1. 표류 과정

이방익은 성주이씨의 후손으로 1757년(영조 33) 제주목 좌면 북촌리에서 태어났다.[13] 북촌리 성주이씨 입도조 李星宇는 고려 말 문장가 〈多情歌〉로 알려진 李兆年이 不事二君으로 죽자, 제주 북촌리에 숨어들어 은거하였으므로 무덤조차도 남기지 않았다고[14] 알려져 온다. 이방익의 조부 이정무(1702~1786)는 무과에 등과하여 제주 9진 가운데 명월

---

12) 전상욱, 「이방익 표류 사실에 대한 새로운 기록」 『국어국문학』 159 (2012); 成武慶, 「耽羅居人 李邦翼의 〈漂海歌〉에 대한 研究」 『耽羅文化』 12 (1992).
13) 좌면은 현재의 조천읍을 말한다. 북촌리는 제주도의 북변에 위치하며 제주항에서 동쪽으로 40리가량 떨어진 곳이다.
14) 북촌리에 현재 거주하는 성주이씨 후손 이갑도계서 전해주는 이야기라고 한다 (권무일, 『이방익 표류기』 (평민사, 2017), 41~42쪽).

진 만호로 있었다. 그는 1776년 영조가 승하하자 대궐에서 조곡하고, 능소에서 「달고사」를 읊었다고[15] 한다.

이방익의 아버지 李光彬(1734~1801)은 무과에 급제했으며, 오위장을 지냈다. 이광빈은 젊은 시절 과거를 보기 위해 육지로 가던 중 일본의 長崎島에 표류한 적이 있었다. 이때 의사가 이광빈을 집에 초청하여 일본에 머물기를 간청하면서 자신의 사위가 된다면, 그의 재산이 이광빈의 차지가 될 것이라고 유혹했다. 하지만 이광빈은 '제 부모의 나라를 버리고 재물을 탐내어 다른 나라 사람이 된다면, 개돼지만도 못한 자이다.'라고 비판했다고 한다. 이에 柳得恭은 이광빈이 비록 섬의 무인이지만, 의젓해 남아의 기품이 있다고[16] 치하했다.

전근대시기에 표류과 표착이 흔한 제주도였지만, 이광빈에 이어 아들인 이방익도 표류를 했으므로, 이는 희귀한 경우였다. 1784년(정조 8)에 이방익은 28세의 나이로 상경하여 무과에 응시하여 등과했다. 이방익은 1786년 수문장을 거쳐, 1791년(정조 15)에 元子 돌을 맞아 행한 활쏘기 대회에서 수석을 차지하여 忠壯衛將에 임명되었다. 이방익은 돌아온 후 五衛將 겸 全州中軍에 임명되었으나[17] 곧 사임하고 제주로 돌아왔다.

이방익은 충장장이던 1796년 9월 제주 앞바다에서 뱃놀이하다가 풍랑으로 표류하여,[18] 청의 福建省 澎湖島에 표착하여 臺灣·廈門·北京·義州를 거쳐 이듬해 윤6월 20일에 한성에 도착하여 정조를 만나고, 이때의 일을 국문으로 장편 기행가사 「漂海歌」를 지었다. 이방익 일행의

---

15) 김익수 역, 『南遊錄, 달고사 탐라별곡』 訓民編 (제주문화원, 1999), 11~33쪽.
16) 柳得恭, 『古芸堂筆記』권5, 「李邦翼漂海日記」(국립중앙도서관, TK-9196-4224), 90~91면.
17) 『표히록』單, 51~52면.
18) 제주에서 배를 타고 본토를 향하다가 풍랑을 만나 표류하였다고 기록된 곳도 있다.

표류를 알 수 있는 기록은 그가 표류했다가 돌아온 10개월의 여정을 기록한 『漂海錄』과[19] 「漂海歌」인데,[20] 여기에는 많은 차이가 있다.[21]

〈표 1〉 이방익 일행의 표류 계기 관련 기록

출처	표류 이유	참고사항
표히록 단[22]	이방익이 受由를 받아 집에 왔다가 1796년 9월 20일 船漢 이유보 등과 배를 타고 나갔다가 갑자기 광풍을 만나 표류	서강대도서관 고서 표925
漂海日記	아버지를 京師에서 만나보기 위해 병진 9월 20일 5인과 더불어 배를 타고 가다 서북풍을 만나 표류	국립중앙도서관 TK-9196-4224 (古芸堂筆記 권6, 柳德恭)

---

19) 이방익의 표류 사실을 기록한 자료 가운데 지금까지 알려진 자료는 국가의 공식적인 기록으로 의주부윤 沈晉賢의 狀啓, 『승정원일기』 기사가 있으며, 개인기록으로는 박지원의 「書李邦翼事」가 있으며, 한문산문 李邦仁 「漂海錄」, 한글 「표해록」, 한글가사 「표해가」가 전해 온다. 이 밖에 제주의 성주이씨 가문의 『星州李氏世蹟』에는 「南遊錄」으로 실려 있다. 이런 자료들 가운데 박지원의 「書李邦翼事」와 한글가사 「표해가」는 오래 전부터 알려져 있던 기록이며, 한문산문 「漂海錄」은 1982년 발굴된 기록이며, 의주부윤 沈晉賢의 狀啓와 『승정원일기』 기사는 2000년대 이후부터 언급되기 시작하였다. 이 자료들은 대부분 한문으로 기록되어 있지만, 한글가사 「표해가」는 국한문혼용이며, 서강대 소장의 『표해록』은 순한글 기록이다(전상욱, 「이방익 표류 사실에 대한 새로운 기록-서강대 소장 한글 〈표해록〉과 관련 자료의 비교를 중심으로-」 『국어국문학』 159 (2011), 130~131쪽).

20) 이방익의 「漂海歌」는 몇 종의 다른 본이 남아 있다. 1914년 『청춘』 창간호에 실린 활자본이 가장 앞선 것으로 평가받는데, 나머지는 1930년대의 필사본으로 내용에서 빠진 부분이 있다고 한다(윤치부, 「〈표해록〉의 이본 고찰」, 『한국기행문학작품연구』 최강현 엮음 (국학자료원, 1996), 605~677쪽). 「표해가」의 내용은 앞 부분은 재주 앞바다에서 표류하여 대만 팽호도에 표착하기까지의 15일간의 표류체험이고, 뒷 부분은 팽호도에 도착하여 의주에 도착할 때까지의 기행과 견문으로 전체 작품의 4/5를 차지한다고 한다(백순철, 「李邦翼의 〈漂海歌〉에 나타난 표류 체험의 양상과 바다의 표상적 의미」 『韓民族語文學』 62 (2012), 245쪽).

21) 이방익의 표해 관련 각종 기록과 구체적인 내용에 대해서는 전상욱, 「이방익 표류 사실에 대한 새로운 기록-서강대 소장 한글 〈표해록〉과 관련 자료의 비교를 중심으로-」 (2011), 130~137쪽에 자세하게 정리되어 있다.

22) 표해록은 서강대 로욜라도서관에 소장되어 있는 순한글 필사본 1책이다. 표제는 漂海錄 單, 권수제는 표히록 단으로 되어 있다. 전체 52장이며, 매 면 9행, 매 행 16자 내외로 전체 16,000여 자의 분량이다. 지금까지 알려져 있는 표해가가 4,500여 자임을 고려하면 표해록은 많은 분량이다.

출처	표류 이유	참고사항
漂海日記	아버지를 京師에서 만나보기 위해 병진 9월 20일 5인과 더불어 배를 타고 가다 서북풍을 만나 표류	국립중앙도서관 TK-9196-4224 (恩暉堂筆記 권6, 柳德恭)
承政院日記	아버지를 京師에서 만나보기 위해 병진 9월 20일 5인과 더불어 배를 타고 가다 서북풍을 만나 표류	정조 21년 윤6월 21일
日省錄[23]	본면 牛島에 죽은 어미를 完葬할 산지를 정하기 위하여, 지난해 9월 20일에 같은 마을에 사는 이은성, 김대성, 윤성임, 재종제인 이방언, 使喚人 김대옥·임성주, 船主인 이유보 등 7인과 더불어 한편으로 산지를 보고, 한편으로 가을 경치를 즐기려고 배를 타고 우도로 향함	정조 21년 윤6월 4일
同文彙考	모친이 사망하여 좌면 우도에 무덤을 정했는데, 9월 20일 같은 마을 거주 7인과 함께 모친 산소를 돌보고, 가을경치도 구경하기 위해서 우도로 향하다 동북풍을 만나 표류함	권4, 3532~3533쪽
연암집 권6, 별집, 書李邦翼事[3]	9월 21일에 제주 사람 前 忠壯將 이방익이 서울에 있는 자기 부친을 뵐 양으로 배를 탔다가 큰바람을 만나 표류되어 10월 6일에 澎湖島에 닿음	

    이방익 일행의 표해 관련 기록을 검토해 보면, 이방익 표류에 대한 내용은 한글 『표해록』이 가장 상세하다. 그것은 이방익이 의주로 입국하여 조사받을 때 가지고 있었던 「언문일기」 3책이 후손에 의해서 『표해록』으로 만들어졌을 가능성이 있기 때문이라고[25] 한다.

    먼저 이방익이 표류하게 된 계기에 대해서는 기록에서 두 가지 형태로 서술되어 있다. 첫째, 1796년 9월 제주 앞바다에서 뱃놀이를 즐기다가 풍랑을 만나 표류하였다는 것이다.

---

23) 이방익에 대한 『일성록』의 기록이 이방익 일행의 표류 시점, 과정, 인물 등이 가장 자세하게 묘사되어 있다.

24) 박지원이 지은 『書李邦翼事』는 국왕 정조의 명령으로 박지원이 沔川郡守로 부임한 후 아들 朴宗采에게 부탁하여 朴齊家와 柳得恭에게 이방익의 표류 사실과 자료를 부탁하고, 처남 李在誠에게도 부탁하여 받은 자료 등을 참고하여 작성하였다(박희병, 『고추장 작은 단지를 보내니』(돌베개, 2008), 79~89쪽).

25) 전상욱, 「이방익 표류 사실에 대한 새로운 기록-서강대 소장 한글 〈표해록〉과 관련 자료의 비교를 중심으로-」(2011), 136~137쪽.

이방익이 아뢰기를, 「배가 바람에 휘날려 혹은 동서로 혹은 남북으로 표류하기를 열엿새 동안이나 하였습니다. 일본에 가까워지는 듯하더니 갑자기 방향을 바꾸어 중국으로 향하였습니다. 양식이 떨어져서 먹지 못한 것이 여러 날이었는데, 문득 큰 물고기가 배 안으로 뛰어들어 여덟 사람이 함께 산 채로 씹어 먹었습니다. 먹을 물이 다 떨어졌는데 하늘이 또 큰비를 내려 주어 모두들 두 손을 모아 받아 마시고 갈증을 풀었습니다. 배가 처음 해안에 닿았을 때는 정신이 어지러워 인사불성이 되었사온대, 어떤 사람이 멀리 서서 이를 엿보고 있더니 이윽고 무리를 지어 배에 올라 배 안에 있는 의복 따위들을 모두 챙기고 각자 한 사람씩 업고 나섰습니다. 이렇게 30여 리를 가니 마을이 나왔는데 30여 호쯤 되었고, 중앙에는 공청이 있어 '곤덕배천당'이라는 편액이 걸려 있었습니다. 그들이 미음을 만들어 주어 마시고 화로를 가져다 옷을 말려 주곤 하여 겨우 정신을 차려서는 지필을 청하여 글자를 써서 묻고서야 비로소 그곳이 중국의 복건성 소속인 복건성 팽호도 지방임을 알게 되었습니다.[26]

둘째, 제주도에서 육지로 일을 보러가다가 풍랑을 만나 표류하였다는 기록이다. 즉 한성에서 근무하는 아버지를 京師에서 만나러 1796년 9월 20일 5인과 배를 타고 가다 서북풍을 만나 표류했다는 것이다.

하지만 이방익의 표류 계기와 관련된 기록은 1787년 의부부윤 沈晉賢이 심문하여 보고한 장계에 자세하게 나타난다.[27] 그들이 표류한 계기는 우도에 죽은 어머니를 完葬할 山地를 정하기 위하여 9월 20일에 같은 마을에 사는 이은성, 김대성, 윤성임, 재종제 이방언, 使喚人 김대옥·임성주, 船主 이유보 등 7인과 더불어 산지를 살펴보고, 가을 경치를 즐기려고 배를 타고 우도로 향하다가 동북풍을 만났기 때문이었다고

---

26) 『일성록』정조 21년(1797) 윤6월 21일 기미 ; 『燕巖集』권6, 별집, 書事, 李邦翼의 사건을 기록함.
27) 김문식, 『조선후기 지식인의 대외인식』(새문사, 2009), 329~331쪽.

보는 것이 타당할 것 같다.

　　이방익이 공초하기를 '저는 제주목 좌면 북촌에 사는 백성으로 무
과에 급제하여 일찍이 忠壯將을 지냈습니다. 본면 우도에 죽은 어미를
完葬할 山地를 정하기 위하여 지난해 9월 20일에 같은 마을에 사는
이은성, 김대성, 윤성임, 재종제인 이방언, 使喚人 김대옥·임성주,
船主인 이유보 등 7인과 더불어 짝을 지어 한편으로 산지를 보고 한편
으로 가을 경치를 즐기려고 배를 타고 우도로 향했습니다. 우도는 바
로 본주에서 수로로 50리입니다. 조반을 먹은 후에 배를 띄워 우도에
가까워질 무렵 동북풍이 갑자기 크게 불어 배를 제어하지 못하고 대양
에 표류해 들어가 아무도 갈 곳을 몰랐습니다. 25일 저녁에 바람이 조
금 그쳐서 머리를 들어 사방을 바라보니 동남쪽에 큰 섬 3개가 단지
3, 4십 리쯤 되는 곳에 있기에 이것은 필시 일본의 外島일 것이라고
생각했습니다. 그런데 동북풍이 갑자기 또 크게 불어 서남쪽 大海로
표류하여 파도를 따라 오르내렸으나 아무 데도 안전하게 정박할 곳이
없었습니다. 5일 동안 기갈이 점점 심해졌는데 26일에 비가 내렸으므
로 의복에 젖은 물을 취하여 마시고 겨우 연명할 수 있었습니다. 10여
일이나 주린 창자에 복통까지 일어나 살기를 바라기 어려웠습니다. 그
런데 10월 4일 아침에 갑자기 큰 물고기가 배 안으로 뛰어 들어왔기
에 쪄서 나누어 먹으니 정신이 조금 안정되었습니다. 날이 저물 때 다
행히 한 섬에 정박하여 저희들 8인이 근근이 육지에 내려 바위에 기대
고 있었는데, 우연히 어떤 사람이 와서 보고 가더니 오래지 않아 수백
인이 왔는데 바로 대국인들이었습니다. 저희들을 영솔하고 한 처소에
들어가 居接하게 하였습니다. 제가 언어는 통하지 않지만 문자는 약간
알고 있기 때문에 글을 써서 지명을 물으니, 바로 복건성 澎湖府의 외
도였습니다. 곧 묽은 죽을 나누어 주었습니다.[28]

---

28) 『일성록』 정조 21년(1797) 윤6월 10일, 義州府尹沈晉賢以濟州漂人李邦翼等從大
　　國出來馳啓.

다음으로 이방익 일행이 표착한 곳은 복건성의 澎湖島였는데,[29] 이 곳은 무역선이 폭주하는 해역의 요충지로 변하고 있었다. 그들이 표류하여 16일째 되는 날 큰 섬이 드러나고, 배가 해안에 닿았다. 배는 여덟 명을 해안에 내동댕이치고 다시 바다로 흘러가 산산조각이 되었다. 일행이 넘어져 있었는데, 지나가는 어부를 만났다. 그의 복장이 중국인이었고, 표착한 곳은 팽호군도의 한 섬이었다고[30] 한다.

마지막으로 이방익과 함께 표류했던 일행은 모두 8명이었다. 그가 탔던 배의 선주는 李有寶였다. 나머지는 使喚 金大玉, 任成柱이고, 같은 마을에 거주하는 李恩成, 金大成, 尹成任이며, 재종제 李邦彦이었다. 이방익 일행은 이유보의 배를 타고, 어머니의 묘지를 잡고 가을 경치를 즐기기 위한 일행들이었음을 알 수 있다.

〈표 2〉 이방익 일행의 표류자[31]

직책	이름	참고
船主	李有寶	
	李邦翼	忠壯將
	金大玉, 任成柱	使喚
	李恩成, 金大成, 尹成任	同村居人
	李邦彦	再從弟

---

29) 『연암집』 권6, 별집, 李邦翼의 사건을 기록함.
30) 『일성록』 정조 21년(1797) 윤6월 21일 기미; 『燕巖集』 권6, 별집, 書事, 李邦翼의 사건을 기록함.
31) 『일성록』 정조 21년(1797) 윤6월 10일 무신; 『일성록』 정조 21년(1797) 윤6월 21일 기미; 『燕巖集』 권6, 별집, 書事, 李邦翼의 사건을 기록함.

2. 표류 해역

이방익 일행이 표류했던 해역은 동아시아해역 가운데 동중국해였다. 이방익은 1796년 9월 21일 제주도에서 표류한 후 빗물을 받아 마시고, 우연히 뛰어든 물고기를 잡아먹으며 겨우 연명하다가 10월 6일 澎湖 諸島의 섬에 도착하여 그곳에서 구조되었다.[32] 이후 그들은 중국 남쪽의 海防과 교류의 기지였던 복건성의 廈門으로 이송되었다. 즉 이방익 일행이 실제 표류했던 해역과 해로는 濟州 → 澎湖 → 臺灣府 → 廈門이였는데, 10월 6일 팽호도에 표착하기까지 16일이 걸렸다.[33]

조선후기에 조선 표류민이 청나라에 표착한 경우 표착지와 표착 해역에는 일정한 경향성이 있었다고[34] 한다. 특히 제주도 해역에서 표류하면 일본의 서해안에 많이 표착하는 경우가 많았다. 그 이유는 연중 대륙 쪽에서 동쪽으로 불어오는 바람 때문이었으며, 해류의 영향도 컸다.[35] 하지만 이방익 일행은 일본을 지나서 대만으로 표류하였다.[36] 이러한 표류는 예외적인 경우였지만, 조선 중종대부터 이미 파악되고 있었다. 제주도에서 표류한 어부들이 동풍에 밀리면 반드시 중국의 福建 지방에 이르게 되고, 동북풍이 불어오면 남쪽으로 향하여 반드시 流球國에 닿았다고[37] 한다. 이처럼 우리나라 서해에서 겨울철에 표류하는

---

32) 『표해록』단, 4~5면.
33) 『표해가』에서는 10월 초4일에 팽호부에 도착한 것으로 기록되어 있다.
34) 宇田道隆, 『海の探究史』(東京: 河出書房, 1941); 池内敏, 『近世日本と朝鮮漂流民』(東京: 吉川弘文館).
35) 대마도와 長門에서는 겨울에 부는 서풍이나 서북풍을 아나지(穴風)이라고 불렀다고 한다(岸浩, 「長門北浦に漂着した朝鮮人の送還」, 1997, 7쪽).
36) 이 밖에도 조선후기에 제주에서 대만으로 표류하는 경우가 있었다. 鄭運經의 『耽羅聞見錄』에 1729~31년에 기록된 3사례가 있으며, 1852년 9월의 梁瑞洪 일행, 1870년 2월 朴春錄 일행의 표류 사례이다(이수진, 「조선후기 제주 표류민의 중국 표착과 송환 과정」『온지논총』 53, 2017), 113~114쪽).
37) 『중종실록』권102, 중종 39년 3월 정묘.

경우 유구 열도와 중국의 동남해안에 표착하기도 하였다.

먼저 이방익 일행이 표류하게 된 것도 해류와 바람의 영향을 받았기 때문이었다. 동아시아해역에서 표류가 발생하는 주요 이유는 近海에서는 겨울철의 해풍이 제일 중요한 이유였다고[38] 한다. 한편 遠海에서는 해류의 영향을 많이 받았을 것으로 보인다. 구체적으로 필리핀 북부에서 제주도 해역에 흘러가는 쿠로시오(黑潮)해류와 지류인 쓰시마(對馬) 해류, 황해 난류의 영향을 받았을 것으로 보인다.[39]

쿠로시오해류는 태평양 서부 필리핀에서 시작하여 대만과 일본을 거쳐 흐르는 해류였다.[40] 쿠로시오 해류의 일부는 일본의 최남서단 섬 사이로 흘러들어 동중국해로 들어왔다가 제주도의 남쪽 해상에서 갈라진다. 그 가운데 한 줄기는 동쪽으로 방향으로 바꾸어 일본 동남쪽 해안을 따라 흐르고, 다른 한 줄기는 제주도의 남동쪽으로 올라와 서해와 동해로 흘러 들어 간다. 주로 동해로 진입하고 일부 난류가 서해로 진입하는데 이것을 '황해 난류'라고[41] 한다. 그러나 황해 난류는 중국 대륙연안류의 남하에 따라 내려오다가 동중국해류와 함께 대만쪽으로 흘러간다고[42] 한다.

반면에 조선후기에 청에서 조선으로 표류해 오는 경우 진도 등 남서해안에 표착하는 경우가 많았는데,[43] 대부분 겨울이었다. 특히 동아시아는 몬순지대로 계절풍이 불어왔는데, 남중국해와 동중국해에는 겨울철에 북서풍이 강하게 불어왔다. 이방익 일행이 표류했던 해역과 송환 경로를『표해록』에서 찾아보면 다음과 같다.

---

38) 한일관계사학회 편,『조선시대 한일표류민연구』(국학자료원, 2001), 72~74쪽.
39) 宇田道隆,『海の探究史』(1941), 202~207쪽.
40) 宇田道隆,『海』(東京: 岩波書房, 1939), 123~128쪽.
41) 권덕영,『신라의 바다 황해』(일조각, 2012), 39~40쪽.
42) 이석우,『한국근해해상지』(집문당, 1992), 65~74쪽.
43) 김경옥,「조선의 대청관계와 서해지역에 표류한 중국 사람들」『한일관계사연구』 49 (2014), 135~139쪽.

〈지도 1〉 이방익 일행의 표류 해역과 송환 경로

　다음으로 이방익 일행이 송환되어 온 과정은 해로와 육로로 구분할
수 있는데, 해로는 팽호 → 대만부 → 하문이었다. 구체적인 노선은 제
주에서 복건성 팽호도, 복건성 팽호도에서 대만부, 대만부에서 복건성
하문에 이르는 세 해역이었다. 이방익이 표류했던 해역과 송환로를 살
펴보면 팽호에서 대만까지는 水路로 2일, 대만에서 廈門까지는 수로로
10일이며, 하문에서 福建省城 까지는 1,600리 였다. 이 해역은 동아시
아 해역 가운데서 동중국해역이었다. 이어서 육로로 명나라의 하문 →
소주 → 북경 → 의주 → 한성으로 돌아왔다.

III. 표류민의 이문화 체험과 교류

1. 표류 생활과 체험

전근대시기에 복건성 팽호제도로 표류했던 이방익 일행은 대만과 복건성에서 중국의 이국문화를 체험하였다. 교류가 흔하지 않았던 전근대시기에 표류는 뜻하지 않게 이국문화를 체험하고 도입하는 계기가 되기도 했다.[44] 때문에 표류민들은 자기들이 경험했던 특이한 점을 중심으로 기록을 남기는 경우가 많았다. 이방익의 이동 경로를 따라서 체험한 내용을 살펴보면 다음과 같다. 대만부에서 이방익 일행에게 인상적이었던 것은 밤에도 유리등을 켜서 거리가 밝으며, 기이한 새가 시간을 알려주는 모습이었다.

> 두 척의 큰 배에 나누어 타고 서남으로 향하여 이틀 만에 대만부의
> 북문 밖에서 하륙했는데, 번화하고 장려하여 길 양옆에 누대가 늘어서
> 있고 밤에는 유리등을 켜 대낮처럼 밝았습니다. 또 기이한 새를 채색
> 초롱에 기르고 있는데 그 새는 시간을 알아서 울곤 하였습니다.[45]

이방익 일행은 대만에서 7일을 머문 후 배로 廈門으로 이동하였는데, 이곳에서 朱子를 배향한 紫陽書院을 참배하고 난 후 유생들이 와서 다정스레 대해 주었다. 이것은 명에서 청으로 정권 교체가 된 이후 강남의 사정을 설명해 주는데, 명나라 사람들은 청의 건국 이후 조선에 대한 인식이 우호적이었음을 알 수 있으며, 대만의 청나라에 대한 인식을 드

---

44) 김강식, 「李志恒 ≪漂舟錄≫ 속의 漂流民과 海域 세계」 『해항도시문화교섭학』 16 (2017), 140쪽.
45) 『일성록』 정조 21년(1797) 윤6월 21일 기미; 『연암집』 권6, 별집, 書事, 李邦翼의 사건을 기록함.

러내고 있다.

> 대만에 머문 지 7일째 되던 날 글을 올리고 돌아갈 것을 청했더
> 니, 관에서 옷 한 벌을 내주고 전별연을 열어 송별해 주었는데 손을
> 꼭 잡고 아쉬워하였습니다. 배로 하문에 이르러 자양서원에 머물렀는
> 데, 들어가서 주자의 상에 절을 하니 유생 수백 명이 와서 보고 다정
> 스레 대해 주었습니다. 험한 길에는 또 죽교를 타고 갔으며 동안현의
> 치소와 천주부, 홍화부를 지났는데, 대홍교가 있어 좌우로 용주 만여
> 척이 줄지어 서 있고 노래와 풍악 소리로 시끌벅적하였습니다.[46]

더욱이 이방익 일행은 복건성에서는 의복과 음식이 우리나라와 비슷
하여 동질성을 가질 수 있었다. 그러나 귤과 유자가 드리워 있고, 사탕
수수를 던져준다는 것은 우리나라와 다른 기후와 풍토를 알 수 있는 소
중한 경험이었다.

> 정월 초닷샛날 복건성에 들어서니 문안에 법해사라는 절이 있었
> 고, 보리는 하마 누렇게 익었으며 귤과 유자는 열매가 드리워 있고 의
> 복과 음식이 우리나라와 비슷하였습니다. 우리를 보러 온 사람들이
> 앞 다투어 사탕수수를 던져 주었으며, 어떤 이는 머뭇거리고 아쉬워
> 하며 자리를 떠나지 못하였고, 어떤 이는 우리의 의복을 입어보고 서
> 로 바라보며 눈물을 흘리기도 했으며, 또 어떤 이는 옷을 안고 돌아가
> 가족들에게 보여 주고 돌아와서는 '소중하게 감상하면서 가족들과 돌
> 려 보았'고도 말하였습니다.[47]

이 밖에도 이방익 일행은 감제, 화생, 생강 등의 농작물을 목도하고

---

46) 『일성록』 정조 21년(1797) 윤6월 21일 기미; 『연암집』 권6, 별집, 書事, 李邦翼의
사건을 기록함.
47) 『일성록』 정조 21년(1797) 윤6월 21일 기미; 『연암집』 권6, 별집, 書事, 李邦翼의
사건을 기록함.

상세하게 특징을 기록하였다. 감계는 무처럼 생겼는데, 맛이 달고 먹으면 배가 부르고, 나무는 옥수수 같은데 열매가 없고 뿌리를 캐어 먹는 작물이다.[48] 화생은 落花生으로 땅콩이었다. 생강과 감계를 함께 달이면 생강 正果가 되고, 조선에서는 閩薑이라고 불렀다고[49] 한다. 또 복건성에서 절강성으로 가는 길에서는 계단식 논에 물을 끌어다 대는 水機라는 水車를 보기도 하였다.[50] 북경의 조선관에 머물 때 이방익은 약타(낙타)와 太平車를 구경하였다. 태평차는 지체가 높은 사람이 타는 수레였는데, 청나라 때에 일반화된 운송수단이었다.

이처럼 제주도에서 표류하여 복건성의 팽호도에 표착했던 이방익 일행은 조선에서 경험하지 못했던 다양한 이국적인 문화를 경험하였다. 이들 일행을 통해서 조선인과 청나라 사람들이 대면하고, 이국문화를 경험하는 소중한 기회가 되었다. 특히 청의 건국 이후 대만과 강남 지역에 대한 정보와 인식을 알게 되었다.

2. 표착 후의 교류

조선후기에 타국에 표착했던 표류민들은 언어는 잘 통하지 않았지만 현지인과 다양한 형태의 교류를 했다. 복건성 팽호도에 표착했던 이방익 일행은 청나라에 머무는 동안 각자의 소지품을 팔거나 청나라 관청에서 제공하는 비용을 받아 생활에 필요한 물품을 구입했으며, 방문지에서 선물로 받은 것도 있었다. 때문에 각자가 소지한 물품의 종류가 꽤 많았

---

48) 한글 『표해록』 31면.
49) 한글 『표해록』 30~31면
50) 한글 『표해가』 31면. 한편 이에 앞서 명나라 때 표류했다 돌아온 최부도 강남의 수차에 대해서 기록하고 있다(박원호, 『최부 표해록 연구』 (고려대출판부, 2006), 258~264쪽.

다. 이런 모습은 의주부윤 沈晉賢이 이방익 일행이 귀국하자, 의주에서 이방익 일행의 소지품을 조사한 후 본인들에게 돌려주었다는[51] 물품의 종류에서 알 수 있다.

전근대시기에 동아시아해역의 표류민들은 한자를 통해서 서로 소통할 수 있었다.[52] 이방익 일행은 한문을 아는 이방익을 통해서 당시 청나라 사람들과 소통하면서 제한적이지만 교류를 할 수 있었다. 이방익이 현지인들과의 교류에서 명의 멸망 후 대만에서 조선에 대한 동경의 모습을 알게 되었다. 이에 정조는 의리론이 대만까지 알려진 사실에 만족했다.

> 일전에 표류되었다가 돌아온 전 衛將 이방익을 불러 보았더니, 그는 대만에까지 표류되어 갔었는데, 그곳 사람들은 그가 조선 사람이라는 말을 듣고는 그를 접대하는 범절이 몹시 공손했고 우리나라를 흠모하는 정도가 여느 오랑캐들이 중국을 사모하는 정도일 뿐만이 아니라고 하였다. 그 까닭을 물어보았더니, 그곳 사람들도 역시 조선이 春秋의 의리를 잘 지키고 있음을 알기 때문에 그렇다고 하였다. 이로써 본다면, 춘추의 대의란 비록 공허한 말인 듯하지만, 그것이 온 천하에 빛이 됨은 필시 어떠한 정도이겠는가.[53]

한편 이방익 일행의 청나라 사람들과의 교류를 통해서 대만과 복건성 등 강남에 대한 지리정보가 알려졌다. 이러한 모습은 박지원의 지리고증을 통해서 알 수 있다.[54] 이방익 일행이 표착했던 복건성 팽호도는 서쪽으로 泉州의 金門과 서로 마주 보고 있었다.

---

51) 김문식, 『조선후기 지식인의 대외인식』 (새문사, 2009), 331쪽.
52) 김강식, 『조선시대 표해록 속의 표류민과 해역』 (선인, 2018), 61쪽.
53) 『弘齋全書』 권178, 日得錄18, 訓語 5.
54) 『연암집』 권6, 별집, 書事, 李邦翼의 사건을 기록함.

圖經(지도책)에 의하면 복건성 팽호도는 東吉嶼, 西吉嶼 등 36개의 섬이 있어 바다를 건너는 자는 반드시 동길서와 서길서를 경유해야 한다. 예전에는 同安縣에 소속되어 있었는데, 명나라 말기에 이르러 지역이 바다 한가운데에 위치하고 백성들이 흩어져 있음으로 인해 세금 수납이 불가능하므로, 마침내 논의하여 포기해 버렸습니다. 그 후 內地의 백성들이 부역에 시달리다 못해 가끔 그 안으로 도피해 갔는데, 同安과 漳州의 백성이 가장 많았습니다. 紅毛(네덜란드인)가 대만을 점령했을 때 이 지역도 아울러 차지했으며, 鄭成功 부자가 다시 대를 이어 웅거할 때, 이 지역을 맡고 대만의 문호로 삼았습니다. 주위를 빙 둘러 36개의 섬이 있는데, 그 중 제일 큰 섬은 媽祖嶼 등지로 澳門口에 두 砲臺가 있고, 그 다음은 西嶼頭 등지이며, 각 섬들 가운데 西嶼만이 조금 높을 뿐 나머지는 다 평탄하다. 廈門으로부터 팽호에 이르기까지는 물빛이 검푸른 색이어서 그 깊이를 헤아릴 수가 없으며, 뱃길의 中道가 되어 순풍이면 겨우 7更 반 만에 갈 수 있는 물길이지만, 한번 태풍을 만나면 작게는 別港에 표류되어 한 달 남짓 지체하게 되고, 크게는 암초에 부딪쳐 배가 엎어지게 된다. 그러므로 뱃사람들은 바람을 보고 기후를 점치는 방법을 가지고 있다. 나침반으로 방향을 정하였고, 바다에 나갈 때는 시기에 따라 각각 그 방향을 달리하였다. 즉 봄과 여름에는 鎭海坼를 통해 바다로 나가는데, 정남풍이 불면 乾亥方에서 巽巳方을 향해 나아가며, 서남풍이 불면 乾方에서 巽方을 향해 나아갑니다. 겨울에는 寮經을 경유하여 바다로 나가는데, 정북풍이 불면 戌方에서 辰方을 향해 나아가고, 한밤중에는 乾戌方에서 巽辰方을 향해 나아가며, 동북풍이 불면 辛戌方에서 乙辰方을 향해 나아간다. 혹 圍頭를 경유하여 바다로 나가기도 하는데, 정북풍이 불면 乾方에서 巽方을 향해 나아가고, 한밤중에는 乾亥方에서 巽巳方을 향해 나아가며, 동북풍이 불면 乾戌方에서 巽辰方을 향해 나아간다. 어느 방향으로 나아가든 날이 밝아질 즈음이면 모두 팽호의 西嶼頭를 볼 수가 있다. 팽호를 거쳐 대만으로 갈 때에는 모두 巽方을 향해 나아가는데, 저물녘이면 대만을 볼 수 있다. 팽호는 애초에 벼를 심을 만한 水田이 없었고, 다만 고기 잡는 것으로써 생계를 삼았으며 혹은 남새를 가꾸어 자급하는 형편이었는데, 지금은 무역선이

폭주하여 점차 살기 좋은 곳으로 변하고 있다.[55]

이처럼 이방익 일행이 표착했던 팽호도의 구성, 해역, 수심, 운항 방법, 해풍, 해로 방향 등을 자세하게 알 수 있었다. 특히 팽호도는 36개의 섬으로 구성되어 있으며, 해역을 건너는 사람들은 동길서와 서길서를 지나야만 했다고 동아시아해역에 대한 지식도 알게 되었다. 아울러 대만의 역사 등에 대해서도 조선에서 관심을 갖게 되는 계기가 되었다.[56] 특히 네덜란드가 대만을 점령했던 역사도 알려지게 되었다. 그것은 명나라의 멸망 이후 鄭成功 일당의 소탕 이후에 청에 지배를 받게 된 사정과 연관성이 있었다. 하지만 이방익은 山東 이북 지역은 토속이 비루하고 인심이 각박하다고[57] 부정적으로 서술하고 있다. 반면에 물산이 풍부했던 강남에서는 銀子 등을 선물받기도 했으므로 긍정적으로 인식하였다. 한 예로 이방익 일행이 조선의 의관을 복건성에서 빌려달라는 부탁을 받았는데,[58] 이것을 박지원은 崇明義理 사상에 연결시켜 이해하였으며, 이방익의 인식도 그러한 입장이었다.

IV. 표류민의 송환 과정

1. 표착 후의 절차

동아시아해역에서 표류민 송환체제는 청의 책봉체제를 바탕으로 乾

---

55) 『연암집』 권6, 별집, 書事, 李邦翼의 사건을 기록함.
56) 김영신, 『대만의 역사』(지영사, 2001) 4~6장.
57) 『승정원일기』 권1778, 정조 21년 윤6월 19일 정사.
58) 『연암집』 권6, 별집, 書事, 李邦翼의 사건을 기록함.

隆 연간에 확립되었지만,[59] 이전부터 동아시아 각국 사이에는 상호 표류민을 송환해 주는 관행이 있었다. 전근대시기에 표류민의 송환에는 인도주의와 상호주의가 전제되어 있었다. 조선·청·일본·유구 사이에서 발생한 표류민의 경우 표착지 국가에서 모든 비용을 부담하여 무상으로 송환하는 체제가 확립되어 운영되었다.[60] 동아시아인들은 표류민을 경계하기보다는 해난사고를 당하여 살아서 돌아온 뱃사람으로 인식하여[61] 처리하였다.

조선과 청 사이의 표류민 송환 문제가 논의되기 시작한 것은 17세기 중기였다고[62] 한다. 시기적으로 살펴보면 강희제(1662-1722) 때 해금령이 해제되면서 중국 상선들의 해외 진출이 가능하였다.[63] 이때 조선과 청나라의 관계는 현안문제인 交易·越境·漂民·疆界 등에 대해서는 수직관계였다.[64] 옹정제(1722-1735)는 개혁조치를 단행하여 청조의 최대 전성기를 구가하자, 조선의 지식인들도 청조를 현실적으로 인정하기 시작하였다. 이에 1735년에 조·청 사이의 표류민 문제에 대한 정상적인 외교관계가 성립되었다고[65] 한다. 건륭제(1736-1795)는 안정된 정치적·재정적 기반 아래 중국 역사상 최대 영역을 통치하였다. 이때 해금

59)『淸高宗實錄』권52, 乾隆 2년 윤9월 庚午條.
60) 이훈,『조선후기 표류민과 한일관계』(국학자료원, 2000); 신동규,「근세 표류민의 송환유형과 국제관계」『강원사학』17 (2002); 김강일,「전근대 한국의 해난구조와 표류민 구조 시스템」『동북아역사논총』28 (2010).
61) 김경옥,「조선의 대청관계와 서해해역에 표류한 중국 사람들」『한일관계사연구』49 (2014).
62) 조선 해역에 표착한 중국 漂到民에 관한 연구는 이수열 외,『동아시아해역의 해항도시와 문화교섭 II -해항도시·문화교섭-』(선인, 2018), 200~240쪽.
63) 松浦章,「朱印船の中國·朝鮮漂着をめぐっ」『南島史學』55 (2000), 238쪽.
64) 최소자,「淸과 朝鮮: 明·淸交替期 동아시아의 國際 秩序에서」『이대사학연구』22 (1965), 22~39쪽.
65) 고동환,「조선후기 선상활동과 포구 간 상품유통의 양상: 표류관계기록을 중심으로」『한국문화』14 (1993), 285~287쪽; 劉序楓,「표류, 표류기, 해난」(2012), 134~135쪽.

정책이 해제되면서 조선에 표착한 중국인 표류사건이 무려 3배로 급증하였다. 그 이유는 해금정책이 해제되었기 때문이었다.

동아시아 표류민 송환체제와 관련하여 주목할 것은 건륭제가 황제로 등극한 다음해인 1737년에 표류민 구호조처를 발표한 일이다. 당시 유구국 선박이 浙江省에 표착해 왔다는 보고를 받은 건륭제가 즉각 표류민 구호에 필요한 자금 및 조례를 만들어 선포하였다. 이 규정의 요지는 청 연안에 표류민 구휼에 필요한 금전·식량·의복 등의 물품과 수량을 정하여 하달하였다.[66] 이 규정은 조공국과 비조공국 구분 없이 모두 후하게 대접해서 본국에 송환하도록 하였다고[67] 한다. 이방익 일행은 청에서 세 단계를 거쳐 조선으로 송환되었다.

먼저 청나라 팽호제도의 한 섬에 표착한 후 이방익 일행은 馬宮衙門에서 조사를 받았는데 問情官은 馬宮大人이었다고[68] 한다.

여덟 사람이 함께 채선을 타고 5리쯤 가서 마궁의 아문으로 나아가니 강물을 따라 채선 수백 척이 널려 있고 강가에는 화각이 있는데 바로 아문이었습니다. 문 안에서 소리를 높여 세 번 외치고는 우리 여덟 사람을 인도하였습니다. 마궁의 대인이 홍포를 입고 의자에 앉아 있었는데 나이는 예순 남짓하고 수염이 좋게 났으며, 계단 아래에는 붉은 일산을 세우고 대상에는 시립해 있는 자가 80명쯤 되었습니다. 모두 무늬 새긴 비단옷을 입고 있었는데 혹은 남색 혹은 노색이었으며, 혹은 칼을 차고 혹은 화살을 짊어졌고, 대하에는 붉은 옷 입은 병졸이 30명쯤 되는데 모두 몽둥이를 쥐고 있었으며 간혹 대나무 작대기도 쥐고 있었습니다. 황룡기 2쌍을 들고 징 1쌍을 울리면서 우리

---

66) 『欽定戶部則例』 권105, 蠲邮, 邮賞 下.
67) 劉序楓, 「청대 중국의 외국인 표류민의 구조와 송환에 대하여」 『동북아역사논총』 28 (2010), 134~135쪽.
68) 마궁대인은 마조신앙과 연관되기도 한다(진경지, 「18세기 조선 표류인의 눈으로 바라본 대만의 겉과 속」 『한문학논총』 47·48 (2017)), 13~16쪽.

여덟 사람을 인도하여 대상에 올라가니 마궁의 대인이 바다에 표류된 연유를 묻기에, 우리는 조선 전라도 전주부 사람으로서 이러이러한 연유로 표류하게 되었다고 대답했습니다.[69]

여기서 주목되는 사실은 이방익 일행이 팽호부에서 마궁대인의 질문에 대답할 때, 자신들을 제주 사람이라고 하지 않고 전주 사람이라고 대답하였다. 그 이유는 제주 출신 사람을 流球國 사람들이 꺼려했기 때문이었다고[70] 한다.

이처럼 이방익 일행이 도착한 팽호제도에는 馬宮衙門이 있었다. 일행은 마궁아문의 환대를 받으며 며칠 머물면서 몸을 회복하고 난 후, 팽호부 성으로 옮겼다가 배를 타고 臺灣府에 도착하였다. 이곳에서 여러 官長들을 만나 표류한 사연을 진술하고, 내륙으로 건너갈 수 있는 적당한 바람을 기다렸다. 1797년 1월 4일 지금의 대만해협을 건너 廈門에 도착하였다.[71]

다음으로 하문에서 육로로 泉州를 거쳐 法海寺에 들렀다가 복건성에서 황제의 명령을 기다렸다. 복건성은 이방익 일행의 임시 숙소로 법해사를 정하였는데, 이곳에서 66일을 머물렀다. 마침내 2월 20일 巡撫使 馬逵吉의[72] 호송을 받으며 閩淸에 이르렀다. 4월 8일 杭州에 도착하자,[73]

---

69) 『일성록』 정조 21년(1797) 윤6월 21일 기미; 『연암집』 권6, 별집, 書事, 李邦翼의 사건을 기록함.

70) 제주도인들이 출신지를 위장한 이유는 유구 태자 살해설과 안남 태자 살해설이 널리 알려져 있다(정성일, 『전라도와 일본』(경인문화사, 2013), 266~272쪽.

71) 『표히록』 단, 4~5면.

72) 『승정원일기』에는 馬勝吉로 되어 있다.

73) 이방익 일행이 洞庭湖와 岳陽樓를 유람했는지에 대해서는 논란이 있다. 가장 중요한 노정의 차이는 박지원이 동정호가 아니라 江蘇省의 太湖로 추정하였기 때문이다(남호현, 「李邦翼 漂海記錄에 나타난 '서로 다른 길'-한글산문 《표해록》과 박지원의 〈書李邦翼事〉를 중심으로-」 『서강인문논총』 51 (2018), 239~251쪽.

그들을 태우고 갈 朝鮮國蕃人護送船이 준비되어 있었다.[74] 4월 25일 揚州에 이르러 金山寺를 구경하고, 3일 江南省을 지나 山東 지방을 거쳐 5월 9일 北京에 도착하였다.[75]

마지막으로 북경에서 청나라 관리에게 그동안의 사연을 진술한 후 朝鮮館에 20일간 머물면서 돌아갈 날을 기다리다가, 6월 2일 太平車를 타고 조선관을 출발하여 山海關, 瀋陽, 鳳凰城을 거쳐 1797년 윤6월 4일 의주에 도착하였다.[76]

이처럼 청나라에 표착하는 경우 육로나 수로를 통해 경유지에서 問情이 이루어지고, 최종적으로 북경에서 표류 전말에 대한 문정을 마친 후 柵門 등을 거쳐서 의주로 귀환하였는데,[77] 이방익의 사례도 마찬가지였다.

> 어제 亥時에 黔同島의 把守軍이 와서 고하는 말에 中江 건너편에 대국 사람들이 나왔다고 했습니다. 그래서 즉시 訓導로 하여금 가 보게 했더니, 통관 寶德이 從人 6명과 함께 말 7필을 가지고 禮部의 咨文을 받아 바다를 표류한 우리나라 사람 8명을 영솔하고 왔습니다.[78]

한편 이방익 일행이 청나라의 보호 아래 귀국하자, 조선 정부는 감사하는 回咨를 작성하여 청나라에 보냈다. 일반적으로 회차는 禁軍이 파발마를 타고 의주로 전달했으며, 의주부에서는 이를 요동성 鳳凰城의

---

74) 『표히록』단, 49면.
75) 『표히록』단, 44~45면.
76) 『표히록』단, 44~45면.
77) 김동전, 「18세기 '問情別單'을 통해 본 중국 표착 제주인의 漂還 실태」『한국학연구』42 (2016), 443쪽.
78) 『일성록』정조 21년(1797) 윤6월 10일, 義州府尹沈晉賢以濟州漂人李邦翼等從大國出來馳啓.

장수에게 전달하여서 북경으로 전달하도록 했다.[79] 이렇게 해서 이방익의 송환절차는 끝났다.

　이제 이방익 일행이 표착이 확인된 후 인도적인 구호조치를 받는 모습을 살펴보면, 이방익 일행이 의주부에서 수검 받을 때 이방익의 소지품을 통해서 알 수 있다.

> 　짐을 풀어 搜檢하니, 이방익의 물건은 무명 이불 1건, 羊皮 저고리 4건, 靑片氈 1조각, 貢緞 20자, 帽緞 10자, 雜香 6개, 바늘 1封, 斗靑 4자, 石鏡 1面, 담뱃대 15개, 가위 3개, 모자 2立, 붓 3자루, 색실 1냥, 唐墨 1頂, 색주머니 1개, 斑布 보자기 1건, 諺書日記 3건, 皮布 2 자, 청색 무명 長衣 3건, 花子皮 저고리 1건입니다.[80]

　한편 청나라에 표착하여 이방익 일행이 받은 구호품은 1796년 10월 26일 팽호부에서 이방익은 10냥, 나머지는 각 4냥을 지급받았다. 대만부에서 10월 29일 쌀 2되와 반찬값 80文을 제공받았으며, 11월 14일 털모자, 大綿衫, 천으로 만든 신발값으로 돼지 한 마리 등, 은자 20냥을 제공받았으며, 배 값으로 30냥을 받았다. 12월 10일 팽호부 아문에서 돈 10貫을 받았으며, 12월 27일 천주부에서 은자 1냥씩을 제공받았다. 1797년 1월 5일 복주에서 매일 각자에게 돈 100문을 받았으며, 각자 편의에 따라 먹게 했다. 3월 21일 양주 강도현에서 각자에게 향 1部를 주었다. 6월 1일 제독이 은 2냥씩을 주었다. 이방익 일행이 받았던 구호품과 지원금은 상당한 규모였다.

　이방익 일행의 소지품에는 이불, 의복 등 생필품이 공통품목으로 들어 있다. 그들 일행이 가장 많이 가지고 있던 많은 품목은 貢緞, 黑角,

---

79) 『일성록』 정조 21년(1797) 윤6월 20일 무오.
80) 『일성록』 정조 21년(1797) 윤6월 10일 무신.

長衣 등이었는데, 특이한 품목으로는 담배와 담배대가 포함되어 있어서 담배의 광범위한 유통과정을 확인할 수 있는 점이다. 이방익 일행 8명의 소지품은 아래와 같다.

〈표 3〉 이방익 일행의 소지품

이름	소지품
이방익	무명 이불 1件, 羊皮 저고리 4건, 청색 조각전[青片氈] 1조각, 貢緞 20尺, 帽緞 10자, 雜香 6개, 바늘 1封, 斗青 4자, 石鏡 1面, 담뱃대 15개, 가위 3개, 모자 2 닢[立], 붓 3자루, 색실 1냥, 唐墨 1頂, 색주머니 1개, 斑布 보자기 1건, 諺書日 記 3건, 皮布 2자, 청색 무명 長衣 3건, 花子皮 저고리 1건
이방언	黑角 20張, 부싯돌 1개, 화자피 저고리 1건, 청색 무명 장의 1건, 반포 6匹, 당 묵 2정, 禾紬 5필, 헌솜 2근, 꽃 그릇 17개, 무명 휘항 2건, 낚싯줄 3部
김대성	양피 저고리 6건, 모단 7자, 공단 1자, 모자 1닢, 담뱃대 25개, 가위 4개, 큰 바 늘 1봉, 火金 2개, 白礬 1냥, 후추 1냥, 무명 휘항 2건, 색실 1냥, 참빗 5개, 角香 2개, 반포 1필, 청색 무명 장의 3건, 잡향 1개, 헌솜 4근, 꽃 그릇 25닢, 무명 이 불 1건
이유보	搗馬尾 2桶, 등채[藤鞭] 3개, 흑각 12장, 낚싯줄 1부, 화자피 저고리 8건
임성주	헌솜 3근, 참빗 7개, 청색 무명 장의 7건, 모자 2닢, 무명 휘항 2건, 반포 1필, 낚싯줄 2부, 가위 3개, 모단 13자, 공단 3자, 두청 4자, 담뱃대 7개, 잡향 2개, 화자피 저고리 4건
윤성임	흑각 4장, 무명 휘항 1건, 모자 1닢, 양피 저고리 4건, 반포 10필, 청색 무명 장 의 1건, 헌솜 4근, 참빗 5개, 가위 8개, 화금 2개, 꽃 그릇 10닢, 백반 1냥, 두청 4자, 석경 1면, 부싯돌 반 근, 당묵 2정, 담뱃대 4개
이은성	무명 휘항 1건, 모단 5자, 香丹子 1개, 가위 2개, 참빗 2개, 각향 8개, 담뱃대 7 개, 백반 1냥, 침피枕皮 1건, 모자 1닢, 청색 무명 장의 2건, 헌솜 2근, 양피 2 장, 화자피 저고리 4건, 낚싯줄 1부, 반포 5필, 青花 5냥
김대옥	흑각 6장, 무명 바지 1건, 반포 17필, 木香 11개, 각향 15개, 색주머니 2개, 참빗 3개, 청화 5냥, 낚싯줄 3부, 청색 무명 장의 3건, 헌솜 3근

우선 이방익 일행은 팽호도에서부터 생필품과 먹거리를 지원받았다. 즉 각자에게 대로 만든 자리와 베개를 주고 날마다 미음 한 그릇과 닭고 기국 한 그릇을 주고, 또 향사육군자탕을 두 때씩 주었다.[81] 아울러 청 나라 각 지역에서 생필품을 구호 받았다. 이방익의 경우 무명이불 1건,

---

81) 『일성록』 정조 21년(1797) 윤6월 21일 기미.

양피저고리 4건, 청색조각전 1건, 공단 20자, 모자 10자, 잡향 6개, 바늘 1봉, 두청 4자, 석경 1면, 가위 3개, 모자 2닢, 붓 3자루, 색실 1냥, 당묵 1정, 색주머니 1개, 반포 보자기 1습, 피포 2자, 청색 무명장의 3건, 화자피 저고리 1건 등이었다.[82]

한편 비록 제한적이기 하지만, 자신들이 소유하고 있던 물건을 현지에서 바꾼 것도 일부 포함되어 있다.[83] 대표적으로 팽호 아문에서서 상인들에게 돈을 받고 바람가리개를 은 10냥을 받고 팔았으며, 廈門에서 상인들이 목가리개를 원해 은 30냥을 받고 팔았다.

2. 송환 과정

조선후기에 청나라에 표착한 조선인의 송환 방법은 크게 3가지였다. 첫째, 중국의 외교 사신이 직접 조선 표도민을 한양까지 데려오는 경우다. 이때 조선의 국왕은 황제의 칙사를 영접하고 향연을 베풀었다. 둘째, 북경 조선관에 체류하고 있던 조선 표도민에게 예부에서 역관 1명과 2~3명의 호송인을 배정하여 의주부까지 호송한 다음에 직접 조선 측에 인계하는 방법이다. 셋째, 조선의 표류민이 북경의 조선관에 머무는 동안 중국을 찾아오는 조선의 사신 일행과 동행하여 귀국하는 방법이었다고[84] 한다.

청나라에 표착한 조선인들은 대부분 북경을 경유하여 무상으로 송환되었다. 표류민의 송환과 더불어 표류 선박, 선적 물품, 표류민 구호 물

---

82) 『일성록』 정조 21년(1797) 윤6월 21일 기미; 『연암집』 권6, 별집, 書事, 李邦翼의 사건을 기록함. 이 언문일기는 아직까지 발견되지 않았다.

83) 『일성록』 정조 21년(1797) 윤6월 10일 무신; 『일성록』 정조 21년(1797) 윤6월 21일 기미; 『연암집』 권6, 별집, 書事, 李邦翼의 사건을 기록함.

84) 원종민, 「濟州啓錄에 기록된 19세기 제주도민의 해난사고와 중국표류」 『중국학연구』 66 (2013), 311쪽.

품 등도 융통성 있게 처리되었다. 이에 조선후기에 조선과 청나라 사이에는 협의에 의한 안정적인 송환제도가 유지되고 있었다고[85] 한다. 표류민 송환에 대한 청의 인정주의를 확인할 수 있다. 이방익 일행도 청의 본토에 도착 후 표류민의 두 번째 송환 과정을 거쳐서 조선으로 송환되었다.[86]

먼저 표착지에서 문정 후 해로로 복건성으로 이송되었다.[87] 해로로 제주 → 팽호 → 대만부 → 하문의 루트였다. 세부적으로는 1796년 9월 20일 제주에서 표류를 시작하여 9월 25일 큰 섬 3개를 발견하고, 10월 4일 팽호부에 도착하여 10월 5일 마궁대인을 만나고, 10월 28일 배를 타고 대만부에 도착하였다. 이곳에서 여러 官長들을 만나 표류한 사연을 진술하고, 내륙으로 건너갈 수 있는 적당한 바람을 기다렸다. 11월 14일 총병이 아문의 3대인에게 데려 갔으며, 12월 2일 대만부에서 1797년 1월에 배를 타고 廈門으로 건너갈 때, 역풍을 만나 馬宮 앞바다로 흘러왔다가 며칠 후 다시 출발하여 하문에 도착하였다. 출발하다가 바람에 밀려 다시 복건성 팽호도로 돌아오는 등 어려움을 겪고 난 후, 1797년 1월 4일 지금의 대만해협을 건너 廈門에 도착하였다.[88]

하문에서 朱子를 배향한 紫陽書院을 참배하고 난 후, 육로로 泉州를 거쳐 法海寺에 들렀다가 福建省에 이르러 청나라 황제의 명령을 기다렸다.[89] 복건성은 이방익 일행의 임시 숙소로 법해사를 정하였는데, 이곳

---

85) 최영화, 「조선후기 관찬사료를 통해 본 중국인 표류 사건의 처리」 『도서문화』 46 (2015), 72쪽.
86) 이수열 외, 『동아시아해역의 해항도시와 문화교섭Ⅱ−해항도시·문화교섭』, 200~240쪽.
87) 『일성록』 정조 21년(1797) 윤6월 21일 기미.
88) 『표히록』 단, 4~5면.
89) 『표히록』 단, 28~29면.

에서 66일을 머물렀다. 2월 20일 巡撫使 마송길의[90] 호송을 받으며 복건성을 출발해 黃津橋에 이르러 배를 타고 閩淸을 거쳐 水口에 이르렀다. 다시 황전역 등을 지나 西陽嶺에 올라 普海寺를 구경하고, 만수교 등을 지나 4월 1일 荊州府 江山縣 齊河館에 도착하였다.[91]

이후 嚴州府 乾德縣, 釜壤縣을 지나 4월 8일 杭州에 도착하였다.,[92] 이곳에는 그들을 태우고 갈 朝鮮國蕃人護送船이 준비되어 있었다.[93] 여기서 이방익 일행은 바로 蘇州로 가지 않고, 배로 洞庭湖와 岳陽樓를 구경하고, 赤壁江을 지나 소주에 이르렀다. 소주에서 王公이라는 사람의 환대를 받아 배를 타고 虎丘寺 등을 유람하고, 4월 25일 揚州에 이르러 金山寺를 구경하였다. 5월 3일 江南省을 지나 山東 지방에 이르고, 河間을 거쳐 5월 9일 北京에 도착하였다.[94] 북경에서 청나라 관리에게 그 동안의 사연을 진술한 후 朝鮮館에 20일간 머물면서 돌아갈 날을 기다리다가 6월 2일 太平車를 타고 조선관을 출발하여 山海關, 瀋陽, 鳳凰城을 거쳐 1797년 윤6월 4일 의주에 도착하였다.[95]

다음으로 육로로 호송을 받으면서 이동하였다. 육로를 이방익 일행이 지나온 주요 군현을 나열하면 다음과 같다. 동안현(1796. 12.. 23) → 천주부 → 복청 → 복건성 법해사(1797. 1. 5) → 민청현 황전역 → 남평현 대왕관 → 건녕부 섭방관 → 건양현 → 보화사 → 포성현 → 절강성

---

90) 『승정원일기』에는 馬勝吉로 되어 있다.
91) 『표히록』단, 34~35면.
92) 이방익 일행이 洞庭湖와 岳陽樓를 유람했는지에 대해서는 논란이 있다. 가장 중요한 노정의 차이는 박지원이 동정호가 아니라 江蘇省의 太湖로 추정하였기 때문이다(남호현, 「李邦翼 漂海記錄에 나타난 '서로 다른 길'-한글산문 ≪표해록≫과 박지원의 〈書李邦翼事〉를 중심으로-」 『서강인문논총』 51 (2018), 239~251쪽.
93) 『표히록』단, 49면.
94) 『표히록』단, 44~45면.
95) 『표히록』단, 44~45면.

선하령 → 협구참 → 절강성 구주부 강산현 → 제하관 → 서안현 부강산 → 용유현 → 엄주부 건덕현 → 동려현 → 부양현 → 항주부 북관 대선사 → 석문현 → 가흥부 → 소주부 한산사 → 상주부 무석현 → 장주 → 단양현 → 근강부 → 과주 → 양주부 강도현 → 금산사 → 하신현 → 고우현 고우사 → 회부 회현 → 청강부 → 왕가영 → 보응현(1797. 4. 19) → 산양현 → 청호현 → 도원현 → 도원역 → 산동성 담성현 → 난산현 반성관 → → 몽음현 → 신태현 양류점 → 태안부 장성관 → 제하현 → 우성현 → 덕주 → 경주 → 하간현 → 탁주 → 낭아현 → 북경(1797. 5.11) 이었다.[96] 이후에 요령성을 지나 조선의 의주부로 이송되었다.

마지막으로 이방익 일행이 표류하여 송환되는 경로는 팽호에서 대만까지는 수로로 2일, 대만에서 하문까지는 수로로 10일이었다. 다음으로 육로는 하문에서 복건성성까지 1600리, 복주에서 연경까지 6,800리, 연경에서 국경 의주까지 2,070리, 의주에서 한성까지는 1,030리, 한성에서 강진까지 900리였다. 탐라에서 북으로 강진까지와 남으로 대만까지의 수로는 빼더라도 전체 1만 2400리 여정이었다.[97]

〈표 4〉 이방익 일행의 표류와 송환 거리

경로	지명	이방익 진술	박지원 고증
수로	팽호 ~ 대만	2일	2일
	대만 ~ 하문	10일	10일
육로	하문 ~ 복건성	1,000리	16,00리
	복주 ~ 연경	6,800리	6,800리
	연경 ~ 의주	2,000리 + 130리	2,070리
	의주 ~ 한양		1,030리
	한양 ~ 강진		900리

---

96) 이방익, 『표해록』; 『연암집』 권6, 별집, 書事, 李邦翼의 사건을 기록함.
97) 『일성록』 정조 21년(1797) 윤6월 21일 기미.

이렇게 이방익 일행이 송환되는 과정이 해로를 이용하기보다는 육로를 이용한 것은 청의 海禁政策이 정착되어 조선과의 대외관계가 안정되었으며, 전근대시기에 해로를 이용하기에는 장애가 많았기 때문이다.

V. 맺음말

조선후기에 청나라의 복건성 팽호도에 표류했던 기록『漂海錄』을 남긴 이방익의 가문은 星州李氏이다. 그의 아버지는 제주도에서 여러 대를 살아오며 무과에 급제하여 오위장을 지낸 李光彬이다. 이방익은 1784년(정조 8)에 무과에 급제하여 忠壯將·全州中軍 등의 벼슬을 역임한 인물이었다. 그는 충장장으로 있을 때인 1796년 9월 제주 앞바다에서 뱃놀이를 즐기다가 풍랑을 만나 표류하여 청나라의 福建省 澎湖島에 표착하여 臺灣·廈門·北京·義州를 거쳐 1797년 윤6월 20일에 한성에 도착하여 正祖를 만났다. 그는 국문으로 「漂海歌」를 지었으며, 『漂海錄』을 남겼다. 현재 이와 관련되는 여러 자료들이 남아 있다.

이방익 일행은 복건성 팽호도에 표착한 이후 청나라에서 問情을 받은 후 인도적인 구호조처를 받으면서 북경으로 이송되었다. 이 과정에서 현지인들과 접촉하면 청나라의 이국문화를 접할 수 있었다. 대화는 이방익이 한자를 알고 있어서 가능했는데, 그는 귀국 후에 正祖의 관심으로 그동안 기록해 둔 자료를 토대로 표류 과정을 기록하였다.

이방익이 표류한 해역은 제주에서 대만에 이르는 동아사아해역이었는데, 팽호에서 대만을 거쳐 복건성 하문으로 건너가 청나라에 상륙하였다. 이후 청나라의 육지를 거쳐 北京에 도착하여 머물다가 의주를 거쳐 귀국하였다. 귀국 과정에 의주에서 받은 심문에서 표류 과정에 대해서 구체적으로 진술하였으며, 이때 소지품도 검열 당하였다. 당시의 소지 품목에는 청나라에서 구호품으로 받은 것이 대부분이었지만, 자신들의 물품과 교환한 것도 있었다. 이방익 일행의 송환은 청나라와 조선의 송환체제가 작동하여 원활하게 진행되었다.

이방익이 남긴 「漂海歌」와 『漂海錄』을 통해서 조선에서 동아시아 해역에 속한 대만으로 표류하는 경우 청을 통해서 직접 송환되어 왔음을 보여준다. 이러한 표류를 통해서 교류가 일반화되지 못했던 대만과 청의 강남 지방에 대한 문물을 알 수 있는 소중한 기회이기도 했다. 아울러 이방익 일행의 동아시아해역에서 있었던 표류와 표착을 통해서 동아시아해역의 자연지리적인 범주, 해류와 바람의 영향으로 가능했던 해로를 확인할 수 있는 하나의 사례이기도 하다. 이러한 표류의 사례가 모여 해역 세계가 형성되었다.

참고문헌

1. 자료

『承政院日記』,『日省錄』,『正祖實錄』,『同文彙考』.
『표해록』(서강대 도서관, 고서-표925).
「표해가」(『청춘』1, 청춘사, 1914.10).
「표해가」(이용기,『註解 樂府』).
藤塚隣 편,『恩暉堂筆記』권6,「李邦翼漂海日記」(국립중앙도서관, TK-9196-
　　　4224).
박지원,『燕巖集』권6, 별집,「書李邦翼事」.
유득공,『古芸堂筆記』권6,「李邦翼漂海日記」(국립중앙도서관, TK-9196-
　　　4224).

2. 단행본

권덕영,『신라의 바다 황해』(일조각, 2012).
권무일,『이방익 표류기』(평민사, 2017).
김문식,『조선후기 지식인의 대외인식』(새문사, 2009).
모모키 시로 엮음, 최연식 옮김,『해역 아시아사 연구입문』(민속원, 2012).
박지원, 신호열·김명호 옮김,『연암집』하 (돌베개, 2007).
윤명철,『한국의 해양사』(학연문화사, 2003).
윤치부,『韓國海洋文學硏究』(學文社, 1993).
이석우,『韓國近海海象誌』(집문당, 1992).
이수열 외,『동아시아해역의 해항도시와 문화교섭』1 (선인, 2018).
이훈,『朝鮮後期 漂流民과 韓日關係』(국학자료원, 2000).
정재호,『韓國 歌辭文學의 理解』(고려대출판부, 1998).
조규익,『해양문학을 찾아서』(집문당, 1994).
중국해양대학교 해외한학 중핵대학 사업단·고려대학교 민족문화연구원 HK
　　　한국문화연구단,『해양과 동아시아의 문화교류』(경진, 2014).
한일관계사학회 편,『조선시대 한일표류민연구』(국학자료원, 2001).
関周一,『中世日朝海域の研究』(東京: 吉川弘文館, 2012).

松浦章, 『明淸時代中國與朝鮮的交流 ： 朝鮮使節與漂船』(東京: 樂學書局, 2002).

宇田道隆, 『海』(東京: 岩波書房, 1939).

宇田道隆, 『海の探究史』(東京: 河出書房, 1941).

池內敏, 『近世日本と朝鮮漂流民』(東京: 臨川書店, 1998).

3. 논문

高橋公明, 「16世紀の朝鮮・對馬・東アジア海域」『幕藩制國家と異域・異國』(東京: 校倉書房. 1989).

김강일, 「전 근대 한국의 해난구조와 표류민 구조 시스템」『동북아역사논총』 49 (2010).

김경옥, 「조선의 대청관계와 서해지역에 표류한 중국 사람들」『한일관계사연구』 49 (2014).

김경옥, 「근세 동아시아 해역의 표류연구 동향과 과제」『명청사연구』 49 (2017).

김동전, 「18세기 '問情別單'을 통해 본 중국 표착 제주인의 漂還 실태」, 『한국학연구』 42 (2016).

김문식, 「≪書李邦翼事≫에 나타나는 朴趾源의 지리고증」『한국실학연구』 15 (2008).

김윤희, 「〈표해가〉의 형상화 양상과 문학사적 의의」『고전문학연구』 34 (2008).

남정희, 「18세기 후반 정조 초엽, 이방익의 〈홍리가〉에 나타난 유배 체험과 인식 고찰」『語文研究』 96 (2018).

남호현, 「李邦翼 漂海記錄에 나타난 '서로 다른 길'-한글산문 ≪표해록≫과 박지원의 〈書李邦翼事〉를 중심으로-」『서강인문논총』 51 (2018).

류쉬펑, 「청대 중국의 외국인 표류민의 구조와 송환에 대하여」『동북아역사논총』 28 (2010).

박현규, 「1741년 중국 임해에 표류한 예의 나라 조선인 관찰기」『동북아문화연구』 18 (2009).

백순철, 「李邦翼의 〈漂海歌〉에 나타난 표류 체험의 양상과 바다의 표상적 의미」『韓民族語文學』 62 (2012).

成武慶, 「耽羅居人 李邦翼의 〈漂海歌〉에 대한 硏究」『耽羅文化』 12 (1992).

신동규, 「근세 표류민의 송환유형과 국제관계」『강원사학』17·18 (2002).

신상필, 「연암 박지원의 〈書李邦翼事〉를 통해 본 조선후기 해외인식」『한국고전연구』27 (2013).

전상욱, 「이방익 표류 사실에 대한 새로운 기록-서강대 소장 한글 〈표해록〉과 관련 자료의 비교를 중심으로-」『국어국문학』159 (2012).

진경지, 「18세기 조선 표류인의 눈으로 바라본 대만의 겉과 속」『한문학논총』47·48 (2017).

주성지, 「표해록을 통한 한중항로 분석」『동국사학』37 (2002).

崔來沃, 「漂海錄 硏究」『比較民俗學』10 (1993).

10. 『조선표류일기』의 회화자료에 대하여

이근우

I. 들어가는 말

1819년 충청도 비인현(庇仁縣) 앞바다에 이양선이 나타났다. 연도를 거쳐 마량진의 안파포로 예인된 배는 일본 구주 남단에 위치한 사쓰마번(薩摩藩, 현재의 카고시마)에 속한 관선이었다. 이 배에는 사쓰마번의 사무라이 3인을 비롯하여 도합 25인이 타고 있었다. 3인의 사무라이 중 한 명이 야스다 요시카타(安田義方)라는 인물이었는데, 그는 한문을 쓸 줄 알았고, 그림에도 능했다. 야스다는 필담으로 조선 관인들과 의사소통을 하는 한편, 자신이 본 것을 그림에 담았다. 그가 주고받은 필담과 소회, 그리고 그림을 담은 책이 바로 『조선표류일기(朝鮮漂流日記)』이다.[1]

이미 이 자료에 대해서는 일본에서 『조선표류일기』의 개요와 의의를 소개한 책자가 간행된 바 있다.[2] 이 글에서는 주로 『조선표류일기』의 그림 즉 회화자료에 대해서 소개하고 그 중요성을 밝히고자 한다.

---

1) 일본 神戸大學 부속도서관 住田文庫에 유일본으로 소장되어 있으며, 전 자료를 인터넷상에서 공개하고 있다(www.lib.kobe-u.ac.jp/directory/sumita/5B-10/index.html).
2) 池內 敏, 『薩摩藩士朝鮮漂流日記』, 講談社選書メチエ447, 2009.

『조선표류일기』에는 다양한 그림이 실려 있다. 인물을 비롯하여 여러 가지 기물, 자신이 항해한 경로, 배가 머문 포구까지도 그림으로 남겼다. 19세기 초 당시 조선의 모습을 활사(活寫)했다고 과언이 아니다. 여러 회화자료 중에서 조선의 풍습에 관한 새로운 내용, 야스다 일행이 충청도 마량진에서 부산의 우암포에 이르렀던 해로, 그리고 머물렀던 포구의 정보를 중심으로 살펴볼 것이다.

II. 19세기 초 조선의 풍습

야스다의 관찰력은 예리하였다. 단지 지세나 풍경만 본 것이 아니라, 자신이 만난 인물들의 얼굴 모습과 복장, 관인 복장의 차이점, 일상적인 풍습까지 빠짐없이 살피고, 자세하게 그림으로 남겼다. 문인화의 전통이 강한 조선의 양반이었다면, 한 폭의 산수화로 그렸을 대상을 도화원에 속한 화원이라도 되는 양, 정밀하게 묘사한 점이 『조선표류일기』의 특징이다. 『조선표류일기』의 전체 분량은 표지 속표지를 포함해서 315장이고, 그 중에서 그림은 37장이다. 표지를 제외하면 287장 중 37장으로 전체 분량의 12.9%에 해당한다.[3]

---

3) 그래픽으로 제공되는 좌면과 우면을 아울러 1장으로 계산하였다. 좌우면을 각각 언급할 때는 25장의 우면, 좌면과 같이 나타내었다. 〈표1〉은 장수만을 따진 것이고 그 속에 그려진 畵題로 따지면 그 수는 더 많아진다. 한 면에 2개 이상의 畵題를 다룬 경우도 있기 때문이다.

	1권	2권	3권	4권	5권	6권	7권	계
전체	51	41	45	43	40	48	47	315
내용	47	37	41	39	36	44	43	287
그림	7	3	1	3	9.5	4.5	9	37
비율	14.9	8.1	2.4	7.7	26.4	10.2	20.9	12.9

　　조선을 그린 그림은 1819년 7월 3일에 시작된다. 그 날 동틀 무렵 야스다가 탄 배는 여러 날의 표류 끝에 큰 섬 입구에 이르렀고 그곳에서 닻을 내렸다고 하였다.[4] 야스다 일행이 운항이 불가능해진 자신들이 타고 온 배를 불태우고, 대신 조선이 제공한 배를 타고 부산을 향해 출발할 때까지 머물렀던 마량진 안파포 일대를 그린 그림이 당시의 조선을 보여주는 첫 그림이다. 이어서 일본인과 가장 잘 비교가 되는 조선인들의 상투와 의관을 그렸다. 조선은 유교적인 신체관 즉 우리의 몸과 터럭은 부모로부터 물려받은 것이므로 감히 훼손하지 않는 것이 효의 출발이라는 관념에 입각하여 머리카락조차 함부로 자르지 못했다.[5] 그래서 상투를 틀고 망건으로 머리카락을 고정하고 그 위에 다시 탕건을 썼다. 이에 대해서 일본은 앞머리를 깎고 뒷머리를 모아 올렸다. 야스다가 조선의 상투와 망건·탕건에 주목한 것은, 머리카락의 형태야말로 두 문화를 나누는 중요한 지표였기 때문일 것이다.

　　25장의 우면은 조선관인말두도(朝鮮官人抹頭圖) 즉 말두(抹頭) 즉 망건을 그린 것이고, 좌면은 사모(紗帽) 즉 탕건을 그린 것이다. 망건은 말총으로 만드는데, 귀 위에 옥환이 있는데, 이는 비인태수 (윤영규)가

---

4)　『조선표류일기』 1권 A118~10(파일번호 5B10-1018 왼쪽 면과 5B10-1019 오른쪽 면). 『조선표류일기』에는 책 자체에 도서정리 과정에서 부여된 면수가 있고, 그래픽 파일의 일련 번호가 있다.

5)　『孝經』 「開宗明義」 身體髮膚 受之父母 不敢毀傷 孝之始也.

쓰는 것이라고 하였다. 옥환은 다름아닌 관자이다. 한편 탕건에 대해서
는 관인 상하가 모두 망건(抹頭) 위에 쓰며, 귀 위에 금환이 있는데, 이
는 고군산진 가선대부가 쓰는 것이고, 그밖에는 관인이라고 하더라도
놋쇠로 고리를 쓰는데, 반지처럼 생겼다고 하였다.

〈그림 1〉 『조선표류일기』 조선인의 상투와 탕건

　야스다의 관심은 다시 관인들이 갓을 갖추어 쓴 모습으로 나아갔다.
한인대관도(韓人戴冠圖)는 비인태수 윤영규의 실제 모습이다. 조선인은
모두 망건 위에 탕건을 쓰고 다시 죽피관(竹皮冠)을 썼는데, 관은 검게
칠했으며, 그 가늘기가 마치 천을 짠 것 같으며, 갓끈에는 옥을 꿰었는
데, 노란 것은 호박(琥珀)같고 무늬가 있는 것은 대모(玳瑁)같다고 하였
다(제1권 A1-26 우면). 다시 수영우후 최화남(崔華男)을 그렸는데, 이
는 관모뿐만 아니라 복장까지 전체 모습을 그린 것이다(제1권 A1-26 좌

면). 이 복장은 수영우후를 비롯하여, 연막종사, 절충장군이 모두 같으며, 갓끈에는 수정을 매달았다고 하였다.

제2권에서는 다시 죽피관 즉 갓만을 그리기도 하였고, 하졸들의 관모를 그리기도 하였다. 야스다의 조선 관모에 대한 관심을 집요하다고 할 정도다. 죽피관 즉 갓을 아래에서 본 모습도 그렸고, 갓끈이 풀려 있는 상태와 매여 있는 상태도 그렸으며, 갓끈의 재료가 남색으로 염색된 가는 모시라고 밝히고 있다(제2권 A2-14 우면). 또한 보리(步吏) 즉 태수 등을 호위하는 하급 관인들의 관모도 자세히 그렸다(제2권 A2-14 좌면). 관의 중앙에는 용(勇)이라는 한자가 쓰여 있고, 관 위의 양쪽에는 공작 꼬리깃털을 세웠으며, 뒤쪽으로는 붉은 털이 늘어트려져 있다. 이 붉은 털은 코끼리털을 붉게 물들인 것이라고 한다. 관의 바깥은 비단천 같고, 안은 왜단(倭緞)[6]같다고 하였다.

또한 졸관도(卒冠圖)라는 제목으로 갓 위의 공작 깃털이 뒤로 누운 것과 갓 옆에 공작 깃털과 붉은 털이 함께 그려져 있는 관모를 그리고 그 정면도도 그려놓았다. 그런데 그 관모의 모양이 군현에 따라 다르다고 지적하고 있다. 야스다 일행은 조선 서해 남해 연안에서 여러 차례 배를 갈아타고 갔기 때문에, 각 지역의 관인들과 접촉할 수 있었을 것이다. 그 과정에서 공작깃털과 붉은 털을 사용하는 것은 같지만, 다는 위치나 방식이 다르다는 사실을 알게 된 것으로 보인다(제2권 A2-15 우면 및 좌면 상도). 또한 겨울에 방한용으로 쓰는 남바위를 모도(帽圖)라는 제목으로 그렸다(제2권 A2-15 좌면 하도).

관인의 관모와 복장에 관심을 가졌던 야스다는 다시 일반 서민들로 시선을 옮겼다. 서민들의 모습으로 처음 등장하는 것은 짐을 지고 있는

---

6) 『天工開物』 제2권 倭緞. 緞은 일반 비단보다 두껍고 광택이 있는 것을 말한다.

백성의 모습이다. 비부도(卑夫圖)라는 제목으로 물을 지거나 멜 때는 곧 등에 지며, 그 물건은 대나무로 만든다고 하였다. 실제 그림에서도 대나무로 광주리처럼 만든 것을 지고 있다. 흔히 등에 지고 다니는 것은 지게일 것이라고 생각하고 있는데, 색다른 자료이다.

3권에 실려 있는 유일한 그림은 태달죄인도(笞撻罪人圖)라고 하여, 죄인에게 태형을 가하는 모습이다. 마량진 첨사 이동형의 하인 한 명이 일본인의 빗을 훔치는 사건이 발생하였고, 이를 조사하는 과정에서 국문하는 모습이거나 죄를 확인한 후에 태형을 가하는 모습으로 생각된다. 죄인에게 태형을 가하는 옆에는 첨사 이동형이 앉아있고, 그 좌우에서 하급 관인들이 머리를 조아리고 죄상을 알리는 모습이 그려져 있다. 태형을 집행하고 있는 사람들은 공작 깃털과 붉게 물들인 코끼리털 장식을 단 관을 쓰고 있다. 그밖에도 야스다가 관심을 가지고 그림을 그리고 설명을 단 사례는 다음과 같다.

인장 그림(印章圖)

인장의 재료는 화석(花石)같다. 인면에는 비인현감지인(庇仁縣監之印)이라고 새겨져 있다. 조선의 인주의 색깔은 누르면서 엷은 붉은색을 띠고 있다. 아마도 주(朱)가 최하품이라서 그런 것 같다.

연초갑 그림(薦匣圖)

연초갑은 쇠로 만들었으며, 금이나 혹은 은으로 사감(絲嵌)하였다. 그 측면에 부구정(浮漚釘)이 있어서 누르면 열린다.

담뱃대 그림(煙管圖)

대는 화살대(箭筵)를 닮았고 초화문을 그렸다.

가마 그림(轎圖)

목재이며 검게 칠했으며, 호피로 전체를 걸쳐 덮었다. 앞에는 층계가 하나 있으며 작은 줄을 걸었다. 쌍다리가 이곳에 달려 있다.

일산 그림(蓋圖)

푸른 종이를 사용하였고, 그 끝은 푸른 비단을 둘렀다. 그 안쪽으로 보라색 조각 몇 매를 늘어뜨렸는데 마치 그 끝을 가죽으로 둘러싼 것 같다. 자루는 등나무로 장식하였다.[7]

가죽 신발(革履)

그림은 비인태수의 신발이다. 대체로 신발코에 구멍이 뚫려 있어서 버선코가 그곳으로 튀어나온다. 하급 관인 이하는 모두 짚신을 신는다.

버선과 신발 그림(足衣着履圖)

버선의 끝은 부리처럼 생겼다. 버선 끈은 발목에서 묶고, 버선은 무릎(月+曲瞅)에 이른다.

타호

놋쇠로 만들었으며 남색으로 물들인 가는 모시끈으로 만든 그물로 감쌌다. 변기로도 쓴다.

붓통

대나무로 만들고 구리로 고리를 만들었다. 그 속에 붓을 넣는다. 자루

---

7) 자루의 표면을 등나무 껍질로 감쌌다.

먹은 없고 먹을 부수어 넣어두고 침을 받아 붓끝으로 비벼 글을 쓴다.

동백기름을 먹인 종이 주머니

조선인은 상하 모두 이를 차고 있다. 부싯돌 쑥 혹은 연초 등을 넣는다.

III. 송환 해로

「조선표류일기」는 야스다 일행이 배를 타고 지나온 경로를 붉은 선으로 직접 나타내고 있다는 점에서도 주목할 만하다. 특히 섬 사이의 좁은 수로를 지나면서 주변 풍경까지도 묘사하고 있다는 점에서 사료적인 가치가 높다. 야스다 일행은 자신들이 타고 온 배가 풍랑 등으로 손상을 입어 운항할 수 없는 상태가 되었기 때문에, 조선의 배를 이용하여 부산까지 가게 되었다. 이때 조선은 체송(遞送)이라는 방식을 이용하였다. 즉 일정한 지점까지 배로 이동한 후 그 지점에서 다른 배로 옮겨타고 다음 지점으로 가는 방식을 반복하는 것이다. 야스다 일행을 송환하는 방식과 수로상의 거리에 대해서는 『충정병영장계』에 보인다.[8]

---

8) 『各司謄錄』 7 忠淸道篇 2. 『忠淸兵營啓錄』 (전략) 越海糧段, 前路邑中, 預爲等待供饋之意, 已爲枚移, 而供饋式例, 亦爲謄送爲乎旀, 自本鎭, 距舒川介也召島, 水路爲三十里, 自介也召島, 至全羅道古群山, 爲七十里, 故每名二日糧及饌物, 磨鍊上下爲乎旀. 當日巳時量, 差使員舒川浦萬戶領率發行, 而亦自邑鎭, 多發人船, 指路護送, 轉向舒川浦爲有旀, 虞候當日還鎭是如 (중략)
水路里數
自馬梁鎭, 距舒川郡介也召島, 三十里。
自介也召島, 距全羅道萬頃縣古群山鎭, 七十里。
自古群山鎭, 距扶安縣蝟島鎭, 六十里。
自蝟島鎭, 距靈光郡法聖鎭, 七十里。
自法聖鎭, 距羅州牧芝島鎭一百里。
自芝島鎭, 距靈巖郡莞島鎭, 八十里。
自莞島鎭, 距康津縣馬島鎭, 五十里。
自馬島鎭, 距長興府鹿島鎭一百十里。

이에 따르면 야스다 일행이 머무르고 있던 마량진 안파포에서 동래부까지의 수로 상의 거리가 명기되어 있다. 『조선표류일기』를 확인해 보면, 야스다 일행은 대체로 이 경로를 따라서 체송되었음을 알 수 있다. 그러나 구체적인 여정에서는 차이가 난다. 우선 마량진에서 서천군 개야소도를 거쳐 고군산진까지는 서천포 만호인 박태무가 차송관이 되었고, 고군산진부터는 고군산진 첨사 조대영이 교대하였다. 그런데 조대영은 위도진이나 법성진에서 교대한 것이 아니라, 위도를 거쳐 수도(水島)라는 곳에서 지도진 만호 오자명, 임자포 첨사 박국량과 교대하였다. 즉 고군산 첨사인 조대영이 위도진 법성진을 거쳐 지도와 임자도 사이에 위치한 수도에 이르러 비로소 박국량 등과 교대한 것이다.

<표 2> 회송 과정과 항해 상황

출발지	도착지	거리(里)	운항일시	직선운항거리	호송관
馬梁鎭	舒川郡 介也召島	30	7월 26일 낮 해질 무렵 착	11.3km	舒川浦 만호 박태무
介也召島	萬頃縣 古群山鎭	70	27일 오전 오후 미시	28km	박태무
古群山鎭	扶安縣 蝟島鎭	60[9]	8월 2일 진시 정오	27.2km	古群山 첨사 조대영
蝟島鎭	靈光郡 法聖鎭	70[10]	3일 진시 출발, 해시 경 해상정박[11]	30km[12]	조대영

自鹿島鎭, 距樂安郡蛇島鎭, 八十里。
自蛇島鎭, 距順天府方踏鎭, 一百里。
自方踏鎭, 距慶尙道古[固]城縣統營, 一百十里。
自統營, 距東萊府, 一百十里。
9) 조선의 관인은 고군산에서 위도까지가 50리라고 하였다(『조선표류일기』 6권 23쪽.
10) 고군산진 첨사 조대영은 위도에서 아침에서 출발하여 밤 10시(2경) 쯤에 정박한 곳까지 150리라고도 하고 200리라고도 하여 얼마나 되는지 모른다고 하였고, 그 장소 역시 어디인지는 자신도 모른다고 답하고 있다(『조선표류일기』 6권 29쪽).
11) 법성진 주변으로 생각된다. 닭 울 무렵에 야스다가 조대영 고군산진 첨사에게 보낸 편지에 대하여 해 뜰 무렵 답신이 왔고 또 조선측에서 쉽게 조대영과 연락이 된 점, 또한 對岸의 여러 곳에 불을 피워 올렸다고 한 점을 생각하면, 그 일대의 중심적인 구역이자 육지에 속한 지역이었을 것이기 때문이다.
12) 위도와 법성포 앞바다 사이의 직선거리이다.

法聖鎭	羅州牧 智島鎭[13]	110	4일 아침 출발, 水島 도착[14] 5일 오시 출발, 수도 주변 도착	39km[15] 수백 m	조대영
智島鎭	靈巖郡 莞島鎭	80	9일 巳時 水島 출발, 신시 팔금도 도착	31.5km	임자도 첨사 박국량[16] 智島鎭 만호 오자명
莞島鎭	康津縣 馬島鎭	50	10일 平旦 팔금도 출발, 二家島 착[17]	(70~80리)[18]	박국량 오자명
馬島鎭	長興府 鹿島鎭	110	12일 巳牌 이가도 출발, 薄明 巨島[19] 착 13일 朝 거도 출발, 斜日 巨島[20] 14일 一島 착 15일 전라좌도	200리 ? 100리 ?	박국량 오자명
鹿島鎭	樂女郡 蛇島鎭	80	16일 小島 착 17일 小島 착, 未時 小島灣[21] 18일 津 19일 晨 출발 日暮 一島 20일 雞鳴 출발 朝 港村落 착 21일 午間 출 小島 22일 사패 일도	20리[22] 10리 + 20리 20리 40리 30리 +α[23] 20리 30리	교대 교대 전라·경상 경계
蛇島鎭	順天府 方踏鎭	100	8월 23일 사패 출발, 2경 得津 순천 착[24]	80리	24일 移船
方踏鎭	固城縣 統營	110	25일 옥포 착 28일 晡時 거제도 주변	60리 200리	
統營	東萊府	110	29일 가덕도 30일 다대포	100리 80리	교대
		980	30일 다대포 9월 30일 우암포		다대에서 1개월간 체류

---

13) 『충정병영계록』에는 芝島鎭이라고 되어 있으나 智島鎭이 옳다.

14) 『조선표류일기』에서는 水島라고 하였으나, 현재 임자도와 지도 사이에 있는 수
도는 항해 상황과 부합되지 않은 점이 있다. 우선 임자도와 지도가 가까운 거리
에 있는데 굳이 수도에 정박했다는 점이 의문스럽고, 또한 수도를 출발하여 30
리 정도를 가서 비로소 좁은 해협으로 들어갔고 그 안에 지도가 있다고 하였으
나(『조선표류일기』 제7권 7쪽), 수도와 지도진 사이에는 15리 정도에 불과하고,
수도를 나서면서부터 좁은 해협을 이루고 있다. 수도의 위치에 대해서는 좀더
자세히 확인할 필요가 있다.

15) 일본측 뱃사람은 8월 3일 밤에 정박한 곳에서 4일에 도착한 곳까지 일본 거리로

한편 구체적인 항로는 역시 포구와 항로를 나타낸 그림을 통해서 확인할
수 있다. 예를 들어 고군산진에서 위도로 들어갈 때는 두 섬 사이를 동
북쪽에서 진입하였고, 위도에서 빠져나올 때는 서쪽 항로를 이용한 것
으로 보인다. 서울대 규장각이 소장하고 있는「부안위도진지도」에 의하
면, 위도에서는 동쪽으로 나오는 항로와 서쪽으로 나오는 항로가 표시
되어 있다.[25] 서쪽 항로는 하왕등도와 안마도 사이로 뻗어 있다. 이를
『조선표류일기』「蝟島圖」와 연결하여 생각하면, 송환선은 고군산진에서
남하하여 동쪽에서 위도진에 도착한 다음, 통상적으로 생각할 수 있는
해안 방향이 아니라 외양 쪽인 하왕등도 쪽으로 나와서 안마도 방향으
로 남하하였던 것으로 보인다.

이처럼 외양 항로를 택한 것은 고군산진 첨사 조대영이 야스다 일행
에게 부득이한 경우가 아니면 조선의 해방 상황이나 해로에 대한 정확
한 지식을 제공하지 않으려는 의식을 갖고 있었기 때문일 가능성이 있
다. 우선 법성진 근처에 거의 의도한 것처럼 야스다가 탄 배를 바다 가
운데 정박하게 한 점, 야스다가 여러 차례에 지명 혹은 목적지 등을 물

7~8리, 즉 28~32km 정도일 것이라고 하였다(『조선표류일기』 6권 30쪽).
16) 박국량은 절충장군 행수군첨절제사라는 무산계와 관직을 가지고 있었다.
17) 팔금도 주변에 도착한 이후 야스다는 병으로 쓰러져 더 이상 항로에 관한 구체
    적인 기록을 남기지 않았다. 남해안의 항로는 표류선의 선장이었던 마쯔모토의
    기록 등에 의거한 것으로 정확하지 않다.
18) 『조선표류일기』에서는 팔금도를 출발하여 7~8리(조선의 7~80리) 정도를 항해
    하여 이 섬에 도착하였다고 하였다. 그러나 아무도 이름을 말해주지 않아서, 야
    스다가 두 집이 있는 것을 보고 二家島라고 이름을 붙였다고 한다.
19) 『조선표류일기』 제7권 11쪽 1~3행.
20) 『조선표류일기』 제7권 11쪽 5~8행.
21) 『조선표류일기』 제7권 12쪽 6~8행.
22) 『조선표류일기』 제7권. 12쪽 2~4행.
23) 『조선표류일기』 제7권 12쪽 9~12행.
24) 『조선표류일기』에는 경상도 순천이라고 되어 있는데, 전라도와 경상도의 경계를
    지났다고 한 이후에 순천에 도착한 것으로 되어 있어, 착오가 있는 듯하다.
25) 서울대 규장각「부안위도진지도」청구기호 奎 10435.

어도 조대영이 대답하지 않은 점, 또한 조대영이 항해거리에 대해서 언급한 때도 실제 항해거리와 일치하지 않은 점 등을 그 근거로 들 수 있다. 특히 야스다가 『조선표류일기』의 글은 부산에 도착한 이후에 쓰기 시작했지만, 그림의 경우는 항해 과정에서 이미 작성했을 가능성이 있다. 글의 경우도 필담 때 주고받은 초안 등을 바탕으로 작성하였듯이, 그림도 스케치와 같은 초벌 그림이 있었을 가능성이 높다. 그렇지 않고는 방향이나 포구의 모습을 정확히 기억하기 쉽지 않을 것이기 때문이다. 이러한 야스다를 보고 조대영이 해로에 대해서 상세히 알 수 없도록 노력하였을 수 있다. 야스다가 여러 차례 도착한 곳의 지명과 거리 등을 물었으나, 조대영은 그 질문에 대해서는 제대로 대답하지 않았다.[26] 임자도 첨사 박국량의 경우도 마찬가지였다. 8월 9일 수도를 출발하여 100여 리를 남하한 다음 야스다 박국량에게 지명을 물었으나, 그는 대답하지 않았다.[27] 그래서 야스다는 다시 타고 온 배의 선장에게 전라도인지 경상도인지를 묻자 전라도라고만 답했다. 야스다는 다시 시를 짓는데 쓰려고 한다면서 지명을 다시 묻자 나주의 여러 섬이라고 하였다. 다시 섬 이름을 묻자 겨우 팔금도라고 일러주었다.[28]

비슷한 예로는 「水島圖」에서도 확인할 수 있다.[29] 위도의 경우와는 달리 수도에서는 동북쪽에서 수도 앞의 작은 섬을 돌아서 동남쪽으로 수도에 진입하여 정박한 다음, 출발할 때는 그대로 동북쪽으로 빠져나간

---

26) 故問今日水路幾里 而到泊于何之地耶? 船未發前 告示之爲好. 僉使不答(『조선표류일기』 6권 29쪽),
今日水路幾里而此處何道 地名何如? 幸望詳記示也(30쪽).
余問地名已再三, 僉使終不答. 蜗島水島地名, 皆問諸他人(33쪽).
以地名與路程示之於客, 令客安心焉. (중략) 彼又不答(33쪽).
27) 『조선표류일기』 제7권 4쪽.
28) 『조선표류일기』 제7권 5쪽.
29) 『조선표류일기』 제6권 29~30쪽. 「水島圖」

다음 크게 방향을 바꾸어 남쪽으로 내려갔다. 거리상으로 보면, 바로 동북쪽에서 수도로 들어간 다음, 그대로 빠져나오는 것이 가까운데도 불구하고, 수도 앞의 섬을 크게 우회하는 항로를 택하여 진입한 것이다.

또한 조대영은 위도에서 수도까지 200리라고 하였는데, 위도에서 바로 남쪽으로 항해하였다면, 그 거리는 150리 정도일 것이다(직선 거리 65km). 그러나 하왕등도와 안마도 사이로 우회하여 남하하였기 때문에 실제 항해 거리는 200리에 가까웠을 수 있다.

수도를 출발한 송환선은 지도를 거쳐 팔금도에 이르렀다. 팔금도에서 다시 20리를 항해하여 야스다가 이가도라고 이름붙인 섬에 닿았다. 이가도는 팔금도를 서쪽으로 항해하여 십자 수로로 보이는 곳을 지나 서쪽으로 빠져가는 입구에 있었다. 지도에서 남하한 송환선은 당사도 암태도를 지나 팔금도의 남쪽 수로에 진입하였다. 이곳에서는 서진하여 현재의 노대섬이나 상사치도로 추정되는 이가도에서 머무른 다음, 다시 서진하여 비금도와 도초도 사이의 물길을 지나간 것으로 보인다.[30] 이곳에서 야스다는 발병하여 이후 다대포까지의 기록은 대단히 성글다.

IV. 조선의 포구

『조선표류일기』에는 야스다 일행이 오랫동안 머물렀던 포구의 그림이 들어 있다. 대표적으로 충청도 비인현 마량진의 안파포, 경상도 부산의 다대포, 초량, 우암포 등이다. 초량 주변은 다대포에서 우암포로 가는 과정에서 해상에서 목격한 광경을 그린 것이라 자세하지 않지만, 안파포, 다대포, 우암포는 상당 기간동안 머물렀기 때문에 자세한 그림을

---

30) 『조선표류일기』 제7권 7~8쪽, 「八金島及二家島」.

남겼다. 안파포의 경우는 내부의 상황이나 해안 마을의 모습뿐만 아니라, 방위·거리 등도 표시하였다. 다대포의 경우도 다대진의 모습을 비롯하여, 포구 주변의 상황까지 자세히 그렸다. 또한 본문에서 설명하고 있듯이 초량왜관에 상주하고 있는 대마도의 관인들이, 야스다 일행의 표류상황 조사 및 송환을 위해서, 타고 온 배의 모습까지 그려놓았다.

야스다 일행이 마지막으로 머물렀던 곳은 부산의 우암포였다. 우암포는 현재의 부산만의 동쪽 기슭인데, 그 북서쪽에 조선 후기의 부산진이 있었다. 『조선표류일기』에도 우암포 북서쪽으로 부산포와 부산진이 보인다. 부산진은 성벽과 건물의 윗부분이 푸르게 칠해져 있는데, 이는 기와를 나타낸 것으로 생각된다. 초가를 옅은 황색으로 나타낸 것과는 구별된다. 우암포 앞바다에는 배의 측면을 흰색과 검은색을 칠한 것처럼 보이는 배가 정박해 있는데, 이는 초량왜관의 대마도 하급 관인들이 탄 배이다. 흰색과 검은색으로 장식된 막포(幕布)라는 천을 드리운 것이다. 그 아래로 동서남북의 방위를 표시하였는데, 이는 야스다 일행이 가지고 있던 나침반에 의거한 것이다. 따라서 이는 상대적으로 정확한 것이라고 할 수 있다. 우암포 포구는 남서쪽을 향해 열려 있었음을 알 수 있다. 부산진에서 1리 정도 떨어진 우암포에는 백여 가가 있다고 하였다.

야스다 일행이 초량 왜관에 머무르지 않고 우암포에 머무르게 된 것은 초량 왜관의 대마도 사람들이 왜관 내부의 사정이 바깥으로 알려지는 것을 꺼렸기 때문이다. 9월 그믐에 이곳에 도착한 야스다 일행은 그 다음해 정월 14일까지 머무르게 되었다. 두 달 보름 가까이 머문 곳이자 여러 포구 중에 가장 오래 머물렀기 때문에, 우암포의 그림은 실상에 가까운 것이라고 볼 수 있을 것이다.

이 우암포 그림이 중요한 것은 1592년 9월 1일(음력)에 있었던 이순신장군의 부산포 해전의 현장과 관련이 있기 때문이다. 부산포 해전 당시, 부산에는 1만 명 정도의 지상 전투 병력과 8천 명의 수군, 500여 척의 군선이 집결해 있었다.[31) 또한 일본군은 정발이 지키고 있던 부산진성을 함락시킨 다음 성의 내부를 대대적으로 보수하였고, 성 밖의 동서쪽 산기슭에도 300여 채의 건물을 지어 병력의 주둔 및 방어 거점으로 삼고 있었다.

독전기를 휘두르며 나아갔는데, 우부장 녹도 만호 정운, 거북선 돌격장 군관 이언량, 전부장 방답 첨사 이순신 (중략) 등이 앞장서서 곧장 나아가서 선봉에 선 (일본의) 대선 4척을 우선 깨뜨리고 불태우자, 적도들이 헤엄쳐 육지로 오르므로, 뒤에 있던 여러 장수들이 곧 이긴 기세를 타서 깃발을 올리고 북을 치면서 장사진(長蛇陣)으로 앞으로 돌격하였습니다."[32)

이에 대하여 일본군은 본격적인 전투가 시작되자 부산성 동쪽 산에서 5리 쯤 되는 언덕 밑 3개소에 선박 470여 척을 정박시켜 놓고, 군선과 성 안, 산위 굴 속에 있던 병력이 총통과 활을 갖고 모두 산으로 올라가 여섯 군데에서 (아래로) 내려다보며 응전하였다. 그리고 간혹 대철환을 쏘는데 크기가 모과 크기만하였다고 한다.[33)

---

31) 『李忠武公全書』卷之二, 狀啓二, 「釜山浦破倭兵狀」, (전략) 乃令小船. 馳送釜山前洋. 探審賊船. 則大槪五百餘隻. 船滄以東邊山麓岸下至列泊.

32) 『李忠武公全書』卷之二, 狀啓二, 「釜山浦破倭兵狀」 (전략) 乃指旗督赴, 右部將 鹿島萬戶鄭運, 龜船突擊將臣軍官李彦良, 前部將folilo踏僉使李純信(중략)等, 先登直進, 先鋒大船四隻, 爲先撞破)滅, 賊徒遊泳登陸時, 在後諸將, 仍此乘勝揚旗擊鼓, 長蛇突前.

33) 『李忠武公全書』卷之二, 狀啓二, 「釜山浦破倭兵狀」, (전략) 同鎭城東一山五里許岸下. 三處屯泊之船. 大中小并大槪百七十餘隻. 而望我威武. 畏不敢出爲自如乎. 及其諸船直擣其前. 則船中·城內·山上穴處之賊, 持銃筒挾弓矢, 擧皆登山, 分屯六處, 俯放丸箭, 如雨如雹, 至於發射片箭 一如我國人. 或放大鐵丸, 大如木果者, 或放水磨石. 大如鉢塊者, 多中我船爲自良置, 諸將等益增憤惋, 冒死爭突, 天地字將軍箭, 皮翎箭, 長片【箭】, 鐵丸一時齊發. 終日交戰, 賊氣大挫, 而賊船百有餘隻量, 三道諸將, 立力撞破後, 逢箭死倭, 曳入土窟者, 不知其幾數是白乎矢, 急於

이른바 부산포해전이라고 부르는 전투이다. 이순신장군이 부산포 앞 바다에 적선 100여 척을 침몰시켜, 일본 선박에 대한 전과로는 최대 규모의 승전으로 평가할 수 있다.

임원빈에 따르면, 일본의 조선침략의 거점이라고 할 수 있는 부산포까지 공격을 당하게 되자 일본군의 조선침략 전략에 심각한 문제가 발생하였다. 평양에 있던 일본선봉 지상군은 명나라의 파병 조짐으로 앞으로 진격할 수도 없는 상황이 되었고, 설상가상으로 후방의 사령부격인 부산포까지도 공격받게 되는 진퇴양난에 빠지게 되었기 때문이다. 이제는 조선의 영토를 장악하기 위한 지상군의 진격작전도 중요하지만, 이에 못지않게 조선수군으로부터 침략의 교두보인 부산포를 방어하는 것이 급선무가 되었다고 평가하였다.[34]

그러나 이러한 평가에도 불구하고 부산포해전의 현장이 어디인지에 대해서는 논란이 거듭되고 있다. 기존 연구에서는 우암포 일대 앞바다를 중심으로 전투가 진행된 것으로 보았다.

한편으로 부산의 대표적인 향토사학자인 최해군은 부산포해전의 현장이 동천 하구일 것이라는 입장을 표명하였다. 최해군은 우선 동천 하구가 매립되기 전에는 서면 쪽으로 훨씬 깊이 만입하였을 것으로 보았다.

임진왜란이 일어났을 무렵에는 지금의 부산시민회관과 평화시장, 심지어 옛 제일제당(현 포스코 더샵 아파트) 자리까지 바다였을 것으로 보인다. 말하자면, 임진왜란 당시 부산포 해전은 지금의 동천 하구에서 위쪽으로 한참 올라온 동천 어귀의 바닷가에서 벌어졌다고 볼 수 있다. (중략) 임진왜란 당시의 부산은 지금의 동구 좌천동과 범일동 지역에 한

破船, 斬頭不得.

34) 임원빈, 「병법의 관점에서 본 부산포해전」『이순신연구논총25』(순천향대 이순신연구소 2016 봄·여름호.

정되고, 부산포 역시 그 바닷가에 국한된 말이다. 장계에서 진성 동쪽 5리쯤의 산기슭 바다 세 곳이라 한 진성은 지금의 좌천동에 있었던 우리의 부산진성을 말하고, 그 5리 동쪽은 지금의 동천 하구쯤이 될 것 같다. 그러나 그 하구는 자연 매축과 인공 매축 이전의 바다였을 것으로 보인다. 산 위 여섯 군데로 나누어진 적군이란 말도 그렇다.

이 부산포 해전은 임진왜란이 일어난 4개월 보름 뒤의 일이다. 당시 부산은 왜적에 점거된 상태였다. 적들은 부산포 주위를 요새화하여 병참기지를 삼고 자성대와 황령산 기슭에 여섯 군데로 나누어 주둔해 있었다.[35] 그런데 최해군은 부산포 해전의 현장이 우암포 일대가 아니라 동천 하구일 것이고, 그 하구는 현재의 하구보다 2km 가까이 내륙에 있었던 것으로 보았다.

필자 역시 최해군의 견해에 찬동하는 바이다. 그 근거는 두 가지를 들 수 있다. 첫 번째는 「釜山破倭兵狀」의 기록이다. 두 번째는 바로 『조선표류일기』에서 확인할 수 있는 우암포 지도의 지리 정보이다. 우선 일본군의 선박이 있던 위치다. 앞의 자료에 따르면, 배들이 부산진성 동쪽의 한 산에서 5리 정도의 언덕(岸) 아래, 3곳에 나누어 정박하고 있었다고 하였다. 이순신의 선단은 초량에서 일본의 대선 4척을 격파하였다고 하였으므로, 영도와 초량 사이를 통과해서 부산진성 앞까지 도착하였음을 알 수 있다. 조선 전기 부산진성의 위치는 현재 정공단 일대로 추정되고 있으며, 그 동쪽에 있는 산은 현재의 증산일 가능성이 크다. 그곳에서 2km 범위에 있는 산지는 자성대(약 700m), 배정고등학교(약 1,4km), 오션 파라곤 예정지(1.6km), 우암도시숲(2.09km), 문현삼성아파트(1.5km) 등이다.

---

35) 최해군, 「동천의 기억 - 부산포대첩과 동천 살리기」, 『국제신문』 2013년 7월 10일자 6면.

또한 배 안(船中)과 성 안(城內), 산 위의 굴 속(山上穴處)에 있던 일본군들이 모두 총통과 활·화살을 들고(持銃筒挾弓矢) 산 위로 올라갔다(登山)고 하였다. 또한 산 위에서 조선 수군을 내려다 보면서(俯放丸箭) 공격해 왔다고 한 점에도 주목해야 한다. 즉 일본군이 해안의 높은 언덕 위에서 조선 수군에게 반격을 가한 것이다. 그러나 우암포 일대는 물론 그 좌우에 산지가 있지만, 포구는 완만한 경사지이고, 그 경사지에는 「우암포도」에서 확인할 수 있는 것처럼 100여 호의 마을이 위치하고 있었다. 즉 마을이 위치할 정도로 완만한 경사지는 산 위에 올라가서 조선 수군을 내려다 보면서 공격하였다는 지점으로 어울리지 않는다.

즉 우암포에서는 포구의 양 끝을 제외하면 산지라고 할 만한 지형을 확인할 수 없다. 이에 대해서 「우암포도」에서는 우암포 북서쪽에 높은 언덕을 그려 놓았다. 또한 부산포와 우암포 사이에 후미가 있음을 알 수 있다. 이 후미야말로 동천의 하구에 해당한다.

조선 후기의 부산진은 바로 부산왜성의 자성이라고 할 수 있는 자성대 왜성이 있었던 곳이다. 또한 동천 하구가 현재보다 훨씬 북쪽에 위치하였다면 자성대가 위치한 산, 배정고등학교가 위치한 산의 3군데, 문현삼성아파트가 위치한 산 등이 모두 해면에서 상대적으로 높은 언덕을 이루는 곳이다.

이순신장군은 부상을 입은 일본군들을 토굴 속으로 피신시키는 장면을 목격하였다고 했는데, 토굴을 팔 수 있고 또 해면에서 토굴로 들어가는 상황을 볼 수 있으려면, 급한 경사면이 확보되어야 한다. 즉 우암포의 완만한 경사면은 부산포해전의 현장으로 보기 어려운 점이 있다. 물론 우암포 포구의 북단에 위치한 산지는 그 후보일 수 있다. 우암포 포구의 남북에 위치한 산지 사이의 거리가 500m에 달한다. 만약 조선 수군이 우암포구 내에 정박한 일본 군선을 공격하였다면, 정운 등이 총상을 입고 전사하는 상황을 불가능하였을 것이다. 당시 화기의 유효사거리가 250m에 달한다고 보기 어렵기 때문이다.

〈그림 2〉『조선표류일기』 우암포

또한 일본군의 배가 세 군데로 나누어 정박하였다고 하였으므로, 우암포에서 주로 전투가 이루어졌다는 설명은 성립하기 어렵다. 당시 일본군 함선이 500척에 가까웠으므로 분산시켜 정박할 필요가 있었을 것이다. 세 곳은 조선 후기 부산진성이 위치한 영가대 주변, 자성대 및 동천 하구, 우암포 등으로 추정할 수 있을 것이다. 특히 자성대는 해안가에 위치하고 있는 왜성으로, 증산의 부산왜성과 더불어 이미 방어시설을 구축하고 있었을 가능성이 높다. 그렇다면 일본군이 주둔하면서 전투시설을 갖춘 부산왜성이나 자성대왜성 주변에도 일본군 선박이 정박하였을 가능성이 크다.

V. 나오는 말

『조선표류일기』는 표류 당사자가 한문을 구사할 수 있는 유식자였기 때문에, 의사소통을 제대로 할 수 없었던 다른 표류자와 달리, 조선의 관인들과 많은 필담을 나누었다. 조선측의 표류 사정 청취와 관련된 내용을 비롯하여, 표류인에 대한 음식물과 땔감의 지급 및 부산으로 송환되는 과정에 대해서도 자세히 언급되어 있다. 그리고 서해상의 송환경로의 상당 부분을 그림으로 남겼고, 그 경로는 우리가 통상적으로 생각하는 것과는 다른 양상을 보여주고 있다. 위도에서 연안 쪽을 항해하지 않고 외양 쪽으로 돌아서 남하한 경우와 팔금도에서 바로 남하하지 않고 외양으로 나간 다음 남하한 경우가 대표적인 사례이다. 그 이유가 조류의 흐름을 이용하기 위한 것인지, 아니면 항로를 일본인에게 노출시키지 않기 위한 것인지는 앞으로 밝혀야 할 부분이다.

이 글에서는 『조선표류일기』의 회화자료를 중심으로 소개하였으나,

앞으로 다양한 측면에서 『조선표류일기』를 연구해야 할 필요성이 있다. 『충청병영장계』 등과 연관시키면, 19세기 초반 당시의 조선의 행정시스템을 알 수도 있고, 대마도 측 자료를 연관시키면, 일본측의 자국 표류인 송환 시스템을 알 수 있을 것이다. 또한 회화자료 자체도 다양한 색상과 정밀한 묘사에 대한 추가적인 연구가 필요할 것으로 생각된다.

11. 미국 웨스트민스터 시의 베트남보트피플기념비와 베트남전쟁기념비의 형상과 의미

노영순

I. 들어가는 말

본 논문의 목적은 미국 캘리포니아 웨스트민스터에 있는 베트남보트피플기념비와 베트남전쟁기념비 분석을 통해 베트남인공동체가 역사와 기억을 구축하는 방식을 살펴보는 데에 있다. 디아스포라 공동체로 공적 공간이 거의 없는 보트피플과 논란과 패배로 점철된 베트남전쟁에 바쳐진 기념비는 예상할 수 있는 것보다 훨씬 더 많다. 어느 정도 규모가 되고 정착에 성공한 베트남난민 공동체가 있는 곳이라면 어디에서건 베트남보트피플기념비를 발견할 수 있을 정도이다. 단순한 비석이 아니라 조각물이나 동상을 가진 기념비만 하더라도 미국, 스위스, 벨기에, 독일, 호주, 캐나다, 프랑스 등지에 20여개가 있다. 베트남전쟁기념비나 베트남전쟁 참전군인기념비도 미국과 프랑스에 10개가 넘게 있다. 대부분 21세기에 들어서면서 형상화되기 시작한 이들 베트남관련 기념비들은 지금도 여러 도시에서 기획 중이거나 건설 중에 있다.

적지 않은 베트남보트피플기념비와 베트남전쟁기념비 중에서 미국 캘리포니아의 웨스트민스터 도시에 있는 기념비를 연구 대상으로 삼은 이유는 무엇보다도 세계에서 가장 크고 영향력 있는 베트남인공동체가 있기 때문이다. 2000년 미국 인구조사에 따르면 베트남계미국인이라고 밝힌 이는 113만 여명에 이르는데, 이 중 40%에 달하는 48만 명 정도가 캘리포니아에 거주한다. 특히 웨스트민스터 인구의 31%, 가든 그로브 인구의 21%를 구성하고 있는 이들이 베트남계이다.[1] 20만이 넘는 베트남계미국인이 살고 있으며 리틀 사이공(Little Saigon)으로 알려진 웨스트민스터는 베트남계미국인들의 문화 정체성을 가장 잘 보여주는 공간이다.[2] 1970년대 후반 보트피플의 유입으로 서서히 모양을 갖추기 시작한 리틀 사이공은 1988년 웨스트민스터 시의회가 특별관광지구로 지정하고, 이어 캘리포니아 주지사 조지 득미지안(George Deukmejian)이 리틀 사이공 고속도로 표지판 제막식에 참가함으로써 베트남인공동체의 문화, 사회, 상업 중심지라는 공식적인 위상을 가지게 되었다.[3] 리틀 사이공은 미국에서 뿐만 아니라 전 세계 베트남인 디아스포라, 특히 '남베트남공산난민'에게는 정신적 수도로 자리매김하고 있다.[4]

1) Nguyen Khuyen Vu(2004), "Memorializing Vietnam: Transfiguring the Living Pasts," Marcia A. Eymann, Charles Wollenberg eds., *What's Going On?: California and the Vietnam Era*, Berkeley, Los Angles, London: University of California Press, p.157.
2) "Healing and Dividing: The Westminster vietnam war memorial," https://scholarsarchive.byu.edu/cgi/viewcontent.cgi?article=1061&context=wcaaspapers(검색일; 2018. 6. 20).
3) Christian Collet, Hiroko Furuya(2010), "Enclave, Place, or Nation? Defining Little Saigon in the Midst of Incorporation, Transnationalism, and Long Distance Activism," *Amerasia Journal*, Vol.36, No.3, p.5; Deukmejian to Enlarge Little Saigon's Stature : Vietnamese Students Will Be Honored, Freeway Signs Announced During 1st Visit by a Governor, *Los Angeles Times*, June 16, 1988; "Deukmejian Courts 'Little Saigon' Votes," http://articles.latimes.com/1988-06-18/news/mn-4504_1_george-deukmejian(검색일; 2018.7.21).
4) "DƯƠNG VIẾT ĐIỀN, NIỀM KHÁT VỌNG TỰ DO VÀ NHÂN QUYỀN," *Saigon Times*, ngày 30 tháng 04 năm 2009.

베트남보트피플기념비와 베트남전쟁기념비는 베트남인공동체가 공공의 공간을 만드는 방식이자 정체성을 채우는 방식이며 후세에도 계속될 기억을 구축하는 방식을 보여준다. 때문에 베트남인공동체의 기억과 현재를 가장 잘 드러낼 수 있는 방법 중의 하나가 이들이 구축한 기념비를 살펴보는 것이다. 본 논문은 웨스트민스터 베트남인공동체 구성원들이 관련 정보를 집적해 놓은 인터넷 공간의 자료, 지역 신문과 중앙지를 활용할 것이다.

2장과 3장에서는 웨스트민스터 베트남보트피플기념비의 핵심인 기념동상의 형상과 비문의 문자 메세지를 분석한다. 이를 통해 어떤 매체를 통한 누구의 기억이 어떤 의도로 동상화를 통해 영속되는지, 이 과정에서 일어난 변화가 무엇을 의미하는지 그리고 향후 재해석의 가능성은 존재하는지도 살펴볼 것이다. 베트남보트피플기념비는 이를 둘러싸고 있었던 외적인 환경 특히 베트남전쟁기념비와 불가분의 관계를 가지고 있음에 주목하여 4장은 이 둘 간의 관계, 특히 형상, 의미, 공동체, 시(국가) 차원에서의 상호작용(대항, 협상, 수용)을 분석대상으로 삼는다.

II. 웨스트민스터 베트남보트피플기념비 동상의 기원

웨스트민스터기념공원묘지(Westminster Memorial Park & Mortuary) 평화영면공원(Garden of Peaceful Eternity)에 있는 베트남보트피플기념비(이하 웨스트민스터 보트피플기념비)는 동상, 비문, 그리고 54개의 돌비석으로 구성되어 있다. 특히 동상의 형상은 보트피플기념비의 메시지를 그 어떤 문자보다도 성공적으로 전달하고 있다. '보트피플 피에타 상'이라고 부를 수 있는 이 동상은 세계 곳곳의 수많은 베트남보트피플기념동상 가운데 가장 비극적인 형상을 하고 있으며 강력한 정서적인 호소력을 가지고 있다.

보트피플 피에타 상을 이루는 네 인물은 통한과 비탄, 슬픔과 절망, 그리고 무기력을 남김없이 표현하고 있다. 노부인과 젊은 부부 그리고 아이를 포함해 삼대로 이루어진 가족상으로 이해하는 경우가 일반적이지만[5] 보트피플 피에타 상은 두 모자상 – 서있는 모자상과 앉아 있는 모자상–의 결합이라고 할 수 있다. 두 모자상에서 어머니상은 웨스트민스터 보트피플기념비가 전하고자 하는 정서와 감정의 대부분을 표현하는 매개이다. 때문에 어머니상은 보트피플기념비의 전체 경관과 관람자 간의 정서적인 관계를 맺어주는 데에 결정적인 역할을 한다. 나이든 어머니상은 원망하듯 하늘로 고개를 젖히고 가슴을 쥐어뜯고 있으며, 젊은 어머니상은 땅 저편 아래에 시선을 두고 절실하게 도움을 구걸하듯 오른쪽 팔을 힘겹게 내밀고 있다. 반면 젊은 어머니의 왼쪽 팔에 안겨 있는 아이는 죽었는지 살았는지 미동하지 않으며 나이든 어머니를 부축하고 있는 젊은 남자는 고개를 숙인 채 슬픔을 안으로 삼키고 있는 듯하다. 이렇듯 여성을 비극의 담지자로 해서 젠더화된 추모공간은 웨스트민스터 보트피플기념비를 여타의 보트피플기념비들과 달라보이게 만들고 있으며, 후술할 남성을 용맹의 표상자로 해서 젠더화된 베트남전쟁기념비와 대조를 이룬다.

---

5) 삼대로 구성된 동상은 사실상 베트남 전체를 형상화하고 있으며 베트남의 과거, 현재, 미래를 상징하고 있다고 해석하는 이들도 있다. "ĐÀI TƯỞNG NIỆM THUYỀN NHÂN VIỆT NAM," http://www.vietvusa.com(검색일; 2018.10.21).

〈그림 1〉 웨스트민스터 보트피플기념비 동상[6]

　보트피플 피에타 상은 당시 보트피플의 참상과 비극을 상징하며 수없이 배포되고 재배포되었던 두 사진 이미지에 기반을 두고 있음이 분명하다. 앉아있는 모자상에 모티브를 제공한 사진은(〈그림2〉) '사이공의 처형'(Saigon Execution)으로 1969년 퓰리처상을 수상했던 AP 사진기자 에디 아담스(Eddie Adams)가 1977년 추수감사절(11월 셋째 주 일요일)에 태국 당국에 의해 사암만 연안에서 공해로 쫓겨 난 한 난민 배에서 찍은 것이다. 이 배는 49명이나 되는 난민들이 겨우 앉아 있을 정도로 비좁고 햇빛이나 비를 피할 수 있는 지붕도 없는 작은 어선이었

6)　출처: http://lost-at-sea-memorials.com/?paged=5

다. 이 배에서 그는 아이와 함께 있는 어머니를 피사체로 여러 장의 사진을 찍었으며 카메라 앞에서도 웃지 않는 아이들을 처음 보았기에 '아무도 웃지 않는 배'(Boat of no smiles)라는 이름을 붙였다.[7] 에디 아담스의 '사이공의 처형'이 베트남전쟁 반전운동에 영향을 미쳤다면, '아무도 웃지 않는 배'는 베트남보트피플 수용의 기폭제 역할을 했다고 평가된다.[8] 작게는 이 사진으로 인해 이 배에 타고 있었던 이들은 모두 미국에 정착할 수 있었다. 크게는 이 사진을 본 카터 대통령은 미 의회를 설득해 1980년 난민법을 제정 통과시킬 수 있었다. 이를 계기로 1978년에서 1981년 사이 25만 명의 베트남난민이 미국에 정착했으며, 1981년과 2000년 사이에는 53만 명이 정착했다.[9]

〈그림 2〉 아무도 웃지 않는 배[10]

---

7) "The Boat of No Smiles," https://iconicphotos.wordpress.com/2017/02/11/the-boat-of-no-smiles/(검색일; 2018.10.22).

8) Denise Leith(2004), *Bearing Witness: The Lives of War Correspondents and Photojournalists*, North Sydney: Random House Australia, p.2.

9) "An Unlikely Weapon: The Eddie Adams Story," https://www.vanityfair.com/news/2009/04/an-unlikely-weapon-the-eddie-adams-story(검색일; 2018.8.7); Nguyen Khuyen Vu(2004), ibid, p.157.

10) 출처: http://100photos.time.com/photos/eddie-adams-boat-no-smiles

몇 장의 사진이 어떻게 여론을 형성시키고 미국의 정부와 의회를 움직이게 했는지는 이 글의 주된 관심 대상이 아니다. 이 사진이 했던 역할, 정확히는 미국과 서방 세계에서의 보트피플에 대한 공감과 관심, 그리고 이로 인해 역설적으로 얼마나 더 많은 이들이 작은 희망을 품고 보트피플이 되었는지 그리고 어떻게 보트피플 위기로 진행되었는지에 대해서도 자세히 언급하지 않으려 한다. 여기에서는 보트피플 피에타 상의 또 다른 모자상도 공유하고 있는 중요한 두 가지 사항을 강조하고자 한다. 첫째는 보트피플 피에타 상은 가장 널리 알려지고 정서적 파급력이 상당했던 사진에 바탕을 두고 있다는 점이며, 둘째는 그럼에도 불구하고 보트피플 피에타 상의 모자는 사진 속의 모자보다 더욱 비극적으로 극화되어 있다는 점이다.

　　사진과는 달리 앉아있는 모자상의 아이는 더 작고 늘어져 있으며 아이를 안고 있던 어머니의 한 손은 구원을 간청하듯 들려진 채 허공에 떠 있다. 사진 속 엄마 품에 안겨 있는 아이가 거의 죽은 아이가 아니라 실제로는 아직 잠에서 깨어나지 않은 상태였으며 어머니의 표정이 당장은 바다로 내리 쬐는 강력한 햇빛을 피할 수 없어서 지친 상태에서 찡그린 것이었다면 – 이것이 사진을 찍었을 시의 상황에 근접해 있다 – 보트피플 피에타 상의 모자는 이미 사진에서, 혹은 사진을 보는 이의 시선 에서 비극화된 것이며, 보트피플 피에타 상에서 한 단계 더 비극적으로 형상화되었다고 말할 수 있다.

　　웨스트민스터 보트피플기념비 동상의 또 다른 모자상, 즉 서있는 모자상은 유엔난민기구(UNHCR)의 고글러(Kasper Gaugler)가 1978년 말레이시아 연안에서 침몰한 배에서 빠져나오고 있는 보트피플을 찍은 사진의 이미지를 차용하고 있다. 이 사진이야말로 UNHCR과 세계 미디어에 의해 아주 널리 배포되었으며 이전 보트피플들도 자신의 이야기를 할라치면 빼놓지 않고 이용하는 사진이다. 이 배에 타고 있었던 베트남 난민 162명은 모두 구조되었다. 그러나 당시 공해상에서 침몰, 익사, 허기와 목마름 그리고 해적의 공격으로 많은 이들은 목숨을 잃었다. 그해 12월 첫 주 말레이시아 연안에서만 해도 수척의 배가 가라앉아 148명은 구조되었지만 44명은 시체로 발견되고 99명은 바다에서 사라졌다.[11] 이렇듯 엄혹했던 1978-1979년 보트피플위기를 대변하는 이 사진 속에서 힘이 빠진 어머니는 두 젊은이의 부축을 받으며 해안가로 걸어 나오고 있다.

보트피플 피에타 상의 서있는 모자상은 이 사진의 일부 이미지를 이용했지만 더욱 비극적으로 표현되어 있다. 어머니상은 사진과 비교해 더 늙은 모습으로 하늘로 고개를 젖히고 가슴을 쥐어짜는 모습으로 형상화되었으며, 아들의 상 또한 어머니를 부축하면서 앞에 있는 해안가를 바라보며 걸어 나오는 모습이 아니라 고개를 숙이고 아래를 내려다보는 모습으로 더욱 무력화되어 있다. 사실 이 사진 속의 어머니는 배가 제대로 기능을 하는 한 계속 공해로 내몰릴 수밖에 없음을 알고 - 어느 나라도 보트피플의 연안 상륙을 기꺼워하지 않았기에 연안 근처에 오면 물과 식량 등을 주어 다시 공해로 내몰았다 - 일부러 밤새 도끼로 구멍을 내 배를 침몰시켰다. 그는 말레이시아 당국과 UNHCR로 하여금 이들이 눈앞에서 익사하는 것을 지켜보던지 상륙을 허용하고 구조하든지 선택을 강요한 것이었다.

---

11) "Boat People: Fresh Faces, New Horrors," *The New York Times*, December 3, 1978.

〈그림 3〉 말레이시아 연안의 베트남 보트피플[12]

물론 말레이시아 당국에게 선택지는 없었으며, 이들은 예상한대로 뭍에 오를 수 있었다. 베트남난민의 상륙을 허용하지 않았던 분위기에서 보트피플 스스로가 기관을 망가뜨리거나 배를 침몰시키는 경우는 드물지 않게 발생했다. 우리 서해안과 남해안에서도 1989년 비슷한 사건이 있었다.[13] 고글러의 피사체는 사실 엄혹한 사정 속에서 방책을 내어 스스로를 구한 보트피플의 적극적인 의지와 용기가 그리고 뭍에 오

12) 출처: https://www.pinterest.co.kr/debbi1454/vietnam-fall-of-saigon-1975/
13) 노영순(2013), 「바다의 디아스포라, 보트피플: 한국에 들어온 2차 베트남난민 (1977~1993) 연구」, 『디아스포라연구』, 제7권 제2호, 102쪽.

른 이상 난민으로 서방세계에서 새로운 삶을 꿈꿀 수 있는 희망적인 상황에 있었다고 할 수 있다. 그러나 베트남난민 구조에 적극적이었던 UNHCR의 의도대로 맥락을 잃은 사진은 이미 보는 이로 하여금 베트남보트피플의 수동적인 고난과 비극적 운명만을 크게 부각시켰으며, 이 사진을 바탕으로 한 서있는 모자상은 사진 속의 인물을 미묘한 방식으로 한 단계 더 비극적으로 형상화하고 있다.

20여 년이 넘는 베트남난민 발생 기간(1975-1995) 중에서도 보트피플위기로 기억되는 1978-1979년에 있었던 그것도 가장 비극적인 사건들을 상징했던 두 장의 사진을 더욱 비극적으로 해석하여 만들어진 상이 보트피플 피에타 상이었다면, 왜 그런 비극화가 필요했으며 그 기능은 무엇이었는지에 대해 의문이 생긴다. 이 의문에 천착하기 전에 두 가지 사항에 대해 먼저 부연 설명할 필요가 있다. 하나는 동상에 아이디어를 제공한 두 사진(사실에 기반을 두었다는 점에서 더욱 정서적인 호소력이 있었던)에서 보이는 바는 다가 아니라는 점과 관련된다. 타임지에 기고한 응우옌 응옥 로안(Nguyễn Ngọc Loan) 장군을 추모한 글에서 에디 아담스가 지적했듯이 "사진은 가장 강력한 무기이며 사람들은 사진을 믿지만, 조작하지 않아도 사진은 거짓을 말한다. 사진이 보여주는 바가 절반의 진실이라면 사진이 보여주지 않는 바가 또 다른 절반의 진실이기 때문이다."[14] 또 다른 절반의 진실에 다가가기 위해 앞에서는 두 사진이 놓인 맥락을 파악 가능한 범위에서 충실히 살펴보려고 했다. 그 목적은 현장에서 사진으로 그리고 사진에서 동상으로의 형상화 과정에서 강화된 슬픔과 비극을 다시 사실에 가깝도록 재해석하고 보트피플 피에타 상에 대한 재해석의 여지를 확보하는 데에 있다.

---

14) "Eulogy: GENERAL NGUYEN NGOC LOAN," *Time*, July 27, 1998.

〈그림 4〉 조이 편의점 벽화[15]

1978년 고글러에 의해 찍힌 그 사건을 비극이 아니라 희극으로 표현하고 있는 사례도 살펴볼 필요가 있다(〈그림 4〉 참조). 캐나다 매니토바(Manitoba)의 주도인 위니펙(Winnipeg)에 있는 조이 편의점(Joy's Convenience)의 벽화가 그것이다. 보트피플로 1980년 캐나다에 정착한 이 건물의 주인인 응우옌 떰(Nguyễn Tâm)은 베트남인 이주 40주년을 맞이해 보트피플의 이야기를 벽화로 표현할 기회를 가졌다.[16] 2015년 '위니펙의 자부심'(Take Pride Winnipeg) 후원으로 사라 콜라드(Sarah Collard)가 그린 이 벽화는 1978년 고글러가 찍은 사진을 재해석하고 있다. 힘든 여정을 뒤로 하고 해안가에 퍼지는 희망과 환희를 전하고 있는

---

15) 출처:https://www.cbc.ca/news/canada/manitoba/winnipeg-mural-commemorates-boat-people-1.3294453
16) "Mural commemorating Vietnamese Boat People unveiled in Winnipeg," *CBS News*, Oct 29, 2015, https://www.cbc.ca/news/canada/manitoba/winnipeg-mural-commemorates-boat-people-1.3294453(검색일; 2018. 5.7).

이 벽화는 사진이 말하지 않은 절반의 진실을 말하고 있을지 모른다. 여기에서 보트피플은 기쁨과 기대에 가득 차 있다.[17] 이 사례를 통해 알 수 있는 중요한 점은 보트피플에 대한 인식이나 경험은 그 수만큼이나 다양할 수 있으며, 시간의 변화에 따라 변함은 물론 공간에 따라 완전히 다르게 표상될 수 있다는 사실이다. 웨스트민스터 보트피플기념비의 동상을 이런 식으로 접근한 이유도 보트피플 피에타 상은 원래부터 과장된 절반의 진실만을 말할 뿐만 아니라 그것도 냉전 프레임에 갇혀있게 되었음을, 이제는 말하지 않았던 절반에 대해 생각하고 탈프레임을 모색할 필요가 있기 때문이다.

그렇다면 웨스트민스터 보트피플기념비 동상은 왜 그렇게 비극적으로 형상화되었으며 어떤 의미를 가지는가? 보트피플 피에타 상이 표현하는 상황보다 더 이루 말할 수 없는 비극적인 경험이나 기억을 가진 이들도 있을 것이다. 그러나 지금 논의하고자 하는 바는 사적인 기억이 아니라 공적인 기억화의 문제이며 후자에서 비극화가 했던 역할에 관한 것이다. 에스피리투는 비탄이나 슬픔을 사적이거나 비정치적인 정서로 보지 않고 공적 정치를 가동시키는 자원으로 개념화하는데,[18] 이는 보트피플 피에타 상의 비극적 표상의 이유와 역할을 설명하는 데에도 유용한 개념이다. 보트피플 피에타 상의 장소지가 된 미국이라는 공간에서 본다면 보트피플이 혹은 그 표상이 더욱 비극적일수록 미국 인도주의와 난민수용 명분의 빛은 더욱 강력해지며 베트남전쟁의 정당성은 더욱 강화될 수 있다. 미국의 입장에서는 남베트남을 방기했다는 죄책감을 모호하게 하고 미국

<hr>

17) Ibid.
18) Yen Le Espiritu(2016), "Vietnamese Refugees and Internet Memorials: When Does War End and Who Gets to Decide?," Brenda M. Boyle, Jeehyun Lim eds., *Looking Back on the Vietnam War: Twenty-first-Century Perspectives*, New Jersey: Rutgers University Press, p.19.

인을 도덕적 주체로 다시 세우기 위해서 비극(tragedy)이 필요했다.[19)

이전 베트남보트피플이었던 베트남인공동체 입장에서도 비극은 유용한 사회적 자원이 될 수 있었다. 누구나 알 수 있으며 강력한 심리적 영향력을 가지고 있는 사진을 모티브로 보다 더 극화시켜 보트피플 기념동상을 형상화시킴으로써 보트피플의 트라우마를 비극이라는 카타르시스를 통해 치유하는 동시에 공동체의 통합성을 확보할 수 있었다. 또한 비극화는 일각에 남아 있는 보트피플에 대한 부정적인 시각과 정서 – 정치 난민이 아니라 경제적 기회를 노린 불법 경제 난민이라는 둥, 특혜 난민이라는 둥, 조국을 버린 배신자라는 둥 –에 저항하고 보트피플의 의미를 재정의하여 미국 사회 내에서 그 존재와 가치를 인정받을 수 있는 하나의 방식이었다. 마지막으로 무시할 수 없는 점은 동상의 비극화는 역설적이게도 미국의 남베트남 방기에 대한 기억이자 보트피플을 상륙시키지도 구조하지도 않았던 이들에 대한 고발이기도 하다. 동시에 보트피플의 결연한 의지와 행동으로 인해 미국을 비롯한 국제사회를 설득시키고 행동을 변화시킨 힘을 드러내고 있다고도 읽힐 수 있다. 보트피플 피에타 상의 이러한 비극적 효과는 다음 장에서 다룰 비문과 돌비석의 문자 메시지를 통해서 더욱 분명하게 드러날 것이다. 형상을 보면서 비극으로 정화된 의식은 문자 메시지를 있는 그대로 수용하게 만든다. 이런 의미에서 웨스트민스터 보트피플기념비의 형상과 문자는 서로를 더욱 진실로 만들며 서로를 강화시킨다고 할 수 있다.

---

19) Ayako Sahara(2012), *Globalized humanitarianism : U.S. imperial formation in Asia and the Pacific through the Indochinese refugee problem*, Ph.D thesis: University of California, p.80.

III. 웨스트민스터 베트남보트피플기념비의 문자 메시지

보트피플 피에타 상은 배의 바닥인 듯 난파 이후 만난 무인도인 듯한 밑돌 위에 있으며 그 주위로는 바다를 상징하는 선체 모양의 호수가 있다. 이렇게 피에타상의 주인공들이 보트피플임을 드러낸 호수 주변의 길가에는 베트남어 이름들로 빼곡히 들어 찬 돌비석들이 여기 저기 흩어져 있다(〈그림 5〉). 바다에서 사라진 54척의 배를 의미하는 54개의 돌비석에 새겨진 이름은 바다에서 희생된 6,000여명의 보트피플이다.[20] 매우 이국적으로 보이는 베트남 양식의 커다란 청동 항로가 전체 추모 경관이 자아내는 처연하고 엄숙한 분위기를 아우르고 있다.

〈그림 5〉 보트피플 돌비석[21]

웨스트민스터 보트피플기념비가 바다에 묻힌 6,000여명의 보트피플의 이름을 일일이 추모하고 있다는 사실은 매우 인상적일 뿐만 아니라 중요하다. 이런 예는 세계 어디에도 없다. 바다에서 목숨을 잃은 이들에 대한 추모는 때로는 수십만에 이른다는 구문을 넣어 규모를 언급하기도 하지만 일반적으로 집단적인 의미의 보트

---

20) "Đài Tưởng Niệm Thuyền Nhân Việt Nam," http://saigontimesusa.com/bai/thuyennhan/index.shtml(검색일; 2018.8.3).

21) 출처:https://www.ocregister.com/2009/12/09/garden-grove-considers-vietnam-war-museum/

피플 전체를 대상으로 한다. 또한 사적으로 바다에서 사라진 혈육이나 인척을 불교사원 등에 모시고 비석을 세우는 경우가 일반적이다. 이렇듯 직접적인 사적 관계가 없는 보트피플을 대규모로 일일이 이름으로 추모하는 공간이 탄생할 수 있었던 배경에는 무엇보다도 먼저 웨스트민스터 보트피플기념비의 구상에서 건립까지 결정적인 역할을 했던 쩐 아이 껌(Trần Ái Cầm)과 타이 투 합(Thái Tú Hạp)이 겪은 경험과 심혈을 기울인 노력이 자리하고 있었다.

기념비 구상에서 기금 모집과 동상 주문, 그리고 부지 매입과 기념 공간의 시공과 건축 등 전 과정에서 주도적인 역할을 했던 쩐 아이 껌과 타이 투 합은 1979년 보트피플이 되었다. 이 부부가 탄 배가 하이난(海南) 섬 근처에서 전복되는 사고가 발생했으며 동승자 13명이 목숨을 잃었다. 그 때 부부는 언젠가 '자유'의 연안에 도착하면 이들을 위한 추모비를 세우리라 맹세했다고 한다.[22] 수십만 보트피플의 희생이 있었기에 다른 보트피플들이 '자유'의 땅에 들어올 수 있었다는 의미에서 희생자에 대한 추모는 살아남은 자의 책임이자 의무라고 생각했기 때문이다.[23] 이들은 1997년부터 모금하기 시작한 기금이 충분히 확보되자 보트피플의 영혼을 위로할 수 있는 동상 제작을 보 훙 키엣(Võ Hùng Kiệt, Vi V)에게 의뢰했다.[24] 웨스트민스터 보트피플기념비의 형상과 의미를 디자인한 이 세 사람에 대한 이력도 웨스트민스터 보트피플기념비 건축 주체를 이해하는 데에 도움이 될 것이다.

---

22) "Memorial to boat people who died to be dedicated Saturday," *Orange County Register*, April 24, 2009.
23) "Vietnamese Boat People Memorial," *Roadside America.com*, https://www.roadsideamerica.com/story/21430(검색일; 2018.3.30).
24) "ĐÀI TƯỞNG NIỆM THUYỀN NHÂN VÀ HỌA SĨ VI VI," http://cothommagazine.com/index.php?option=com_content&task=view&id=947&Itemid=53(검색일; 2018.7.14).

베트남 남부의 호이안(Hội An)에서 태어나 사이공에서 공부하고 다낭에 있는 한 고등학교에 재직했던 쩐 아이 껌은 1979년 말 캘리포니아에 정착했으며, 현재 해외빈딘(Bình Định)화인애우회 회장이다.[25] 그는 베트남에서 태어난 중국인이다.[26] 그의 남편인 타이 투 합은 1940년 호이안에서 태어났으며, 남베트남의 시인이자 군 장교였다. 1975년 사이공함락 직전 투옥되어 3년을 감옥에서 보냈다. 미국에 정착한 이래 아내와 함께 1987년에는 주간지『사이공타임스』(Tuần Báo Saigon Times)를 펴냈으며, 1988년에는 송투출판사(Nhà xuất bản Sông Thu)를 열었다.[27] 1945년 빈롱(Vĩnh Long)의 한 가톨릭 가정에서 태어난 보 홍 키엣은 1968년 사이공고등미술학교를 졸업한 후 남베트남의 정보장교(7th Division of the Joint General Staff)로 복무했다. 1975년 이후 두 차례 투옥되었으며, 1981년 베트남을 떠나 1982년 캐나다 몬트리올에 정착했다 1995년 미국으로 이주한 보 홍 키엣은 성당의 벽화와 조각은 물론 반공산베트남과 남베트남 군인을 주제로 한 작품을 다수 제작했다.[28]

웨스트민스터 보트피플기념비 창건자들은 당시 보트피플의 대다수를 구성하고 있었던 남베트남 군인, 베트남화교, 가톨릭교도라는 사회

25) "Sơ lược tiểu sử, Ái Cầm," http://saigontimesusa.com/bai/aicam/tieusu.shtml(검색일; 2018.7.15).

26) "Thái Tú Hạp – Saigon Ocean," https://saigonocean.com/gocchung/html/thaituhap.htm;(검색일; 2018.7.10.); Lê Mai Lĩnh : THÁI TÚ HẠP- HẠT BỤI NÀY Ở LẠI – T.Văn & Bạn Hữu, http://t-van.net/?p=23526(검색일; 2018.7.13).

27) "Sơ lược tiểu sử, Thái Tú Hạp," ibid.

28) "Người hoạ sĩ đất Vĩnh Long, Giao Chỉ–San José," https://thanhthuy.me/2015/08/13/nguoi-hoa-si-dat-vinh-long-giao-chi-san-jose(검색일; 2018.11.10); Phan Anh Dũng. ĐÀI TƯỞNG NIỆM THUYỀN NHÂN VÀ HỌA SĨ VI VI http://cothommagazine.com/index.php?option=com_content&task=view&id=947&Itemid=1(검색일; 2018.5.11); HS ViVi Võ Hùng Kiệt https://hsvnhaingoai.wordpress.com/hoa-si-hai-ngoai/hs-vivi-vo-hung-kiet/(검색일; 2018.6.10).

적 범주를 벗어나고 있지 않음을 볼 수 있다. 바로 이런 사회문화적 배경을 가진 이들이 웨스트민스터 보트피플기념비에 형상과 의미를 부여했다. 위 세 사람의 보트피플로서의 사적인 경험은 – 언론에 보도된 비극적인 사건이나 사진들을 통한 간접 경험을 포함해 – 웨스트민스터 보트피플기념비를 통해 거의 그대로 공적인 기억으로 전화되었는데, 그이유는 필요한 기금이 자신들과 소액 일반 독지가들로부터 조달되었으며 묘지라는 보다 사적인 장소를 기념물 공간으로 함으로써 정부나 기관 그리고 다른 개인들의 간섭을 최소화할 수 있었기 때문이었다. 기념공원의 기념비 터 구입에는 보트피플기념비준비위원회를 비롯해 캘리포니아 베트남 의사회와 까오 다이(Cao Đài) 교회도 힘을 보탰다.[29]

바다에서 희생된 보트피플이 있었기에 생존한 이들이 '자유'의 땅에 들어올 수 있었다는 의식이 캘리포니아의 베트남인공동체를 추종시킨 힘이었다. 후자는 전자에게 진 빚을 갚고 감사를 전하고자 했으며 그 결과가 6,000여명의 이름이 새겨진 54개의 돌비석으로 구체화되었다. 그때까지 베트남난민이 미국을 비롯해 서구사회에 정착할 수 있었던 데에는 무엇보다도 서구사회의 인도주의적 난민 수용 정신과 정책이 강조되어왔다. 이런 맥락에서 베트남난민 공동체는 정착하게 된 사회와 국가에 '빚'을 지고 '은혜'를 입고 있으며 이에 '감사'한다는 레토릭이 공동체 안팎에서 적지 않게 자주 등장했다. 그러나 이와는 달리 웨스트민스터 보트피플기념비는 서구사회로 하여금 베트남난민에게 문을 열도록 한 이들은 바다에서 희생되었거나 처연한 시련을 견디어냈던 보트피플

---

29) "Archive of Vietnamese Boat People," http://www.vnbp.org/vietnamese/memorial/monuments/westminister/index.htm(검색일; 2018.11.2.); Le Tieu Khe(2015), *The line between life and death in the high seas is very thin, almost invisible: Diasporic Vietnamese Remembrance*, M. A. thesis: University of California, p.27-30.

이었음을 웅변한다. 돌비석들은 '빛'의 진짜 채권자이자 '감사'를 받아야 할 궁극적 대상은 돌비석 위에 새겨진 희생된 보트피플임을 분명히 하고 있기 때문이다.

또한 웨스트민스터 보트피플기념비의 돌비석은 망각에 대한 기억의 투쟁 산물이라고 할 수 있다. 6,000여명의 망자 보트피플의 돌비석이 수도 워싱턴에 있는 베트남참전군인기념비(Vietnam Veterans Memorial)의 메모리얼 월(Memorial Wall)을 상기시키는 것도 우연이 아니다.[30] 길이가 150미터가 넘는 메모리얼 월은 베트남전쟁에 참전해 목숨을 잃었거나 행방불명된 미군 58,000여명의 이름을 새긴 144개 화강암 판들로 이루어져 있다(〈그림 6〉 참조).[31] 1982년에 완공된 메모리얼 월은 필요성에서부터 디자인에 이르기까지 줄곧 논란이 많은 사회적 이슈였으며 베트남전쟁과 밀접히 관련되었기에 당시 베트남계미국인들도 이에 대해 잘 알고 있었다. 돌비석은 메모리얼 월에서 영감을 얻었으리라 보인다. 전자가 베트남전쟁과 보트피플을 포함해 베트남과 관련된 그 어떤 메모리얼에서도 잊힌 베트남인 희생자들을(희생된 참전군인 이건 보트피플이건)

---

30) 베트남전쟁 참전군인기념비는 1982년에 세워진 메모리얼 월, 1884년에 세워진 세 군인상(The three soldiers), 1993년에 세워진 베트남여성기념비(vietnam women's memorial)로 이루어져 있다. 메모리얼 월의 건립은 사이공 함락 4년 후 시점에 영화 디어 헌터에 영향을 받아 베트남참전군인 메모리얼펀드가 조직되고 베트남전쟁 참전군인들로부터 기금을 모으면서 시작되었다.

31) 프랑스판 베트남전쟁 참전군인기념비는 1946년부터 1954년 사이 베트남으로 가기 위해 프랑스군이 집결했던 장소였던 남동부 지중해에 있는 툴롱 근교 프레쥐스(Fréjus)에 있다. 제1차인도차이나전쟁으로 알려진 이 전쟁으로 프랑스인 군인과 민간인 55,000여명이 희생되었다. 1996년에 설치된 64미터에 이르는 인도차이나전쟁비(mémorial des guerres en Indochine)의 메모리얼 월(mur)에는 희생된 35,000여명의 이름이 새겨져 있다. 2009년에는 이곳에 프랑스령인도차이나박물관이 들어섰다. "FRANCE'S LONELY VIETNAM MEMORIAL," https://www.washingtonpost.com/archive/politics/1997/02/24/frances-lonely-vietnam-memorial/c56b1528-b589-4892-b999-1f4b7974e4a6/?noredirect=on&utm_term=.0645ce9c8882; The memorial to wars in Indochina in Fréjus, http://www.cheminsdememoire.gouv.fr/en/indochina-war-memorials(검색일; 2017.9.18).

기억하고 있다는 사실은 중요하다. 미국이라는 국가가 미국인 베트남전쟁 희생자를 일일이 기억하고 추모하듯이 베트남계미국인들은 베트남난민 희생자를 추모하고 기억하면서 미국사회에서 지워지고 망각된 이들의 역사를 복원하고 있기 때문이다. 전쟁의 이면이 다름아닌 난민임을 볼 때 웨스트민스터 보트피플기념비의 돌비석은 베트남참전군인기념비의 메모리얼 월이 누락시킨 이면을 보여주고 있다고 할 수 있다.

〈그림 6〉 워싱턴 베트남참전군인기념비 메모리얼 월[32]

---

32) 출처: https://www.touretown.com/listing/vietnam-veterans-memorial-wall/261/; https://www.atlasobscura.com/places/wall-south-vietnam-memorial

웨스트민스터 보트피플기념비의 돌비석이 희생된 보트피플의 이름을 기억하고 추모하고 있다면 비문에 새겨져 있는 문자 메시지는 이 희생이 가지고 있는 의미와 보트피플기념비의 목적을 포괄적이고 분명하게 전달하고 있다. 비문에 의하면 보트피플기념비를 세운 목적은 세 가지이다. 먼저는 "자유(freedom), 존엄(dignity), 인권(human rights)을 찾아 떠난 길에서 죽은 수십만 베트남인들을 추모"한다. 그리고 "1975년 4월 이후 공산주의(communism)를 거부하고 전쟁으로 피폐화된 나라(war-torn country)를 떠난 수백만 베트남인들이 겪어야 했던 고난과 고뇌의 여정을 기억"한다. 그리고 마지막으로 "베트남인들의 모국으로부터의 대탈출과 미국과 전 세계 자유국가에서의 정착을 후세대에게 알리기 위해서"이다. 전 세계 다른 베트남보트피플 기념비들과 비교해 보면 웨스트민스터 보트피플기념비의 문자 메시지가 가지고 있는 특징인 포괄성, 직접성, 구체성은 더욱 분명하게 드러난다.

1995년 세워진 최초의 베트남기념비인 캐나다 오타와의 베트남기념비(Vietnamese Commemorative Monuments)와 2005년 말레이시아의 팔라우 비동(Palau Bidong)과 인도네시아의 갈랑(Galang)에 세워진 최초의 베트남보트피플기념비들과 비교해 보자. 전자는 간단하게 "자유로 가는 길에서 목숨을 잃은 이들을 추모하며,"[33] 후자는 "자유로 가는 길에서 허기와 목마름과 강간, 탈진 등으로 죽어간 수십만 베트남인들을 기리고 이들의 희생을 기억하며"라는 메시지를 전한다.[34] 무엇보다도

---

33) 노영순(2018), 「캐나다 오타와와 호주 브리즈번의 베트남보트피플기념비와 베트남인공동체」, 『인문사회과학연구』, 제19권 제1호 참조.

34) "Bia Thuyền nhân," https://kontumquetoi.com/2015/04/28/tham-canh-va-ky-uc-thuyen-nhanboat-people/.(검색일; 2017.10.1). 보트피플이 겪어야 했던 비극을 허기, 목마름, 탈진 등으로 구체적으로 열거하고 있는 후자는 볼리나오 52(Bolinao 52) 사건을 상기시킨다. 볼리나오 52 사건은 1988년 6월 37일간 태평양을 배회하다 필리핀 마닐라 북부에 있는 볼리나오 섬의 한 어부에 의해 구조된 52명의 보트피플을 의미한다. 원래 이 배에는 110명이 타고 있

웨스트민스터 보트피플기념비의 비문은 베트남보트피플을 돌이킬 수 없는 방향으로 정의내렸다. 다시 말해 베트남보트피플은 이제 자유, 존엄, 인권을 찾아 1975년 4월 이후 공산주의 체제를 인정하지 않고 전쟁으로 피폐화된 베트남을 떠나 – 이들 중 일부는 바다에서 삶을 마감했으며 – 자유주의 세계에 정착한 이들을 의미하게 되었다. 여기에서는 웨스트민스터 보트피플기념비에 정의된 베트남보트피플의 개념이 떨쳐버렸거나 왜곡하거나 망각했던 요소들을 소환하기 보다는 이 정의가 가지고 있는 베트남전쟁과의 관련성에 초점을 맞추어 보도록 하겠다.

베트남을 떠난 이유와 시점 그리고 정착에 이르기까지의 과정을 표현한 단어들, 즉 자유, 1975년 4월, 공산주의, 전쟁, 미국, 자유 국가들은 사실 모두 베트남전쟁을 관통하는 단어들이기도 하다. 여기에 자유와 불가분의 관계에 있는 존엄이나 인권과 같은 단어를 더해 보트피플을 표현하고 있다. 다시 말해 보트피플은 베트남전쟁과의 관련성에서 결과와 원인으로 연결되어 있음을 알 수 있다. 이러한 나열과 관련 맺음을 통해 보트피플은 자연스럽게 공산 난민이 되며, 베트남은 공산주의 독재국가로 낙인찍힌다.

2009년 4월 25일 웨스트민스터 보트피플기념비 개막식과 때를 같

___

었다. 37일 간 50여척의 상선들이 이들을 구조하지 않고 지나갔다. 허기와 목마름과 탈진으로 많은 이들이 죽어갔으며 살아남은 이들은 시신이나 힘이 없는 이들의 인육을 먹었다는 사실이 알려지면서 전 세계를 놀라게 했다. 미국 해군함 더뷰크(Dubuque) 호의 선장 알렉산더 발리앙(Alexander Balian)이 해상구조의무 위반에 따른 과실치사혐의로 군법회의에 회부된 사건으로도 유명하다. "Cannibalism: the chilling secret of lost boat peoples," *The Sunday Times*, 20 November 1988 ; "Vietnamese Refugees report cannibalism on voyage," *The Washington Post*, August 10, 1988, ; "NGƯỜI PHỤ NỮ SỐNG SÓT SAU CHUYẾN VƯỢT BIỂN KINH HOÀNG," *Saigon Times*, 2007-04-23. 당시 더뷰크 호는 몇 주 후 호르무즈 해협 상공에서 이란 항공 655편을 격추시켜 탑승자 299명 전원을 죽인 미국 해군 이지스함 빈센스 호를 호위하기 위해 페르시아 만으로 가고 있는 길이었다. "Documentary covers loss and survival on the South China Sea", *The Mercury Times*, April 29, 2008.

이 하여 웨스트민스터 시의회는 '자유를 위해 배를 타고 공산정권을 탈출했던 남베트남인들'을 공식 인정하여 매년 4월 마지막 토요일을 '베트남 보트피플의 날'(Vietnamese Boat People Day)로 지정했다.[35] 이와 함께 웨스트민스터는 남베트남 국기를 베트남계미국인의 자유와 유산기(Vietnamese American Freedom and Heritage Flag)로 인정했다.[36] 남베트남의 국기는 이제 미국의 베트남인공동체의 상징이 된 것이다. 이와 유사한 결의안은 사실 2003년 이래 미국의 15개 주를 포함해 전세계 85개 주와 시에서 통과되었다.[37] 반공주의(anticommunism)는 베트남 디아스포라 사회의 정체성과 공동체 형성을 위한 패러다임이 되었다.[38] 그렇다면 베트남전쟁기념비와 보트피플기념비, 보트피플의 날, 자유와 유산기 등 일련의 공적인 표상들은 일종의 세트 문화로 베트남계미국인들이 사회적 자산을 활용하고 미국에서 정체성을 확보해 가는 데에 매우 중요한 역할을 했다고 할 수 있다.

   탈공산주의 난민으로서의 베트남보트피플을 강조했다는 의미에서 웨스트민스터 보트피플기념비는 공산주의희생자기념비(Victims of Communism Memorial)와도 연결된다. 1994년에는 샌프란시스코 차이나타운에 그리고 2007년에는 수도 워싱턴 기념공원에 두 손으로 횃불을 들고 있는 여신상인 공산주의희생자기념비 동상이 세워졌다 (〈그

---

35) "Resolution NO. 4257," http://westminsterca.granicus.com/MetaViewer. php?view_id=2&clip_id=54&meta_id=11798(검색일: 2017.9.2).
36) "Vietnamese American 'freedom flag' endorsed," *Orange County Register*, February 3, 2009.
37) Le Long S.(2011), "Exploring the Function of the Anti-communist Ideology in the Vietnamese American Diasporic Community," *Journal of Southeast Asian American Education and Advancement*, Vol. 6, p.13.
38) Vo Dang Thanh Thuy(2008), *Anticommunism as Cultural Praxis: South Vietnam, War, and Refugee Memories in the Vietnamese American Community*, Ph.D thesis, Berkeley: University of California, p.xi-xii.

림7〉참조). 미국 정부가
부지를 제공하고 공산주
의희생자기념비재단이
구성되어 필요한 기금을
마련했다. 베트남인, 에
스토니아인, 라트비아
인, 리투아니아인 그리
고 중국인들도 기금 모
집에 동참했다. 기념비
는 1989년 당시 베이징
천안문 광장에 세워진
'민주의 여신상'을 본뜬
것이며, "1억 명의 공산
주의 희생자들과 자유를
사랑하는 사람들을 기념

〈그림 7〉 공산주의희생자기념비

하며"와 "공산당의 만행으로 피해를 입은 국가와 인민의 자유와 독립을
위해"라는 추모의 글이 새겨져 있다.[39] 바로 이 공산주의희생자기념비
앞에 미국기와 남베트남 국기 그리고 남베트남 국기 모양의 화환 - 베
트남계미국인 공동체에서 자주 발견되는 -을 가져다 놓은 사진은 미국
의 베트남인공동체가 보트피플기념비와 유사하게 이 기념비를 전용하는
방식을 잘 보여준다.

---

39) 「공산주의 희생자 기념비와 탈공산화 물결」, 『에포크타임스』, 2018.01.11.

IV. 베트남전쟁기념비와 보트피플기념비의 관계

웨스트민스터의 보트피플기념비와 베트남전쟁기념비는 불가분의 관계에 있다. 두 기념비는 모두 베트남인공동체를 근간으로 하며 시공간을 같이 한다. 전쟁기념비가 보트피플기념비 보다 6년 정도 앞서지만 두 기념비 모두 조지 부시의 대통령 재임기간에 건립되었다. 공간적으로 보면 후자는 시외곽 묘지에 있으며 전자는 시내 중심지 근처에 자리하고 있지만 둘 다 리틀 사이공의 지도상에 있다. 이에 그치지 않고 보트피플기념비와 베트남전쟁기념비는 서로 공명하며 형상과 의미를 보충하는 동시에 서로에 대해 또는 다른 기념비들에 대해 저항하기도 하고 보완하기도 하는 관계를 형성하고 있다. 베트남전쟁기념비와 보트피플기념비와의 관계를 살펴보기에 앞서 베트남전쟁기념비의 형상과 문자 메시지를 먼저 분석해 볼 필요가 있다.

2003년에 개막식을 가진 웨스트민스터 베트남전쟁기념비(Vietnam War Memorial)의 핵심인 동상은 군복과 방탄조끼를 입고 M-16 소총과 탄약주머니를 찬 미국 군인과 남베트남 군인으로 이루어져 있다(〈그림 8〉). 미군과 남베트남 군인이 나란히 있는 베트남전쟁기념비는 웨스트민스터 베트남전쟁기념비가 최초이자 유일하다는 주장이[40] 있지만 사실은 그렇지 않다. 캔자스 위치타의 예에서 볼 수 있듯이 우호와 동맹을

---

40) 호주의 베트남전쟁기념비에는 호주 군인과 남베트남 군인이 함께 있는 동상이 많다. 카브라마타 베트남전쟁기념비(1991), 퍼스 베트남메모리얼 파빌리언(2002), 빅토리아 베트남전쟁기념비(2005), 브리즈번 호주베트남인 전쟁기념비(2005), 애들레이드 베트남전쟁기념비(2006)를 예로 들 수 있다. Christopher R. Linke(2015), "Side-by-Side Memorial: Commemorating the Vietnam War in Australia," Nathalie Huynh Chau Nguyen ed., *New Perceptions of the Vietnam War: Essays on the War, the South Vietnamese Experience, the Diaspora and the Continuing Impact*, North Carolina: McFarland & Company Inc., Publishers, pp.85-108 참조.

표현하기 위해 남베트남 전우의 어깨를 보호하듯 감싸고 있는 미국 군인이 있는 동상이 미군 참전군인들의 반대에 직면해 우여곡절을 겪어야 했던 경우는 적지 않았다.[41] 참전군인 기념비는 미국의 참전군인을 추모하는 공간이라는 인식이 지배적이었기 때문이었다.

〈그림 8〉 웨스트민스터 베트남전쟁기념비[42]

---

41) "In Kansas, Proposed Monument to a Wartime Friendship Tests the Bond," *The New York Times*, August. 2, 2009.

42) 출처: https://www.yelp.com/biz_photos/vietnam-war-memorial-westminster

그러나 남베트남 군인 동상이 있는 베트남전쟁 참전군인기념비나 베트남전쟁기념비도 적지 않다. 1978년 6월 뉴올리언스의 베트남인공동체는 베트남전쟁에 복무했던 남베트남과 미국의 참전군인을 기릴 목적으로 베트남전쟁 참전군인기념비를 세웠다. 피라미드 형태를 한 이 뉴올리언스 베트남전쟁 참전군인 기념비가 미국에서는 최초로 남베트남 군인과 미군을 함께 추모한 기념비이다. 이를 주도했던 이전 보트피플이자 건축가인 응우옌 응이엡(Nguyễn Nghiệp)은 다시 필요한 기금을 모아 2005년 7월 휴스턴에 남베트남 군인과 미국인 군인이 나란히 서서 전투 자세를 취하고 있는 베트남전쟁기념비를 건립했다.[43] 오클라호마 시에도 2017년 7월에 남베트남 군인과 미군으로 이루어진 동상이 있는 베트남전쟁기념비가 세워졌다. 이 동상의 두 주인공도 전투 경계 자세를 취하고 있다.[44] 그러나 남베트남 군인과 미군이 전하는 형상 메시지가 확연히 달리 표현된 동상은 웨스트민스터 베트남전쟁기념비가 유일하다.

웨스트민스터 베트남전쟁기념비에서 어깨를 나란히 하고 있는 두 군인상은 시선은 같은 방향에 두고 있을지 모르지만 한 사람은 안전모를 벗고 총구가 아래로 향하게 총을 손에 들고 있지만, 다른 한 사람은 안전모를 쓴 채로 총구가 위로 향하게 총을 어깨에 메고 있으며 오른손 손가락으로는 아래에 있는 땅을 가르치고 있다. 그 땅은 미국이 아니라 베트남전쟁의 전쟁터이자 돌아가야 할 베트남을 의미하는 듯하다. 수차례 베트남에서 탈출을 시도한 끝에 1988년 미국으로 올 수 있었던 이 두

---

43) "The Story Behind Asiatown's Vietnam War Memorial," https://www. houstoniamag.com/articles/2018/6/22/vietnam-war-memorial-houston(검색일; 2017.11.3).

44) "Oklahoma City – Military Park Vietnam War Memorial "Brothers in Arms" Monument," https://www.legion.org/memorials/238806/oklahoma-city-%E2%80%93-military-park-vietnam-war-memorial-%E2%80%9Cbrothers-arms%E2%80%9D-monument(검색일; 2017.7.30).

군인상의 조각가 응우옌 뚜언(Nguyễn Tuấn)에[45] 따르면 미군 군인상을 통해서는 남베트남 군인과 함께 남베트남을 위해 싸웠지만 정전이라는 정치적인 선언 때문에 고국으로 간다는 이미지를, 남베트남 군인상은 전쟁은 아직 끝나지 않았으며 조국을 지킬 것이라는 결의를 보여주는 이미지를 시각화했다고 한다.[46] 남베트남 군인의 시선이나 바디 랭귀지는 저항을 나타내며, 베트남계미국인 공동체의 반공주의를 표현한다고 해석되기도 한다.[47]

두 군인상이 궁극적으로 주고자 했던 하나의 목적이 베트남전쟁 후유증의 '치유'였다면, 미군에게는 군인의 임무를 충실히 마치고 돌아간 것으로 남베트남군에게는 자유의 땅을 되찾겠다는 결의를 다지는 것으로 이를 달성하려 하고 있다고 볼 수 있다. 또한 동상은 베트남전쟁과 함께 따라오곤 하는 패배의식, 수치심, 슬픔, 추함, 거부와 같은 부정적인 정서와 시선을 정면으로 응시하고 있는 듯하다. 웨스트민스터 베트남전쟁기념비에서 두 번째 특징적인 부분은 공식적으로 미국기와 나란히 남베트남기가 게양되어 있다는 사실이다. 남베트남기의 게양에 대해서는 갑론을박이 이어졌지만 이 기념기는 1965년부터 1975년까지라는 역사적인 시기를 표현하는 수단일 뿐이라는 설명으로 논란은 가라앉았다. 그러나 동상의 남베트남 군인상이 표현하듯 전쟁은 끝나지 않았으

---

45) "Nguyen Tuan, 1963 | Figurative sculptor Per più informazioni leggi qui," https://www.tuttartpitturasculturapoesiamusica.com/2017/02/Nguyen-Tuan.html(검색일; 2018.9.21.); "Tutt'Art@ | Pittura * Scultura * Poesia * Musica ," https://www.tuttartpitturasculturapoesiamusica.com/2017/02/Nguyen-Tuan.html(검색일; 2017.10.1).

46) Stephen Samuel James(2015), *Monuments and Memory: Appropriating the Westminster Vietnam War Memorial*, M. A. Thesis: University of California, p.25.

47) Erica Allen Kim(2016), "Saigon in the Suburbs: Protest, Exclusion, and Visibility," Makeda Best and Miguel deBaca eds., *Conflict, Identity, and Protest in American Art*, Cambridge Scholars Publishing, p.166.

며 남베트남은 아직 패망하지 않았다는 메시지를 읽는다면 이 기념기는 과거가 아니라 미래를 향해 있게 된다.

〈그림 9〉 베트남전쟁 참전군인기념비의 세 군인상[48]

두 군인상 아래 영어와 베트남어로 된 비문은 웨스트민스터 베트남전쟁기념비의 메시지를 보다 더 분명하게 표현하고 있다. 영어로 된 비문을 해석하면 다음과 같다. "의무(Duty), 명예(Honor), 희생(Sacrifice) – 사람들은 영웅을 찾아보기 힘들다고 말하곤 한다. 의무, 명예, 국가(country)라는 말의 의미를 이해한다면 영웅은 그리 멀리 있지 않으며, 자유와 민주를 위해 싸운 바로 이들임을 알게 될 것이다. "다시 말해 베트남전쟁기념비는 베트남전쟁을 자유와 민주를 지키기 위

---

48) 출처: https://www.bigstatues.com/vietnam-memorial-statue-gets-a-makeover/

한 전쟁으로, 여기에서 싸운 이들을 나라와 조국을 위해 의무와 책임을 다한 명예로운 영웅으로 자리매김하고 있다. 워싱턴의 메모리얼 월처럼 추상적이고 성찰적인 디자인에 대한 거부감으로 인해 탄생한 워싱턴 베트남전쟁 참전군인기념비의 세 세 군인상처럼(〈그림9〉) 웨스트민스터 베트남전쟁기념비의 두 군인상은 전통적인 전쟁기념비 방식을 채용해 전쟁을 정당화하며 군인을 영웅화하고 있다. 베트남어 비문은 영문의 의무를 조국(Tổ Quốc)으로 희생을 책임(Trách Nhiệm)으로 바꾸어 표현하고 있는 것을 제외하고 똑같은 메시지를 전한다. 그러나 사실 이 차이는 매우 크다. 의무와 희생 대신 조국과 책임이라는 단어를 넣었다는 사실은 아직 끝나지 않는 베트남전쟁에 대한 남베트남 군인상의 형상 메시지를 더욱 더 강화시키기 때문이다.

웨스트민스터 베트남전쟁기념비는 무엇보다도 베트남전쟁에서 희생되었지만 베트남전쟁에 관한 이야기와 기억에서 완전히 지워진 남베트남 군인들을 기억한다는 데에 커다란 의미가 있다.[49] 워싱턴 베트남전쟁 참전군인기념비의 세 군인상은 유럽계 미국인, 라틴 아메리카계 미국인, 아프리카계 미국인만을 표현하고 있을 뿐이다. 베트남계미국인의 입장에서 보면 베트남인 없는 베트남전쟁 기념비는 한참 잘못된 것이다. 베트남전쟁에서 희생된 남베트남군인은 미군의 4-5배에 달했다. 제시카에 따르면 웨스트민스터 베트남전쟁기념비는 미국과 남베트남의 공동 목표와 동맹을 기리며 이제까지 무시되어왔던 베트남계미국인을 동일한 가치와 열정을 가지고 전쟁에 함께 참여한 미국인으로 보도록 만들었다.[50] 김도 비슷한 견해를 내놓았다. 그는 웨스트민스터 베트

---

49) Nguyen Khuyen Vu(2004), ibid, p.155.
50) "Healing and Dividing: The Westminster vietnam war memorial," https://scholarsarchive.byu.edu/cgi/viewcontent.cgi?article=1061&context=wcaaspapers(검색일;2018.11.21).

남인공동체는 베트남전쟁기념비를 통해 이제까지 미국과 베트남의 역사와 기념비 모두에서 소외되고 투명 처리된 남베트남 참전군인의 존재를 드러낼 수 있었다고 보았다.[51] 패배한 전쟁을 잊고자 한 이들에게는 물론 '지고도 이긴 전쟁'이라고 생각한 미국인에게도 베트남인 참전군인은 -무능하고 부패한 군인으로 간주된- 안중에 없었는데, 베트남전쟁기념비에서 이들은 비로소 미국의 정치적·군사적 동맹자로 인정을 받은 셈이었다.[52]

그러나 에스피리투에 따르면 웨스트민스터의 베트남전쟁기념비는 미국인 군인을 형상화하고 미국 땅에 세워져 있지만 본질적으로 베트남난민을 위한 베트남난민에 의한 베트남난민에 관한 기념비이다.[53] 베트남난민, 즉 보트피플과 베트남전쟁기념비의 밀접한 관련성을 시사한 그의 분석은 나무랄 데 없지만 보다 엄밀히 말해 베트남전쟁기념비는 보트피플 중에서도 베트남전쟁에 참전했던 남베트남 군인을 위한 기념비라고 할 수 있다. 1975년 4월 사이공 함락 직전 미국으로 떠난 145,000여 명의 베트남난민 중 약 33%가 남베트남 참전군인이었다. 1970년대 후반과 1980년대 초반에는 군인과 그 가족들이 보트피플 행렬에 가담했다. 보트피플로 미국에 들어온 남베트남 참전군인은 약 10만 명에 이르렀다.[54]

웨스트민스터의 보트피플기념비와 베트남전쟁기념비의 상호 공명 관계는 보트피플과 베트남전쟁의 관계를 해석하는 방식에서 발생했다. 특히 베트남전쟁 참전군인들은 이 관계를 가장 먼저 알아차렸다. 사이

---

51) Erica Allen Kim(2015), ibid, p.156.
52) Ibid, p.165.
53) Yen Le Espiritu(2014), *Body Counts: The Vietnam War and Militarized Refugees*, Berkeley: University of California Press, p.111.
54) "The Vietnam War and Its Impact - Vietnamese veterans," https://www.americanforeignrelations.com/O-W/The-Vietnam-War-and-Its-Impact-Vietnamese-veterans.html#ixzz5iuTvzIss(검색일; 2017.11.2).

공 함락 후 모든 것을 버리고 필사적으로 자유를 찾아 베트남을 떠난 '수백 만'의 보트피플과 바다에서 죽은 '수십 만'의 보트피플이야말로 이들이 남베트남인의 자유를 지키기 위해 베트남에서 싸웠음을 증명해 준다고 믿었다. 같은 맥락에서 이들은 웨스트민스터 베트남전쟁기념비는 베트남에서 복무했던 이들에게 감사를 표현하고 있으며 남베트남인들이 원해서 미군이 그곳에 있었기에 베트남전쟁의 정당성을 보여준다고 해석했다.[55] 다시 말해 미국과 남베트남은 자유와 민주를 위해 전쟁했으며, 남베트남인들은 자신의 땅에서는 잃어버린 자유와 민주를 찾아 보트피플로 미국에 왔다는 식으로 이해되었다. 결과적으로 보트피플은 미국에게 베트남전쟁이 '지고도 이긴 전쟁'임을 보여주는 증인 그 자체였다. 여기에서 보듯 원인과 결과로 연결되는 베트남전쟁과 보트피플을 기리는 두 기념비는 불가분의 관계를 가질 수밖에 없다.

베트남전쟁기념비는 2차 세계대전의 참전군인이었던 웨스트민스터 시의원 프라이(Frank G. Fry)가 1996년 12월 선거 운동 기간에 남베트남인과 미국인이 함께 있는 베트남전쟁기념비를 리틀 사이공에 세우겠다고 제안하면서 탄생했다. 프라이의 야심은 베트남에서의 미국과 남베트남의 동맹관계와 미국에서의 베트남난민들의 성공적인 정착과 경제 발전을 연결시키면서 자신과 공화당의 정치적 입지를 넓히는 데에 있었다.[56] 2003년 4월 27일에 개막식을 가진 베트남전쟁기념비의 건립 관련 비용은 베트남인공동체의 기부를 통해 이루어졌으며 시는 장소를 제

---

55) "Joint war memorial would fit in Auburn," Auburn Reporter.com, October 9, 2013, http://honorvietnamvets.org/uploads/3/4/6/0/34603113/auburnreporter_danheid.pdf(검색일;2017.10.8).

56) Erica Allen Kim(2015), ibid, p.165 베트남에 대한 통상 금지령이 해제되었던 해인 1994년 시의원 토니 럼(Tony Lâm)을 비롯해 몇 베트남계미국인들이 웨스트민스터 기념공원에 베트남전쟁 참전군인 기념비 건립을 시도했으나 기금 마련에 실패했다.

공했다. 기념비 관련 비용과 부지 비용을 모두 베트남인공동체의 기부를 통해 충당하고 기념비 관리만을 시가 맡은 보트피플기념비와 비교해보면 베트남전쟁기념비는 시 대표자들의 주도권이 더 강하고 더 공적인 성격을 띠었다고 볼 수 있다. 그러나 웨스트민스터 시 관계자들이나 언론인들이 베트남전쟁기념비는 웨스트민스터 베트남인공동체와 리틀 사이공 방문자들을 위한 장소라고[57] 언급하는 데에서도 보이듯 기념비의 공적 성격을 제한하려는 의도 또한 있었다.

그럼에도 불구하고 웨스트민스터 보트피플기념비 건립과 관련해서는 이견이 거의 없었던 반면 웨스트민스터 베트남전쟁기념비와 관련해서는 논쟁이 많았다. 당시 웨스트민스터 시장이었던 프라이가 『로스앤젤레스 타임스(*Los Angeles Times*)』와의 인터뷰에서 밝힌 내용에 따르면 남베트남인 군인상과 미국인 군인상이 함께 있는 베트남전쟁기념비의 형상이 특히 논란거리였다. 어떤 이들은 남베트남인 군인상을 아예 없애버리고 미국인 군인상 만으로 구성된 기념비를, 어떤 이들은 "미국이 이들을 자유롭게 했다. 그리고 이들이 지금 여기에 있다는 메시지를 전달하기 위해" 남베트남 군인상 대신에 베트남난민가족상을 넣을 것을 제안하기도 했다.[58] 굳이 베트남전쟁기념비에 남베트남과 관련된 표상이 있어야 한다면 군인이 아니라 미국이 자유롭게 했으며 자유 미국에서 살고 있는 베트남보트피플이라고 한 점을 보아도 보트피플과 베트남전쟁의 관계는 매우 밀접했음을 알 수 있다. 남베트남기와 미국기가 나란히 게양되는 문제와 관련해서도 차라리 베트남전쟁 동맹국들의 깃발을 모두 게양해야 한다는 의견도 있었다. 사실 미 의회가 1986년에 승인하고 1993년 부시가 첫 삽을 떴으며, 1995년 김영삼 대통령과 클린턴이 42차 정전 기념일에

---

57) Yen Le Espiritu(2016), ibid, p.21.
58) Yen Le Espiritu(2014), ibid, p.111.

봉헌식을 가졌던 워싱턴에 있는 한국전쟁기념비는 한국전쟁에 참여했던 모든 국가들의 깃발을 게양하고 있다.

응우옌 비엣 타인은 "모든 전쟁은 두 번, 즉 처음은 전쟁터에서 그리고 두 번째는 기억에서 일어난다."라는 말을 인용하며, 전쟁을 몸과 마음으로 겪고 살아남았다는 의미에서 난민과 참전군인은 다르지 않다고 지적했다.[59] 웨스트민스터에서 첫 번째 베트남전쟁은 베트남전쟁기념비로 두 번째 전쟁은 베트남보트피플기념비로 살아남아 있다.

V. 나오는 말

베트남보트피플은 미국이 베트남전쟁의 궁극적인 승자임을 보여주는 산증인의 역할을 했다. 공산 체제를 벗어나기 위해 베트남을 탈출한 수십만 보트피플이 바다에서 겪은 고난과 죽음이 신문, TV 등 세계 언론에 대서특필되었으며 역사상 유례가 없는 규모로 미국과 서방국가들은 이들을 자신의 사회에 정착시켰다. 보트피플은 냉전 이데올로기로 채색된 공간에서 인도주의적 배려를 받으며 의식적이든 무의식적이든 반공전선에 서게 되었다. 베트남보트피플이 베트남을 떠난 진짜 동기가 무엇이었든지 간에 심적 닻을 1975년 4월 30일 남베트남의 패망에 내리는 것이 편리하고도 유리했기 때문이다. 베트남보트피플기념비와 전쟁기념비는 바로 미국과 베트남인공동체가 발견한 이런 공통의 이해관계 하에서 형상화되고 장소를 얻고, 의미가 부여될 수 있었다.

그러나 상대적으로 말해 미국은 이들 기념비를 베트남전쟁의 명예로

---

59) Nguyen Viet Thanh(2013), "Just Memory: War and the Ethics of remembrance," *American Literary History*, January 5, p.1, p.3.

운 종결점을 상징하는 것으로 인식했다면 베트남인공동체는 내적으로 통합성을 확보하고 외적으로 사회문화적 정체성과 정치적 공간을 확보하기 위한 시작점을 상징하는 것으로 인식했다는 차이가 있다. 그러나 이 시작점은 이미 한 베트남 장군이 예견한 바, 기념비가 이념과 정치에 매몰되어 베트남인공동체의 균열을 심화시키고 있다.[60] 베트남인공동체의 세대는 바뀌고 있으며 이들이 떠나왔던 베트남도 변화하고 있다. 베트남보트피플기념비를 다르게 읽을 시도를 할 필요성이 여기에 있다. 베트남보트피플기념비처럼 기억을 통합하고 안정화시키는 것이 아니라, 베트남전쟁기념비처럼 영웅의 희생을 기념하는 것이 아니라, 전통적인 젠더 역할을 강화하는 것이 아니라, 선상난민으로 겪은 다양한 경험과 기억을 존중하고 평화에 대한 사고를 할 수 있는 방향으로 말이다.

　이념적·정치적 필요성과 베트남전쟁이 남긴 상흔과 기억의 분화구는 이후 전개된 관계가 적거나 없는 상황조차도 그 안으로 끌어당기는 힘이 있었다. 바로 이런 현상으로 인해 베트남난민이 발생한 맥락과 이들의 민족적, 사회적, 경험적, 동기적 차이는 개인의 기억에서나 공동체의 표상에서 왜곡되고 사라졌다. 대표적으로 같은 전쟁을 경험하고 같은 보트피플이라는 이름으로 불렸지만 기념비의 그 어느 곳에서도 흔적을 볼 수 없는 베트남화교, 캄보디아인, 라오스인들을 들 수 있다. 전 세계에 정착하게 된 130만 보트피플 중에서 베트남을 떠난 이는 52%~58% 정도였으며 캄보디아와 라오스를 떠난 이는 48%~42%였다.[61] 보트피플 위기 시에 베트남을 떠난 이들 중에서 베트남화교의 비

---

60) Jessica Breiteneicher(2000), "Healing and Dividing: The Westminster vietnam war memorial," *Selected Papers in Asian Studies: Western conference of the Association for Asian Studies*, Vol.1 No.63 참조.

61) "The State of the World's Refugees 2000: 50 Years of Humanitarian Action, UNHCR," https://www.unhcr.org/publications/sowr/4a4c754a9/state-worlds-refugees-2000-fiftyyears-humanitarian-action.html(검색일; 2019.1.13).

율은 70-80%를 차지할 정도로 높았다. 그렇다면 인도차이나보트피플기념비 대신에 왜 베트남보트피플기념비였는지, 베트남화교는 왜 익명화되었는지를 질문해 볼 수 있다. 보트피플의 발생과 수용이 중국과 베트남의 분쟁 그리고 베트남과 캄보디아의 분쟁을 필두로 한 3차인도차이나 전쟁과 세계적 냉전의 해체 상황과 더 밀접하게 관련되어 있다는 사실도 의도적으로 무시되었다. 기억의 편집 과정에서 왜곡된 이러한 역사 과정까지도 포괄할 수 있도록 보트피플기념비와 베트남전쟁기념비는 다시 읽혀질 필요가 있다.

참고문헌

〈저서와 논문〉

노영순(2013), 「바다의 디아스포라, 보트피플: 한국에 들어온 2차 베트남난민 (1977~1993) 연구」, 『디아스포라연구』, 제7권 제2호.

노영순(2018), 「캐나다 오타와와 호주 브리즈번의 베트남보트피플기념비와 베 트남인공동체」, 『인문사회과학연구』, 제19권 제1호.

Ayako Sahara(2012), *Globalized humanitarianism : U.S. imperial formation in Asia and the Pacific through the Indochinese refugee problem*, Ph.D thesis: University of California

Christian Collet, Hiroko Furuya(2010), "Enclave, Place, or Nation? Defining Little Saigon in the Midst of Incorporation, Transnationalism, and Long Distance Activism," *Amerasia Journal*, Vol.36, No.3.

Christopher R. Linke(2015), "Side-by-Side Memorial: Commemorating the Vietnam War in Australia," Nathalie Huynh Chau Nguyen ed., *New Perceptions of the Vietnam War: Essays on the War, the South Vietnamese Experience, the Diaspora and the Continuing Impact*, North Carolina: McFarland & Company Inc., Publishers.

Denise Leith(2004), *Bearing Witness: The Lives of War Correspondents and Photojournalists*, North Sydney: Random House Australia.

Erica Allen Kim(2015), "Saigon in the Suburbs: Protest, Exclusion, and Visibility," Makeda Best and Miguel deBaca eds., *Conflict, Identity, and Protest in American Art*, Cambridge Scholars Publishing.

Jessica Breiteneicher(2000), "Healing and Dividing: The Westminster vietnam war memorial," *Selected Papers in Asian Studies: Western conference of the Association for Asian Studies*, Vol.1 No.63.

Le Long S.(2011), "Exploring the Function of the Anti-communist

Ideology in the Vietnamese American Diasporic Community,"
*Journal of Southeast Asian American Education and
Advancement*, Vol. 6.

Le Tieu Khe(2015), *The line between life and death in the high seas is
very thin, almost invisible: Diasporic Vietnamese Remembrance*,
M. A. thesis: University of California.

Nguyen Khuyen Vu(2004), "Memorializing Vietnam: Transfiguring the
Living Pasts," Marcia A. Eymann, Charles Wollenberg eds.,
What's Going On?: California and the Vietnam Era, Berkeley,
Los Angeles, London: University of California Press.

Nguyen Viet Thanh(2013), "Just Memory: War and the Ethics of
remembrance," *American Literary History*, January 5.

Stephen Samuel James(2015), *Monuments and Memory: Appropriating
the Westminster Vietnam War Memorial*, M. A. Thesis:
University of California.

Vo Dang Thanh Thuy(2008), *Anticommunism as Cultural Praxis:
South Vietnam, War, and Refugee Memories in the Vietnamese
American Community*, Ph.D thesis, Berkeley: University of
California.

Yen Le Espiritu(2014), *Body Counts: The Vietnam War and Militarized
Refugees*, Berkeley: University of California Press.

Yen Le Espiritu(2016), "Vietnamese Refugees and Internet Memorials:
When Does War End and Who Gets to Decide?," Brenda M.
Boyle, Jeehyun Lim eds., *Looking Back on the Vietnam War:
Twenty-first-Century Perspectives*, New Jersey: Rutgers
University Press.

〈인터넷 자료〉

"An Unlikely Weapon: The Eddie Adams Story," https://www.
vanityfair.com/news/2009/04/an-unlikely-weapon-the-
eddie-adams-story(검색일; 2018.8.7.).

"BI SỬ THUYỀN NHÂN," *Saigon Times*, http://saigontimesusa.com/

bai/thuyennhan/bisuthuyennhan.shtml(검색일; 2018.12.2.).

"Bia Thuyền nhân," https://kontumquetoi.com/2015/04/28/tham-canh-va-ky-uc-thuyen-nhanboat-people/.(검색일; 2017.10.1).

"ĐÀI TƯỞNG NIỆM THUYỀN NHÂN VÀ HỌA SĨ VI VI, http://cothommagazine.com/index.php?option=com_content&task=view&id=947&Itemid=53(검색일; 2018.7.14).

"Đài Tưởng Niệm Thuyền Nhân Việt Nam," http://saigontimesusa.com/bai/thuyennhan/index.shtml(검색일; 2018.8.3.).

"ĐÀI TƯỞNG NIỆM THUYỀN NHÂN VIỆT NAM," http://www.vietvusa.com(검색일; 2018.10.21).

"Deukmejian Courts 'Little Saigon' Votes," http://articles.latimes.com/1988-06-18/news/mn-4504_1_george-deukmejian(검색일; 2018.7.21).

"FRANCE'S LONELY VIETNAM MEMORIAL," https://www.washingtonpost.com/archive/politics/1997/02/24/frances-lonely-vietnam-memorial/c56b1528-b589-4892-b999-1f4b7974e4a6/?noredirect=on&utm_term=.0645ce9c8882; The memorial to wars in Indochina in Fréjus, http://www.cheminsdememoire.gouv.fr/en/indochina-war-memorials(검색일; 2017.9.18).

"Healing and Dividing: The Westminster vietnam war memorial," https://scholarsarchive.byu.edu/cgi/viewcontent.cgi?article=1061&context=wcaaspapers(검색일; 2018. 6. 20).

"Healing and Dividing: The Westminster vietnam war memorial," https://scholarsarchive.byu.edu/cgi/viewcontent.cgi?article=1061&context=wcaaspapers(검색일;2018.11.21).

"HS ViVi Võ Hùng Kiệt," https://hsvnhaingoai.wordpress.com/hoa-si-hai-ngoai/hs-vivi-vo-hung-kiet/(검색일; 2018.6.10).

"Joint war memorial would fit in Auburn," Auburn Reporter.com, October 9, 2013, http://honorvietnamvets.org/uploads/3/4/6/0/34603113/auburnreporter_danheid.pdf(검색일;2017.10.8).

"Lê Mai Lĩnh : THÁI TÚ HẠP– HẠT BỤI NÀY Ở LẠI – T.Vấn & Bạn Hữu," http://t-van.net/?p=23526(검색일; 2018.7.13.).

"Người hoạ sĩ đất Vĩnh Long, Giao Chỉ–San José," https://thanhthuy. me/2015/08/13/nguoi-hoa-si-dat-vinh-long-giao-chi-san-jose(검색일; 2018.11.10.)

"Nguyen Tuan, 1963 | Figurative sculptor Per più informazioni leggi qui," https://www.tuttartpitturasculturapoesiamusica. com/2017/02/Nguyen-Tuan.html(검색일; 2018.9.21).

"Oklahoma City – Military Park Vietnam War Memorial "Brothers in Arms" Monument," https://www.legion.org/memorials/238806/ oklahoma-city-%E2%80%93-military-park-vietnam-war-memorial-%E2%80%9Cbrothers-arms%E2%80%9D-monument(검색일; 2017.7.30).

"Resolution NO. 4257," http://westminsterca.granicus.com/ MetaViewer.php?view_id=2&clip_id=54&meta_id=11798(검색일; 2017.9.2).

"Sơ lược tiểu sử, Ái Cầm, http://saigontimesusa.com/bai/aicam/tieusu. shtml(검색일; 2018.7.15.).

"Thái Tú Hạp – Saigon Ocean," https://saigonocean.com/gocchung/ html/thaituhap.htm;(검색일; 2018.7.10.).

"The Boat of No Smiles," https://iconicphotos.wordpress. com/2017/02/11/the-boat-of-no-smiles/(검색일; 2018.10.22).

"The State of the World's Refugees 2000: 50 Years of Humanitarian Action, UNHCR," https://www.unhcr.org/publications/ sowr/4a4c754a9/state-worlds-refugees-2000-fiftyyears-humanitarian-action.html(검색일; 2019.1.13)

"The Story Behind Asiatown's Vietnam War Memorial," https:// www.houstoniamag.com/articles/2018/6/22/vietnam-war-memorial-houston(검색일; 2017.11.3).

"The Vietnam War and Its Impact – Vietnamese veterans,"

"Tutt'Art@ | Pittura * Scultura * Poesia * Musica ," https://www.tu ttartpitturasculturapoesiamusica.com/2017/02/Nguyen-Tuan. html(검색일; 2017.10.1).

"Vietnamese Boat People Memorial," *Roadside America.com*, https://www.roadsideamerica.com/story/21430(검색일;2018.3.30).

ĐÀI TƯỞNG NIỆM THUYỀN NHÂN VÀ HỌA SĨ VI VI http://cothommagazine.com/index.php?option=com_content&task=view&id=947&Itemid=1(검색일; 2018.5.11)

https://www.americanforeignrelations.com/O-W/The-Vietnam-War-and-Its-Impact-Vietnamese-veterans.html#ixzz5iuTvzIss(검색일; 2017.11.2.).

〈신문〉

『에포크타임스』, 2018.01.11.

CBS News, Oct 29, 2015

Los Angeles Times, June 16, 1988.

Orange County Register, April 24, 2009

Orange County Register, February 3, 2009.

Saigon Times, ngày 30 tháng 04 năm 2009.

Saigon Times, ngày 23 tháng 04 năm 2007.

Saigon Times, ngày 30 tháng 04 năm 2009.

The Mercury Times, April 29, 2008

The New York Times, August. 2, 2009.

The New York Times, December 3, 1978.

The Sunday Times, 20 November 1988

The Washington Post, August 10, 1988

Time, July 27, 1998

12. 왜구론의 행방
: 바다의 역사와 일본 중세 대외관계사

이수열

Ⅰ. 머리말

'바다의 역사'는 최근 한국 역사학계에서 동아시아의 역사를 생각할 때 더 이상 간과할 수 없는 방법론으로 자리 잡고 있다. 종래의 역사학에 보이는 유럽중심주의와 일국사관을 비판하며 국가나 민족의 틀에서 벗어나 사람·상품·정보가 이동하고 교류하는 장으로서 동아시아해역의 역사에 주목하는 '바다의 역사'는 한국의 역사학계와 많은 부분에서 문제의식을 공유하고 있다. 2000년대에 들어 이 분야에서 선도적인 연구를 발표하고 있는 일본 학계의 성과물[1]이 소개되기 시작한 것도 같은 문맥에서의 현상이라고 할 수 있다.

---

1) 대표적인 작품으로 모모키 시로 편, 최연식 역(2012), 『해역아시아사 연구 입문』, 서울: 민속원; 하네다 마사시 편, 조영헌·정순일 역(2018), 『바다에서 본 역사: 개방, 경합, 공생 동아시아 700년의 문명 교류사』, 서울: 민음사 등이 있다. 최근에는 중국 학계의 성과도 소개되기 시작했다. 이경신, 현재열·최낙민 역(2018), 『동아시아 바다를 중심으로 한 해양실크로드의 역사』, 서울: 선인; 리보중, 이화승 역(2018), 『조총과 장부: 경제 세계화 시대, 동아시아에서의 군사와 상업』, 파주: 글항아리.

그러나 일본 학계의 연구 성과를 접하면서 느끼는 감상은 새로운 지견이 제시하는 가능성에 대한 경외와 함께 '바다의 역사'는 과연 이대로 좋은가라는 의문이다. 유럽중심주의의 해체, 국민국가사관의 상대화, 육역사관의 극복은 내용 그 자체로서는 이론의 여지가 없는 주장들이다. 그렇다면 "동중국해의 중앙에 서서 주위를 둘러보았을 때 조망할 수 있는 인간 활동의 연계성"[2]을 사람·상품·정보의 이동과 교류를 통해 그려내는 것을 목표로 하는 '바다의 역사'는 종래의 역사학을 극복하는 대안적 역사상을 제시하는 데 성공했는가? 동아시아해역에서 일본의 위치를 재정립함으로써 오히려 내셔널 히스토리를 보강하는 결과로 이어지는 경우는 없었는가?

이런 의문에서 시작하는 본 논문은 일본 역사학계에서 '바다의 역사'의 출발점이었던 왜구 연구의 궤적을 비판적으로 회고함으로써 동아시아 해역사의 현주소의 일면을 밝히는 것을 목적으로 한다. 아래에서는 패전 이후 왜구 연구를 주도해왔을 뿐만 아니라 "전후 일본 대외관계사 연구의 태두"[3]로서 활동한 다나카 다케오(田中健夫)의 왜구론을 개관한 뒤, 그를 계승하여 왜구 연구의 심화와 확산을 가져온 차세대 연구자들의 성과를 살펴보고, 이에 대한 한국 측 연구자들의 비판을 소개할 것이다. 오해가 없도록 말해두면 이 논문은 왜구에 대한 실증적 차원의 연구가 아니라 어디까지나 일본 학계의 왜구 연구, 나아가 '바다의 역사'에 대한 메타히스토리적 접근을 추구하는 것임을 미리 밝혀둔다.

---

2) 하네다 마사시 편, 조영헌·정순일 역(2018), 『바다에서 본 역사』, 29쪽.
3) 이영(2015), 『황국사관과 고려 말 왜구: 일본 근대 정치의 학문 개입과 역사 인식』, 서울: 에피스테메, 53쪽.

Ⅱ. 다나카 다케오의 왜구 연구

근대 일본에서 왜구 이미지의 변천은 일본 제국의 대외정책과 궤를 같이해 왔다. 이에 관해서는 윤성익의 상세한 연구[4]가 있다. 그것에 따르면 근대 일본에서 왜구는 서국(西國)의 변민(邊民), 간민(奸民)에서 일본의 해외발전을 체현하는 진취적 일본남아, 일본무사를 거쳐 대동아황화권(大東亞皇化圈)의 건설자로 변모해갔다. 이 같은 왜구상의 변화는 "일본인의 해외발전이나 민족성을 설명하는 좋은 소재"로 왜구가 이용되었기 때문이다. 왜구의 진취성을 설명하는 데 방해가 되는 중국인의 존재나 폭력성에 대해서는 진왜(眞倭), 즉 일본인이야말로 왜구의 주체이고, 왜구의 폭력성은 당대 기록의 과장이나 중국 역사가의 "곡필(曲筆)"의 문제로 돌리는 것으로 해결했다고 윤성익은 지적한다.

충분히 예상할 수 있는 일이지만 이러한 상황은 1945년을 전기로 크게 변화한다. 근대 일본의 학지가 국가의 시녀로서 존재해온 사실을 반성하고 세계사와의 연관성 속에서 일본의 과거를 사고하려는 시대 분위기는 왜구를 역사 연구의 전면에서 퇴장시키기에 충분했다. 왜구는 단지 패전 이전부터 중일교류사의 분야에서 연구를 지속해온 몇몇 연구자들에 의해 단편적으로 거론될 뿐이었다.

만주건국대학과 규슈대학에서 일송(日宋) 간의 무역과 문화교류사를 연구한 모리 가쓰미(森克己)는 왜구를 무장 상인집단으로 평가했다. 왜구는 해외무역에 종사하는 일본 상인들이 자위를 위해 무장한 데서 시작되었고, 13세기 고려를 습격한 왜구도 무장 상인집단이었다는 것이다.[5] 왜구 발생을 경제적 요인에서 설명하는 방식은 식민지 시기 조선

---

4) 윤성익(2008), "戰前·戰中期 日本에서의 倭寇像 構築", 『한일관계사연구』31.
5) 森克己(1948), 『日宋貿易の硏究』, 東京: 國立書院. 여기서는 이영(2011), 『왜구와

총독부 산하의 조선사편수회 편수관이었던 나카무라 히데타카(中村榮孝)의 경우도 마찬가지였다. 이영이 말하는 것처럼 나카무라의 연구는 패전 이후 일본의 "대외관계사 연구자들의 모든 학설의 원점, 원류"[6]가 될 정도로 학계에 심대한 영향을 미쳤다. 그러나 왜구 연구자가 아닌 나카무라의 학문적 유산 가운데 왜구와 관련해서 중요한 점은 그의 왜구 패러다임이 "왜구를 일본 국내의 군사 및 정치 정세와는 전혀 관계없는, 오로지 무역이나 경제의 문제로만 귀결시켰다는 데"[7] 있다. 왜구에 대한 나카무라의 관점은 왜구 발생의 근본적인 원인을 고려 정부의 무능으로 돌리거나 고려 천민 계급의 왜구 가담을 시사하는 점 등에서 아래에서 살펴볼 다나카 다케오의 연구에 많은 영향을 미쳤다.[8] 그러나 그렇다고 그가 본격적인 왜구 연구를 전개한 것은 아니었다. 나카무라는 본래 중국과 고려·조선 측 기록에 기원하는 '왜구'라는 명사가 실체에 대한 본격적인 해명 없이 일본사에 받아들여지고 유포된 점을 상기시키며 남북조 내란 시기의 서국 방면의 "무원리한 이해타산과 이합집산"[9]을 강조했다.

패전 이후 왜구에 대해 본격적인 연구를 추진한 사람은 이시하라 미치히로(石原道博)였다. 그는 본래 명말청초 시기의 중국사 연구자로 활동해왔는데 왜구를 시국과 결부시켜 논한 적도 있는 경력의 소유자였다. 1940년 한 잡지[10]에서 이시하라는 왜구의 '다수'를 차지하는 것은

고려·일본 관계사』, 서울: 혜안 181쪽의 정리에 의거. 모리의 연구는 '바다의 역사'와 함께 다시 주목받기 시작해 2008년부터 새로이 저작집이 간행되었다. 『新編 森克己著作集』 전5권, 東京: 勉誠出版.

6) 이영(2015), 『황국사관과 고려 말 왜구』, 21쪽.
7) 위의 책, 37쪽.
8) 위의 책 "제1부 황국사관과 왜구 왜곡"에서 이영은 나카무라의 왜구 패러다임에 대해 상세하게 분석하고 있다.
9) 中村榮孝(1965), 『日鮮關係史の研究 上』, 東京: 吉川弘文館, 51-52쪽.
10) 石原道博(1940), "大東亞共榮圈と倭寇", 『週刊朝日』 1940년 8월. 윤성익(2008),

가왜(假倭), 즉 중국인이었지만 진왜야말로 왜구의 본체임을 강조했다. 이렇게 이야기한 뒤 그는 "'倭寇'들의 大陸進出과 南海雄飛"의 "總決算"으로서 도요토미 히데요시의 조선 침략을 평가하며 비상시 하 국민의 사기를 진작했다. 패전 이후 그가 이런 견지를 유지할 수 없었던 것은 물론이다. 1964년에 공간된 책[11]에서 이시하라는 변함없이 진왜와 가왜의 문제를 제기했지만, 그 결론은 이전과 정반대였다. 진왜가 왜구의 본체라는 주장을 뒤엎고 진왜의 수적 열세를 이유로 들어 일본인의 수동성을 강조했던 것이다. 이시하라가 방대한 중국 사료를 꼼꼼히 조사하여 다양한 왜구의 예(僞倭, 粧倭, 從倭 등)를 제시하는 이유는 결국 중국 측 자료의 신빙성에 의문을 제기함으로써 왜구의 부정적인 이미지를 개선하기 위해서였다.

1961년에 발표된 다나카 다케오의 『왜구와 감합무역(倭寇と勘合貿易)』[12]은 일본의 왜구 연구에 하나의 전기를 가져온 작품이었다. 다나카는 서문에서 왜구를 "찬란한 해외발전"의 역사와 결부시키는 것을 지양하고 "일본인이 동아시아의 일각에 그 존재를 주장하고 능동적으로 국제관계 무대에 참가"[13]한 사실로서 왜구와 감합무역의 역사를 밝힐 것을 천명하고 있었다. 그는 그때까지 각 연구자의 관심 영역이나 시대에 따라 파편화되어 있던 왜구 연구를 정리하고 체계화했다.

먼저 다나카는 『고려사』나 『고려사절요』에 '왜구'가 하나의 성어로서 출현하기 시작한 1350년을 왜구 발생 시기로 자리매김했다. 나아가 왜

"戰前·戰中期 日本에서의 倭寇像 構築"에 의하면 이시하라는 이 논문 외에도 몇 가지 시국 관련 왜구 논문을 집필했는데, 그것은 모두 石原道博(1944), 『東亞史褓攷』, 東京: 生活社에 수록되었다. 여기서의 인용은 윤성익의 논문에 의거.

11) 石原道博(1964), 『倭寇』, 東京: 吉川弘文館.
12) 田中健夫(1961), 『倭寇と勘合貿易』, 東京: 至文堂. 여기서의 인용은 田中健夫, 村井章介 편(2012), 『增補 倭寇と勘合貿易』, 東京: ちくま學藝文庫.
13) 田中健夫, 村井章介 편(2012), 『增補 倭寇と勘合貿易』, 8쪽.

구를 '전기 왜구'와 '후기 왜구'로 구분했다. 이 점은 종래 13세기에서 16세기에 걸친 왜구를 한 묶음해서 논하는 것이 일반적이었던 데 비해 다나카의 왜구론이 갖는 가장 큰 차이점이었다. 구분의 이유는 약탈을 목표로 했던 침구가 주를 이루었던 14-15세기 왜구(전기 왜구)와 밀무역 혹은 상업적 성격이 강했던 16세기 왜구(후기 왜구)가 서로 성격을 달리하기 때문이었다. 이 같은 구분 위에서 다나카는 각 시기의 왜구 발생 원인, 주체, 침구 양상, 수습 과정 등을 정리해보였다.

　『왜구와 감합무역』은 다음과 같은 점에서 그 뒤의 왜구 연구에 방향과 틀을 제시했다.

　첫째, 다나카는 왜구가 "순수하게 일본인의 행동만을 가리키는 것이 아닐"[14] 가능성을 내비쳤다. 이는 그 뒤 '왜구=일본인과 고려인·조선인 연합설'로 이어졌다. 중국인 왜구의 존재는 이전부터 지적되어온 바 있었지만 다나카의 특징은 이를 전기 왜구에도 확대 적용시키려 한 점이었다. 그러나 왜구 기록의 신빙성에 대한 의문, 즉 나카무라 히데타카 이래의 외국 사료에 대한 불신 이외에 고려인·조선인의 왜구 가담에 대한 구체적인 증거는 결국 제시되지 못했다. 중국이나 고려·조선 측 사료에 대한 불신감은 "왜구라는 말은 외국어", "왜구란 외국인이 일본인의 침략행동으로 의식한 모든 것"[15]이라는 표현에 잘 나타나 있다. 후일 다나카는 사료에 나타나는 "고려나 명의 지배층의 왜구관은 명백히 의도적인 오해=곡해이며 여론 조작"[16]이었다고까지 말했다.

　둘째, 전기 왜구의 주체를 삼도(三島), 즉 쓰시마(對馬), 이키(壹岐), 마쓰우라(松浦) 지역의 해민으로 한정하고 왜구 발생 원인을 삼도의 지

---

14) 위의 책, 21쪽.
15) 위의 책, 19-21쪽.
16) 田中健夫(1997), 『東アジア通交圏と國際認識』, 東京: 吉川弘文館, 79쪽.

리적 여건이나 고려 정부의 무능 속에서 찾음으로써 왜구와 일본 국내 정치 상황과의 관련성을 차단했다. 왜구와 남조(南朝) 세력과의 관계에 대해서는 1915년 후지타 아키라(藤田明)가 제기한 남조 수군설(水軍說) 이래, 패전 이후 사토 신이치(佐藤進一), 미야모토 쓰네이치(宮本常一)를 거쳐 이영에 이르기까지 오랜 전통이 있다.[17] 그러나 왜구의 주체를 삼도 해민으로 한정하고 그 발생 원인을 외부적 요인에서만 찾는 왜구론은 그 뒤 학계에서 정설로 자리잡아갔다.

셋째, 후기 왜구에서 일본인의 역할을 한정적인 것으로 파악하고 중국인 주체설을 적극적으로 채택함으로써 후기 왜구 활동을 "동아시아의 변형적인 무역 형태"[18]로 평가했다. 후기 왜구 가운데 중국인이 다수 포함되었다는 사실은 이전부터 지적되어왔다. 이시하라 미치히로가 이를 근거로 일본인 왜구의 수동성과 이미지 개선에 노력했던 점은 이미 소개한 대로이다. 다나카는 중국인 주체설의 구체적인 증거로 규슈에 근거지를 두고 있던 왕직(王直), 서해(徐海) 등을 예로 들어, 무역의 한 형태로서의 후기 왜구가 약탈을 주목적으로 하는 전기 왜구와 질적으로 다른 것임을 강조하고, 후기 왜구에 "근거지와 구성원을 제공"[19]한 일본의 역할을 한정적인 것으로 평가했다. 다나카는 전기 왜구의 경우와 마찬가지로 후기 왜구와 규슈 지역 정치 세력과의 관계에 대해서는 아무런 언급을 하지 않았다. 이처럼 왜구 발생의 주된 원인을 경제적 요인에서 찾는 방식은 앞서 소개한 나카무라 히데타카의 왜구 발생론을 계승한 것이었다.

1982년 다나카 다케오는 또 다시 왜구 연구를 발표했다. 『왜구: 바다

---

17) 이에 대해서는 이영(2013), "민중사관을 가장한 식민사관: 일본 왜구 연구의 허구와 실체", 『일본문화연구』 45 참조.
18) 田中健夫, 村井章介 편(2012), 『增補 倭寇と勘合貿易』, 210쪽.
19) 위의 책, 210쪽.

의 역사(倭寇: 海の歷史)』[20]가 그것이다. 책의 서문에서 다나카는 다음과 같이 말했다.

　　일반적으로 '왜구'라고 불리는 것은 14-15세기 왜구와 16세기 왜구를 말하는 것으로, 이 책에서도 두 시기의 왜구를 대상으로 기술했다. 왜구는 동아시아 연해지역을 무대로 하는 해민집단의 일대 운동인데, 그 구성원은 일본인뿐만 아니라 조선인, 중국인, 유럽인을 포함하고 있다. 일본사의 문제라기보다 동아시아사 혹은 세계사의 문제라고 하는 편이 어울린다. 왜구 활동은 동아시아 국가들의 국내 사정을 모태로 하여 국제관계의 모순을 계기로 발생해 커다란 영향과 상처를 중국대륙, 조선반도, 일본열도, 류큐(琉球)열도, 타이완, 필리핀, 남방 지역의 사람들에게 남기고 그러한 지역의 역사를 변혁시키며 소멸해갔다.[21]

이 문장에는 왜구를 바라보는 다나카의 인식의 지속과 변화가 함께 나타나 있다. 먼저 『왜구와 감합무역』에서 주장했던 전기 왜구와 후기 왜구의 구분은 14-15세기 왜구와 16세기 왜구로 명칭이 달라졌지만 그대로 계승되었다. 차이점이 있다면 "일본인의 죄악사의 한 페이지"인 14-15세기 왜구와 "대부분 중국인"에 의해 이루어진 "강행 밀무역"[22]으로서의 16세기 왜구와의 차이점이 한층 선명하게 강조된 부분이다. 이전 연구의 주장을 보강한 사례는 왜구 발생 원인에 관한 서술에서도 발견할 수 있다. 14-15세기 왜구 발생 원인 중 하나였던 "약체화한 고

---

20) 田中健夫(1982), 『倭寇: 海の歷史』, 東村山: 敎育社. 여기서의 인용은 田中健夫 (2012), 『倭寇: 海の歷史』, 東京: 講談社學術文庫.
21) 위의 책, 3쪽.
22) 위의 책, 24-25쪽.

려"[23]는 고려 국내 정치의 혼란과 토지제도의 문란[24] 등으로 구체화되었고, 그와 비례하는 형태로 삼도의 해민이나 지리적 여건은 후경화되었다. 또 하나 중요한 차이점은 앞의 저작에서는 16세기 왜구를 중국인 주체로 설명하며 왕직과 같은 몇몇 중국인 해적의 존재를 근거로 제시했을 뿐인 데 비해 새로운 연구에서는 "왜구 발생의 온상"[25]으로 명 조정의 조공무역제도와 해금정책을 들고 있는 점이다. 16세기 왜구를 유럽 세력의 아시아 진출, 글로벌 차원의 은 교역 등과 연관지어 생각하려는 점도, 비록 시론의 단계에 머물고 있지만, 큰 차이라고 할 수 있다.

그 외에도 중세 대외관계사 해석에서 몇 가지 변화가 있지만 왜구와 관련해서 가장 큰 변화는 민족 구성에 관한 문제였다. 이전 다나카가 왜구 다민족설을 매우 조심스럽게 전망한 사실은 이미 소개했다. 그런데 『왜구: 바다의 역사』에서는 『고려사절요』에 보이는 화척(禾尺), 재인(才人)의 왜구 "참가"를 예시하면서 '왜구=일본인과 고려인·조선인 연합설'을 주장했다.[26] 앞서 언급한 고려의 정치적 혼란이나 토지제도 문란은 "화척, 재인과 같은 천민이 왜구를 사칭하여 행동하는 사회적 조건이 충분히 성숙"[27]되어 있었다는 점을 강조하기 위한 장치이기도 했다. 왜구 다민족설은 이제 16세기 왜구를 넘어 14-15세기 왜구에도 적용되기 시작했다.

왜구가 이처럼 중국인은 물론 고려·조선인을 포함한 '동아시아 해민

---

23) 田中健夫, 村井章介 편(2012), 『增補 倭寇と勘合貿易』, 38쪽.
24) 田中健夫(2012), 『倭寇』, 47-49쪽.
25) 위의 책, 111쪽.
26) 위의 책, 39-40쪽. 다나카는 명시하고 있지 않지만 화척, 재인의 사례는 이미 中村榮孝(1966), 『日本と朝鮮』, 東京: 至文堂; 田村洋幸(1967), 『中世日朝貿易の研究』, 京都: 三和書房 등이 주장하고 있었다. 이영(2011), 『왜구와 고려·일본 관계사』, 215쪽.
27) 田中健夫(2012), 『倭寇』, 48쪽.

집단의 일대 운동'이라면 그것이 '일본사의 문제라기보다 동아시아사 혹은 세계사의 문제'가 되는 것은 당연한 일이었다. '바다의 역사'는 동아시아사 혹은 세계사의 문제로서 왜구를 고찰하기 위한 새로운 방법론으로서 제출된 것이었다. 다나카는 이렇게 말했다.

> 이 책에서는 왜구의 공죄를 논하기보다 왜구 활동을 가능한 높은 관점에서 고찰하여 동아시아 국제사회라는 배경 속에 왜구의 실상을 입체적으로 부각시켜보고자 했다. 지금까지의 역사 서술에서는 육지 중심의 역사관이 주를 이루었지만 왜구 문제는 그러한 범주로써는 다 파악할 수 없다. 더 넓은 시야와 국경에 구애받지 않는 바다 중심의 역사관을 도입할 필요가 있다. 그것은 단순히 해수면의 역사가 아니라 육지의 역사도 포섭하는 것이며 일본 역사뿐 아니라 류큐 역사도, 조선반도 역사도, 중국대륙 역사도, 세계 전체의 역사도 다 포섭한 역사 서술이어야 한다고 생각한다. 나는 이 책을 '바다의 역사'의 서장을 쓴다는 생각으로 집필했다.[28]

1980년대 일본의 역사학계는 커다란 전환점에 서 있었다. 현대 세계의 격변과 그와 연동하는 '근대지'의 상대화는 유럽중심주의, 일국사관에 대한 반성을 촉구함과 동시에 새로운 영역에서의 역사학을 탄생시켰다. 유럽 중심의 세계체제론에 대한 아시아 통상권의 상대적 독자성과 아시아 해역 도시 간의 횡적 네트워크를 강조하는 아시아 교역권 논의가 등장한 것도 1980년대의 일이었는데, 그것은 기왕의 아시아사를 해체하고 새로운 아시아 역사상을 제시한 대표적 사례 중 하나였다.[29] 다나카의 '바다의 역사'는 그러한 상황을 의식하면서 그것을 선도하는 형

---

28) 위의 책, 5쪽.
29) 1980년대의 일본 역사학계와 아시아 교역권 논의에 대해서는 이수열(2014), "'아시아 교역권론'의 역사상: 일본사를 중심으로", 『한일관계사연구』 48; 이수열(2016), "'아시아 경제사'와 근대일본: 제국과 공업화", 『역사학보』 232.

태로 제안된 것이었다.

1987년에 발표된 논문 "왜구와 동아시아 통교권(倭寇と東アジア通交圈)"[30]에는 '바다의 역사'에서 바라본 왜구의 모습이 더욱 구체적으로 드러나 있었다. 다나카는 일국사와 육역사관의 문제점을 지적하고 "바다를 중심으로 한 시좌"의 필요성을 다시 한 번 제기하며 "베일에 가려진 왜구상"[31]에 접근해갔다. 먼저 14-15세기 왜구가 대규모 집단이었던 점에 주목하는 다나카는 왜구를 일본인만의 집단이라고 생각하는 것은 "자연스럽지 못해 버릴 수밖에 없다"[32]고 말한다. 그는 왜구 집단의 가능성을 ① 일본인만의 집단, ② 일본인과 고려·조선인이 연합한 집단, ③ 고려·조선인만의 집단으로 구분한 뒤 대량의 인원, 선박, 마필의 해상 이동 등을 고려했을 때 "무리가 많은" ①보다 ②와 ③이 "왜구의 주력일 가능성이 매우 높다"[33]고 말했다. 이때 다나카가 고려·조선인의 예로 드는 사례는 이전 작품에서 제시되었던 화척, 재인이었는데, 그는 여기서 한걸음 더 나아가 일반 농민이나 하급 관리의 참가도 "추측하는 데 어렵지"않고, "이렇게 생각했을 때 앞에서 왜구 구성원의 ③으로 거론한 고려·조선인만의 왜구 집단 수는 의외로"[34] 많았을 가능성까지 내비쳤다. 다나카는 왜구 구성원의 주력을 ②와 ③으로 상정할 때 비로소 대규모화의 원인, 한반도 내륙까지 침투한 사정, 장기 지속의 원인 등을 "쉽게 설명할 수"[35] 있다고 생각했다.

다나카는 왜구의 주체를 이렇게 상정한 뒤 다민족 집단으로서의 "왜

---

30) 田中健夫(1987), "倭寇と東アジア通交圈", 朝尾直弘 외 편, 『日本の社會史 1 列島內外の交通と國家』, 東京: 岩波書店.
31) 위의 책, 140쪽.
32) 위의 책, 149쪽.
33) 위의 책, 149쪽.
34) 위의 책, 150쪽.
35) 위의 책, 151쪽.

구 활동을 배후에서 지원한" 동아시아 통교권의 존재야말로 "대규모 왜구가 반세기 이상이나 존속할 수 있었던 한 원인"[36]이라고 했다. 명조가 주도하는 '국왕 통교의 시대' 하에서 왜구의 행동권은 상인의 행동권과 "어떤 면에서는 일치하고 또 다른 면에서는 복잡하게 교차"[37]하고 있었다는 그의 결론에는 왜구를 동아시아 통교권의 한 주체로서 파악하려는 의지가 녹아들어 있었다.

삼도 해민설에서 시작된 다나카의 왜구론은 일본인과 고려·조선인 연합설을 넘어 고려·조선인 주체설로 나아가려 하고 있었다. 동아시아 통교권에 관한 그의 논의도 왜구의 침구 사실을 통상권 내부의 교역 활동의 일부로 해소시킴으로써 일본인 주체설을 후경화하고 상인으로서의 성격을 부각시키기 위한 것이었다. 이처럼 다나카의 왜구론에서 바다의 시좌는 본래의 취지와는 반대로 '일본인의 죄악사의 한 페이지'를 희석시키는 방법으로서 기능했다. 그것은 국경을 넘어설 것을 표방하며 시작된 '바다의 역사'가 다시 국경 안으로 회귀하는 역설적인 현상이었다.

Ⅲ. 왜구 연구의 심화와 확산

다나카 다케오는 왜구 연구를 '바다의 역사'에 접목시킴으로써 동아시아 통상권의 한 주체로서 활동하는 다민족 집단으로서의 왜구상을 제시하기에 이르렀다. 이 학설은 그 뒤 차세대 연구자들에 의해 계승되어 오늘날 일본 역사학계뿐만 아니라 일반 사회의 왜구 인식의 초석이 되었다.

---

36) 위의 책, 155쪽.
37) 위의 책, 168쪽.

다카하시 기미아키(高橋公明)는 다나카의 논문 "왜구와 동아시아 통교권"과 때를 같이 하여 "중세 동아시아해역의 해민과 교류: 제주도를 중심으로(中世東アジア海域における海民と交流: 濟州島を中心として)"[38]를 발표했다. 다카하시는 왜구가 동원한 대량의 말을 일본에서 수송했을 가능성에 의문을 표하며 그 공급지로 제주도를 지목했는데, 이는 다나카가 제주도인의 왜구 가능성을 시사[39]한 것과 일치하는 견해였다. 차이가 있다면 다카하시가 거기서 더 나아가 고려 말기의 제주도는 고려 정부가 통할할 수 있는 지역이 아니었고, "당시 조선의 국가질서 차원에서 보면 제주도인과 대마도인은 거의 같은 존재"라고까지 발언한 점이었다.[40]

화척, 재인에 더해 제주도인까지 포함하게 된 왜구의 주체는 후지타 아키요시(藤田明良)에 의해 동아시아해역 전역으로 확대되었다.[41] 후지타는 1368년 난수산의 난에 참가한 중국인 해상세력의 일부가 제주도와 전라북도 고부(古阜)로 도피한 사실을 들어 왜구가 일본인만이 아니라 중국인과 고려인을 포함한 "다국적 집단"이었다고 주장했다. 그가 상상하는 14-15세기 동아시아 해역세계는 "당인(唐人)의 거점"이었던 쓰시마, 중국인 해상세력이나 왜구와 "친밀한 관계를 맺고 서로 협조"하고 있던 "다민족 잡거 지역"으로서의 한반도 도서 연안, 그리고 주산군

---

38) 高橋公明(1987), "中世東アジア海域における海民と交流: 濟州島を中心として", 『名古屋大學文學部研究論集』史學 33.
39) 田中健夫(1987), "倭寇と東アジア通交圈", 150-151쪽.
40) 다카하시에 대해서 이영(2011), 『왜구와 고려・일본 관계사』는 『고려사』와 『고려사절요』 등 고려 측 사료에 단 한 군데도 '제주도인=왜구'론을 뒷받침할 기록이 실려 있지" 않고, "조선조의 제주도에 대한 확고한 영토 인식"을 볼 때 "다카하시의 주장은 수긍하기 어렵다"(226-228쪽)고 비판했다.
41) 대표적인 연구는 藤田明良(1997), "蘭水山の亂と東アジアの海域世界", 『歷史學研究』698; 藤田明良(1998), "東アジアにおける海域と國家: 14-15世紀の朝鮮半島を中心に", 『歷史評論』575 이다. 이하에서는 일일이 논문 출전을 밝히지 않고 두 논문의 전체적인 논지를 소개한다.

도(舟山群島)의 중국인 해상세력 등에 의해 유지되는 광역 통상권이 존재하는 공간이었다.[42] 왜구를 다국적 상인 집단으로 평가하는 후지타의 연구는 다나카가 전망한 동아시아 통교권의 한 주체로서의 왜구상을 가장 구체적으로 계승한 것이라고 할 수 있다. 하지만 교역의 존재만으로 왜구 발생의 원인을 설명하는 이러한 논의는 단지 추측에 불과하다. 이영이 지적했듯이 "특정 해역에서의 활발한 무역활동은 해적 발생의 '필요조건' 중 하나일 수는 있어도 '충분조건'은 되지"[43] 못하기 때문이다. 그리고 또 하나 지적해두지 않을 수 없는 점은 상인으로서의 왜구가 강조되면 될수록 왜구의 시기 구분은 점점 의미를 잃어갔고, 그 결과 왜구의 폭력성도 관심대상에서 멀어져간 사실이다.

다카하시와 후지타의 논의는 탄탄한 자료적 기반 위에서 제출된 실증 연구라기보다 단편적인 사료를 근거로 가설을 설정하고, 그 가설 위에서 새로운 가설의 가능성을 타진하는, 쉽게 말해서 기초가 튼튼하지 못한 부실공사와 같은 느낌을 지울 수 없었다.[44] 그럼에도 불구하고 동아시아 통교권 속에서의 왜구상이 널리 받아들여진 이유는 그들이 제시하는 동아시아 해역사가 새로운 방법론을 모색하고 있던 당대 학계의 문제의식과 공명하고 있었기 때문이다.[45]

---

42) 후지타의 논의에 대한 비판으로 이영(2013), 『팍스 몽골리카의 동요와 고려 말 왜구: 동아시아의 파이렛츠(PIRATES)와 코르세어(CORSAIRS)』, 서울: 혜안 "제3장 고려 말 왜구='다민족·복합적 해적'설에 관한 재검토"; "제4장 '여말-선초의 한반도 연해도서=다민족 잡거지역'설의 비판적 검토"; 이영(2013), "민중사관을 가장한 식민사관"이 있다.

43) 위의 책, 99쪽.

44) 이런 점은 다나카 다케오의 경우도 마찬가지였다. 윤성익(2008), "戰前·戰中期 日本에서의 倭寇像 構築"에 의하면 다나카가 고려·조선인 왜구의 예로 제시한 화척, 재인도 이미 패전 이전부터 알려진 사실에 새로운 의미를 부여해 다시 제출한 것에 불과했다. 달라진 것은 왜구를 바라보는 역사가의 평가의 기준이었다.

45) 荒野泰典 외 편(1992-1993), 『アジアのなかの日本史』, 전6권, 東京: 東京大學出版會; 溝口雄三 외 편(1993-1994), 『アジアから考える』 전7권, 東京: 東京大學出版會; 山之內靖 외 편(1993), 『岩波講座 社會科學の方法 9: 歷史への問い/

이러한 사상 상황 속에서 발표된 가장 인상적인 왜구론으로 무라이 쇼스케(村井章介)의 『중세왜인전(中世倭人傳)』[46]을 드는 데는 이론이 없을 것이다. 무라이는 먼저 국경을 전제로 하는 기존의 '일조관계사'를 상대화하기 위한 방법으로서 "국가적 내지 민족적 귀속이 애매한 경계 영역"으로서의 "지역"과 그곳에서 활동하는 경계성을 띤 인간유형으로서 "마지널 맨"을 설정한다. 그가 목표로 하는 것은 이 경계인으로서의 왜구를 통해 "국가와 민족, 또는 '일본'을 상대화는 시점을 모색"[47]하는 일이었다. 무라이는 왜와 일본의 관계를 이렇게 말했다.

'왜구' '왜인' '왜어' '왜복'이라고 할 경우의 '왜'는 결코 '일본'과 등치할 수 있는 말이 아니다. 민족적으로는 조선인이어도 왜구에 의해 쓰시마 등지로 연행되어 일정 기간 그곳에서 생활하고 통교자로서 조선에 건너간 사람은 왜인으로 불렸다. 해적의 표식이 되었던 왜복, 왜어는 이 해역에 사는 사람들의 공통의 모습, 공통의 언어로, '일본'의 복장이나 언어와 완전히 같은 것은 아니었다.[48]

왜구를 "국적이나 민족을 초월한 층위의 인간 집단"으로 규정하는 무라이의 입장에서는 국가나 민족으로부터 떨어져나가 "자유의 민으로 전생(轉生)한" 왜구의 민족적 출자를 묻는 작업은 "그다지 의미가 없는"[49] 일이었다. 이런 점에서 왜구 집단에 고려·조선인을 포함시켜 국

歴史からの問い』, 東京: 岩波書店 등은 당시 역사학계의 문제의식을 상징하는 기획물이었다. 그것은 역사학의 새로운 방법론을 모색하고 아시아 속에서 일본을 사고하려는 지적 움직임이었다고 정리할 수 있다.
46) 村井章介(1993), 『中世倭人傳』, 東京: 岩波書店. 한국어 번역은 무라이 쇼스케, 이영 역(2003), 『중세 왜인의 세계』, 서울: 소화. 여기서의 인용은 원저.
47) 이상, 위의 책, 4-5쪽.
48) 위의 책, 4쪽.
49) 위의 책, 39쪽.

제적인 논쟁을 불러일으킨 다나카의 논문도 "충격적인 견해"[50]이기는 해도 왜구의 본질을 지적했다고는 볼 수 없는 것이었다. 왜구 연구에서 민족적 출자는 이차적 요소에 지나지 않았기 때문이다. 그러나 이런 발언에도 불구하고 경계인설은 결국 다나카의 연구에서 기인하는 것이었다. 무라이가 충격을 받은 1987년의 논문 "왜구와 동아시아 통교권"의 말미에서 다나카는 이렇게 이야기하고 있었다.

> 동아시아에는 명제국의 건국을 계기로 화이질서에 입각하는 새로운 통교권이 성립했다. 표면적으로는 **국왕통교의 시대**(강조는 원문, 이하도 마찬가지: 인용자)를 가져왔지만 국제교류의 실제는 국가·민족이나 주종관계에 제약받는 일이 적은 **자유의 민**이 담당하고 있었다. **자유의 민** 안에는 왜구에서 전향한 사람이나 왜구에 의한 피로인도 많이 섞여 있었다.[51]

여기서 말하는 자유의 민의 구체적인 예는 "왜구, 상인, 사절청부인" 등이었는데, 다나카는 전근대 동아시아 통교권을 고찰하는 데 있어 바다와 "경계 영역"에 대한 "시각을 무시하고 연구하는 일은 불가능"[52]하다는 점을 그 뒤로도 일관되게 강조했다. 왜구를 자유의 민으로 인식하는 무라이의 중세왜인론은 다나카의 연구를 비판적으로 계승하여 왜구를 탈민족 혹은 초민족적 집단으로까지 평가한 것이었다. 동아시아 해역세계 그 자체에 귀속의식을 갖는 경계인으로서의 왜구는 국가와 지역의 모순을 체현하면서 어떤 때는 무자비한 해적집단으로 또 어떤 때는 "지역 교류의 주체"[53]로서 활동했다. 무라이는 이러한 왜구의 탈경계적

---

50) 村井章介, "解說", 田中健夫(2012), 『倭寇』, 257쪽.
51) 田中健夫(1987), "倭寇と東アジア通交圏", 179쪽.
52) 田中健夫(1997), 『東アジア通交圏と國際認識』, 275쪽.
53) 村井章介(1997), 『國境を超えて: 東アジア海域世界の中世』, 東京: 校倉書房, 27쪽.

특징 안에서 "현대의 '초국경화'를 선취하는 성격"[54]을 발견했던 것이다.

Ⅳ. 왜구 논쟁: 한국 학계의 비판

다나카 다케오와 그를 계승한 차세대 연구자들의 왜구 연구에 대해서는 1990년대 후반에 들어 비판이 제기되기 시작했다. 조선사 연구자 하마나카 노보루(濱中昇)[55]는 다나카가 예시한 몇 가지 자료만으로는 고려인 주체설이나 연합설을 주장할 수 없다고 그 사료적 한계를 지적했다. 이러한 실증적 차원의 문제제기는 남기학[56]과 김보한[57]에 의해서도 이루어졌다. 남기학은 『고려사』나 『고려사절요』의 방대한 왜구 관련 기사 중 고려인이 왜구로 위장하거나 사칭한 예는 다나카가 인용한 "세 사료에 불과"하며, 왜구 발생의 원인으로 지목했던 고려 왕조의 정치적 공백도 "이를 뒷받침할 사료적 근거"가 없다고 비판했다. 제주도 왜구설도 "기록이 한 군데도 실려 있지 않은 것은 커다란 의문"이라고 했다. 김보한은 일본 교과서에 묘사된 왜구의 모습이 종래의 약탈자에서 동아시아 교류의 주인공, 선구자, 주체로 변화한 점에 위화감을 표명하며 왜구를 무장 상인집단으로 평가하는 학설의 출발점을 고토 히데호(後藤秀穂)의 '상구(商寇)'론에서 찾았다.

사실 일본 학계의 왜구 연구가 갖는 실증 차원의 문제점에 대해서는 여러 지적이 있어왔다. 그 중에서도 이영은 가장 준엄한 비판자라고 할

---

54) 위의 책, 3쪽.
55) 濱中昇(1996), "高麗末期倭寇集團の民族構成: 近年の倭寇研究に寄せて", 『歷史學研究』 685.
56) 남기학(2003), "중세 고려·일본 관계의 쟁점: 몽골의 일본 침략과 왜구", 『일본역사연구』 17.
57) 김보한(2014), "일본 중세사의 '해양인식', 어떻게 볼 것인가", 『일본역사연구』 40.

수 있는데, 그는 일본의 왜구 연구를 이렇게 말했다.

> 다나카 다케오로 대표되는 일본의 왜구 연구는『고려사』에 보이
> 는 수많은 왜구 관련 기사를 제대로 검토도 하지 않은 채, 그 사료적
> 신빙성에 의문을 품고 이를 도외시(度外視)해왔다. 그리고 그나마 연
> 구라고 하는 것이『고려사』에서 '일본' 또는 '왜' '왜구'라는 글자가 보
> 이는 사료에만 주목한 다음, 자신들의 단편적인 한국사 인식(대부분,
> 식민사관에 기반을 둔 편견이나 선입견)으로 해석하는 방법을 취해
> 왔다.[58]

이러한 거침없는 발언은 단순히 감정 차원의 비난이 아니라 독자의
대안적 역사상 위에서 전개된 것이었다. 이영의 비판의 골자는 나카무
라 히데타카 이래 지속되고 있던 왜구 패러다임, 즉 왜구 발생의 원인을
삼도의 지리적 환경이나 경제적 원인 안에서만 찾는 시각을 비판하고,
그에 대신하여 일본 국내의 정치 상황과 동아시아 국제질서와의 연관성
속에서 왜구의 발생과 소멸을 설명한 점에 있었다.

이영은 패전 이후 일본의 왜구 연구의 "출발점"이었던 삼도 해민설
을 "일본 중세 대외관계사가 저질러 온 수많은 오류의 근원"이라고 단
호하게 부정했다. 그가 생각하기에 삼도 해민설은 왜구와 일본 공권력
과의 무관계성과 삼도 해민을 제압하지 못한 고려 정부의 무능을 설명
하기 위한 학설로서, 그로써는 500척 이상의 선단이 한 해에 50곳 이상
을 침구한 사례를 설명할 수 없었다. 그래서 등장한 것이 연합설이었는
데 이 또한『고려사』나『조선왕조실록』어디에도 그 기록을 찾아볼 수 없
었다.[59] 고려·조선인 연합설이나 "다민족 잡거 지역"으로서의 한반도와

---

58) 이영(2013), "민중사관을 가장한 식민사관".
59) 이상, 이영(2013),『팍스 몽골리카의 동요와 고려 말 왜구』, 169–176쪽.

같은 주장들은 "이웃 나라의 역사에 대한 무지와 공상이 만들어 낸 '허구(虛構)'"[60]에 지나지 않는다는 것이 일본의 왜구 연구에 대해 내린 이영의 결론이었다. 다나카가 왜구 발생의 주요 원인으로 지목한 고려의 정치적 혼란이나 토지제도의 문란에 대해서도 그것은 마치 "범죄 발생의 근본 원인이 가해자가 아니라 잘 대처하지 못한 피해자에게 있다고 주장하는 것"[61]과 마찬가지라고 일축했다.

이영이 주목하는 것은 침구의 규모나 빈도에서 확연한 차이를 보인 '경인년 이후의 왜구'와 남북조 내란과의 상관성이었다. 당시 규슈 북부의 정치 상황은 무로마치막부(室町幕府)와 남조 정서부(征西府)가 대치하고 있는 상태였다. 이영은 막부가 규슈탄다이(九州探題)로 파견한 이마가와 료슌(今川了俊)이 정서부가 장악하고 있던 다자이후(太宰府)를 공격하고 규슈 최대의 곡창지대인 지쿠고(筑後) 평야를 제압한 시기와 왜구 침구가 격증했던 때가 일치하는 사실을 밝힌 뒤, "왜구(해적)와 정서부(정치 세력)는 동전의 앞면과 뒷면 같은"[62] 관계였다고 말했다. 남북조 내란 당시 "한반도는 남조 군세의 일시적 도피처와 병량을 위시한 전쟁 수행 물자를 조달하던 공간"[63]으로, 경인년 이후의 왜구는 그러한 "일본 사회 내부의 모순이 국경을 넘어 표출된"[64] 결과라는 것이다. 대량의 인원, 선박, 마필을 동원한 왜구가 "육상 및 해상에서의 정규전은 물론, 게릴라전 수행 능력도 겸비한, '전문적이고 숙련된 군사집단'"[65]이었던 점도 왜구의 배후에 정서부나 쇼니(少貳) 씨와 같은 규슈 지역의

---

60) 위의 책, 131쪽.
61) 이영(2015), 『황국사관과 고려 말 왜구』, 197쪽.
62) 위의 책, 72쪽.
63) 위의 책, 67쪽.
64) 위의 책, 344쪽.
65) 위의 책, 167쪽.

토착 호족 세력이 있었기에 비로소 가능한 일이었다고 그는 주장했다.

이영도 언급하고 있는 것처럼 왜구와 남조의 관계는 이전부터 지적되어왔다.[66] 패전 이후도, 예를 들어 사토 신이치는 일반 독자를 대상으로 한 책[67]에서 왜구의 "주력이 일본인이었다는 점은 부동의 사실"이라고 전제하면서 "군사력의 보급이나 증강을 목적으로 하는" 왜구의 침구는 "국내의 쟁란과 깊은 관계가 있었음에 틀림없다"고 명언하고 있었다. 사토가 이렇게 추정하는 근거는 "시기적으로 보아 왜구가 활발하게 되는 것이 가네요시(懷良親王: 인용자)가 규슈에서 활동을 시작한 시기와 거의" 일치하고, "남조군이 수세에 서고 재기불능에 이르기까지의 시기가 왜구의 최전성기에 해당"[68]한다는 사실이었다.

그러나 이러한 견해는 그 뒤 일본 대외관계사 연구에서 정설이 되지 못했다. 다나카 다케오는 사토의 해석에 대해 이렇다 할 논증도 없이 "승복할 수 없다"[69]고 말했는데, 이런 반응은 근대 이래의 남북조정윤(南北朝正閏) 문제까지 거슬러 올라가야 비로소 이해할 수 있는 것이었다. 남북조정윤 문제란 왕조의 정통성을 둘러싸고 전개된 일련의 정치적 대립을 말하는 것이다. 내란에서 승리를 거둔 쪽은 막부 영향 하의 북조였지만 천황주권을 표방하는 근대 일본에서는 천황 친정(親政)을 내건 남조에 대한 심정적 친밀감이 주류를 형성하고 있었다. 이영의 주장에 따르면, 먼저 "철두철미한 황국사관론자(=남조정통론자)"[70]였던 나카무라 히데타카가 '왜구=남조 무사'로 이어지는 남조 관련성을 부정

---

66) 이영(2013), "민중사관을 가장한 식민사관" 등.
67) 佐藤進一(1965), 『日本の歴史9 南北朝の動亂』, 東京: 中央公論社. 여기서의 인용은 佐藤進一(1974), 『南北朝の動亂』, 東京: 中公文庫.
68) 이상, 위의 책, 458–459쪽.
69) 田中健夫(1975), 『中世對外關係史』, 東京: 東京大學出版會, 99쪽.
70) 이영(2015), 『황국사관과 고려 말 왜구』, 40쪽.

하고 왜구를 경제적 동기만으로 설명하는 길을 열었고, "그의 연구를 계승하고 있는 도쿄대학 국사학과를 중심으로 하는 일본 대외관계사 연구회"[71]에 의해 정설화되었다.

일본 학계의 왜구 연구에 대한 이영의 비판이 처음 제기된 것은 그가 1995년 도쿄대학에 제출한 박사학위논문에서였다. 논문은 그 뒤 책으로 출판되었는데,[72] 탄탄한 실증에 뒷받침된 그의 문제제기는 일본 학계에도 적지 않은 반향을 불러일으켰다. 하지만 관심이 주로 경인년 이후의 왜구와 남조 세력과의 관련성에 집중되었던 만큼 16세기 왜구까지를 포함한 전체적인 조망이 이루어지지 않았던 것도 사실이다. 이영은 그 뒤 왜구의 발생과 소멸을 팍스 몽골리카와 관련지어 설명하는 등 동아시아사적 접근을 꾀하고 있다. 그 중에서도 해적을 개인적 이익을 목적으로 하는 '비공인 해적=파이렛츠(pirate)'와 "그 배후에 공인이든 묵인이든 국가나 종교가 버티고 있었던" '공인된 해적=코르세어(corsair)'[73]로 구분하는 서양사의 예를 원용해 왜구를 코르세어로 파악하는 이영의 시도는, 박경남이 말하는 것처럼 두 시기의 "왜구를 통일적으로 파악할 수" 있게 해 "왜구가 어떤 집단과 결합했으며, 그 무력과 경제력의 공급처는 어디였고, 약탈품을 순환시켜주는 배후망은 어떻게 작동했는지를 구체적으로 묻는 작업"[74]으로 연결될 가능성을 열었다.

윤성익은 일찍부터 두 시기의 왜구의 연속성에 대해 주목해온 연구자였다. 그가 일본의 왜구 연구에 대해 갖는 가장 큰 의문은 가정왜구, 즉 16세기 왜구를 중국인 주체의 교역 행위로 설명하는 데 있었다. 이

---

71) 위의 책, 84쪽.
72) 李領(1999), 『倭寇と日麗關係史』, 東京: 東京大學出版會. 이영(2011), 『왜구와 고려·일본 관계사』는 한국어 번역.
73) 이영(2013), 『팍스 몽골리카의 동요와 고려 말 왜구』, 170쪽.
74) 박경남(2018), "이영(李領)의 왜구 주체 논쟁과 현대적 과제", 『역사비평』 2018년 2월.

미 소개한대로 다나카 다케오는 14-15세기 왜구와 16세기 왜구의 차이를 강조하며 전자를 '약탈', 후자를 '밀무역'으로 구분했다. 이에 대해 윤성익은 "王直집단으로 '16세기 왜구'를 설명하고 정의내리는 것은 올바른 일일까?"[75]라고 묻는다. 왜구의 약탈 행위는 1559년 왕직이 처형된 이후에도 지속되고 있을 뿐만 아니라 "그 이전보다 더욱 대규모적으로 이루어졌고, 파괴적이었으며 광범위한"[76] 것이었다. "이런 침구행위는 교역 내지는 밀무역 행위만으로 설명할 수 없다"[77]고 생각하는 윤성익은 두 시기의 왜구를 완전히 다른 성격의 것으로 보기보다 "明代 전체 혹은 중국사 전체에 걸친 연속선상의 것으로 파악"[78]할 필요성을 제기했다.

16세기 왜구를 상인으로 묘사하는 학설에 대해 이의를 제기하는 윤성익은 그것이 과연 일본 학계가 주장하는 것처럼 중국인 주체였는지에 대해서도 의문을 표명했다. 알려진 바와 같이 『明史』에 보이는 '眞倭 3할, 從倭 7할'은 중국인 주체설의 근거로 이용되어왔다. 그러나 왜구 구성원에 대한 사료는 "嘉靖時期 전체 倭寇의 특징을 포괄해서 말하는 것이 아닌 특정 시기의 倭寇에 대한 진술"[79]이라는 점에 주의를 기우려야 한다고 윤성익은 말한다. 당시 왜구의 가장 일반적인 침구 형태는 연안의 중국인이 일본인을 끌어들이는 '개인(勾引)'이라는 방식이었다. 윤성익은 왜구 구성원에 대한 "사료들 대부분이 倭寇가 중국 대륙에 도착한 이후, 침구행위를 벌인 뒤의 모습을 묘사한 것이라는"[80] 점에 주목했다.

---

75) 윤성익(2008), "'16世紀 倭寇'의 多面的 특성에 대한 一考察: 徐海집단의 예를 중심으로", 『명청사연구』 29.
76) 윤성익(2007), 『명대 왜구의 연구』, 서울: 경인문화사, 11-13쪽.
77) 위의 책, 192쪽.
78) 위의 책, 194쪽.
79) 위의 책, 72쪽.
80) 위의 책, 79쪽.

즉 사료에 나타나 있는 '중국인 다수'는 최초의 왜구 모습과 상당히 달라진 상황에서의 진술이라는 것이다. 중국인 다수설은 황당선(荒唐船)의 구성에서 일본인이 다수를 차지하는 점에서도 의문스러운 것이었다. 일본에서 중국으로 향하거나, 중국에서 침구 행위를 한 뒤 다시 일본으로 되돌아가는 도중 조선에 표류한 황당선의 구성원 비율에서 일본인이 수적 우위를 점하고 있었다는 사실은 "출발 당시 倭寇의 모습을 보여주는 것"[81]이라고 윤성익은 추정하고 있다.

16세기 왜구는 일본 학계가 말하는 것처럼 중국인 주체의 상인 집단이 아니었다. 다나카가 "마치 왕처럼 생활했다"[82]고 묘사한 히라도(平戶)의 왕직도 오우치(大內) 씨, 오토모(大友) 씨, 시마즈(島津) 씨와 같은 규슈의 유력 다이묘(大名)나 호족들과 밀접한 관계에 있었지만 그렇다고 그들에 비해 우월한 위치에 있었다고는 볼 수 없다. 왕직은 "대행자로서의 역할"[83]을 수행하고 있었고, 그런 점은 서해의 경우[84]도 마찬가지였다. 16세기 왜구에서 일본은 다나카가 말하는 것처럼 단순히 '근거지와 구성원을 제공하는' 수동적인 위치에 머물러있지 않았다.

전국적인 통일정권이 존재하지 않았던 16세기 일본에서는 지역의 자립화가 진행되고 있었다. 중국인 해적과 관계를 맺은 다이묘들은 그러한 상황 속에서 새로운 외교 주체로 성장해간 인물들이었다. 전국(戰國) 다이묘들은 군사 목적의 물자를 필요로 했지만, 그것들은 대부분 수출 금지 품목에 해당했다. "100배의 이익"[85]을 좇아 일본 무역에 뛰어든 중국인 해적과 전쟁 수행을 위해 중국 물자를 필요로 했던 전국 다이묘들

---

81) 위의 책, 80쪽.
82) 田中健夫(2012), 『倭寇』, 142쪽.
83) 윤성익(2007), 『명대 왜구의 연구』, 81쪽.
84) 윤성익(2008), "'16世紀 倭寇'의 多面的 특성에 대한 一考察".
85) 윤성익(2007), 『명대 왜구의 연구』, 137쪽.

의 이해는 완전히 일치하고 있었던 것이다. 지역 권력을 등에 업은 16세기 왜구는 14-15세기 왜구와 마찬가지로 '코르세어'였다.

왜구의 민족 구성과 주체에 대한 한국 학계의 비판에 대해 일본 학계는 이렇다 할 반응을 보이지 않았다.[86] 있다고 해도 그것은 도저히 '학문적' 대응이라고는 할 수 없는 것이었다. 남기학에 의하면 무라이 쇼스케는 한국 측의 비판을 "'국적'에 구애받는 근대적 발상"이라고 일축하며 '새로운 역사 교과서'와 상통하는 점이 있다고까지 극언했다.[87] 윤성익이 소개하는 바에 따르면 한국에도 널리 알려진 일본 근세 대외관계사 연구자인 아라노 야스노리(荒野泰典)는 '민족과 국가에 얽매여 있는 한국·중국'의 연구자들을 비판했고, 세계사 연구자 미야자키 마사카쓰(宮崎正勝)도 '글로벌 교육이 진전된 일본'에 대해 '강렬한 내셔널리즘이 관통해 있는 한국·중국의 역사교육'을 대치시켰다.[88] 한중 역사학계에 대한 고정관념과 선진의식에 사로잡힌 이 같은 반응은 학문적 비판에 대한 바람직한 태도가 아닐뿐더러 왜구의 민족 구성 문제를 먼저 제기한 쪽이 일본 학계였던 점을 상기할 때 하나의 궤변에 불과했다.

남기학은 왜구를 초민족적 차원의 인간 집단으로 파악하는 시각을 "당시의 현실과 동떨어진 역사상"이라고 비판하며 "확대 해석"[89]을 삼갈 것을 주문했다. 이는 경계인설 뿐만 아니라 일본 왜구 연구 전반에 해당하는 말이기도 했다. 사실 연합설이나 고려·조선인 주체설 등이 갖는

---

86) 한 예로 하네다 마사시 편, 조영헌·정순일 역(2018), 『바다에서 본 역사』의 "참고 문헌" 속에는 이영, 윤성익, 김보한 등의 연구가 들어 있지 않다.

87) 安田常雄·吉村武彦 편(2001), 『歷史敎科書大論爭』, 東京: 新人物往來社, 67쪽. 남기학(2003), "중세 고려·일본 관계의 쟁점".

88) 荒野泰典, "唐人町と東アジア海域世界: 「倭寇的狀況」からの試論", 歷史學硏究會 편(2006), 『港町の世界史 3 港町に生きる』, 東京: 靑木書店; 宮崎正勝(1996), "歷史敎育におけるナショナリズムに關する一考察: 所謂嘉靖(後期)「倭寇」を中心にして", 『釧路論集』 28. 윤성익(2008), "戰前·戰中期 日本에서의 倭寇像 構築".

89) 남기학(2003), "중세 고려·일본 관계의 쟁점".

추론적 성격, 다시 말해 사료적 박약함은 굳이 전문가가 아니더라도 인지할 수 있을 정도였다. 그럼에도 불구하고 그러한 학설이 널리 받아들여진 데에는 앞서 지적한 당대 학문 상황과의 일치, 다나카 다케오라는 개성이 지닌 "영향력"[90], 그리고 '일본인의 죄악사'를 희석시키려는 역사가들의 "선택"[91] 등이 작용했는지 모른다.

V. 맺음말

1945년 9월 도쿄제국대학을 졸업한 다나카 다케오는 연구자의 길을 선택하고 대학원에 진학했다. 후일 그는 당시를 회상하여 이렇게 말했다.

> 전후 처음으로 맞이한 봄, 전화(戰火)로 불에 타 껍질이 벗겨진 혼고(本鄕)거리의 가로수 은행나무에는 강인한 생명력의 새싹이 모습을 드러내기 시작하고 있었다. 이 무렵 군대에서 돌아온 학우들은 전쟁으로 잃어버린 연구 시간을 되찾기 위해 모두 진지했다. 마르크스에 취하고 베버에 경도되어 새로운 시대의 도래를 믿고 혁명을 이야기하는 사람도 많았지만 나는 그들의 논의 안으로 들어가 전후민주주의를 구가할 마음이 들지 않았다.[92]

여기에 보이는 패전 이후의 학문 상황과 전후민주주의에 대한 다나카의 차가운 시선은 그의 역사학을 이해하는 데 있어 매우 중요하다. 다나카는 '전후'를 일종의 피해자 의식 속에서 맞이했다. 그는 2000년

---

90) 윤성익(2005), "21세기 동아시아 국민국가 속에서의 倭寇像", 『명청사연구』 23.
91) 윤성익(2008), "戰前·戰中期 日本에서의 倭寇像 構築",
92) 田中健夫(1996), "燒跡から對外關係史へ", 永原慶二·中村政則 편, 『歷史家が語る 戰後史と私』, 東京: 吉川弘文館. 田中健夫(2003), 『對外關係史研究のあゆみ』, 東京: 吉川弘文館, 263쪽.

11월에 개최된 사학회(史學會) 공개강연에서도 "근대를 긍정하고 봉건 유제를 단죄하는, 유물사관에 입각한 사회경제사"나 "민주화라는 특수한 사명감에 뒷받침된 연구"가 유행하던 시기 "대외관계사 연구가 한동안 학계에서 망각"[93]된 사실을 회고하고 있었다. 이러한 발언에서 유추할 수 있듯이 다나카에게 '전후'는 역사 연구가 "유형무형의 주박·외압·내압"[94] 하에 있었던 점에서 전시 하의 상황과 다를 바 없는 것이었다.

이러한 "공백의 시대에서 연구 수준을 유지한 것은 주로 전전의 식민지에서 귀국한 연구자와 추방을 면한 소수의 사람들"[95]에 의해서였다. 그가 말하는 연구자들이란 모리 가쓰미, 나카무라 히데타카, 스에마쓰 야스카즈(末松保和), 이케우치 히로시(池內宏), 고바타 아쓰시(小葉田淳), 이와오 세이이치(岩生成一), 아키야마 겐조(秋山謙藏), 쓰지 젠노스케(辻善之助), 기미야 야스히코(木宮泰彦) 등[96]이었다. 이들은 대부분 다나카가 말하는 것처럼 '만주', 조선, 타이완 등지의 식민지 연구기관 및 대학에서 돌아온 연구자이거나 공직 추방은 면했지만 전시 하 언론보국(言論報國)에 가담한 적이 있는 보수적 역사학자들이었다. 다나카는 이런 선학들로부터 "공허한 이론보다도 견실한 실증을 중시하는 학풍"[97]을 이어받아 학문적 출발점으로 삼았다. 일본 대외관계사 연구에서 "전후 연구자 제1호"[98]로 자부하는 다나카가 자신의 연구자 생활을 총괄하는 강연에서 후학들에게 남긴 메시지도 "계승해야 할 연구 유산은 사료를 존중하고 정확하게 해석하여 이해하는 실증주의의 방법이

---

93) 田中健夫(2001), "對外關係史研究の課題: 中世の問題を中心に", 『史學雜誌』 110-8. 田中健夫(2003), 『對外關係史研究のあゆみ』, 14쪽.
94) 田中健夫(2003), 『對外關係史研究のあゆみ』, 25쪽.
95) 위의 책, 14쪽.
96) 위의 책, 263쪽.
97) 위의 책, 263쪽,
98) 위의 책, 31쪽.

다"[99]라는 말이었다.

다나카의 선학들 가운데는 오늘날 일본 학계의 동아시아 해역사 연구에서 다시금 주목받고 있는 연구자들이 다수 포함되어 있다. 다나카의 지도교수였던 이와오 세이이치나 고바타 아쓰시는 타이베이제국대학 사학과에서 '남양사(南洋史) 연구'를 주도한 사람들이었다. 아키야마 겐조와 기미야 야스히코도 제1세대 동아시아 해역사 연구자로 거론되는 인물들이다. 나카지마 가쿠쇼(中島樂章)는 타이완의 남양사 연구가 "전시 중에도 남진론(南進論)과 같은 시국 영합으로 흐르지 않았던 사실"[100]을 특기하고 있는데, 실로 실증주의야말로 그들이 연구자 생활을 지속할 수 있었던 근본적인 원인이었다. 그러나 실증주의 역사학이 전후 일본 사회에서 보수적 역사학자들의 은신처나 보루가 된 점도 간과해서는 안 될 것이다. 실제로 다나카의 선학들은 전시 하 자신의 학문이 수행한 정치적 역할에 대해 이렇다 할 성찰이나 검증 없이 곧바로 연구를 이어갔다. 실증주의 역사학에 있어서 전전과 전후는 '연속'되고 있었던 것이다. 전후의 학문 상황과 민주주의에 대한 다나카의 위화감은 그가 근대 일본의 학지에 대한 반성 없이, 오히려 그러한 움직임을 비판하면서 역사 연구를 시작한 사실을 말해주고 있다.

1982년에 출판된 한 책의 후기에서 다나카는 대학원 진학 당시 중세 일중교류사를 연구 주제로 선택한 이유는 "조국 일본의 모습을 세계사의 흐름 속에서 재검토하기"[101] 위해서였다고 말했다. 이는 "일본의 모습을 아시아 속에서 생각해 보는 것"[102]을 조선사 연구의 목적으로 삼았

99) 위의 책, 27쪽.
100) 中島樂章(2013), "序論: 「交易と紛争の時代」の東アジア海域", 中島樂章 편, 『南蠻·紅毛·唐人: 十六·十七世紀の東アジア海域』, 京都: 思文閣出版, 13쪽.
101) 田中健夫(1982), 『對外關係と文化交流』, 京都: 思文閣出版, 655쪽.
102) 中村榮孝(1965), 『日鮮關係史の研究 上』, 1쪽.

던 나카무라 히데타카의 경우도 마찬가지였다. "자기인식을 위한"[103] 학문으로서의 대외관계사 연구는 '일본형 화이질서'와 '해금'을 "근세 일본 국가와 '국민' 형성의 문제"[104]로서 파악하는 아라노 야스노리에 의해서도 계승되고 있다. 하지만 다나카에게 왜구는, 나카무라에게 조선은, 아라노에게 동아시아는 모두 '자기 찾기'를 위한 방법으로서 의미를 가질 뿐 타자의 발견으로 이어졌다고는 도저히 생각되지 않는다. 바다의 시좌가 왜구 평가에 미친 역설적인 영향은 그 한 예라고 할 수 있다. '바다의 역사'가 그 본연의 취지로 되돌아가 철저한 자기점검과 타자와의 대화를 거칠 때 비로소 동아시아 해역사는 새로운 모습으로 다시 태어날 수 있을 것이다.

---

103) 田中健夫(2003), 『對外關係史硏究のあゆみ』, 28쪽.
104) 荒野泰典(1987), "日本型華夷秩序の形成", 朝尾直弘 외 편, 『日本の社會史 1 列島內外の交通と國家』, 184쪽.

참고문헌

김보한, 「일본 중세사의 '해양인식', 어떻게 볼 것인가」, 『일본역사연구』 40, 2014.

남기학, 「중세 고려·일본 관계의 쟁점: 몽골의 일본 침략과 왜구」, 『일본역사연구』 17, 2003.

리보중, 이화승 역, 『조총과 장부: 경제 세계화 시대, 동아시아에서의 군사와 상업』, 파주: 글항아리, 2018.

모모키 시로 편, 최연식 역, 『해역아시아사 연구 입문』, 서울: 민속원, 2012.

박경남, 「이영(李領)의 왜구 주체 논쟁과 현대적 과제」, 『역사비평』 2018년 2월, 2018.

윤성익, 「21세기 동아시아 국민국가 속에서의 倭寇像」, 『명청사연구』 23, 2005.

윤성익, 『명대 왜구의 연구』, 서울: 경인문화사, 2007.

윤성익, 「戰前·戰中期 日本에서의 倭寇像 構築」, 『한일관계사연구』 31, 2008.

윤성익, 「16世紀 倭寇'의 多面的 특성에 대한 一考察: 徐海집단의 예를 중심으로」, 『명청사연구』 29, 2008.

이경신, 현재열·최낙민 역, 『동아시아 바다를 중심으로 한 해양실크로드의 역사』, 서울: 선인, 2018.

이수열, 「'아시아 교역권론'의 역사상: 일본사를 중심으로」, 『한일관계사연구』 48, 2014.

이수열, 「'아시아 경제사'와 근대일본: 제국과 공업화」, 『역사학보』 232, 2016.

이 영, 『왜구와 고려·일본 관계사』, 서울: 혜안, 2011.

이 영, 「민중사관을 가장한 식민사관: 일본 왜구 연구의 허구와 실체」, 『일본문화연구』 45, 2013.

이 영, 『팍스 몽골리카의 동요와 고려 말 왜구: 동아시아의 파이렛츠(PIRATES)와 코르세어(CORSAIRS)』, 서울: 혜안, 2013.

이 영, 『황국사관과 고려 말 왜구: 일본 근대 정치의 학문 개입과 역사 인식』, 서울: 에피스테메, 2015.

하네다 마사시 편, 조영헌·정순일 역, 『바다에서 본 역사: 개방, 경합, 공생 동아시아 700년의 문명 교류사』, 서울: 민음사, 2018.

朝尾直弘 외 편, 『日本の社會史 1 列島內外の交通と國家』, 東京: 岩波書店.

荒野泰典 외 편, 『アジアのなかの日本史』, 전6권, 東京: 東京大學出版會, 1992-1993.

荒野泰典,「唐人町と東アジア海域世界: 倭寇的狀況」からの試論」, 歷史學研究會
　　　編(2006),『港町の世界史 3 港町に生きる』, 東京: 青木書店.

石原道博,「大東亞共榮圏と倭寇」,『週刊朝日』1940년 8월.

石原道博,『倭寇』, 東京: 吉川弘文館, 1964.

李領,『倭寇と日麗關係史』, 東京: 東京大學出版會, 1999.

佐藤進一,『南北朝の動亂』, 東京: 中公文庫, 1974.

高橋公明,「中世東アジア海域における海民と交流: 濟州島を中心として」,『名
　　　古屋大學文學部研究論集』史學 33, 1987.

田中健夫,『中世對外關係史』, 東京: 東京大學出版會, 1975.

田中健夫,『對外關係と文化交流』, 京都: 思文閣出版, 1982.

田中健夫,『東アジア通交圏と國際認識』, 東京: 吉川弘文館, 1997.

田中健夫,『對外關係史研究のあゆみ』, 東京: 吉川弘文館, 2003.

田中健夫, 村井章介 편,『增補 倭寇と勘合貿易』, 東京: ちくま學藝文庫, 2012.

田中健夫,『倭寇: 海の歴史』, 東京: 講談社學術文庫, 2012.

田村洋幸,『中世日朝貿易の研究』, 京都: 三和書房, 1967.

中島樂章 편,『南蠻·紅毛·唐人: 十六·十七世紀の東アジア海域』, 京都: 思文閣
　　　出版, 2013.

中村榮孝,『日鮮關係史の研究 上』, 東京: 吉川弘文館, 1965.

中村榮孝,『日本と朝鮮』, 東京: 至文堂, 1966.

濱中昇,「高麗末期倭寇集團の民族構成: 近年の倭寇研究に寄せて」,『歷史學研
　　　究』685, 1996.

藤田明良,「蘭水山の亂と東アジアの海域世界」,『歷史學研究』698, 1997.

藤田明良,「東アジアにおける海域と國家: 14-15世紀の朝鮮半島を中心に」,『歴
　　　史評論』575, 1998.

溝口雄三 外 편,『アジアから考える』전7권, 東京: 東京大學出版會, 1993-1994.

宮崎正勝, "歴史教育におけるナショナリズムに關する一考察: 所謂嘉靖(後期)
　　　「倭寇」を中心にして",『釧路論集』28, 1996.

村井章介,『中世倭人傳』, 東京: 岩波書店, 1993.

村井章介,『國境を超えて: 東アジア海域世界の中世』, 東京: 校倉書房, 1997.

森克己,『日宋貿易の研究』, 東京: 國立書院, 1948.

安田常雄·吉村武彦 편,『歴史教科書大論爭』, 東京: 新人物往來社, 2001.

山之内靖 外 편,『岩波講座 社會科學の方法 9: 歴史への問い/歴史からの問い』,
　　　東京: 岩波書店, 1993.

출전(出典)

1부 상인과 작가의 바다

1. 정남모, 「술라이만의 견문록에 대한 주해와 화자 그리고 독서의 문제」, 『프랑스
   문화연구』 44 (2020), 149~171쪽
   정남모, 「술라이만의 견문록의 하산 이본에 대한 주해와 화자 그리고 독서의 문
   제」, 『프랑스문화연구』 46 (2020), 235~257쪽

2. 최낙민, 「1920年代 開城商人들의 紅蔘販路 視察記 考察 ―『中遊日記』와 『香臺
   紀覽』을 中心으로」, 『중국학』 73 (2020), 645~667쪽.

3. 노종진, 「올라우다 에퀴아노의 자전서사에서 언어와 문화변용」, 『영어영문학연
   구』 62 (2020), 43~67쪽.

4. 심진호, 「엘리자베스 비숍의 해양적 상상력과 장소감 : 노바스코샤와 브라질」,
   『해항도시문화교섭학』 21 (2019), 81~116쪽.

2부 어민과 노동자, 선원의 바다

5. 김승, 「식민지 시기 부산지역의 수산물 어획고와 수산업인구 현황」, 『역사와 경
   계』 99 (2016), 135~184쪽.

6. 권경선, 「제1차 세계대전 시기 칭다오를 통한 산둥 노동자의 이동과 그 의의」,
   『해항도시문화교섭학』 17 (2017), 139~160쪽

7. 김주식, 「제국과 자본에 대한 민중의 승리 : 선박안전입법의 머나먼 여정」, 『해
   양담론』 7 (2020), 141~155쪽.

8. 진호현, 이창희, 「선원인권교육의 도입 방안에 관한 기초연구」, 『해양환경안전
   학회지』 25-5 (2019), 560~571쪽.

3부 표류민, 왜구와 난민의 바다

▌저자 소개 (가나다 순)

권경선 | 한국해양대학교 국제해양문제연구소 HK연구교수, 중국사 전공

김강식 | 한국해양대학교 국제해양문제연구소 HK교수, 한국중세사 전공

김 승 | 한국해양대학교 국제해양문제연구소 HK교수, 한국근현대사 전공

김주식 | 한국해양전략연구소 선임연구위원, 해양사 전공

노영순 | 한국해양대학교 국제해양문제연구소 HK교수, 동남아시아근현대사 전공

노종진 | 한국해양대학교 영문학과 교수, 영어영문학 전공

심진호 | 신라대학교 교양과정대학 교수, 영어영문학 전공

이근우 | 부경대학교 사학과 교수, 한국고대사 전공

이수열 | 한국해양대학교 국제해양문제연구소 HK교수, 일본사상사 전공

이창희 | 한국해양대학교 항해융합학부 교수, 해사법 전공

정남모 | 한국해양대학교 항해융합학부 강사, 불어불문학 전공

진호현 | 한국해양수산연수원 특임교수, 해사법 전공

최낙민 | 한국해양대학교 국제해양문제연구소 HK교수, 중문학 전공